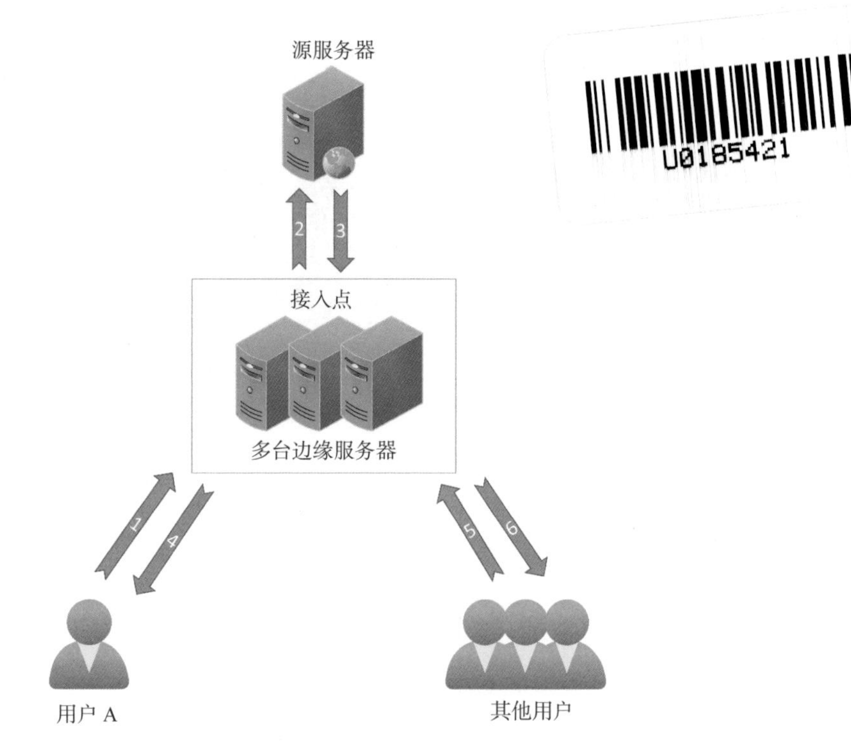

图 1-9　内容分发网络工作示意图

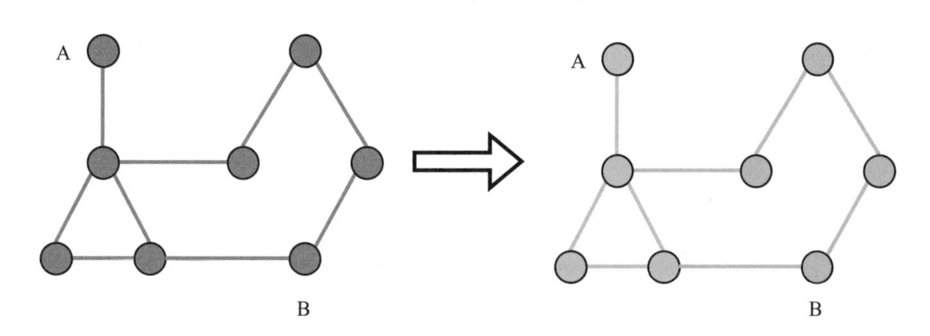

图 6-15　区块链的一致性问题

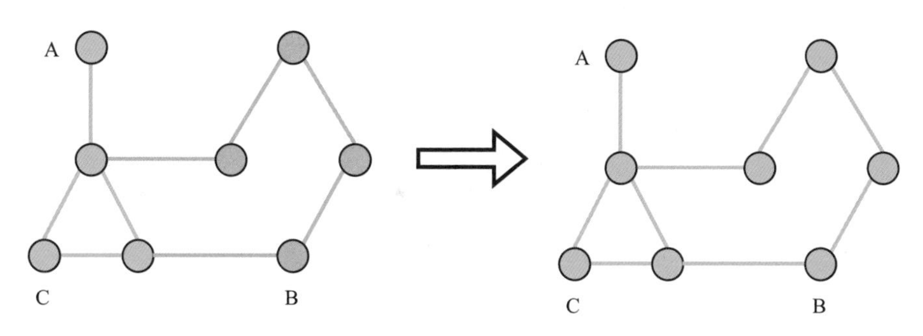

图 6-16　区块链一致性问题的解决

图 7-17　iFogSim2 EUA 数据集所覆盖的地理区域 [16]

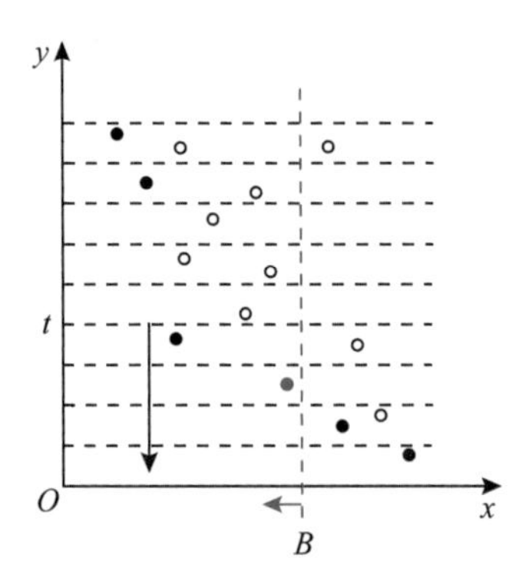

图 8-13　Hermes 在小于 t 的延迟时以最小成本解决每个子问题 [40]，实心圆圈是每个子问题的最优值。最后，它在成本小于 B 的所有实心圆上寻找最小延迟

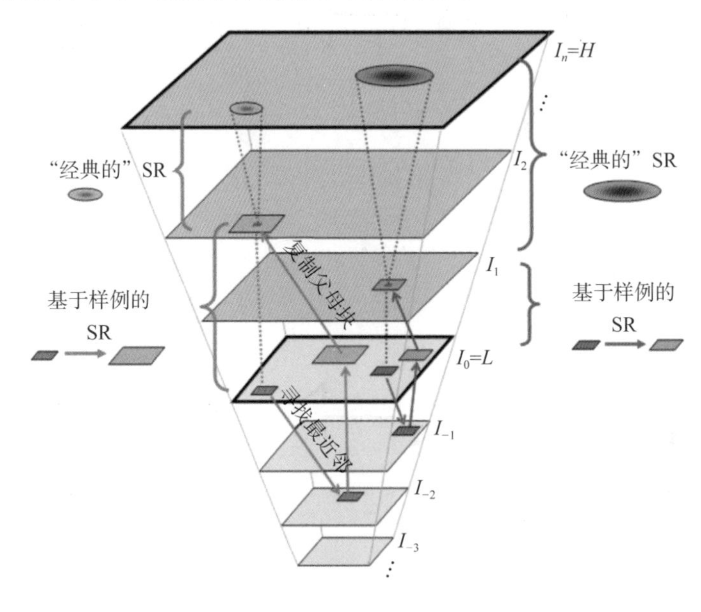

图11-5　基于自样例的超分辨率框架[11]

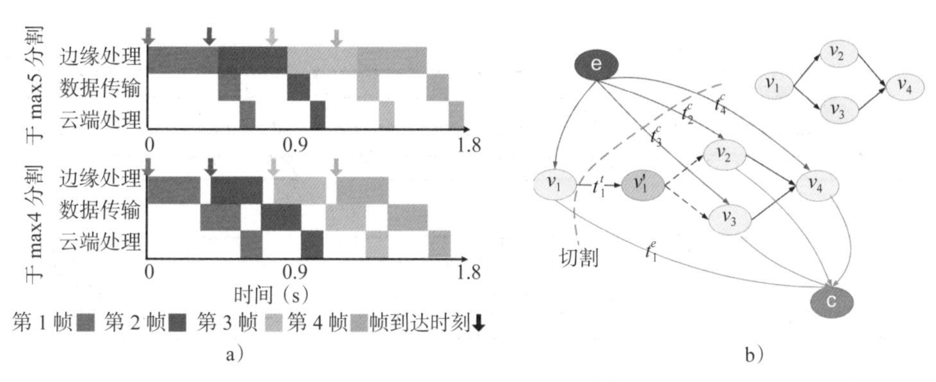

图 12-15　DADS 具体细节 [16]

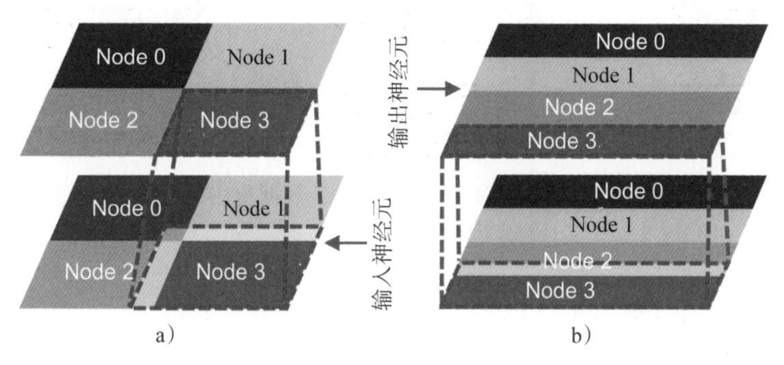

图 12-17　数据切割示例 [19]

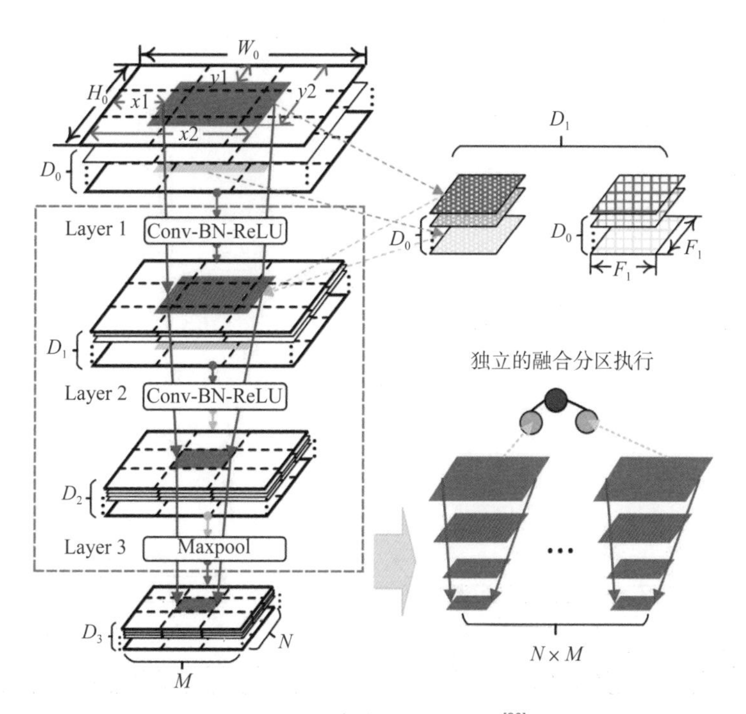

图 12-19　熔片切割的方法 [20]

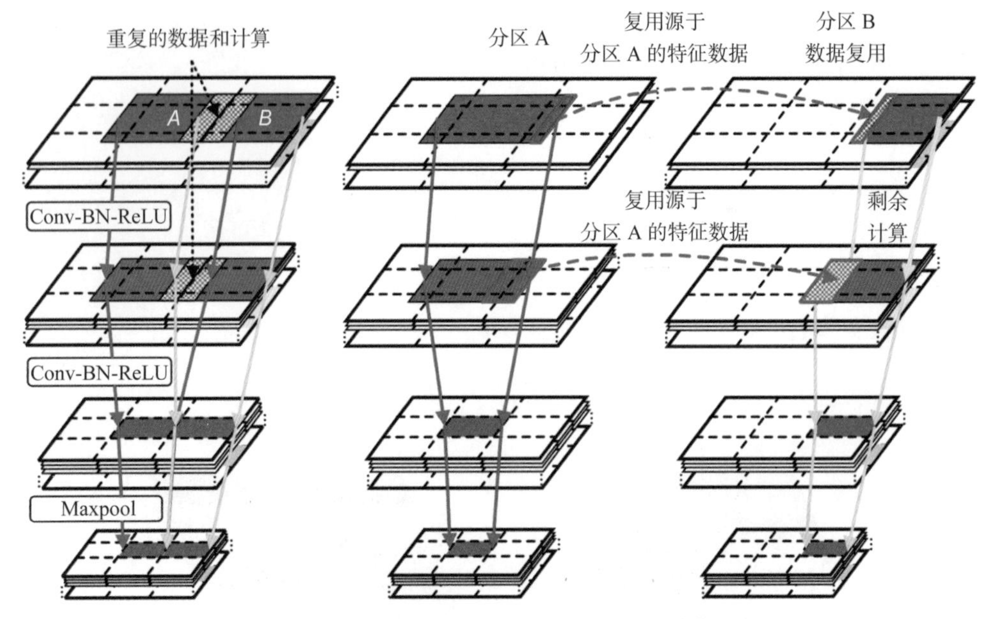

图 12-20　DeepThings 中的数据重用 [20]

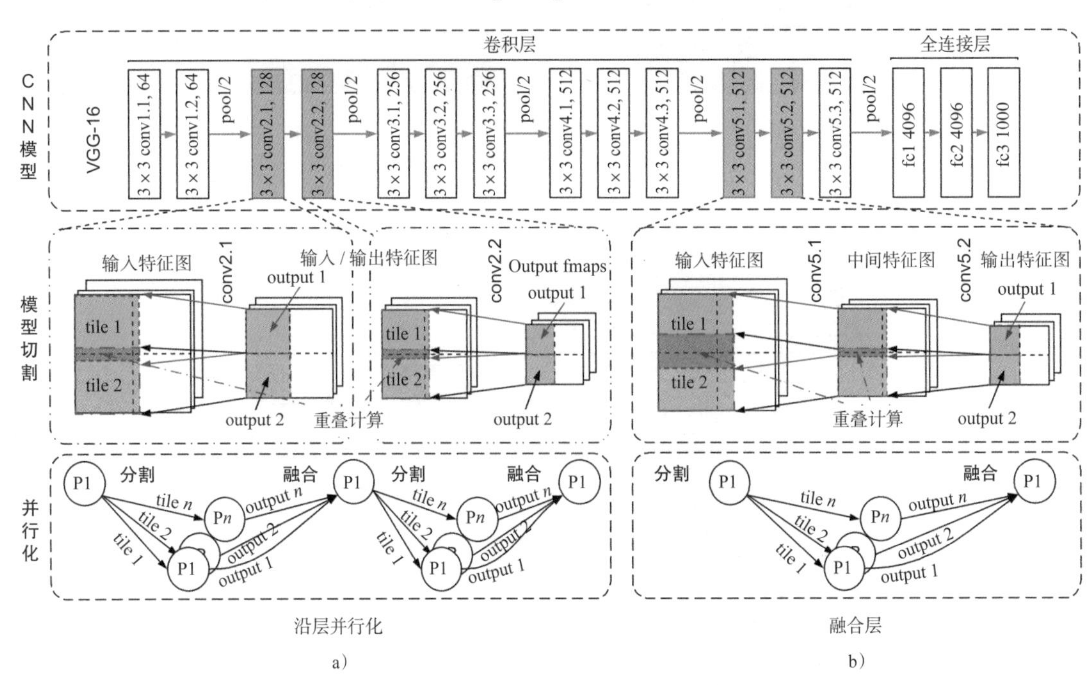

图 12-24　AOFL 中的混合切割 [22]

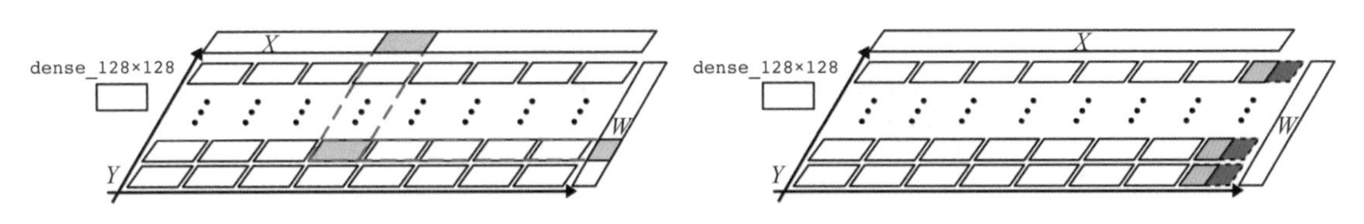

图 14-4　算子拆解加速示例

物联网核心技术丛书

边缘计算

一种应用视角

张 胜 钱柱中 梁 瑜 陆桑璐●著

机械工业出版社
CHINA MACHINE PRESS

图书在版编目（CIP）数据

边缘计算：一种应用视角 / 张胜等著 . —北京：机械工业出版社，2023.11
（物联网核心技术丛书）
ISBN 978-7-111-74254-8

I. ①边⋯ II. ①张⋯ III. ①无线电通信 – 移动通信 – 计算 IV. ① TN929.5

中国国家版本馆 CIP 数据核字（2023）第 222222 号

机械工业出版社（北京市百万庄大街 22 号 邮政编码 100037）
策划编辑：李永泉 责任编辑：李永泉 赵晓峰
责任校对：张婉茹 李 杉 责任印制：张 博
北京联兴盛业印刷股份有限公司印刷
2024 年 1 月第 1 版第 1 次印刷
186mm × 240mm · 22.25 印张 · 2 插页 · 494 千字
标准书号：ISBN 978-7-111-74254-8
定价：99.00 元

电话服务 网络服务
客服电话：010-88361066 机 工 官 网：www.cmpbook.com
010-88379833 机 工 官 博：weibo.com/cmp1952
010-68326294 金 书 网：www.golden-book.com

机工教育服务网：www.cmpedu.com

Foreword · 推荐序

计算平台发展从单机到网络，进而进入全球高度互联，而计算模型和计算方式则经历了从集中到分布，又会在更高的层次上集中、分布。这不是重复，而是随着算力、算法和数据积累的进步在螺旋式地持续发展。边缘计算就是在新的计算环境下，分布计算的新形态。

用章鱼来解释边缘计算是最恰当不过的。章鱼通常被认为是一种“智商很高”的无脊椎动物。章鱼的脑部仅含有 40% 的神经元，其余 60% 神经元则分布在八条腿上。章鱼的脚从不会缠绕打结，捕猎时灵巧迅速，这得益于其多个分布在脚上的“小脑”和一个大脑相配合的分布式计算模式。边缘计算的基本思想也是如此。

社会学研究指出，人类有效率的最大自然团体大约由 150 人组成。超过这个数字，大多数人就很难仔细了解其他成员的信息。从这个角度说，人类也是由无数个小规模自然团体所构成：基于团体内的智慧，通过团体内和团体间的协作，解决复杂的问题。

从网格计算到云计算，从桌面计算到对等计算，从普适计算到 IoT 计算，再到如今的边缘计算，各种计算范式层出不穷。边缘计算强调数据就近处理，实现了快速应用响应，能够缓解网络拥塞、降低云负载，并有益于隐私保护。它与云计算相辅相成，共同实现万物互联计算，促进算力网络演化。硬件技术的发展和新型应用需求的出现会不断催生出更多边缘原生应用。

本书详细讨论了边缘计算的历史、架构、方向与挑战，并结合作者在相关领域的研究，介绍了计算卸载、服务部署、视频分析、边缘协同、联邦学习等相关技术与最新进展。

本书作者与我在同一课题组中共事多年，长期从事分布式计算相关领域的研究。多年来，本书作者坚持脚踏实地、务实创新。本书能帮助读者理解边缘计算的核心技术和应用前景，并为有兴趣进入该领域研究工作的读者提供比较全面的基础。

南京大学计算机科学与技术系教授、CCF 杰出教育奖获得者 陈道蓄

2022 年 12 月

前言 · Preface

近几年，边缘计算在学术界和工业界受到广泛关注。边缘计算已延伸到我们日常生活的各个方面，支撑了智慧城市、智能安防、智慧交通等各种应用场景，很好地满足了生命健康、工业互联、国家基建等领域的迫切需求，是对未来具有深远影响的技术方向之一。

本书紧密结合当前边缘计算领域最新的发展趋势与研究成果，本着务实具体、详略得当、启发创新的指导思想，系统、全面地介绍了边缘计算的原理与应用，包括基本概念、架构原理、核心技术、主要研究方向与挑战，以及多个应用的最新研究进展。撰写本书时最艰难的选择，在于选择哪些应用视角来讲述边缘计算。最终，我们选择了计算卸载、服务部署、视频分析、模型推断、联邦学习等热门应用进行阐述。

本书的特点主要表现在如下几个方面：

- 全方位系统性介绍了边缘计算的原理。
- 深入剖析了边缘计算相关的应用研究问题，通过给出对各个问题的本质分析与思考，帮助读者更好地构建对边缘计算的认识。
- 引入了当前最新研究进展，使读者更深入、透彻地理解边缘计算。

本书可为物联网、人工智能、工业互联网、智慧城市、智能制造等领域相关的科研人员和IT从业者提供创新的应用视角，也可作为相关专业高年级本科生和研究生课程的教材。

本书由南京大学计算机软件新技术国家重点实验室组织编写，南京大学的研究生陈宁、陈彧、朱安东、施霄航、闫煜婷、马志、屠成鸿、单明慧、程方文、程珂、陆熠晨、魏世亨、苏尧以及已毕业的研究生金熠波、张帅和陈智麒为本书的编写提供了大力协助与支持，在此对他们的辛勤付出表示深深的感谢。感谢家人们对作者们的长久支持。

由于作者水平有限，书中错误在所难免，殷切希望读者批评指正。

张胜　钱柱中　梁瑜　陆桑璐

2022年11月

Contents · **目录**

CHAPTER 1 · 第 1 章

边缘计算概述

随着计算机技术的发展，社会生活中的计算场景与计算需求发生了显著的变化。在此过程中，计算机性能逐渐增强，网络带宽逐渐提升，计算机技术的应用场景不断扩大，几乎遍布社会生活中的每一个场景，计算形态也随之不断地发生变化。在计算机诞生之初的大型机时代，由于计算机稀缺且价格异常昂贵，计算通常被认为是集中在大型机上进行共享的分时运算。随着计算机的小型化，个人计算机的普及与个人计算机性能的不断提升，计算逐渐由大型机分散到个人计算机。之后，随着网络通信技术的飞速发展和计算需求的不断增大，个人计算机逐渐难以满足庞大的计算需求与复杂的应用需求，具有高计算量、大数据量的计算逐渐被迁移到云服务器中，计算再次趋向于中心化。如今，随着新一代通信与互联网技术的发展，人工智能、物联网等新技术的逐渐普及，网络中产生的数据量快速增大，应用对延迟的要求不断上升，云服务器的带宽与处理能力逐渐难以满足需求，云计算出现瓶颈。在此背景下，边缘计算便应运而生。

本章将介绍边缘计算的概念、特点、架构、核心技术、历史与现状，以及发展趋势等，使读者对边缘计算产生基本的认识，为阅读后文中的具体内容奠定基础。

1.1　边缘计算的概念

相较于传统计算模式，边缘计算是一种计算与存储更靠近数据源以提高响应速度并节省带宽的分布式计算模式。其中，靠近数据和用户并提供计算与存储资源的设备称为边缘设备。边缘设备既可以是部署在用户附近的通信基站、路由器、网关等网络设备，也可以是边缘数据中心、边缘服务器等计算设备，还可以是 IoT 设备、个人计算机、手机、智能穿戴等其他终端设备，如图 1-1 所示 [1]。

到目前为止，边缘计算没有一个统一的定义。在不同的角度上，不同的组织与机构给出了不同的定义，例如：

图 1-1　边缘计算涉及的设备

- 网络服务提供商 Cloudflare 指出，边缘计算是一种致力于使计算尽可能靠近数据源、减少延迟和带宽使用的网络概念。或者说，边缘计算意味着在云端运行更少的进程，并将进程移动至本地，如用户的计算机、IoT 设备或边缘服务器等。此外，将计算放到网络边缘可以最大限度地减少客户端和服务器之间所必须进行的长距离通信量 [1]。
- 前高通副总裁 Karim Arabi 指出，边缘计算就是发生在云之外的网络边缘的所有计算；更具体地说，是在网络边缘进行的实时数据处理。在这个定义中，云计算操作大数据，而边缘计算操作实时数据 [2]。
- 中国边缘计算产业联盟（Edge Computing Consortium，ECC）认为，边缘计算是在靠近物或数据源头的网络边缘侧，融合网络、计算、存储、应用核心能力的开放平台，就近提供边缘智能服务，满足行业数字化在敏捷连接、实时业务、数据优化、应用智能、安全与隐私保护等方面的关键需求 [3]。

可见，由于不同的个人或组织看待边缘计算的角度不同，它们对边缘计算的理解也存在一定的差异。总结以上定义的共同点，本书认为，边缘计算是一种计算范式，将资源和数据部署在靠近用户或数据源的网络边缘，以提供低延迟、高实时性的数据服务，并降低云端的负载与网络带宽的消耗。

1.2　边缘计算的主要特点

在边缘计算中，计算资源与数据通常被部署在边缘设备。表 1-1 对云计算与边缘计算的部分特点进行了对比。通过表 1-1 的对比可以发现，边缘计算相对于云计算具有高安全性、低延迟、低消耗与高吞吐量等特点。本节将对这些特点进行详细描述。

表 1-1　云计算与边缘计算部分特点对比

项目	计算位置	带宽消耗	延迟	计算模式
云计算	云端，物理距离较远	较高	较高	大数据量、大规模、集中式处理
边缘计算	边缘，物理距离很近	较低	较低	较小数据量、小规模处理

1.2.1　高安全性

一般而言，在传统的云计算模式中，用户需要上传所有数据到云服务器中统一处理，可能包含部分敏感信息。在传输信息的过程中，存在数据丢失、数据泄露等风险。尽管采用加密方法与验证机制可以在一定程度上保证传输的完整与安全，但是仍然存在着安全与隐私方面的风险，例如，账号密码、商业机密等敏感信息可能会被泄露。

在边缘计算模式中，计算任务由边缘计算节点完成，因此数据的处理是本地的，不需要上传到云端，也不需要经过主干网，从而可以避免网络传输过程导致的安全与隐私方面的风险，更好地保证用户数据的安全性和隐私性。在受到攻击时，由于数据是分散处理的，因此只会影响到被攻击节点的本地数据，而不会像传统云计算模式一样，在网络服务器受到攻击时，所有数据均会受到影响。

1.2.2　低延迟

对传统的云计算模式来说，随着近年来数据量的快速增长，网络服务器的运算能力与网络带宽逐渐成为瓶颈，难以应对日益增长的计算需求。同时，随着技术的发展与时代的进步，部分应用的实时性要求不断增强。云计算模式中，网络服务器与终端间通常具有较长的物理距离，导致云计算模式具有较高的物理延迟，在部分高实时性要求的场景中难以满足业务需求。

与传统的云计算模式相比，边缘计算在响应速度与实时性方面更加具有优势。边缘计算中计算节点更靠近数据源，数据存储与计算任务可以在边缘计算节点中进行，减小了中间数据传输的过程，因此带来相对于云计算模式更低的物理延迟。云计算模式强调将计算贴近用户，为用户提供更好的智能化服务，提高数据传输的性能，保证数据处理的实时性。边缘计算模式可以为用户提供多种快速响应服务，尤其是在近年来较为热门的自动驾驶、智能制造、视频监控等实时性高、数据量大的领域中，快速响应更加显得尤为重要。

1.2.3　低消耗与高吞吐量

在传统的云计算模式中，待处理的数据需要全部上传到网络服务器中进行处理 [4]。随着数据规模的不断增大，云计算中心的网络带宽压力逐渐增大，产生瓶颈；同时远距离的数据传输意味着更大的能量消耗与费用。

在边缘计算模式中，待处理的数据通常不需要上传到网络服务器，而是上传至边缘计算节点，因此极大降低了中心网络负载、能耗与成本。边缘计算相对来说是小规模的，在生产活动中，企业可以通过利用边缘计算降低数据处理的成本。总体来说，边缘计算减少了网络中需要传输的数据量，从而减少了传输成本，降低了能耗与成本，提升了计算效率。

1.3　边缘计算的架构

随着万物互联概念的兴起与 5G 等通信技术的发展，边缘计算被认为是继物联网与人工智能之后的下一代通信网络关键技术之一。边缘计算通常涉及传统云计算中心节点、边缘设备和终端设备等实体，即“云 – 边 – 端”三类实体。边缘计算架构关注如何有效组织云、边、端三类实体的结构、运行与管理方式，从而实现高效的计算。本节将简要介绍边缘计算的一般结构、边缘计算产业联盟提出的边缘计算参考架构以及目前使用较为广泛的 EdgeX Foundry 边缘计算框架。

1.3.1 边缘计算的一般架构

边缘计算的系统架构根据计算模式、边缘服务器接入方式、通信方式等的不同，分为云 – 边 – 端架构模式、边 – 端架构模式、多接入模式等多种架构模式。目前，云 – 边 – 端架构模式在一定程度上，被认为是对目前所广泛使用的传统云计算模式的改进，在目前的边缘计算场景中应用最为广泛。本节将从此模式入手，介绍边缘计算的一般架构。

在云 – 边 – 端架构中，从网络中心到边缘可划分为云计算中心层、边缘层、终端层，如图 1-2 所示。

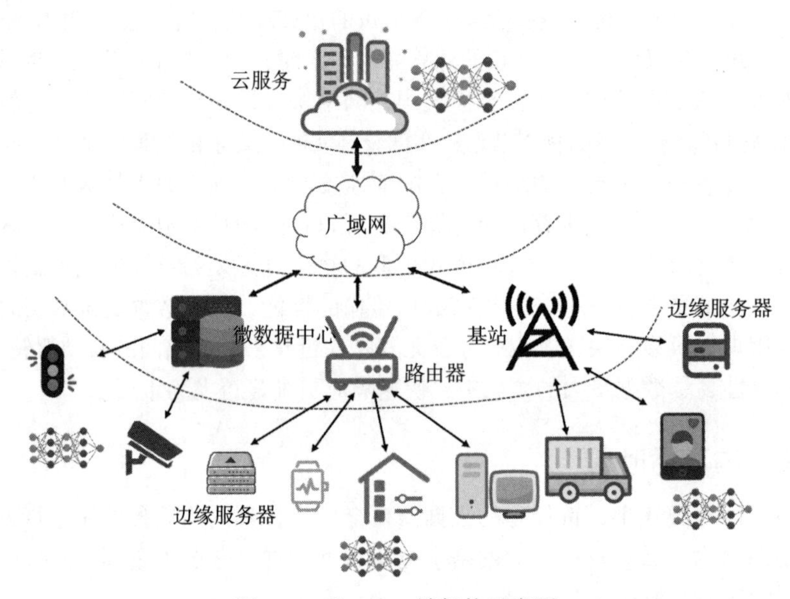

图 1-2　云 – 边 – 端架构示意图

1. 终端层

终端层由连接到边缘网络的各类设备组成，包括互联网电视、个人计算机、智能手机、传感器、智能汽车、摄像头等移动设备与物联网设备。在终端层，设备不仅是数据的消费者，也是提供者。部分终端拥有对数据的处理能力，但更多的情况下，为了减少终端服务延迟，终端层通常更多考虑数据的感知，即原始数据的获取，而不过多考虑终端设备的计算能力。终端层上数量巨大的终端设备收集原始信息，并上传原始数据或简易处理过的数据至边缘层，由边缘层对数据进行处理，并确定运算策略。

2. 边缘层

边缘层是三层体系结构的核心。边缘层位于网络的边缘，由广泛分布在终端设备与云计算中心之间的边缘计算节点组成。边缘层通常包含基站、接入点（Access Point，AP）、路由器、交换机、网关以及边缘服务器等。边缘层支持终端设备向下接入，对终端设备上传的数据进行存储与计算，并与云端相连，将需要云计算中心处理的数据以及自身性能无法处理的任务递交给云计算中心，以满足计算需求。由于边缘层离用户的距离近，因此边缘计算具有较高的实时性，更适合进行实时数据分析与处理，比传统云计算模式更高效、安全。

3. 云计算中心层

在云－边－端架构中，云计算中心层仍然是整个体系中计算能力最强的数据处理单元。云计算中心层由大量高性能服务器与存储设备组成，具有强大的计算与存储能力，在日常运营维护、业务决策支持、非实时模型训练等需要大量数据、高计算量的场景中可以很好地发挥作用。云计算中心层可以存储边缘层上传的数据，也可以完成边缘层无法处理的分析任务、整合全局信息、高计算量与高数据量计算等处理任务。此外，云计算中心还可以使用控制策略动态调整边缘计算层的部署策略与算法，以提高整个系统的运行效率、降低时延与运行成本。目前，边缘计算的动态调整策略仍是学术界较为关注的研究方向。

1.3.2　边缘计算参考架构 3.0

由华为公司、中国科学院沈阳自动化研究所、中国信息通信研究院等知名企业与研究机构发起的边缘计算产业联盟于 2018 年 12 月提出了边缘计算参考架构 3.0（Edge Computing Reference Frame 3.0）。该参考架构采用了基于模型驱动的工程方法，提出对数字世界与物理世界模型化时需要完成以下四个目标：

- 在物理世界与数字世界之间建立一个实时系统认知模型，以实现物理世界与数字世界的协作。
- 基于建模方法建立各垂直行业间可重用的知识模型系统，以完成跨产业的生态合作。
- 基于模型的接口实现系统对系统、服务到服务的交互，实现软件接口与开发语言的解耦，降低系统异构性，简化跨平台移植。
- 可以有效支持开发服务、部署操作、数据处理和安全等系统生命周期活动。

边缘计算产业联盟提出的边缘计算参考架构 3.0 以多视图的方式从不同角度呈现边缘计算的参考架构，通过多层透视图展示各层功能。整体架构图如图 1-3 所示。

边缘计算参考架构 3.0 的底层为一个连接整个框架的服务层，包括管理服务、数据生命周期服务与安全服务。其中，管理服务提供一致的管理、操作整个框架的功能，并向管理平台提供系统信息。数据生命周期服务提供数据的预处理、分析、分发、执行、可视化与存储提供集成管理服务。安全服务可以通过业务编排定义数据全生命周期的业务逻辑、灵活部署与数据优化服务，满足业务的实时性需求。安全服务覆盖边缘计算架构的各个层次，适应边缘计算的特定架构，利用统一的安全管理与感知系统，保证架构的安全可靠运行。从垂直结构上看，模型驱动的统一服务框架位于框架的顶端，实现服务的开发与部署。

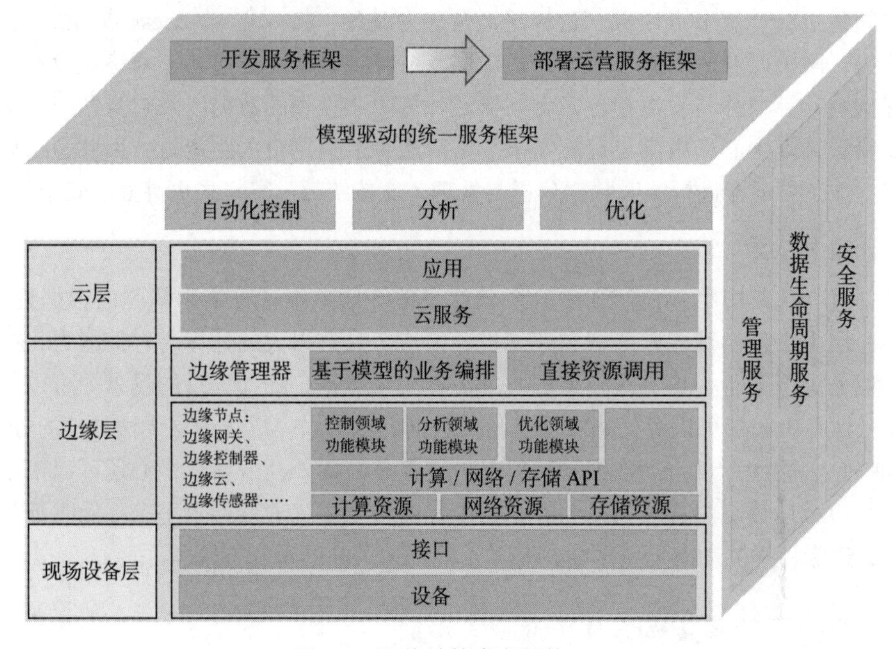

图 1-3 边缘计算参考架构 3.0

边缘服务架构中的云数据中心层、边缘层和终端层分别对应边缘计算参考架构 3.0 中的云层、边缘层和现场设备层，其中边缘层包含边缘管理器与边缘节点。边缘节点是承载边缘计算业务的实体硬件，边缘管理器使用软件对边缘节点进行统一管理。根据硬件特点与服务类型，边缘计算节点可以分为用于处理与转换网络协议的边缘网关、用于控制实时闭环服务的边缘服务器、用来处理大批量数据的边缘云、用来处理低成本信息的手机与边缘传感器等，将边缘计算层的设备抽象为计算设备、网络设备、存储设备。框架使用计算、网络、存储 API 实现通用功能的调用，利用控制、分析与优化模块实现上下两层的信息传输和局部边缘资源的规划 [3]。

边缘计算参考架构 3.0 提供了从终端到云的四种业务开发框架，包括轻量级计算系统、实时计算系统、智能分布式系统与智能网关系统。

1.3.3 EdgeX Foundry

面向物联网边缘计算的通用开放框架 EdgeX Foundry 是一个由 Linux 基金托管的开源项目。该框架托管在一个完全独立于硬件和操作系统的参考软件平台上，是一个支持即插即用的组件生态系统，以统一物联网边缘的计算开放平台，并加快解决方案的部署。图 1-4 展示了 EdgeX Foundry 的愿景：为工业互联网边缘计算提供一个可以支持任意异构组件、与硬件或环境解耦的、灵活统一的微服务架构，实现设备、传感器等物联网对象和其他物联网对象的交互。

图 1-5 展示 EdgeX Foundry 的架构。可以从图中看出，“南向”包含了所有直接和边缘网络通信的边缘网络应用设备，“北向”包括云计算中心和云计算中心的通信网络。“南向”是数据的来源，“北向”从“南向”收集数据，并对数据进行存储、集成与分析。EdgeX Foundry 位于“南向”与“北向”之间，由一组微服务组成，这些微服务分为四个服务层和两个底层增强服务。

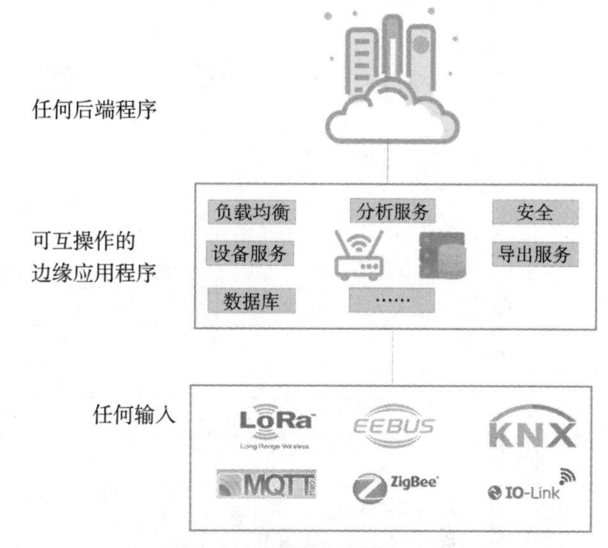

图 1-4　EdgeX Foundry 愿景

从垂直的角度看，软件工具开发包 (Software Development Kit, SDK) 由设备服务层提供，用于与“南向”建立数据链路。设备服务层将转化来自设备的数据，并将其发送至核心服务层。同时，设备服务层还可以从其他微服务接收命令并将其传递给设备。EdgeX Foundry 支持多种访问方法，包括消息队遥感传输协议（MQTT）、虚拟（virtual）设备和低功耗蓝牙（BLE）。

处于架构中心的核心服务层是实现边缘计算的关键。核心服务层由四个微服务组件组成：核心数据、指令、元数据、注册与配置。核心数据服务为设备数据提供存储与管理服务。指令服务负责将设备文件中的操作命令定义为通用 API、缓存与管理命令，并可将云计算中心的需求传递到设备端。元数据服务负责设备与服务系统的配对。注册和配置服务为其他微服务提供配置信息。

支持服务层用于提供边缘分析和智能服务，并为框架本身提供规则引擎、时序安排、提醒与消息和其他服务等。

应用服务层可以与云计算中心连接，向云计算中心传输数据，保证 EdgeX Foundry 的独立运行。在应用服务层，客户端注册服务，记录后端注册系统的相关信息，分发服务将对应的数据导出至指定客户端。

与边缘计算参考架构 3.0 类似，EdgeX Foundry 架构也有一个贯穿整个框架的基础服务层：管理服务与安全服务。管理服务提供安装、升级、停止、启动和监视 EdgeX Foundry 操作等功能，并提供其他管理服务。安全服务中的组件用于保护数据不受设备和操作的伤害，包括密钥保存、反向代理在内的安全服务。

总的来说，EdgeX Foundry 架构可看作一个为了简化以及标准化工业物联网而开发的边缘计算框架。它提供了一个可操作的开源平台，所有的微服务都能以容器的形式运行在各种操作系统上，并支持动态增加或减少，具有很强的可扩展性。目前，EdgeX Foundry 的应用领域已经涉及零售、制造业、能源、交通、城市建设等多个行业领域[5]。

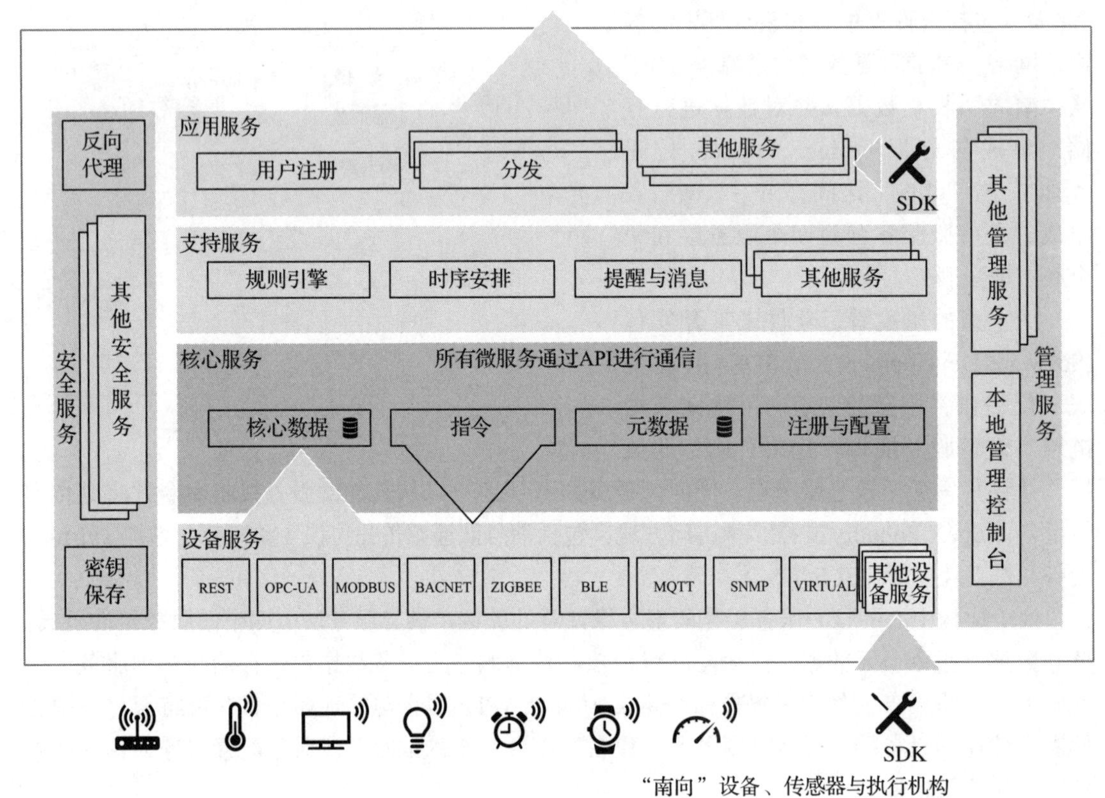

图 1-5　EdgeX Foundry 架构图

1.4　边缘计算的核心技术

在云计算架构中，数据中心是资源的拥有者和控制者，用户按需申请资源。用户数据被上传到数据中心进行计算和处理，数据中心最后通过网络向用户发送处理结果的反馈。然而，在边缘计算的架构中，边缘节点具备一定的计算与存储能力，因此用户不需要完全依赖数据中心。有了这种组织架构，现有的计算、网络和存储的关键技术将发生重大变化。本节总结归纳边缘计算发展过程中的几项核心技术，包括核心计算技术、分布式存储技术、网络技术、虚拟化与隔离技术以及安全和隐私保护等。

1.4.1 核心计算技术

资源集中且充裕的云计算架构有着相对成熟的计算模型，然而在边缘计算架构中，不同边缘节点的体系结构和计算能力之间存在显著差异，本小节展示了一些关键的计算技术性难题和策略，如智能任务调度策略、异构节点上的计算。

1. 智能任务调度策略

对于分布式计算模型，如何大规模地动态部署计算和存储资源，以及如何实现边缘设备之间的高效协作和云－边无缝连接是一个具有挑战性的难题[6]。分布式计算的持续发展产生了许多将任务在不同地理位置上进行分割执行的技术，然而，由于边缘节点的异构性等因素，基于任务分割的计算模式在边缘计算下较难实现。因此，边缘计算环境要求有新的调度策略将分割后的任务合理地分配到每个计算节点。一种理想的策略是边缘设备能完全智能地决定何时采用哪些边缘计算资源以及对哪些数据进行处理。

另一个问题是如何确保边缘节点在做额外计算的同时依然可靠。例如，如果一个基站过载，与其相连的终端设备很可能会受到影响。因此，边缘节点的运行需要被智能地感知并调控，通常认为，只有采用能同时控制云端、设备和信道的技术，在云端和边缘设备之间高效执行一个较为复杂的任务才能实现。

2. 异构节点上的计算

随着支持通用计算的边缘节点的增加，对开发框架和工具链的需求也不断提高。程序设计模式需要借助边缘节点支持任务或数据的并行处理，并在不同层次的硬件设备上做计算；编程语言也需要考虑异构的硬件和工作流程中异构计算资源所带来的问题。而容器化技术趋于成熟，移动容器可以先在多种虚拟设备中对硬件进行复用，且能提供与本地硬件相同的性能，并且能在异构平台上迅速做应用部署，因而容器化技术为异构节点上的计算提供了极大的便利。

1.4.2 分布式存储技术

一般认为，随着计算机处理器性能的快速提升，处理器与存储器间的速度差异已成为限制计算机系统性能的关键因素之一。边缘计算系统在数据存储和计算方面具有很强的实时性需求，存储器需要具有低延迟、大容量、高容错率等特点。已有的分布式存储架构非常适用于中心化的云计算系统，而随着边缘计算的深入发展，算力更多地被边缘共享。将来的操作系统，尤其是边缘上的本地文件系统，将更专注于为计算服务。从以存储为中心的机制到以计算为中心的机制的转变，是对现有的存储系统的设计思想的一种颠覆。边缘计算中的数据存储技术需要考虑以下几个方面的问题。

1. 数据分布

数据分布是设计分布式存储系统之初就必须要考虑的问题，一些典型的数据分布算法，如分布式哈希表（Distributed Hash Table，DHT）、一致性哈希算法等，将数据分割后公平地分配到各个节点上，这样的数据分布能够平衡云计算中心计算节点的算力。然而，对于边缘节点参与的计算模型，数据需要存储在对其进行处理的节点上，而不是随机的位置。边缘计算更为关注减少计算延迟而不是数据均衡。

2. 数据一致性

典型的分布式场景下，数据有多份拷贝，这些拷贝可能会被同时读写，因此数据一致性问题始终存在，并引起了广泛的关注和研究。在边缘计算中，获取数据的是边缘设备而不是终端用户，因此不需要传统的一致性机制，而是采用新的架构。边缘数据库是地理分布式的多主节点数据平台，使用免协调的方式支持多个边缘位置。边缘数据库使用不需要集中的共识形式，也不需要重组云应用来进行扩展，能够在保证数据一致性的同时，多个节点实时地同步到共享的真实版本数据。

3. 新存储硬件上的软件

分布式计算是对延迟敏感的计算模型，尤其在互联网和嵌入式应用中，大的趋势是将存储介质由机械硬盘替代为其他非易失存储器（如 PCRAM、NAND Flash、RRAM 等）。然而，当前的存储系统更多地基于机械硬盘进行设计开发，其设计理念不能充分发挥新型非易失存储器的全部性能。随着边缘计算技术的持续发展，高速节能的非易失存储介质将更多地部署在边缘节点上，因此适配新型非易失存储介质的存储系统将成为一项关键技术。

1.4.3 网络技术

边缘计算把一部分计算和数据存储任务部署到更靠近数据源的设备上，甚至将整个计算任务分配到数据源至云计算中心的数据传输路径的某一个节点上，这种计算部署方式对网络结构提出了更为严格的要求。

1. 服务发现

边缘计算环境下，计算服务的请求者所在的网络环境在时间和空间上会产生较大的变化，而请求者如何得知周边的服务环境是边缘计算所面临的核心问题之一。传统的服务发现机制基于 DNS 协议，主要适用于静态服务或地址变化较少的服务场景。当服务发生变化，DNS 服务器需要进行域名同步，同步的过程会产生网络波动，所以 DNS 服务器无法应用在动态性较强的边缘计算环境中。

2. 快速配置

边缘计算环境下，用户可能动态加入或退出边缘环境，同时其计算设备也会进行动态的注册和注销，因此计算服务需要进行动态迁移，而迁移的过程会产生大量的突发流量。相比于较为封闭的云计算中心，公网中的网络环境要复杂得多，应对突发流量的弹性也容易受到宽带的限制。因此，实现设备服务的快速配置，是边缘环境下的重要技术之一。

3. 负载均衡

在边缘计算中，大量数据由边缘设备产生，而边缘服务器也提供了大量的资源。根据网络状况和边缘服务器的分布，如何动态地调整和调度计算任务及边缘服务器的计算资源，以达到负载均衡并高效地完成计算任务，是边缘计算模型中的一个关键问题。对此，最简单的解决方案是将所有计算服务均部署到所有中间节点上，但这对边缘设备的算力的要求很高，且造成了服务的大量冗余。在建立从边缘设备到云计算中心的服务路径的过程中，首先要解决的问题是如何寻找服务来建立计算路径。命名数据网络（Named Data Networking，NDN）[7] 将数据和服务做命名寻址，并结合 P2P 与中心化进行自组织。将 NDN 应用到边缘计算中，进行计算服务和数据的命名，从而完成数据的关联流动，或者可以解决计算路径中的服务发现问题。

边缘计算使得网络瓶颈由计算中心的主干网络向边缘节点迁移，在该场景下，边缘服务器的内外交互迅速增加，这使得传统的 TCP/IP 技术难以满足严苛的网络需求。面对这些问题，远程直接存储器访问（Remote Direct Memory Access，RDMA）和 InfiniBand 等成了边缘计算中网络加速的一些关键技术。RDMA 技术的示意图如图 1-6 所示。基于 RDMA，数据能直接通过网络传输到一台设备的存储区，这意味着数据可以迅速地由一个系统转移到另一个远程系统的内存中，而且对计算设备的处理能力要求较低。这种技术避免了在外存上的数据拷贝和交换操作，从而可以节省存储带宽和 CPU 时钟周期数，提高了系统的整体性能 [8]。InfiniBand 是一种能处理并行链接的电缆交换技术。InfiniBand 拥有高带宽、低延时以及高可扩展性等特点，非常适用于服务器与服务器、服务器与存储设备以及服务器与网络之间的通信。将 InfiniBand 应用于边缘计算环境，能在保证节点之间通信效率的同时，提供优良的可扩展性。

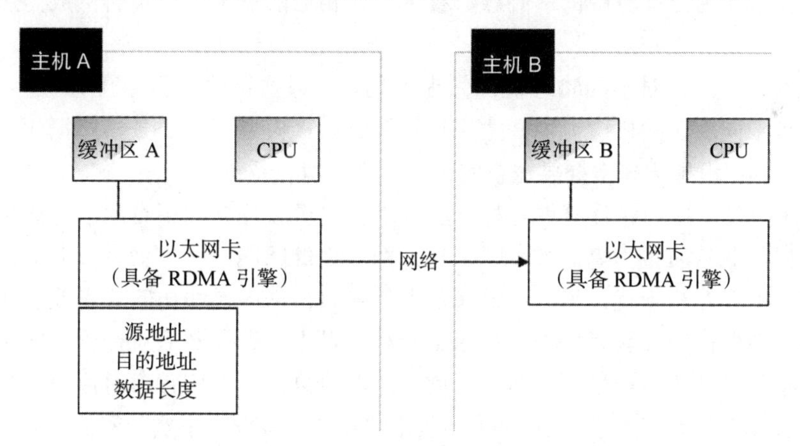

图 1-6　RDMA 技术示意图

注：CPU 驱动具有 RDMA 引擎的以太网卡（RNIC），RNIC 传输相应数据，并在传输完成后告知 CPU，实现一个主机内存对另一台主机内存的直接访问

1.4.4　虚拟化与隔离技术

边缘计算的应用场景广泛，因而边缘节点类型和用户类型极为多样，产生的边缘服务也

较为不固定。一方面，不同用户在特定场景下向不同的边缘节点卸载其任务和用户数据。在此情况下，从安全与隐私的角度，用户任务之间必须互相不可见，相互透明，不能泄露用户隐私数据；从边缘设备的运行环境来看，不同类型的计算任务通常依赖不同的运行环境，为了确保所有边缘服务正常运作，各运行环境需要彼此隔离，避免各种依赖之间发生冲突。另一方面，必须考虑对边缘服务器计算资源的利用。由于边缘服务器的资源相比云计算中心而言非常有限，因此需要更加合理地分配、调度和管理边缘服务器上的有限资源，以更高效地完成计算任务。

虚拟化技术能够较好地解决以上问题，为卸载来自多个用户的计算任务提供独立且互相隔离的运行环境，并在此基础上有效地提高边缘服务器上有限计算资源的利用率，对边缘计算性能的整体提升起到了关键作用。

虚拟化技术是一种资源管理和分配技术，作为云计算中的核心技术之一，虚拟化技术为云计算提供了灵活的资源分配和调度的能力。利用虚拟化技术，云计算服务可以将各类计算资源抽象为资源池，将 CPU、存储器等计算资源抽象为另一种形式，实现离散化，确保资源和运行环境的隔离性，并且能够灵活地完成对资源的申请和释放，因此极大提高了计算资源的利用率，为众多用户提供快捷的服务。与此同时，虚拟化技术为各计算任务提供了彼此隔离的运行环境，使得各用户的计算任务并行不悖，既保证了各环境中的依赖关系不会发生冲突，还能让彼此不可见，保护了用户数据隐私和程序代码的安全性。如同云计算，边缘计算服务也要利用有限的计算资源为众多边缘用户提供服务，也需要对边缘服务器的资源进行管理。虚拟化技术作为云计算中的一种核心技术，在相似的需求下，也自然成为边缘计算的核心技术之一。

虚拟化概念广泛，对不同物理资源做虚拟化，可以实现诸如网络虚拟化、内存虚拟化、存储虚拟化等不同层次的概念。而在边缘计算及云计算模型下，服务器虚拟化是我们主要讨论的内容，即利用虚拟化技术提供完整的程序执行环境或系统。

隔离技术也是支撑边缘计算的一种核心技术。边缘服务器利用有效的隔离技术实现服务的可靠性并提高服务质量。隔离技术通常考虑两方面的问题，一方面是资源的隔离，应用程序的运行过程不会互相干扰；另一方面是数据的隔离，程序无法访问或篡改不属于它的内存或数据。在复杂的边缘计算环境中，如果某一程序发生错误导致系统受到影响，进而干扰到其他程序的正常运行，将产生严重后果；此外还需要第三方应用程序对用户隐私数据的访问权限。目前云计算环境下主要用 Docker 容器化和虚拟机等方案来实现资源之间的隔离性，边缘计算对隔离性的需求与此类似，因此可以借鉴云计算中运用的技术，探究适用于边缘计算场景的隔离技术。

在云计算平台中，Docker 采取具有容器分层镜像结构的存储驱动，允许开发者将应用程序及其依赖打包到一个轻量级、可移植的环境中，并将其发布在服务器上运行，也能保证应用程序和运行环境之间的隔离，借此实现虚拟化。在边缘计算环境中，Docker 容器化技术可以提供更快的部署速度、更轻量的镜像空间占用以及高性能和容错力[9]。除了使用容器的隔离技术外，也有一些其他的研究，例如 Nam 等人提出了一种轻量级的调度器 EdgeIso[10]，通过周期性地监控资源竞争，增量地实施多种隔离技术来减缓这些竞争，以此实现用户任务之间的服务器级别约束，能够动态隔离运行在边缘设备上的各程序。

1.4.5 安全与隐私保护

安全与隐私是云计算和边缘计算中的基本要求，需要采用端到端的保护。边缘计算作为信息系统下的一种新型计算模式。信息系统中普遍存在的安全问题在边缘计算系统下也很普遍，常见的信息系统安全问题有信息安全、网络安全及系统安全等。除了共性的安全问题，边缘服务器的自身安全问题不容忽视。虽然边缘计算避免了将用户数据上传到云端，降低了泄露隐私数据的可能 [11]，但由于边缘设备与用户侧更近，也存在被攻击者入侵的潜在可能。异构和分布式的边缘节点也导致统一管理十分困难，也就造成了一系列新的安全和隐私泄露问题。

在边缘计算下，仍可采用传统的安全与隐私保护方案，例如利用密码学中的加密算法对信息安全进行保护、通过访问控制策略保证网络资源不被非法访问或非法使用。不过，通常要对传统策略做一定的调整，以适应边缘计算的工作环境。

此外，新兴的安全与隐私保护技术不断被开发，这些技术也能经过适当调整应用到边缘计算中，增强系统的安全性，硬件协助下的可信执行环境（Trusted Execution Environment，TEE）[12] 就是一个很好的例子。TEE 是内存中 CPU 加密的独立私有区，用来在硬件级别上保护数据安全。当敏感数据位于安全区内时，未授权的实体无法修改、删除它们或增加其他数据，安全区域的内容对外部不可见且无法访问，以此来对抗内部和外部的威胁，因此 TEE 保证了数据完整性、代码完整性以及数据保密性。TEE 给予了开发者对应用安全的完全控制权，即使在操作系统或应用本身受到威胁时仍能保护敏感数据和代码的安全。因此，将应用运行于 TEE 中，并对外部存储做加解密操作 [13]，可在边缘节点受到攻击时，依旧保证数据的安全性。

1.5 边缘计算的历史与现状

随着大数据、云计算、物联网、人工智能等技术的迅速发展，互联网产业正发生着巨大的变革，这些变革也催生了新的计算模型。当下，随着 4G/5G 无线网络和物联网技术的迅速发展，万物互联的概念成为物联网基础上新的互联的构建模式，其相较于物联网的“物”与“物”的联结，突出了更高层次的“人”与“物”之间的交互，赋予了物联网中的设备更强的计算能力和感知能力。

由于万物互联的迅速发展，边缘设备逐渐由单一的数据生产者的角色转变为同时具有数据生产者和消费者的混合角色，边缘设备逐步具备了对其采集到的数据进行智能处理的能力。这种能力在当下爆炸式增长的边缘数据的前提下，为节省边缘设备到云计算中心的单一计算资源之间的数据通信量、提高数据处理性能以及降低能耗等方面提供了新的可能。为了解决数据传输、存储和计算的过程中传输带宽占用过大和单一云计算资源的计算负载方面的问题，学术界和工业界探索了怎样在靠近数据生成的边缘设备上进行数据处理，也就是如何将计算任务从数据中心向网络边缘进行迁移。本节尝试按照这些新技术的诞生顺序来介绍这些典型的计算模型，同时对边缘计算技术的发展现状做相应的介绍。

1.5.1　分布式数据库

分布式数据库结合了数据库技术与网络技术。随着大数据时代的到来，数据类型和数据量的迅速增长使得分布式数据库技术成为当下数据存储和处理的常用核心技术。分布式数据库是将数据存储在不同地理位置的数据库，它可以存储在位于统一物理位置的多台计算机（如数据中心），或者分散在互联的计算机网络上。与处理器紧密耦合并构成单个数据库系统的并行系统不同，分布式数据库系统由松散耦合的站点组成，因此可以利用多个站点来共同完成一件事务，从而提高用户对数据访问的效率。

分布式数据库可分为异构系统和同构系统，图 1-7 和图 1-8 分别描述了两者模型结构的差异。异构分布式数据库部署在具有不同硬件、操作系统、数据库管理系统及数据模型的环境中，而同构分布式存储系统运行在多台具有相同软硬件的机器上，且具备单一的访问接口。按照数据的组织形式不同，分布式数据库又可以分为关系型数据库、非关系型数据库、基于 XML 的数据库和 NewSQL 分布式数据库等。

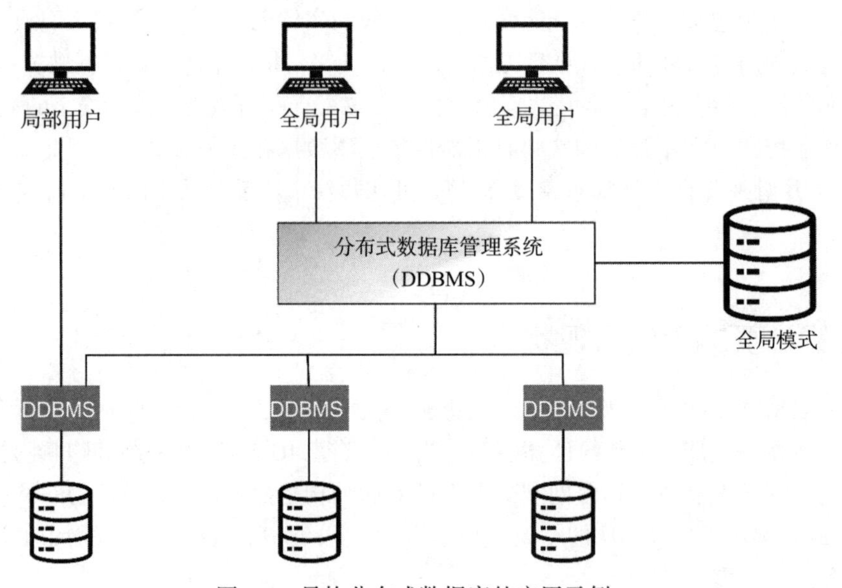

图 1-7　异构分布式数据库的应用示例

与边缘计算模型相比，分布式数据库主要实现了数据的分布式存储和共享，更加侧重大规模的数据存储和确保一致性的高效事务处理，提供了巨大的存储规模和广阔的共享范围，但通常不会额外关注数据在异构设备上的计算处理以及数据的存储和计算之间的分布关系。边缘计算中数据的共享范围有限，具有更高的隐私性和局部性，利用异构的边缘体系结构去支持多种类型的服务应用将是边缘计算面对大数据处理的基本思路。

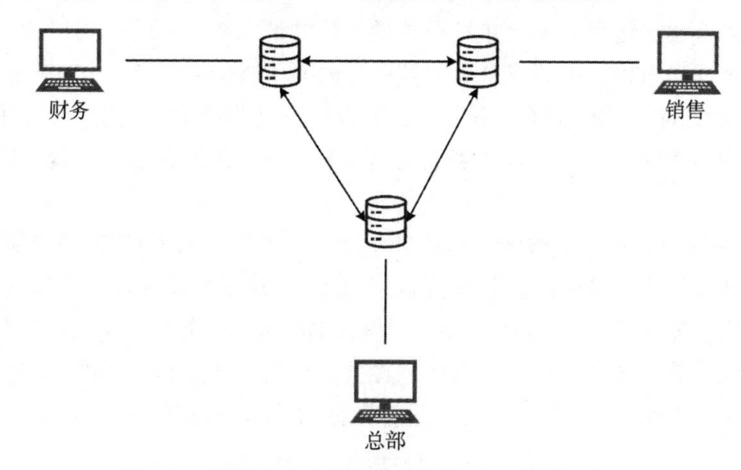

图 1-8　同构分布式数据库系统的应用场景示例

1.5.2　内容分发网络

边缘计算的历史可以追溯到 20 世纪 90 年代末的内容分发网络（Content Delivery Network，CDN），CDN 是代理服务器及其数据中心的地理分布网络，其目标是在空间上为终端用户分配资源来提供高可用性和高性能的服务。CDN 由 Akamai 公司于 1998 年提出，通过部署在网络边缘的缓存服务器来提高远程站点的获取和下载数据的速度并降低访问延迟，因此 CDN 得到了学术界和工业界的关注并快速发展。此后，Karbhari 等人基于 CDN 提出了新的网络模型，称其为主动内容分发网络（Active Content Delivery Network，ACDN）[14]，通过设计一系列算法，根据系统需求在不同服务器之间迁移应用，实现对资源位置的动态分配。

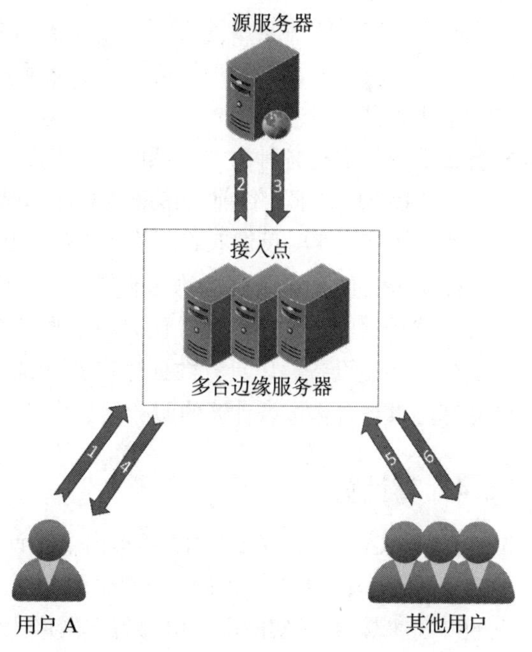

图 1-9　内容分发网络工作示意图（见彩插）

CDN 的工作方式可以如图 1-9 所示，其中绿色和蓝色箭头分别代表请求和响应，箭头上的数字代表请求或响应发生的次序。首先，用户 A 通过 Web 请求自己所需的数据或文件，CDN 会将这一请求发送到效率最高的接入点，这个接入点往往也是地理位置上最为接近用户 A 的。如果接入点中的边缘服务器上均没有该数据的缓存，那么将该数据的请求发送给其上游的源服务器，然后源服务器向接入点中的一台边缘服务器返回相应的文件或数据。这台边缘服务器将数据缓存下来，并发送给最开始的请求者，也就是用户 A，而边缘服务器会根据其缓存数据的 HTTP 头部信息确定其存活时间（Time To Live，TTL）。其他用户可以通过与用户 A 相同的方式请求同一份文件或数据，若这些请求被重定向到相同的接入点中，且数据的 TTL 还未过期的话，边缘服务器将直接从缓存中返回，以此实现快速反馈的良好用户体验。

CDN 的大规模部署催生了边缘计算的概念，一些大公司利用 CDN 边缘服务器对 Web 内容进行分发，从而使用户能够通过距离更近的 CDN 边缘服务器获取可用资源，加速 Web 应用的访问。早期边缘计算中的"边缘"被认为是 CDN 缓存服务器，功能也只有简单的内容分发，而如今边缘计算的概念远超这个范畴，囊括了从用户数据到云计算中心的路径上的所有计算、网络和存储资源，边缘计算也更侧重于数据的计算和处理等任务。

1.5.3 移动边缘计算

网络中的多种设备（如智能手机、智能手表、无线传感器等）在万物互联的设计下能够实现相互连接，但多数网络终端设备的能源、硬件和计算资源非常有限，极大地限制了万物互联的可行性。移动边缘计算（Mobile Edge Computing，MEC）是一项新兴的网络结构，它将云计算服务拓展到边缘网络，以此来充分利用移动基站的计算资源。作为一项有前景的边缘技术，MEC 可以应用到移动、无线和有线场景，利用相应的软硬件平台，部署到靠近终端用户的边缘网络上，以此实现高带宽、低延迟的网络传输和良好的用户体验。MEC 为移动用户、企业和其他垂直细分市场提供多个应用服务供应商的无缝整合，是 5G 架构中的一个重要组成部分，支持各种需要超低时延的创新应用和服务，并在可扩展性、可编程性等角度实现 5G 技术的高要求。目前，移动边缘计算已被应用于移动大数据分析、车联网、增强现实、沉浸式媒体等对实时反馈有着严格要求的应用场景[15]。

移动边缘计算强调在移动终端与云计算中心之间的网络路径上建立边缘服务器，以此实现对终端数据的处理，但通常认为终端设备基本不具备计算能力。与此不同的是，边缘计算模型中的终端设备可以具有数据生产者和消费者的双重身份，可以具备一定的算力，移动边缘计算可以被看作边缘计算的服务器层次架构。

1.5.4 雾计算

思科（Cisco）公司于 2012 年提出了雾计算的概念，用以代指分散的计算组织架构，其中数据、计算、存储和应用都位于数据源与云计算中心之间。在移动设备和云计算中心之间引入的中间"雾层"，实际上是由部署在网络边缘的雾服务器组成的。雾服务器减少了终端设备与云计算中心之间过多的数据通信量，可以显著减少信道中的功耗和带宽负载，也能作为缓存服务器在特定情况下同时满足大量用户对服务的请求。与此同时，雾服务器也可以向云计算中心请求更强的算力或其他应用和服务。

雾计算与边缘计算在概念上有许多相同点，在许多情况下两个称谓的含义相同，例如将数据和智能都下放到边缘服务器上，而边缘服务器位于更接近数据源的位置。在一些场合下，雾计算更侧重于将数据部署到雾服务器上处理，而边缘计算则支持在连接传感器本身的设备上或物理上靠近传感器的网关设备上进行计算与存储。

1.5.5　边缘计算技术的发展现状

自 2015 年，边缘计算技术迅速发展，由于能满足万物互联的诸多需求，其吸引了学术界和工业界的广泛关注。在学术界，2016 年 10 月，ACM 和 IEEE 联合举办了第一届边缘计算顶级会议 ACM/IEEE SEC[16]，这是全球首个边缘计算的学术会议。此后，INFOCOM、SIGCOMM 等顶级学术会议也为边缘计算提供了专题研讨会。在国内，首届中国边缘计算技术研讨会于 2017 年 5 月举行；中国自动化学会边缘计算专业委员会于同年 8 月成立，边缘计算在国内的学术发展与全球范围基本同步。在工业界，许多 IT 公司和企业正大力推动边缘计算的发展和落地。2016 年 4 月，欧洲电信标准协会（ETSI）发布了与移动边缘计算相关的重量级标准，对移动边缘计算的七大业务场景提出规范和详尽的描述。同年 11 月，中国科学院沈阳自动化研究所、英特尔公司、ARM 公司、华为公司、中国信息通信研究院和软通动力公司联合倡议并建立了边缘计算产业联盟[17]，致力于促进学术界、工业界和政府在边缘计算领域的协同合作。2019 年 1 月，Linux 基金会推出了 LF Edge 开源组织，致力于构建独立于硬件、操作系统和云的开放边缘计算框架。2020 年 6 月，中国电信与中兴通讯携手构建大规模 5G 边缘节点，也是国内首个城市级应用节点，其融合了云 – 边协同、MEC 边缘云、AI 等技术，为雄安新区的智能城市建设提供了重要的支撑。

1.6　边缘计算的发展趋势

近年来边缘计算受到越来越多企业的支持，也引发了大量的学术关注。边缘计算技术利用物联网和移动设备，为互联网公司提供了处理海量数据的方案。边缘计算方案对于数据增长和管理非常适用，但并不意味着可以毫不顾忌地选择边缘计算，边缘计算在提供了诸多好处的同时，也面临着许多技术性和非技术性的挑战。下面我们将从发展前景和所面临的问题两个角度来介绍边缘计算的发展趋势。

1.6.1　发展前景

未来，随着 5G 技术越来越广泛，我们将看到物联网系统的应用不断增加。我们曾一直想象的未来式智能家居和自动驾驶汽车将借助边缘计算成为可能。但物联网不仅仅是自动驾驶汽车或智能冰箱，还可以用于医疗保健和制造业等关键行业。例如，使用物联网设备进行远程监控，可以使患者的医疗记录持续可见，当生命体征数据超出范围时，向病人和医生发出警报。物联网与边缘计算的结合将产生无穷的可能。另外，增强现实与虚拟现实等技术也需要在更靠近终端设备的边缘上处理数据，以此创造一种无缝的服务体验。

诸多企业更倾向于将数据存储和计算功能移动到更靠近其设备的位置，这样做将有助于降低利用云设施或数据中心的成本，并通过边缘计算更快地完成数据的分析与计算。许多公司已经开始或即将使用边缘计算方案。由于许多公司都有大量数据涌入，边缘计算技术的应用也成为当务之急。大多数这样的企业要么没有设备存储数据，要么没有足够快的速度来处理数据。借助边缘计算中的机器学习和人工智能，可以更快、更高效地收集、处理、存储和处理数据。

总而言之，边缘计算有着巨大的应用潜力，物联网设备时刻产生的巨大数据，以及增强现实、虚拟现实等技术的应用，使得边缘计算有着广阔的发展前景。边缘计算将与人工智能等技术相融合，高效地应对更复杂的问题，为用户创造更优质的服务。

1.6.2　困难和挑战

边缘计算面临着一些技术性和非技术性的问题和挑战。在技术性方面，有许多软件运作机理和算法相关的未知因素，这对于边缘设备的协助控制和共享产生了一定的阻碍，在管理分散边缘设备的基础设施中也有许多障碍。与云计算中心化的组织架构相比，分散的特性使得管理边缘计算架构的成本和复杂度明显提升。开发创造性的技术方案来降低复杂度是一项研究重点。另一个重要的研究领域是开发相应的机制，以此弥补边缘设备周边相较于云数据中心较弱的安全环境。防篡改和不易破坏的远程监控、受信平台基于模块的验证机制等技术，都是可以从云计算中借鉴的重要思路。

在非技术方面，最大的问题是部署边缘计算能否使得公司的业务持续生存下去。许多企业现在都意识到利用边缘计算进行运营能带来许多好处，但某些因素使他们无法完全参与进来。运营成本和安全性是影响公司采用边缘计算解决方案的两个主要因素。许多组织，尤其是小规模组织，在通过边缘计算进行数据收集、处理和管理时都存在预算限制；一些公司也没有资源来积累不同来源的数据，甚至不具备必要的技能来进行管理。安全性是另一个因素，一些互联网公司担心其业务的安全和采用物联网设备搭建边缘计算环境会使其数据易受攻击。

1.7　本章小结

这一章首先介绍了边缘计算的概念，介绍了不同机构与个人对边缘计算的定义，并给出了本书对于边缘计算定义的总结。接着，本章介绍了边缘计算所具有的高安全性、低延迟、低消耗与高吞吐量的特点，并简要介绍了边缘计算的一般架构、ECC 定义的边缘计算参考架构 3.0 和 EdgeX Foundry 框架构。本章还归纳了边缘计算所需的关键技术，从安全性、存储、延迟等角度分析了边缘计算中的关键问题。此外，本章整理了边缘计算的发展历史和现状，阐述了发展历程中边缘计算和相似的系统或模型间的关系。最后本章总结了边缘计算的发展前景和面临的困难。学习本章有助于大致了解边缘计算的基本概念，并熟悉边缘计算中采用的基本架构和核心技术，还能认识边缘计算面临的重要问题和其研究与发展方向。

思考题

1. 边缘计算与云计算有什么关系？

2. 边缘计算有哪些特点？相比云计算有哪些优势？

3. 边缘计算的架构模式有哪些？各模式有什么优点和缺点？

4. 边缘计算模型中存在哪些不足？是否还有其他技术可以应用到边缘计算中？能解决哪些问题或痛点？

参考文献

[1] CloudFlare. What is edge computing [EB/OL]. [2022-10-1]. https://www.cloudflare.com/learning/serverless/glossary/what-is-edge-computing.

[2] Karim Arabi. Trends, Opportunities and Challenges Driving Architecture and Design of Next Generation Mobile Computing and IoT Devices [R/OL]. [2015-9-9]. https://www.mtl.mit.edu/events-seminars/seminars/trends-opportunities-and-challenges-driving-architecture-and-design-next.

[3] ECC, AII. 边缘计算参考架构 3.0 [R/OL]. [2018-11]. http://www.ecconsortium.net/Uploads/file/20190225/1551059767474697.pdf.

[4] REN J, GUO H, XU C, et al. Serving at the edge: A scalable IoT architecture based on transparent computing [J]. IEEE Network, 2017,31: 96-105.

[5] EdgeX Foundry. EdgeX platform architechure [EB/OL]. [2022-11-1]. https://www.edgexfoundry.org/why-edgex.

[6] Iotworld. Value, opportunities, and challenges of edge computing that will be popular in 2017 [R/OL]. [2017-01-19]. http://www.iotworld.com.cn/html/News/201701/8122ed7f43e02c1f.shtm.

[7] ZHANG L, AFANASYEV A, BURKE J, et al. Named data networking [J]. ACM SIGCOMM Computer Communication Review, 2014, 44(3): 66-73.

[8] WANG S G, XU W X, WU D, et al. A fast RDMA offload method for unreliable interconnection networks[J]. Journal of Hunan University(Natural Sciences), 2015, 42: 100-107.

[9] ISMAIL B I, GOORTANI E M, KARIM M B A, et al. Evaluation of Docker as Edge computing platform[C]// 2015 IEEE Conference on Open Systems (ICOS). New York: IEEE, 2015.

[10] NAM Y, CHOI Y, YOO B, et al. EdgeIso: Effective Performance Isolation for Edge Devices[C]//2020 IEEE International Parallel and Distributed Processing Symposium (IPDPS). New York: IEEE, 2020: 295-305.

[11] YI S, QIN Z, LI Q. Security and privacy issues of fog computing: A survey [C] //Proc of Int Conf on Wireless Algorithms, Systems, and Applications. Berlin: Springer, 2015: 685-695.

[12] SABT M, ACHEMLAL M, BOUABDALLAH A. Trusted execution environment: what it is, and what it is not[C]//2015 IEEE Trustcom/BigDataSE/ISPA. New York: IEEE, 2015: 57-64.

[13] WANG Y, LIU L, SU C, et al. CryptSQLite: Protecting data confidentiality of SQLite with intel SGX[C]//2017 International Conference on Networking and Network Applications (NaNA). New York: IEEE, 2017: 303-308.

[14] Karbhari P, Rabinovich M, Xiao Z, et al. ACDN: A content delivery network for applications[C]// Proceedings of the 2002 ACM SIGMOD international conference on Management of data. New York: ACM SIGMOD, 2002: 619.

[15] PHAM Q V, FANG F, HA V N, et al. A survey of multi-access edge computing in 5G and beyond: Fundamentals, technology integration, and state-of-the-art[J]. IEEE Access, 2020, 8: 116974-117017.

[16] IEEE, ACM. The first IEEE/ACM symposium on edge computing [EB/OL]. [2018-11-05]. https://acm-ieee-sec.org/2016.

[17] ECC. Edge Computing Consortium. [EB/OL]. [2018-11-03]. http://www.ecconsortium.org.

CHAPTER 2 · 第 2 章

边缘计算架构原理

边缘计算是云计算在边缘网络上的延伸和补充，两者的软硬件架构相互联系但有所不同。本章将从边缘计算范式的显著特点切入，详细介绍边缘计算系统的整体架构，并深入分析架构设计的基本原理以及开源框架的发展现状。

2.1 边缘计算架构概述

为了有效解决以云为中心的计算范式所面临的网络带宽、服务时延和通信安全等问题，边缘计算作为一种新的计算范式被提出，并得到学术界和工业界的广泛关注。要实现低延迟、低成本和高灵活性的服务供应，边缘计算必须靠近数据生成端或消费端以实现“高质量”的计算 [1]。传统的云计算架构将计算资源与真实的物理世界解耦，丧失了数据的“上下文”，很显然无法满足需求。边缘计算架构指的是为这种具有“上下文”特性的计算提供支撑作用的软硬件集合，主要包括硬件架构和软件架构两部分。硬件架构本质上是一种由云中心、边缘服务器和终端设备等组成的基础设施，以分层部署和协同运作为主要特征。软件架构旨在构建这三种基础设施之间的逻辑关系并尽可能发挥基础设施的全部能力，同时向终端用户、服务供应者以及应用开发者提供完整的边缘计算生态。在边缘计算中，架构设计显著影响任务卸载、服务部署和资源管理等所有环节的性能，并且直接决定了最终可实现的计算效率的上限。因此设计高效可靠的边缘计算架构是十分关键且尤为重要的。接下来我们将结合边缘计算架构的特点来探讨架构设计的关键目标。

注意 对于具有“上下文”特性的计算，更准确的描述应该是位于“上下文”中的计算。边缘计算的“上下文”是相对云计算而言的。云计算通常将服务器部署在远离边缘的数据中

心，计算资源必须在多种不同的场景中共享。所以，传统的云计算架构往往脱离真实的物理世界，也不关心数据的“上下文”。与此相反，面向边缘网络的计算架构需要将计算引入“上下文”中，即边缘计算是一种与具体场景强相关的计算范式。

2.1.1 边缘架构的特点

虽然边缘计算与云计算均采用通用分布式计算架构，但是云计算架构关注的是云中心的任务分发和并行处理，而边缘计算架构关注的是计算资源分层和就近服务供应。我们可以通过具体的例子进一步了解边缘计算的特点。一个典型的边缘计算应用场景就是物联网（Internet of Things，IoT）。在这种情况下，数据来源于传感器等物理设备并聚合至边缘服务器或云中心，而边缘计算将物理世界和网络世界连接起来[2]。传感器数据的处理结果往往只在“上下文”（即特定的场景）中才具有对应的物理意义，若上传至云中心可能会导致隐私泄露或无法容忍的时延，这说明边缘计算在空间上具有局部性。在自动驾驶等实时场景中，边缘计算应该立即发生并在规定的时间窗口内返回结果，这说明边缘计算在时间上具有时效性。现在我们已经了解到边缘架构是一种伴随局部性和时效性的分布式计算架构，具体来说它具有以下四大特点：

- 位于“上下文”中的计算：边缘计算与数据的“上下文”密不可分，架构设计必须考虑物理世界的局部性和时效性。云计算大多采用客户端 / 服务器（C/S）模式，重心在于构建网络世界的计算拓扑结构。边缘计算更加靠近具体的物理场景，在架构设计中需要强调与物理世界的联系。边缘场景往往是多样化且定制化的，这意味着边缘计算架构并不是通用的，而是与用户的特定服务需求相对应。让我们看看具体场景中的“上下文”。以手机导航为例，软件依靠卫星信号来确定用户的地理位置，低轨卫星是边缘服务器，而手机是终端设备，计算发生在用户所在位置的“上下文”中。
- 面向“能力”的架构：边缘计算架构是一种面向“能力”的架构，这里的“能力”指的是设备执行给定工作负载的实际处理能力[3]。不同设备上的可用资源情况各异，所以具备的能力各不相同。在解释面向“能力”的架构之前我们需要理解边缘计算的两个关键特性。首先，终端用户具有不可预测的移动性，由于边缘服务器相比云中心更靠近终端设备，所以移动性会显著影响服务质量。其次，边缘硬件资源往往受限且设备可用性不确定，这意味着边缘架构层面需要实现协同机制。综上所述，边缘计算架构设计的一个重要考虑就是服务连续性。例如，车联网场景中移动的智能汽车可能要求多个边缘服务器协同以提高用户体验。又如，实时人脸检测主要依赖云服务实现精确检测，当云连接断开或者只有低功耗设备时，即使精度下降，也必须提供持续服务。因此，移动性可能导致“能力”不同的边缘服务器依次为用户提供计算服务。在“能力”导向的架构中，发起请求的终端设备并不关心该功能是直接服务还是间接调用，只要所具备的“能力”能满足其需求即可。

- 中心化管理与分布式计算：在边缘计算架构中，大规模的基础设施通常涉及数量庞大的设备。这些分布式的异构设备之间往往存在参差不齐的连接，这导致管理整个边缘计算系统变得十分棘手。为了高效地管理这些设备并控制整个系统的工作负载，架构设计必须遵循“中心化管理与分布式计算”这个原则。软件定义网络（Software Defined Network，SDN）的提出实现了这一愿景。在基于 SDN 的架构中，边缘计算系统为每个设备部署单独的代理作为物理设备的抽象，并实现一个跨越多个物理集群的联合控制平面。设备在控制平面的监督下执行应用配置更新、应用工作负载更新和建立连接等各种任务，集中式控制平面向管理员提供了整个系统的单一视图。所以，中心式管理方式极大地改善了边缘计算架构的运行效率并为服务部署带来显著的灵活性。
- 异构性：随着 5G 和 IoT 的发展演进，包括云平台、硬件制造商、软件供应商、标准制定机构和内容提供商在内的各类企业或组织纷纷加入了边缘计算的行列。这给边缘计算生态系统带来了多样、海量且异构的软硬件、标准、协议和运营商服务。边缘计算架构包含不同层次的参与者，边缘设备上的代理数量正在逐渐激增，边缘服务的类型也呈现多样化的趋势。可以预见的是，越来越复杂的计算场景必然导致越来越专业的设备，为了应对边缘计算架构的异构性，我们必须编排来自不同供应商的多台设备并构建高效的边缘解决方案。

2.1.2　边缘架构的目标

现在，我们已经认识到边缘架构本质上是一种具有显著特点的分布式计算架构，终端用户、硬件制造商、服务供应商和应用开发者等多种角色都参与了架构设计。边缘架构是为边缘计算范式服务的，同时也被认为是推动 IoT 发展的关键技术。很自然地，边缘架构的一个核心目标就是通过将计算移动至靠近数据和用户的位置从而极大地改善应用程序的服务质量（Quality of Service，QoS）和系统的整体性能，并最终提升用户的体验质量（Quality of Experience，QoE）。前面我们已经提到过，边缘架构由硬件架构和软件架构组成，底层软硬件服务是向用户呈现高质量的边缘计算生态的前提条件。因此，与云架构类似，边缘架构还需要考虑硬件制造商、服务供应商和应用开发者的需求。他们是实现核心目标的根本保障，我们将对应的关键目标总结如下：

- 向硬件制造商提供设备抽象：正如 2.1.1 节提到的那样，边缘架构基础设施中往往存在海量且异构的终端设备和传感器。另外，边缘网络还包含大量需要管理和配置的专用网络设备，如路由器和网关等。对于边缘架构来说，部署和管理这些功能各异的硬件设施是极具挑战性的，直接配置它们也是不切实际且低效的。不同的硬件厂商使用不同的设备驱动且遵循不同的更新策略，不可能制定标准将它们统一起来。所以，边缘架构必须在硬件设施上构建抽象层（代理层）来提高网络管理的效率，这也可以给上层服务带来灵活性。实现设备抽象的一种可行的解决方案是采用 SDN 提出的网络架构，将设备的控制平面和数据平面分离，实现高效的网络管理和控制。设备抽象的目的实际上就是为每个硬件创建单独的代理，向硬件制造商提供设备抽象也是实现IoT“赋能万物”的关键所在。

- 向服务供应商提供服务管理：在边缘架构中，服务供应商依托云中心或边缘服务器向用户提供多样化且差异化的计算服务、存储服务和网络服务。不同于云计算中常见的基础设施即服务（Infrastructure as a Service，IaaS）和平台即服务（Platform as a Service，PaaS）等服务提供方式，边缘计算往往更倾向于函数即服务（Function as a Service，FaaS）[4] 和无服务器计算等新的服务模式。服务供应商需要充分利用边缘网络中有限异构资源来满足用户的差异化需求，服务供应是按需进行的且资源管理是细粒度的。所以，边缘架构必须提供相比云架构更加灵活高效的服务管理，从而支持边缘服务的快速伸缩、服务功能的编排和实例化，并实现各类资源的高效利用。在多用户场景中，高效的边缘服务管理可以显著地降低请求的处理延迟并提高整个系统的吞吐量。
- 向应用开发者提供统一接口：与云计算类似，边缘架构同样需要为应用程序提供统一且便捷的调用接口，并确保实现边缘端的服务对上层开发者透明。这样做的好处是应用开发者不必关心底层服务的实现细节、异构设备的兼容性和服务管理框架等，从而降低了边缘服务的开发难度和开发成本。在边缘架构中实现这一愿景可能比云架构更加迫切，因为向应用开发者屏蔽复杂的底层架构对于将海量物联网设备引入边缘网络是有重大意义的。

2.2　边缘计算架构要素

边缘架构的基础设施广泛分布在数据中心、主服务器中心和网络边缘等位置，包含计算资源、存储资源、移动设备、传感器和IoT网络连接等多种要素。我们根据设备上的可用资源和执行给定工作负载的实际能力对它们进行分类，并重点介绍组成边缘硬件架构的三类架构要素。第一类是由云、服务器和虚拟机等组成的云中心，由于配置了丰富的计算节点和存储节点，云几乎拥有无限的能力，云服务主要采用IaaS和PaaS等方式。支撑云的是大量的服务器和虚拟机，所需的机器数量往往是在选型中静态确定的；第二类是位于边缘网络且移动性较高的边缘服务器，可以将其简单看作缩小版且定制化的云数据中心，受限于软硬件成本和空间物流成本，它们的能力往往只能应对网络边缘的具体场景。边缘服务器通过灵活的拓扑选项来适应不同的物理环境，高弹性、高可用性和可扩展性是其显著优势；第三类是遍布边缘网络的多样化异构终端设备，考虑到移动性需求和资源受限的特点，这类硬件设备大多是低功耗且低能力的，它们可能有实时性计算需求或使用以硬件为中心的编程语言。

2.2.1　云中心

让我们首先介绍云计算范式以便更好地理解云中心的特点。云计算来源于一种称为“即用即付”的商业模式，并逐渐发展成为一种典型的基于服务的计算模型。该模型基于计算、存储和网络资源提供多种可扩展的云服务，极大地增强了终端设备各方面的能力。服务过程往往是通过计算任务卸载实现的，来自终端设备或由边缘服务器间接转发的卸载请求就是在能力强大的云中心被处理的。云计算赋予了终端设备三点优势：

- 云计算将计算复杂度高的任务从终端设备迁移到能力强大的云中心，显著降低了终端设备的计算负载和能源消耗，延长了设备电源的使用寿命。
- 云服务依靠安全高效的无线通信技术为终端用户提供数据存储功能，用户可以通过远程网络访问自己的数据而不受到地理位置的限制，这有利于节省终端设备的存储空间。
- 云平台将多个云计算供应商所提供的软硬件资源整合起来以实现高扩展性的底层服务，可以为移动应用开发者提供强大的支持，以应对终端设备上难以预测的动态性需求。

由此可见，云计算是以云为中心的计算范式，它借助计算资源、存储资源、网络资源和高效的资源管理策略来实现服务供应。云中心包含由大量高性能服务器组成的大规模集群以及与各种功能相对应的云服务节点。云服务器具备快速处理复杂计算任务、高效管理并分配各类资源以及安全存储隐私数据的综合能力。除了这些服务器和相关硬件设备，云中心还包括软件框架所定义的中间件。类似操作系统内核与应用程序之间的服务级应用程序接口（Application Programming Interface，API），中间件使用虚拟化、资源监视和负载均衡等技术实现对云中心资源的全面管理。作为终端用户与云服务器之间的桥梁，中间件对应用程序 QoS 的影响仅次于云中心的基础设施。

中间件的核心功能是将云中心或边缘网络的资源分配给应用程序，其关键在于确定资源的类型和数量以平衡延迟和开销[5]。为了实现这个目标，中间件需要同时实现应用程序和资源的高效管理，并且还需要确保数据安全。所以，我们将云的中间件服务总结为以下几点：

- 提供基于结构化查询语言（Structured Query Language，SQL）的数据管理服务。
- 提供监控服务来跟踪整个系统中应用程序和资源的当前状态并保存它们的历史信息。
- 提供性能分析服务，根据监控服务的状态信息和资源需求的历史信息来预测资源的利用率和应用程序的性能。
- 提供资源供应服务，根据用户需求、监控服务信息和分析服务结果为各种应用程序动态分配资源。
- 提供应用程序放置服务，基于资源供应服务确定应用程序应该在云中心还是边缘网络上执行，最终目的是平衡可实现的性能和资源需求并提高执行效率。
- 提供各种应用程序所需的身份验证、访问授权和数据加密等安全服务。

2.2.2 边缘服务器

边缘网络中存在大量多样化的边缘服务器，它们通过分布式对等连接实现协同运作。云中心遍布着计算能力相近的高性能服务器，与此不同的是，边缘服务器之间往往存在较大的差别。虽然大部分边缘服务器都重复着计算和存储两大任务，但是根据所处的位置和所拥有的资源我们可以将它们分为两类。一类边缘服务器尽可能靠近传感器和执行器等特定的边缘设备以降低服务延迟，它们位于“设备边缘”但计算存储资源极为有限。另一类边缘服务器远离这些设备，它们位于“网络边缘”（又称本地边缘）且包含更多种类丰富的资源。在边缘网络中，工作负载一般包括应用程序工作负载和网络任务。一些简单的计算和存储类工作负载可以直接在设备边缘被处理，而复杂的计算任务和网络功能往往必须迁移至本地边缘服务器（即网络边缘）。

注意　在这里“边缘网络”和“网络边缘”具有不同的含义。“边缘网络”指的是由边缘服务器组成的计算网络，即云－边－端三层架构中的“边”。“网络边缘”远离中心网络或主干网络，一般指的是传统云计算网络最外围的位置。读者应该根据上下文语境来辨析它们。

位于设备边缘的服务器又称设备边缘节点，它们有些就是具有附加功能的边缘设备。有限的资源使得这些计算单元仅执行简单的功能，通常只能部署数量有限的工作负载。这些节点大多采用微控制单元（Microcontroller Unit，MCU）或片上系统芯片（System on Chip，SoC）等缩减版的CPU以降低成本和能耗，它们支持功能定制化的嵌入式系统而不是灵活性更高的桌面操作系统。设备边缘节点大致可以分为执行少量计算密集型操作的计算节点和网关节点。除了在设备边缘的计算节点之间传输数据，网关节点还需要建立边缘设备到本地边缘服务器（即网络边缘）的连接。为了提供微秒级的网络延迟，边缘设备之间或边缘设备与本地边缘服务器之间往往使用低功耗的短距离通信协议。

位于网络边缘的服务器又称本地边缘节点，它们具备比设备边缘节点更强大的处理能力。本地边缘节点包括我们熟悉的笔记本计算机、平板计算机、上网本和台式机等，它们通常支持各种Linux发行版和Windows操作系统。它们具有完全独立的计算、存储和网络能力，能较好地满足户外作业、现场控制等具体场景的算力需求。为了获得可用性更高且能力更强的计算系统，我们可以搭建本地边缘节点组成的集群来为终端设备提供可靠的服务。这样的节点集群本质上就是位于网络边缘的小型数据中心，与云中心相比它们需要的资源更少并带来了更高的灵活性。它们通常被称为微云（cloudlet），定制化的微云使得边缘智能成为可能。部署在微云中的视频和文本分析等智能应用程序可以实时地处理来自边缘设备的数据并将它们存储在网络边缘，某些情况下这些数据也会上传至云端。

与云中心类似，边缘服务器也需要提供灵活的网络功能服务。网络功能虚拟化（Network Function Virtualization，NFV）使用IT虚拟化技术在通用x86服务器上运行传统中由专用硬件实现的网络功能。虚拟化网络功能（Virtualized Network Function，VNF）将软件功能与底层硬件解耦，使运营商网络变得更具扩展性和敏捷性。在本地边缘服务器上执行的VNF主要包括软件路由、防火墙和无线接入网（Radio Access Network，RAN）等。

2.2.3　终端设备

终端设备广泛分布在边缘架构中，随着IoT的不断发展，其种类变得越来越丰富。一般来说，终端设备指的是收集或处理数据的设备。“终端”意味着它们位于数据生成端或消费端，并且与用户存在紧密联系。在边缘场景中，传感器、麦克风、网络摄像头和数据记录仪等终端设备常被用于收集各类数据。有些终端设备包含简单执行器和小型可视化工具来处理收集的数据或接收的信息，这类处理不需要太多算力。因此，终端设备的计算和存储能力大多有限，其内存和带宽等资源只能支持实时信息采集、加工和传输等基本功能。除了这些功能，大部分终端设备都包含将物理信号转换为电信号的传感器模块。另外，终端设备既可以独立地收集并存储数据，也可以通过网络连接与其他设备通信，共同将信息保存至指定位置的数据库。

终端设备直接与物理世界相连，是边缘计算最外围的设备。它们具有三个显著特点。首先，终端设备依靠有限的能源进行工作。为了降低能量消耗以延长电池运行时间，设备算法往往比较简单且数据通信量受到严格限制。其次，终端设备通常具备隐私保护能力。传感器采集的数据可能包含一些个人信息，监控系统也有可能涉及私人空间或者企业的商业机密。最后，终端设备的硬件结构往往需要适应周围环境。在户外作业中终端设备可能需要忍受低温、高压、流水、沙砾或其他恶劣的自然环境，这对设备的设计和制造方式提出了一定要求。

2.3　边缘计算总体架构

现在，我们已经对云中心、边缘服务器和终端设备的特点有了深入的认识。需要注意的是，边缘计算架构不仅包含这三大架构要素，而且还涉及底层网络基础设施、服务中间件和应用程序管理框架等[6]。图 2-1 展示了边缘计算的通用分层架构。以云计算范式为中心的云层位于架构的最上层，云中心拥有大量的计算、存储和网络资源，能够满足各种服务的需求。边缘层靠近数据生成端或消费端，包含多种由边缘服务器组成的节点集群，并通过 Internet 网关与云层建立连接[5]。最底层的感知层由海量且异构的终端设备或物联网传感器组成，它们一般借助网络层提供的多种通信协议接入边缘层。

从上述的通用分层架构可以看出，边缘计算与云计算存在密不可分的联系。两者之间的协同揭示了边缘架构的基本运行原理，即边缘场景中延迟敏感的计算任务往往由靠近数据端的边缘服务器处理，而云中心则负责处理在多种不同场景中共享的全局性计算和存储任务。边缘计算的基础设施、服务对象、用户需求和系统挑战并不是一成不变的，所以通用分层架构在不同的应用场景中往往表现各异，大致可以分为云 – 边 – 端架构、边 – 端架构、端 – 端架构和其他架构。接下来，我们将结合边缘架构、三大架构要素和应用场景的特点对它们进行详细讨论。

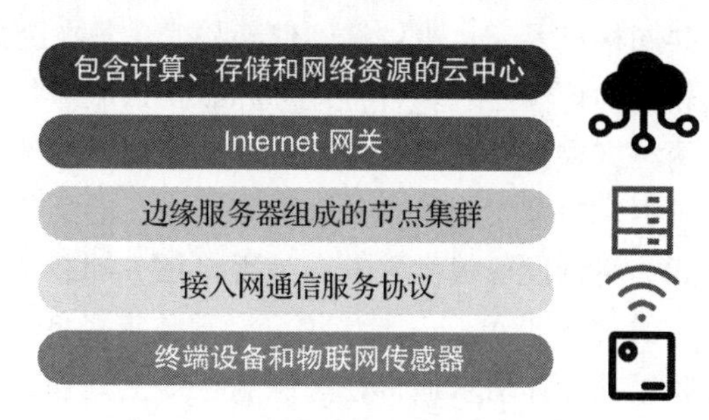

图 2-1　边缘计算通用分层架构

2.3.1　云 – 边 – 端架构

如图 2-2 所示，云 – 边 – 端架构本质上就是包含云层、边缘层和感知层的通用架构，它可以应对边缘计算的大部分应用场景。三层架构将原本位于终端设备的本地计算转变为位于边缘服务器或者云中心的边缘计算，在这个过程中边缘服务器可能需要频繁与云中心进行通信。为了能够充分利用云中心强大的处理能力，边缘服务器大多位于网络边缘而不是设备边缘。正如第 2.2 节所讨论的那样，位于网络边缘（本地边缘）的服务器拥有比设备边缘更多的各类资源，这将有利于加强边缘层对终端设备的管理。在云 – 边 – 端架构中，终端设备首先会通过接入网向本地边缘服务器发起请求，若本地边缘服务器无法处理则会将请求转发至云中心。

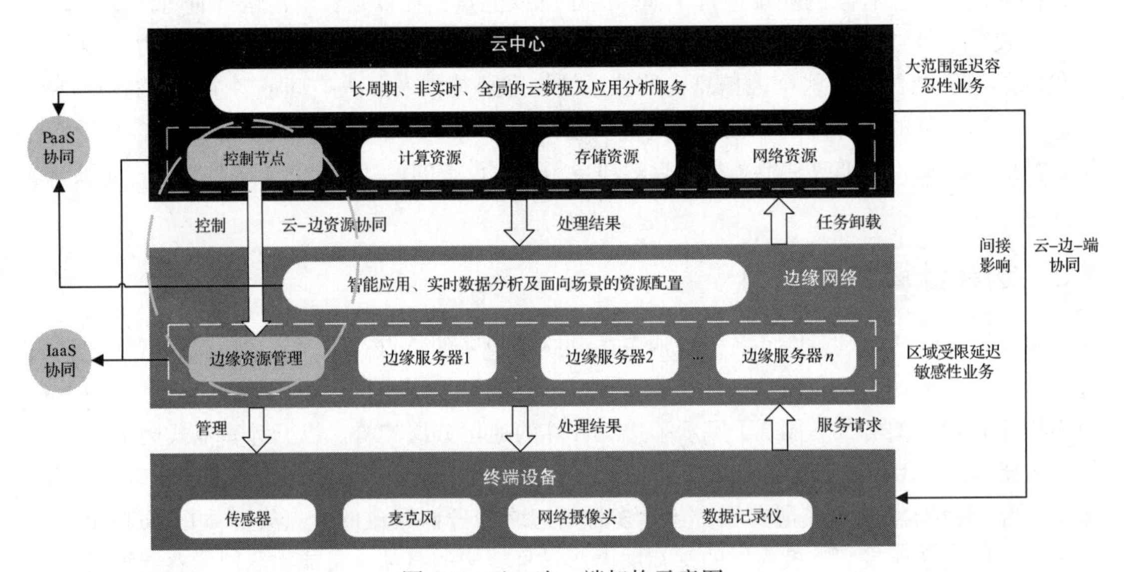

图 2-2　云 – 边 – 端架构示意图

让我们通过一个具体的例子进一步理解云 – 边 – 端架构的特点。在移动边缘计算中，分布广泛的移动基站不仅可以构建无线广域网以满足智能手机等终端设备的通信需求，而且还可以作为本地边缘服务器来提供相应的计算服务 [7]。智能手机、移动基站和云服务供应商等共同构成了云 – 边 – 端硬件架构 [8]。若在距离更近的移动基站上处理服务请求，那么将获得较低的传输延迟。若将任务卸载至云服务供应商，那么任务计算时间将显著下降。很显然这两种方式具有各自的优缺点，云 – 边 – 端架构旨在通过计算任务卸载来最小化服务请求的总延迟。边缘架构是一种面向“能力”的架构，边缘服务器和云中心凭借各自的“能力”和方式为终端设备提供服务。是否将任务卸载至云中心对终端设备往往是透明的，只要实现所规定的 QoS 即可。一般来说，延迟要求极低的应用、具有隐私要求的业务、实时性推理任务和频繁的计算请求通常在边缘服务器上处理，而计算复杂度高、数据量大且运行周期长的任务应该被卸载至云中心。

云 – 边 – 端架构中存在两种关键的协同机制，即云 – 边协同和云 – 边 – 端协同。云 – 边协同强调的是云和边在资源上的协同，而云 – 边 – 端协同必须以云 – 边协同为基础，强调的是云通过控制边来影响端。接下来我们将依次介绍这两种协同机制的原理。

1. 云 – 边协同

在云 – 边 – 端架构中，云 – 边协同旨在整合云中心和边缘服务器的基础设施、数据和应用等多种资源。云计算架构和服务的发展很显然比边缘计算更加成熟，云 – 边 – 端架构中边缘层的设计也极大地受到云层的启发。因此，云中心往往是云 – 边协同的主导者。协同的最终目标是实现高效的服务供应，这意味着云和边在资源上的协同将不可避免地受到云计算服务供应的显著影响。云 – 边协同因具体的服务供应方式而异，主要有以下两种情况：

- 当云中心通过 IaaS 方式为用户提供服务时，云 – 边协同主要指的是云和边在基础设施方面的互补。在这种协同模式下，云中心负责对云 – 边基础设施中所有计算、存储和网络等资源进行综合管理、高效配置和调度优化。同时，IaaS 在云和边之间还存在明确的分工。云中心大多面向大范围的延迟容忍性业务，而边缘服务器大多面向区域受限的延迟敏感性业务。边缘计算和云计算在基础设施层面的协同为 PaaS 的协同提供了基础。
- 当云中心通过 PaaS 方式为用户提供服务时，云 – 边协同主要指的是云和边在数据以及应用方面的互补。在这种协同模式下，云中心负责将云 – 边包含的所有数据和应用以单个统一的视图提供给用户或终端设备。同时，PaaS 在云和边上的表现也是不同的。云中心大多提供长周期、非实时、全局的数据和应用分析服务，而边缘服务器大多提供短周期智能应用、实时性数据分析和面向场景的资源配置等服务。

注意　云 – 边协同也可以看成云层 IaaS、PaaS 和边缘层 IaaS、PaaS 在服务供应方面的协同。虽然云 – 边协同关注 IaaS 和 PaaS 两种方式，但是实际的边缘服务器大多采用 FaaS 方式。

接下来我们简单介绍云 – 边协同的具体实现过程。从 IaaS 和 PaaS 等服务供应的角度来看，云 – 边协同是一种典型的资源协同。在实际的云 – 边 – 端架构中，资源协同具体表现为云计算容器化应用的下沉和云原生应用的部署。从云层的角度来看，资源协同意味着通过云中心的编排功能将部分应用下移至边缘网络，这些应用往往以容器的形式向用户提供服务。在这个过程中，云层扮演控制平面的角色而边缘层是单纯的计算平台，云中心可以像对待普通云节点那样管理边缘服务器。从边缘层的角度来看，资源协同要求将云原生应用合理地部署在边缘服务器上，在部署过程中应该重点关注边缘应用的运行效率。因为边缘服务器往往具有计算资源受限和网络环境复杂多变等特点，所以部署云原生应用时必须根据具体场景对云层组件进行适当裁剪和定制化。

2. 云 – 边 – 端协同

云 – 边协同将云中心和边缘服务器的基础设施、数据和应用等多种资源整合起来，为云 – 边 – 端协同提供了基础。为了实现服务供应和计算任务卸载，边缘服务器需要对终端设备进行有效管理和控制。因此，边缘层上通常运行着与终端设备管理服务相对应的工作负载。云中心的控制节点首先向由边缘服务器组成的节点集群下发指令，然后通过边缘层上的服务管理程序来影响对应终端设备的行为。云通过控制边来影响端，这样便实现了云－边－端协同。需要注意的是，在云－边－端架构的具体场景中，终端设备一般不会直接与云中心交互，而是通过边缘服务器发送服务请求或者获取处理结果。

2.3.2 边－端架构

如图 2-3 所示，边－端架构仅包含通用分层架构中的边缘层和感知层（以及网络层），也被称为两层边缘架构。在边－端架构中，边缘层完全脱离了云层的控制，服务供应方式由云－边协同和云－边－端协同转变为边－端协同。边缘服务器不会通过 Internet 网关与云中心通信，它必须独立应对终端设备的服务请求。这种架构一般常见于服务需求高度定制化的边缘场景，例如大学校园网、工业园区网和企业内部网等。这些场景非常注重数据隐私和通信安全，并且具有确定的服务对象和服务类型。另外，延迟敏感的新型应用也大多被部署在边－端架构中，无须与云中心进行通信，从而避免可能出现的高延迟。综上所述，我们可以看出边－端架构往往由边缘场景的具体特点决定，边缘服务器的服务配置直接受到定制化需求和应用类型的影响。边－端架构和边缘场景之间紧密的联系再次印证了边缘计算是位于“上下文”中的计算。

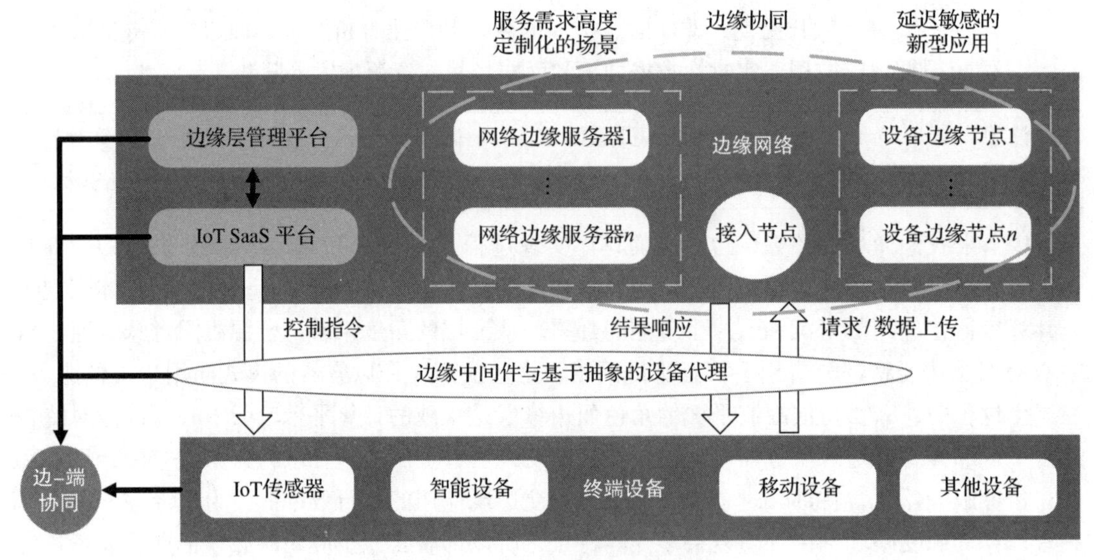

图 2-3 边－端架构示意图

在边－端架构中，边缘服务器可能位于网络边缘，也可能位于设备边缘。面向服务需求高度定制化的场景时，边缘服务器大多位于网络边缘并拥有相对较多的计算和存储资源。这种情况下通常需要在网络边缘部署密集的服务器集群，从而满足各种定制化的服务需求。面向延迟敏感的新型应用场景时，边缘服务器大多位于与终端设备距离更近的设备边缘。其目的是尽可能靠近数据端以实现低延迟的服务供应，这种新型应用往往不需要消耗太多算力。无论位于网络边缘还是设备边缘，边缘服务器之间通常存在大规模的协同。当单个边缘服务器没有足够的能力处理终端设备的服务请求或者不具备对应的服务类型时，多个边缘服务器可以构成小型网络以实现协同运算。此时，所有边缘服务器都是运算节点，与终端设备进行交互的那个被称为接入节点。

接下来我们将介绍边 – 端架构的一个显著特点，即边 – 端协同。与云 – 边 – 端架构中的云 – 边协同类似，边缘层的边缘服务器与感知层的终端设备之间同样存在协同。以 IoT 为例，边 – 端协同表现为边缘服务器对终端设备的管理和控制，以及终端设备与边缘服务器之间的通信两个方面。边缘服务器依托边缘层管理平台和 IoT 软件即服务（Software as a Service，SaaS）平台间接控制终端设备。IoT SaaS 平台上部署着与海量异构终端设备相对应的微服务，该平台通过微服务获取并处理终端设备采集的实时数据。IoT SaaS 平台还可以通过微服务下发控制指令，从而实现对终端设备的高效管理。边缘层管理平台负责管理所有软硬件资源，同时监视边缘服务器的运行状态、应用负载和故障情况。边缘层管理平台向 IoT SaaS 平台的微服务提供必需的计算资源，并通过 IoT SaaS 平台管理这些服务的整个生命周期。终端设备与边缘服务器之间的通信管道是基于代理实现的，代理通常支持多种标准的网络通信协议。一方面，终端设备采集的数据可以通过管道上传至代理所对应的边缘服务器。另一方面，控制指令也借助代理管道下发到终端设备。

实际上，实现边 – 端协同的关键在于中间件。需要注意的是，边缘计算中间件与云计算中间件存在较大区别。在云计算中，中间件是云中心与上层应用之间的桥梁，同时也是各种服务供应的基础。为了实现这个目标，中间件必须高效整合云中心的各种软硬件资源，其核心目标是实现高效资源管理。云中间件将通用资源和物理环境解耦，并向上层应用提供统一规范的接口。边缘计算范式与具体的边缘场景相联系，需要考虑终端设备的特点，所以中间件的目标有所不同。终端设备大多具有异构性、分布广泛和位置不固定等特点，有必要通过透明方式实现服务供应，从而屏蔽底层设备的复杂性。由此可见，边缘中间件的核心目标是实现终端设备和各类硬件的抽象，同时为计算、通信、数据管理和隐私安全等服务提供通用的 API。另外，边缘中间件还负责终端设备与边缘服务器之间的交互，例如在 IoT 中边缘服务器可以通过代理与终端设备进行通信。综上所述，云中间件侧重管理云中心的各种资源，而边缘中间件侧重对终端设备进行抽象。另外，云 – 边 – 端架构中云 – 边 – 端协同的实现同样离不开边缘中间件。

2.3.3　端 – 端架构

如图 2-4 所示，端 – 端架构由通用分层架构的感知层要素组成。这种架构大多面向远离云中心、主干网和基站的户外作业场景，因此缺少通用的边缘服务器和网络层基础设施。由于网络环境恶劣且各类资源极度受限，所以传统的边 – 端架构或云 – 边 – 端架构无法应对。

在这类场景中，端 – 端架构是唯一且被迫的选择。端 – 端架构的两个“端”指的都是终端设备。通过设备直连或多跳通信等方式可以在多个设备之间构建自组网，最终实现分布式边缘计算的基础网络设施。特别地，单个终端设备可以将难以处理的高计算复杂性任务卸载至由其他终端设备组成的边缘网络。在边缘网络中，多个终端设备通过协同运算的方式为该任务提供所需的算力。在端 – 端架构中，终端设备既能进行任务卸载也会成为其他终端设备的边缘服务器，边与端的界限变得较为模糊。

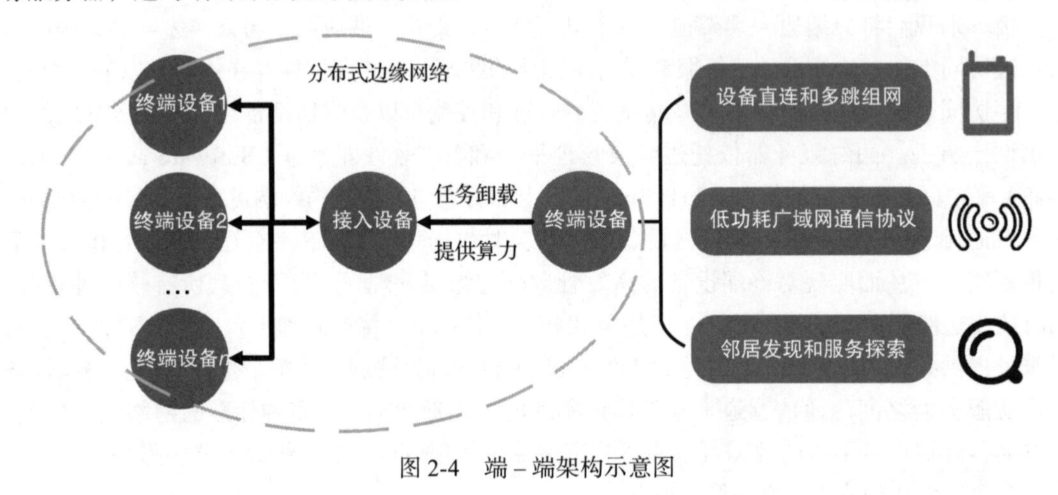

图 2-4　端 – 端架构示意图

注意　端 – 端架构是由多个终端设备组成的分布式计算架构，也被称为泛在边缘架构。在这种架构中，终端设备可以充当“边缘服务器”，它位于设备边缘，即设备边缘服务器。

端 – 端架构具备简单灵活、方便快捷、通信延迟低和可扩展性高等特点。终端设备无法与云中心或本地边缘服务器取得联系，必须借助其他终端设备实现特定场景下的任务卸载。在这个过程中，设计高效的分布式协议来管理边缘网络中各类资源和服务的全局信息是十分关键的。考虑到户外环境复杂和设备电源有限等特点，端 – 端架构往往使用长距离（Long Range，LoRa）通信技术等低功耗广域网通信协议 [9]。另外，端 – 端架构还需要解决邻居发现和服务搜索等问题。

2.3.4　其他架构

除了上述讨论的云 – 边 – 端架构、边 – 端架构和端 – 端架构等几种常见的边缘架构，人工智能（Artificial Intelligence，AI）、IoT 和卫星网络等领域的边缘架构也不断涌现。AIoT（AI of Things）架构强调 AI 和 IoT 的结合，它旨在通过规范终端设备和 AI 基础产品来提高边缘任务的处理效率。卫星边缘架构旨在充分发挥低轨卫星在遥感和导航等领域的巨大价值，它借助边缘计算为终端设备提供实时的网络服务和强大的计算能力。接下来，我们将详细介绍它们。

1. AIoT 架构

边缘计算极大地扩展了云计算的应用场景，同时也推动了 IoT 和 AI 的快速发展。从这个角度来看，AIoT 架构的诞生似乎是必然的。另外，该架构与边缘分析存在紧密联系。边缘分析将 AI 应用部署在数据源头并充分利用边缘端的计算资源，从而降低服务延迟并增强 IoT 的能力。AIoT 架构的提出很好地满足了这一愿景，其核心思想就是在智能网关上处理 IoT 产生的实时流式数据以减少云中心的数据流量 [10]。

如图 2-5 所示，AIoT 架构本质上是一种特殊的云 – 边 – 端架构，它包含海量异构的 IoT 设备（终端设备）、提供网络接入服务的 AIoT 智能网关（边缘服务器）和拥有大量资源的边缘智能管理平台（云中心）。AIoT 智能网关和 IoT 设备之间存在密切的边 – 端协同，其目的是屏蔽设备的多样性并规范设备的行为以便高效地处理各类实时计算请求。AIoT 架构目前已经得到腾讯、阿里和小米等多个云服务提供商的支持，相关开发人员也搭建了负责 AIoT 设备管理和 AI 基础产品分发的云中心 [11]。云中心带来了灵活可靠的计算、存储和网络资源，使得边缘智能管理平台支持各种不同的 AIoT 产品成为可能。云中心还可以利用来自 IoT 设备的海量实时数据训练更优的神经网络模型。为了在靠近 IoT 设备的位置部署计算能力，智能网关必须运行经过修剪或压缩的轻量级神经网络模型 [12]。另外，应用数据大多可以被处理成紧凑的结构化形式，显著降低了网络带宽消耗。

注意　传统云 – 边 – 端架构中不同边缘服务器之间普遍存在协同现象，且云 – 边协同整合了所有资源并提供了一个统一的视图。与此不同的是，AIoT 架构中智能网关需要独立应对服务请求并高效运行 AI 应用，更多情况下云中心仅负责设备管理、产品分发和规则更新。

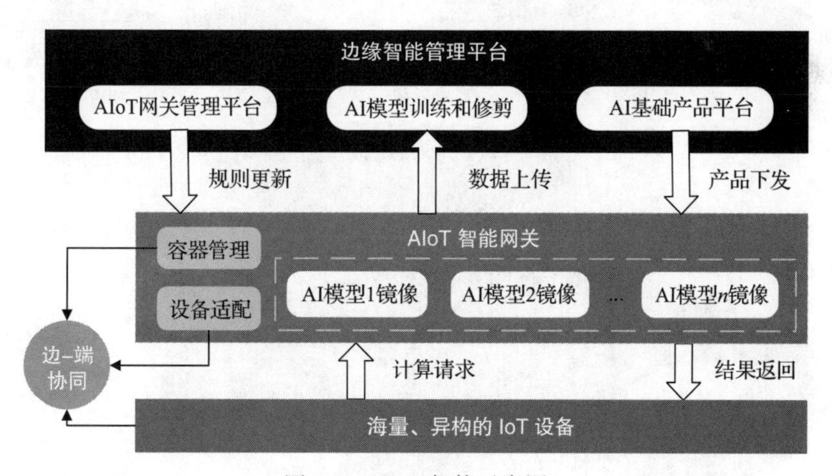

图 2-5　AIoT 架构示意图

2. 卫星边缘架构

从边缘计算发生的地理环境来看，卫星边缘架构是对传统边缘架构的补充和延伸。对于悬崖、陡坡和山谷等极端地形或者通信成本较高的偏远地区来说，部署大量陆地网络基础设施是不切实际的[13]。为了突破地形的限制并增强网络设施对自然灾害的抵抗能力，构建卫星网络系统十分必要。另外，云计算和边缘计算等技术的发展使基于卫星的服务供应成为可能，终端设备必须快速获取实时的遥感图像和导航数据。在这种背景下，卫星边缘架构应运而生。

如图 2-6 所示，卫星边缘架构实际上是一种特殊的边–端架构，多个低轨卫星（边缘服务器）和终端设备共同构成了卫星网络的基础设施。不同于同步卫星，位于近地轨道的卫星与位于地面的终端设备并不是相对静止的。卫星运动和地球自转导致它们的相对位置发生周期性的变化，卫星边缘架构设计必须考虑这种移动性。在实际的场景中，终端设备倾向于将任务上传至多个卫星节点以确保能够及时得到处理结果。需要注意的是，这种方式与传统边–端架构的多接入边缘计算有所不同。

注意　传统边–端架构中边缘服务器的位置通常是固定的，多个协同的边缘服务器组成运算网络，从而为具有移动性的终端设备提供服务。与此不同的是，卫星边缘架构中不同边缘服务器之间以及边缘服务器与终端设备之间的相对位置都会发生周期性的变化。在这种场景中，传统边–端架构的协同运算方式将完全失效。

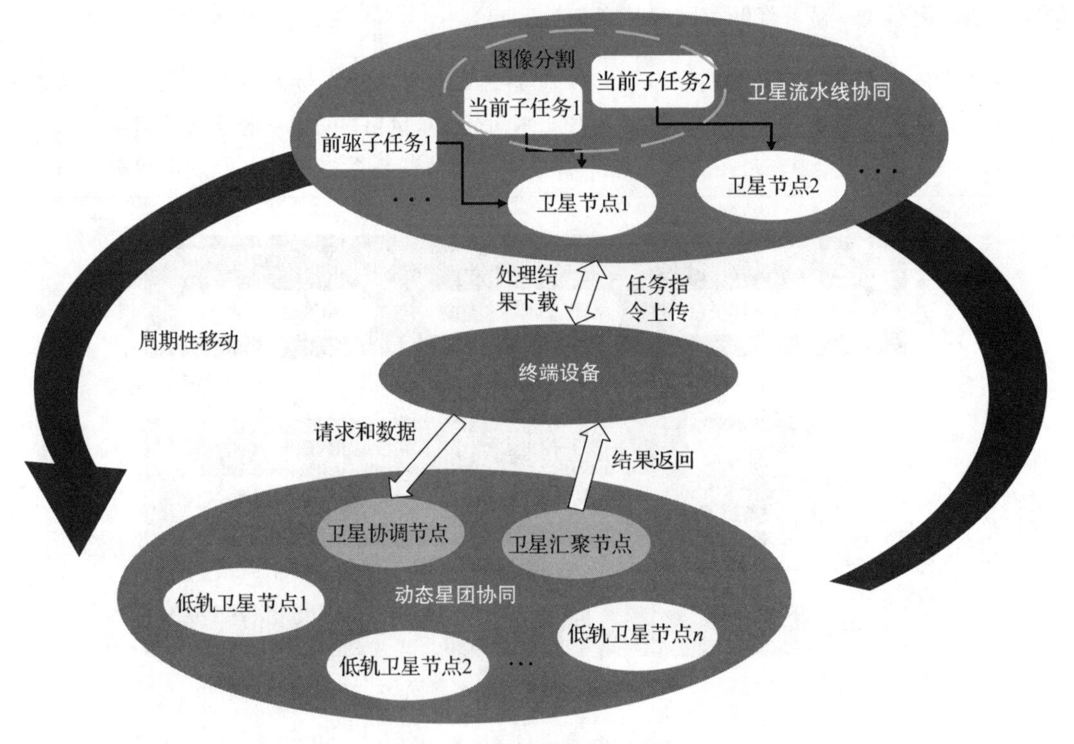

图 2-6　卫星边缘架构示意图

在卫星边缘架构中，周期性移动对终端设备和卫星节点之间的任务匹配以及通信链路造成了显著影响。基于卫星协同的边缘计算已经得到研究人员的广泛关注，接下来我们将介绍两种典型的协同运算方式：

- 卫星流水线协同。这种协同方式主要面向实时性要求较高的地面图像处理任务。在这个过程中，低轨卫星根据终端设备发出的任务指令对覆盖范围内采集的图像进行处理。然而，与较大的覆盖范围相比，低轨卫星的计算能力稍显不足。同时，周期性的移动导致单个卫星难以及时处理这些图像。卫星流水线协同旨在对需要采集的图像范围进行分割，由多个在位置上连续的卫星节点依次处理。每个卫星在处理前一个任务的同时也会采集部分图像交给后一个卫星处理，从而实现高效的流水线和并发运算。
- 动态星团协同。这种协同方式主要面向数据通信量较大的高复杂性任务。在这个过程中，终端设备向低轨卫星提交具有截止时间的计算请求，并且需要批次传输大量的输入数据。为了限时完成高负载的计算任务，一定数量的卫星节点将会被编入动态星团中。动态星团协同包括负责分发计算任务的协调节点和负责返回处理结果的汇聚节点。这种协同运算网络的规模是根据任务类型动态确定的，相对位置的变化导致其协同机制比传统集群更为复杂。

2.4　边缘计算软件架构

在边缘计算中，软件架构可以简单理解为底层硬件和上层服务之间的“中间层”。如图 2-7 所示，边缘计算软件架构包含较为广泛的含义，我们可以将其大致分为面向边缘服务器

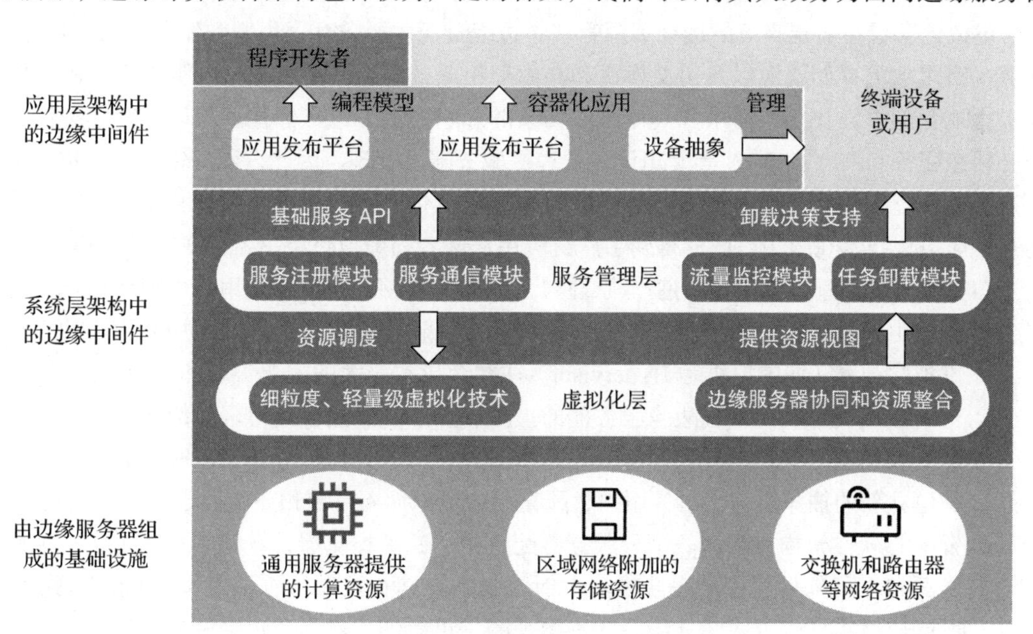

图 2-7　边缘计算软件架构示意图

的系统层架构、面向终端设备的应用层架构以及面向开发者的编程模型。系统层架构旨在统一管理边缘服务器的所有硬件资源并通过抽象提供易用性较高的各类 API，应用层架构旨在根据具体场景的特点搭建定制化的应用发布平台，从而为终端设备提供各类服务。系统层架构的资源抽象为应用层架构的服务供应提供了基础，编程模型使得各类边缘服务的高效开发和快速迭代成为可能。在边缘计算软件架构中，以上三者共同实现了硬件资源到计算服务的转化。

注意　边缘计算软件架构的变化主要体现在边缘服务器和终端设备上，而云中心软件架构依旧遵循云计算的传统模式。

2.4.1　系统层架构

系统层架构位于边缘计算软件架构的底层，它通常包含部署在边缘服务器上与硬件资源管理和基础服务 API 相关的中间件。在系统层架构中，虚拟化是一种常用的技术，它为各类异构硬件建立相同的软件堆栈以实现资源抽象。抽象可以向上层提供统一的资源视图并确保不同应用之间的隔离性，这样管理程序便能够快捷地监视所有资源的使用情况。另外，系统层架构中实现的中间件大多是与服务管理、资源分配以及网络通信相关的基础功能，它们进一步地为上层服务提供了接口。由于系统层架构屏蔽了硬件的异构性且更多地关注基础服务，所以具有较强的通用性。无论是云 – 边 – 端架构还是边 – 端架构，边缘服务器的系统层架构都是类似的。接下来，我们将依次介绍系统层架构中的虚拟化层与服务管理层。

虚拟化层旨在实现高效的边缘资源管理。边缘资源主要包含通用服务器提供的计算资源、区域网络附加的存储资源以及由交换机和路由器组成的网络资源。除了种类繁多，硬件资源还极大地受到多样化用户需求和具体服务场景的影响。例如，目标检测等计算密集型任务可能必须在配备 GPU 或 FPGA 等专用设备的边缘服务器上处理。因此，硬件资源的异构性是不可避免的。虚拟化层需要对各类设备和资源进行虚拟化以方便上层的管理和调度。需要注意的是，虚拟化技术在云中心同样得到了广泛应用，两者的虚拟化层主要存在以下区别：

- 边缘服务器上虚拟化层的基本原理与云中心大体相同，但所采用的虚拟化技术完全不同。由于边缘服务器所拥有的各类资源远少于云中心，所以直接应用云中心的粗粒度虚拟化技术（如虚拟机和 Hypervisor）往往会导致较大的资源浪费和低效的服务管理。为了提高资源利用率，边缘服务器的虚拟化层必须采用容器等轻量级的虚拟化技术以降低整个系统的启动开销和服务延迟。另外，无服务器计算基于现有的云中心软件架构建立新的抽象层，实时为用户分配充足的资源而不需要预先为固定服务器付费 [15]。
- 云中心软件架构通常为每个云服务器配置独立的虚拟化层，其核心目标是将本地硬件资源与上层软件服务彻底解耦。由于云服务器具有较强的通用性和类似的体系结构，所以通过集群的方式建立统一的资源视图是可行的。然而，边缘服务器之间的差异相对较大，并且大多数情况下它们需要相互协同以组成边缘网络。在多接入边缘计算中，边缘软件架构的虚拟化层需要抽象整个边缘网络资源，而不能仅考虑单个边缘服务器。

服务管理层的目标是基于虚拟化层实现 IaaS、PaaS、SaaS 和 FaaS 等服务方式。具体来说，服务管理层对经过虚拟化层抽象的逻辑资源进行调度和优化，并针对不同的边缘场景制定灵活的资源分配策略以极大地提高资源利用率。进一步地，服务管理层通过实现一些与基础服务相关的中间件向上层服务提供灵活可靠的 API。另外，服务管理层也可以直接向用户或终端设备提供计算任务卸载等服务。服务管理层的主要目标包含以下几点：

- 服务管理层需要对虚拟化资源进行管理和调度，从而确保与资源相关的细节对上层透明。用户所需的服务类型往往是多样化的且容易受到具体场景的影响，很显然计算密集型、存储密集型和通信密集型场景下所需的资源类型是不同的。终端设备的移动性、网络环境的易变性以及多个边缘服务器间的广泛协同也对资源分配策略提出了更高的要求。因此，通过高效的资源调度来提高边缘计算的效率十分关键。
- 服务管理层需要向上层提供与基础功能相关的 API 或向终端设备提供直接的服务接口。所有的服务 API 都是基于边缘中间件实现的，它们主要包括服务注册模块、服务通信模块、流量监控模块和任务卸载模块。在多接入边缘计算中，服务管理层还需要为终端设备的卸载决策提供支持。服务管理层必须协调相同服务的多个计算请求，并将它们路由到合适的服务器上以充分利用边缘资源，或者主动调整网络资源以应对终端设备的异构性和移动性。

2.4.2　应用层架构

应用层架构位于边缘软件架构的上层，主要面向终端设备且通常以系统层架构为基础。这种软件架构常见于 AI 和 IoT 领域，如 AIoT 软件架构。在应用层架构中，大量与设备代理和服务管理相关的中间件被部署在边缘网关和 IoT 设备上。这些中间件使得异构设备能够通过多种通信协议接入边缘网络中，同时确保边缘网关能够有效控制和管理海量的 IoT 设备。边缘网关还借助这些中间件以容器的形式向 IoT 设备提供各类服务。特别地，系统层架构关注云 – 边资源的整合以及服务 API 的提供，而应用层架构关注边对端的管理以及应用产品的发布。应用层架构通常需要实现以下目标：

- 建立设备抽象以增强边缘网关对 IoT 设备的管理。在系统层架构中，边缘服务器借助虚拟化技术和资源抽象向上层提供服务 API，侧重对硬件资源和基础服务的管理。与此不同的是，在应用层架构中，对 IoT 设备进行抽象并在边缘网关上主导它们是更加重要的。这种抽象大多是通过三层设备代理实现的。设备服务层负责与 IoT 设备进行交互，核心服务层负责管道通信和数据存储，支持服务层则负责与微服务进行交互。边缘网关基于设备代理向 IoT 设备提供服务发现、服务注册和云服务等各种容器化应用。
- 搭建应用管理平台以推动边缘应用生态的发展。在系统层架构中，服务管理层仿照云计算范式通过各种边缘中间件实现了任务卸载模块。与此不同的是，在应用层架构中，海量的、不断涌现的 IoT 设备导致新应用接口的开发势在必行，容器化应用的发布是更加关键的。所以，在搭建应用管理平台时必须重点考虑设备异构性和应用容器化。一般来说，应用管理平台可以分为发布平台和分发平台。发布平台负责向应用开发者提供容器管理和可视化配置，分发平台负责向边缘网关提供经过认证的应用和服务市场。另外，由于边缘网关几乎承载了所有的计算请求，所以应用层架构对于任务卸载模块的需求没有那么强烈。

2.4.3　编程模型

在云计算编程模型中，程序员面向几乎确定的目标平台开发和编写程序，得益于运行时环境的广泛支持，这些应用可以很容易地被部署在云中心的服务器上。为了确保云计算基础设施对用户完全透明，云服务供应商通常会对应用进行封装并向终端设备提供简单易用的服务接口。然而，这种传统的编程模型难以直接应用在边缘计算中。边缘服务器大多是异构的且任务运行往往受到具体场景的影响，迁移自云中心的计算任务无法直接部署在边缘网络中。因此，根据边缘场景的特点构建新的运行时环境是十分有必要的。边缘计算编程模型旨在基于新型运行库向应用开发者提供各类服务 API，从而支持更多异构设备的接入和边缘业务的推出。实际上，高效的编程模型对 IoT 和边缘计算的深度融合以及边缘框架的落地起到了关键作用。与云计算编程模型和 IoT 服务模型相比，边缘计算编程模型具有以下特点：

- 边缘架构中存在海量异构设备和资源，硬件架构、资源类型和通信协议都是多样化的，这导致边缘资源的管理和调度十分复杂。边缘计算编程模型必须屏蔽异构性和复杂性。
- 边缘架构是面向“能力”的架构。终端设备往往具有不可预测的移动性，它们并不关心服务是由边缘服务器还是云中心提供。边缘计算编程模型必须以云–边资源协同为基础，并保证边缘场景下服务的连续性。
- 在云计算编程模型中，应用开发者可以借助远程网络调用预先在云中心对服务进行测试，这使业务更新和快速迭代变得十分方便。考虑到边缘场景可能具有特定的访问权限，边缘服务开发者难以提前获取真实运行环境和可用资源等关键信息。边缘计算编程模型必须克服这种地理局限性并为应用开发者提供足够的边缘信息。
- 在 IoT 服务模型中，边缘服务之间的通信接口通常采用以主题为中心的发布 / 订阅模式。考虑到移动性、需求变化和服务器协同可能对这种通信方式造成影响，边缘计算编程模型必须为开发者屏蔽边缘场景的动态性。

以上四大特点指明了边缘计算编程模型的核心目标，即通过抽象等方式屏蔽终端设备、边缘服务器的异构性以及边缘资源的多样性。应用开发者只需要关注核心业务的逻辑、功能和编排，而不用了解底层硬件的复杂性和边缘环境的动态性。实际上，边缘架构需要一种面向服务的编程模型，图 2-8 展示了服务组件框架（Service Component Architecture，SCA）中的模块结构。除此之外，设备无关边缘计算和微服务编排语言（Microservice Orchestration

LanguagE，MOLE）相继被提出。设备无关边缘计算旨在构建边缘基础设施与应用开发者之间的抽象层，从而实现高效的资源管理和应用配置。微服务编排语言将应用开发者的业务逻辑转化为微服务声明，并通过编译器生成与平台无关的执行脚本。这样一来，开发者便能轻松将各类服务部署在可用的边缘设备上。

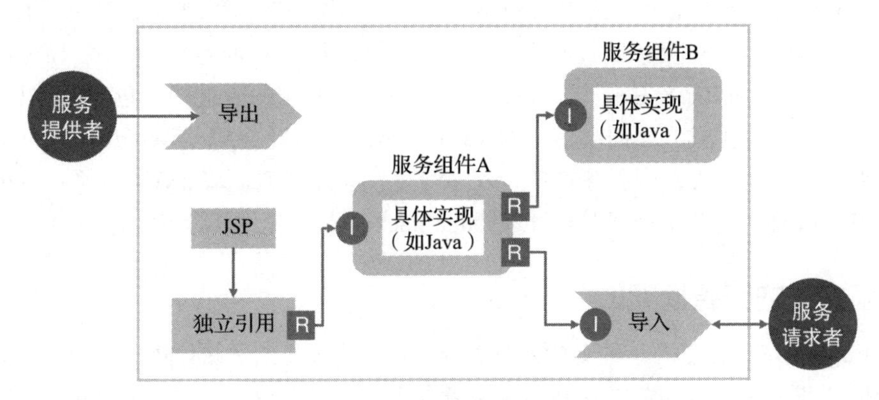

图 2-8　SCA 框架的编程模块示意图

2.5　开源框架

我们可以将边缘架构的目标总结为：实现云 – 边资源整合和云原生应用的下沉、接入多种 IoT 设备并增强边对端的管理、建立边缘智能开放平台、云通过控制边来影响端等。为了推动边缘架构的尽快落地，许多研究人员对具体场景中的共性问题进行抽象，同时整合边缘网络的资源并向应用开发者和终端设备提供开放接口，从而实现通用性较高的边缘计算框架。然而，目前尚未出现整合边缘架构全部要素和所有环节的统一开源框架，它们大多针对特定的服务环节或者架构要素。具体来说，边缘计算的开源框架大致可以分为面向云、面向边以及面向端三类，接下来我们将依次介绍它们的架构特点和技术原理。

注意　面向端的开源框架运行在边缘服务器上而不是终端设备。面向端所强调的是将终端设备接入边缘网络并加强边对端的管理。以 IoT 为例，终端设备上运行的通常是融合了边缘计算特点的嵌入式操作系统。

2.5.1　面向云的开源框架

Kubernetes（又称为 K8S）是谷歌提出的一种运行在云中心的容器编排框架，它通过生命周期管理、应用通信以及集群调度等机制极大地增强了容器的容错能力 [16]。K8S 通常采用声明式定义语言以实现自动化部署，并为分布式系统提供了基础设施层。该框架还提供了与集群交互的统一接口，允许开发者在微服务架构下编写容器化的应用程序。

注意　面向云的开源框架可能同时实现了面向边的目标，如 StarlingX。在云 – 边协同中，云通常能起到整合所有资源的主导作用，所以我们将其归类为面向云的开源框架。

StarlingX 是一种由 Intel 和 Wind River 联合推出的面向电信网络及边缘计算的资源服务管理框架，它能够在云中心和边缘网络中实现自动化容器部署、管理和编排[17]。该框架旨在支持边缘间协同、云 – 边资源整合和云 – 边 – 端协同，同时它也包含了很多核心网络功能。从底层实现来看，StarlingX 是一个以 OpenStack 平台为基础的软件栈，包含服务打包工具、编译工具、安装配置工具、面向电信云的 VIM、OpenStack 平台以及 WindRiver 的 MTCE 平台。该框架包含六大组件，即服务管理、故障管理、软件管理、基础管理、平台调度和配置管理。StarlingX 通过这些组件部署并管理 OpenStack 平台以使用其计算、存储和网络资源。

2.5.2　面向边的开源框架

KubeEdge 是华为提出的一种支持云原生容器化应用编排的边缘计算开放平台，它旨在将云中心的应用程序和编排功能扩展到边缘服务器上[18]。图 2-9 展示了 KubeEdge 的整体框架图。该框架以容器化应用部署框架 Kubernetes 为基础，构建了支持各类网络和应用程序的基础边缘架构。

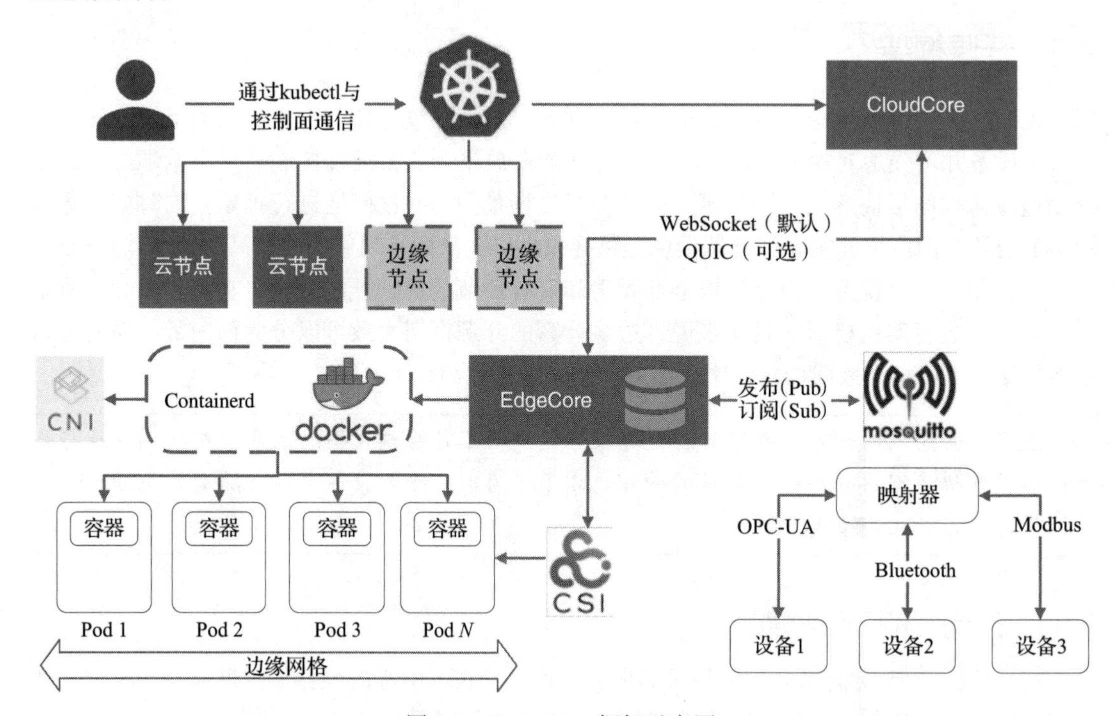

图 2-9　KubeEdge 框架示意图

KubeEdge 可以有效提供端到端的边缘服务管理和部署。在 Kubernetes 的管理下，它还

支持云 – 边 – 端协同和云 – 边之间的元数据同步。

作为面向边的开源框架，KubeEdge 具有很多显著优势。传统业务可以高效地运行在边缘服务器上以降低响应延迟，同时也减少了云 – 边之间网络带宽的消耗以及服务成本。该框架提供了简单易用的 API 以方便开发人员编写基于常规 HTTP 或消息队列遥测传输（Message Queuing Telemetry Transport，MQTT）的容器化应用，同时也使大量现有云原生应用的部署变得更加容易。得益于 Kubernetes 的原生支持，KubeEdge 可以帮助用户高效地编排应用和管理设备。另外，数据在边缘端生成并被处理，隐私安全得到了保证。

面向边的开源框架可以简单看作裁剪和定制化后的云计算框架。K3S 是 Rancher 提出的一种面向各种边缘场景的轻量级 Kubernetes 发行版，它旨在借助有限边缘资源在无须 Kubernetes 协助的情况下实现高效的服务管理和容器编排 [19]。

得益于 K3S 的支持，Kubernetes 集群可以运行在 x86、ARM64 和 ARMv7 等处理器平台。该框架借助底层优化充分发挥出 IoT、CI 和 ARM 设备的性能，同时简化了用户操作并提高了系统安全性。K3S 能够被部署在无人值守的远程位置，并在资源受限的情况下高效执行 IoT 设备的工作负载。另外，由于需要额外部署 Kubernetes 管理层，K3S 一般不涉及云 – 边协同。

2.5.3　面向端的开源框架

EdgeX Foundry 是 Linux 基金会提出的一种面向工业物联网和边缘计算的开源微服务框架，它旨在提供与硬件平台、操作系统和服务供应商无关的通用解决方案 [20]。图 2-10 展示了 EdgeX Foundry 的整体框架图。该框架关注海量异构 IoT 设备的接入和管理、边缘网络的数据传输以及算力受限设备上的计算。

图 2-10　EdgeX Foundry 框架示意图

基于 EdgeX Foundry 框架，我们可以很容易地构建针对各种 IoT 场景的边缘系统。该框架能够充分利用有限的边缘资源，从而使边缘服务可以直接运行在类似树莓派的设备边缘服务器上。几乎全部的计算请求直接由树莓派组成的 EdgeX 网关处理，为主干网节省了大量的带宽资源。EdgeX Foundry 框架主要包含四个抽象层。设备服务层负责适配通信和数据协议以接入 IoT 设备。核心服务层包括注册与配置、核心数据、元数据和终端命令。支持服务层负责日志文件、通知警告、规则引擎和服务调度。导出服务层负责用户注册、用户交互、服务分发和附加服务。

某些情况下 IoT 设备可能需要与云中心取得联系。AWS IoT 是亚马逊提出的一种专门为 IoT 解决方案提供云服务和设备支持的开源框架，它旨在将各类智能设备接入亚马逊云并为基于 IoT 的应用程序提供丰富的云服务 [21]。AWS IoT 支持终端设备通过 LoRa 技术接入各类网络以实现高效的云 – 边 – 端协同。同时，该框架使用 MQTT 协议来实现服务器与异构 IoT 设备之间的通信。

AWS IoT 关注与终端设备之间的交互以及数据传输，该框架主要包含四种服务。设备软件负责为 IoT 设备提供网络接入支持。控制服务指几种常见的用于管理 IoT 设备的 AWS IoT 服务。数据服务对实时视频、传感器事件、工业设备和数字可视化中的 IoT 数据进行分析。核心服务将 IoT 设备连接至 AWS 云并提供消息收发、设备安全、数据管理和互联支持等服务。

2.5.4　架构选型

不同架构往往为特定的目标而设计，并且针对专门的应用场景。以云计算为中心的架构更适合应对各种在线网络服务、离线数据分析和深度神经网络（Deep Neural Network，DNN）模型训练等实时性要求不高的应用，云中心可以提供这类计算和 I/O 密集型场景所需的强大算力。云 – 边协同的边缘架构更适合应对工业物联网、无人驾驶、智能家居、远程医疗和虚拟现实等实时性和隐私要求较高的应用，基于协同机制的边缘网络能为这类资源受限的场景带来极低的延迟。因此，满足所有应用场景中不同需求的统一边缘架构是不存在的，架构选型十分必要且尤为关键。

架构选型旨在根据实际业务需求、具体应用场景以及现有技术栈进行综合决策以选择性价比最高的边缘架构或开源框架，从而实现充分利用边缘基础设施、降低部署开销和运营成本、满足终端设备和用户需求等目标。一般来说，架构选型表现为分别面向云 – 边 – 端的开源框架的调研和选择。目前而言，以 K8S 为代表的面向云的开源框架已经十分成熟，所以这类框架的选择余地相对较小。面向端的开源框架大多需要在边上部署一套与设备管理相关的微服务。在选择这类框架时必须考虑所支持的负载类型能否满足业务需求，例如，有的框架可能无法运行视频处理或 AI 模型推理等工作负载。同时，对 IoT 设备代理相关协议的支持也是架构选型要关注的问题。

接下来以面向边的开源框架为例讨论架构选型要考虑的关键问题。从实际业务需求的角度来看，架构选型需要考虑的特性包括云 – 边协同、容器化编排、去中心化等。同时，架构选型还受到具体应用场景的影响，例如，在面向 IoT 的边缘架构中终端设备管理、是否支持 MQTT 协议和框架开源状况等都是十分重要的问题。考虑到现有技术栈和运营成本，K8S 原生支持、部署开销及复杂性、组件资源占用也是架构选型所关注的重点。我们将其总结为以下几点：

- 云 – 边协同：为了实现高效协同应选择侧重云 – 边资源整合的开源框架，如同为轻量级的 K8S，KubeEdge 的协同功能比 K3S 更完善且性能表现更优。
- 容器化编排：选择能完美兼容云原生生态并可以高效管理边缘资源的框架比较合适。
- 去中心化：KubeEdge 移除 K8S 管理层以实现真正的分布式部署，这有利于增强边缘自治能力并提升系统稳定性。
- 终端设备管理：应该关注开源框架管理终端设备的能力以及对边缘异构场景的支持。
- MQTT 协议支持：支持 MQTT 协议对面向 IoT 和卫星网络的开源框架来说至关重要。
- 框架开源状况：需考虑项目成熟度、开源时间以及是否受到云原生计算基金会的资助。
- K8S 原生支持：云中心大多使用 K8S 框架，选择原生支持的框架能复用现有技术栈。
- 部署开销及复杂性：与兼顾云 – 边的 StarlingX 相比，KubeEdge 的部署过程相对简单。
- 组件资源占用：在资源受限的边缘网络中开源框架组件占用的内存应该尽可能少。

2.6 本章小结

边缘计算将云计算范式扩展至边缘网络并推动了 IoT 的发展，在这个过程中边缘架构扮演着极其重要的角色。在本章中，我们首先通过与云计算的对比简单概述了边缘架构的特点和目标。为了方便读者理解边缘架构的基本原理，本章还重点介绍了边缘架构的三大要素，即云中心、边缘服务器和终端设备。边缘计算的总体架构因具体场景、服务对象和服务类型而异，典型的三种架构包括云 – 边 – 端架构、边 – 端架构和端 – 端架构。此外，本章还讨论了边缘计算在 AI、IoT 和卫星网络等其他领域的特殊架构，如 AIoT 架构和卫星边缘架构。大多数边缘架构都具有类似的软件架构，从底层至上层依次是系统层架构和应用层架构，其中包含大量与资源虚拟化、服务管理、设备抽象和应用平台等相关的中间件。为了使更多的开发者参与软件架构的设计，边缘计算亟须一种面向服务的编程模型。最后，我们从边缘架构的云、边、端三个角度分别介绍了几种应用广泛的开源框架，并讨论了边缘计算架构选型要考虑的关键问题。

思考题

1. 简单介绍一下边缘计算架构，如何理解边缘计算具有“上下文”特性？
2. 云中心和边缘服务器都能为终端设备提供服务，请列举它们各自的特点。

3. 请根据 2.3 节中的边缘计算总体架构图 2-1 谈谈边缘计算架构与云计算架构的区别。

4. 为什么云 – 边 – 端架构需要云 – 边协同和云 – 边 – 端协同？为什么边 – 端架构需要边 – 端协同？

5. 云 – 边 – 端架构与 AIoT 架构有什么不同？边 – 端架构与卫星边缘架构有什么不同？

6. 系统层架构位于边缘软件架构的底层，请简述该架构需要实现的目标。

7. 请根据 2.4 节中的边缘计算软件架构示意图 2-7 谈谈系统层架构与应用层架构之间的联系。

8. 如何理解边缘计算编程模型是一种面向服务的编程模型？

9. 请结合常见的边缘计算开源框架谈谈边缘架构设计的难点和挑战。

参考文献

[1] KHAN W Z, AHMED E, HAKAK S, et al. Edge computing: A survey[J]. Future Generation Computer Systems, 2019, 97: 219-235.

[2] SITTÓN-CANDANEDO I, ALONSO R S, RODRÍGUEZ-GONZÁLEZ S, et al. Edge computing architectures in industry 4.0: A general survey and comparison[C]//International Workshop on Soft Computing Models in Industrial and Environmental Applications. Berlin: Springer, 2019: 121-131.

[3] BAI H, SCHOLL B. Edge Computing and Capability-Oriented Architecture[M]. Boca Raton: CRC Press, 2021.

[4] Shahrad M, Balkind J, Wentzlaff D. Architectural implications of function-as-a-service computing[C]// Proceedings of the 52nd annual IEEE/ACM international symposium on microarchitecture. New York: IEEE, 2019: 1063-1075.

[5] KUMARI K A, SADASIVAM G S, DHARANI D, et al. Edge Computing: Fundamentals, Advances and Applications[M]. Boca Raton: CRC Press, 2022.

[6] Edge Computing Consortium, Alliance of Industrial Internet. Edge Computing Reference Architecture 2.0[R]. Technical Report, 2017.

[7] ABBAS N, ZHANG Y, TAHERKORDI A, et al. Mobile edge computing: A survey[J]. IEEE Internet of Things Journal, 2017, 5(1): 450-465.

[8] MAO Y, YOU C, ZHANG J, et al. A Survey on Mobile Edge Computing: The Communication Perspective [J]. IEEE Communications Surveys & Tutorials, 2017, 19(4): 2322-2358.

[9] SARKER V K, QUERALTA J P, GIA T N, et al. A survey on LoRa for IoT: Integrating edge computing[C]//2019 Fourth International Conference on Fog and Mobile Edge Computing (FMEC). New York: IEEE, 2019: 295-300.

[10] YU W, LIANG F, HE X, et al. A survey on the edge computing for the Internet of Things[J]. IEEE access, 2017, 6: 6900-6919.

[11] 物联网边缘计算平台 . 物联网边缘计算平台 [EB/OL]. [2023-06-17]. https://cloud.tencent.com/document/product/1118.

[12] ZHANG J, TAO D. Empowering Things With Intelligence: A Survey of the Progress, Challenges, and Opportunities in Artificial Intelligence of Things[J]. IEEE Internet of Things Journal, 2020, 8(10): 7789-7817.

[13] DENBY B, LUCIA B. Orbital edge computing: Nanosatellite constellations as a new class of computer system[C]//Proceedings of the Twenty-Fifth International Conference on Architectural Support for Programming Languages and Operating Systems. [S. l.]: ASPLOS, 2020: 939-954.

[14] QU Z, ZHANG G, CAO H, et al. LEO Satellite Constellation for Internet of Things[J]. IEEE access, 2017, 5: 18391-18401.

[15] GLIKSON A, NASTIC S, DUSTDAR S. Deviceless edge computing: extending serverless computing to the edge of the network[C]//Proceedings of the 10th ACM International Systems and Storage Conference. New York: ACM, 2017: 1-1.

[16] Kubernetes. Production-Grade Container Orchestration [EB/OL]. [2023-06-17]. https://kubernetes.io.

[17] Open Source Edge Cloud Computing Architecture-StarlingX. Empower organizations to deploy and manage high-performance, distributed cloud infrastructure at scale [EB/OL]. [2023-06-17]. https://www.starlingx.io.

[18] KubeEdge [EB/OL]. [2023-06-17]. https://kubeedge.io/en.

[19] K3s. 轻量级 Kubernetes [EB/OL]. [2023-06-28]. https://www.rancher.cn/k3s.

[20] EdgeX Foundry. The Preferred Open Source Edge Platform[EB/OL]. https://www.edgexfoundry.org.

[21] AWS. AWS IoT[EB/OL]. [2023-06-17]. https://aws.amazon.com/cn/campaigns/IoT.

第 3 章 · CHAPTER 3

边缘计算核心技术

边缘计算较经典云计算而言实现了资源服务向边缘位置的下沉，从而能够更好地降低交互时延、减轻网络负担、优化服务处理和提升用户体验。本章将介绍边缘计算的核心技术，包括异构计算技术、虚拟化技术、软件定义网络技术、无线传输技术和微服务架构技术等。

3.1 异构计算技术

随着互联网的蓬勃发展，数据信息量呈现爆炸式增长，以及近年来诸如机器学习、深度学习等具有高计算性能需求技术的出现，这使得计算机应用对处理器算力的要求不断提高，传统的 CPU 处理器甚至多核 CPU 处理器已无法满足计算需求，异构计算（heterogeneous computing）技术应运而生。异构计算是指使用不同类型指令集和体系架构的计算单元组成系统的计算方式，常见的计算单元类包括 CPU、GPU、DSP、ASIC、FPGA 等。该技术产生于 20 世纪 80 年代中期，具有高效的计算性能、良好的可扩展性以及较高的计算资源利用率等优势，如今已成为了并行 / 分布式计算领域中的主要热点之一。

3.1.1 CPU、GPU、FPGA 简要介绍

接下来我们将分别介绍三种常用的计算处理单元：CPU、GPU 和 FPGA。

1. CPU

中央处理器（Central Processing Unit，CPU）是计算机系统的运算和控制核心，主要功能是解释计算机指令以及处理计算机软件中的数据。CPU 主要包括运算器和控制器两部分，以

及寄存器、高速缓存器和实现它们之间连接的数据、状态及控制总线。

运算器是计算机中进行各种算术运算和逻辑运算的操作部件，主要包括：

- 算术逻辑单元（Arithmetic and Logic Unit，ALU），是 CPU 中的重要组成部分，用于实现算术运算和逻辑运算。算数运算包括加法、减法、乘法等，逻辑运算包括与、或、非、移位等。
- 累加器（Accumulator，ACC），用于存储计算产生的中间结果，当执行算术运算或逻辑运算时，为 ALU 提供一个工作区。
- 数据缓冲寄存器（Data Register，DR），用于暂时存放由内存储器读出或存入的一条指令或一个数据字，可分为输入缓存和输出缓存。
- 程序状态字寄存器（Program Status Word，PSW），用于表示当前运算的状态和程序的工作方式，如运算结果进 / 借位标志（C）、运算结果溢出标志（O）、运算结果为零标志（Z）、运算结果为负标志（N）、运算结果符号标志（S）等。

控制器是计算机系统的指挥中心，控制着整个 CPU 的工作，主要包括指令控制逻辑、时序控制逻辑、总线控制逻辑、中断控制逻辑，其中指令控制逻辑主要包括：

- 指令寄存器（Instruction Register，IR），用于存放当前正在执行的指令，当 CPU 需要执行相关指令的时候就会从 IR 中取出相关指令而不需要从缓存或主存中取出指令。
- 程序计数器（Program Counter，PC），用于存放下一条指令在主存储器中的地址。当执行一条指令时，首先需要根据 PC 中存放的指令地址，将指令由内存取到指令寄存器中，这一过程称为“取指令”。与此同时，PC 指向下一条指令的地址。
- 指令译码器（Instruction Decoder，ID），计算机指令由操作码和地址码组成，指令译码器用于翻译操作码对应的操作以及控制传输地址码对应的数据。

2. GPU

图形处理器（Graphics Processing Unit，GPU），又称显卡、显示核心、视觉处理器、显示芯片等，是一种专门在个人计算机、游戏机、工作站等上执行绘图运算工作的微处理器。CPU 拥有的内核数量较少且专为通用计算设计，而 GPU 具有数百或数千的内核，是一种特殊的处理器，能够实现大量的并行计算，主要用于计算机图形图像领域。图 3-1 源于 Nvidia CUDA 文档[1]，从图中可以直观地看出，相比于 CPU 中复杂的控制逻辑和优化电路以及大量的高速缓存，GPU 的构成相对简单，采用了数量众多的计算单元和超长流水线，因此 GPU 更适合处理大量的统一类型的数据。同时，GPU 硬件高吞吐量、高带宽、高度并行的特点使其非常适用于并行计算加速，已广泛应用于高效能计算、视频流分析、人工智能等领域。

3. FPGA

现场可编程逻辑门阵列（Field Programmable Gate Array，FPGA），它是在 PAL（可编程阵列逻辑）、GAL（通用阵列逻辑）、GPLD（复杂可编程逻辑器件）等可编程逻辑器件的基础上发展而成的。FPGA 主要由可编程逻辑单元阵列、嵌入式 RAM、布线资源和可编程 I/O 单元阵列等组成，结构灵活，能够通过用户编程实现各种逻辑功能以满足不同的设计需求。FPGA 还具有速度快、功耗低、通信强的特点，适用于复杂系统的设计。作为特殊应用集成电路中的一种半定制电路，它既解决了定制电路的不足，又克服了原有可编程器件门电路数量有限的缺陷。

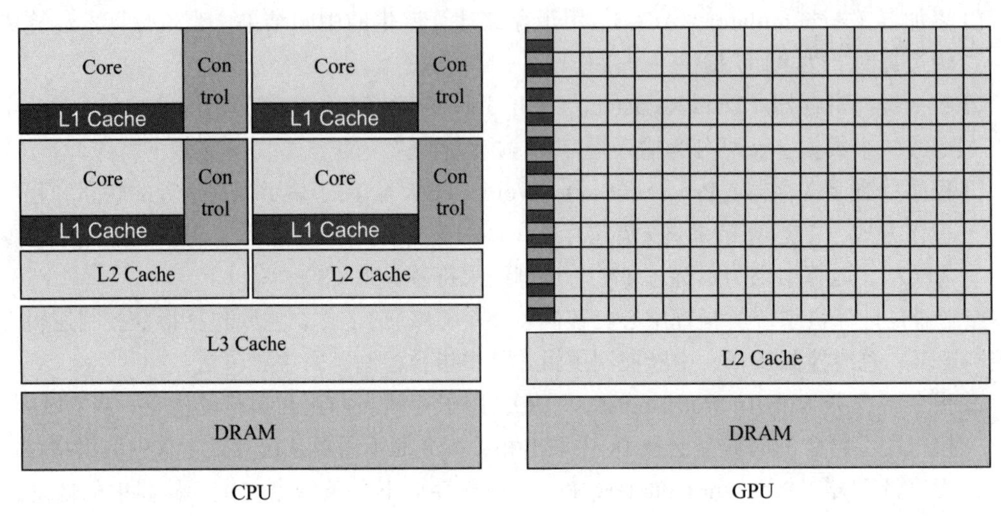

图 3-1 GPU 具有更多的计算单元用于数据处理 [1]

3.1.2 面向 CPU、GPU、FPGA 的异构计算技术

随着越来越多的智能设备接入物联网，以及更加多元化的边缘计算应用场景，这使得计算所面临的硬件结构和网络结构更加多样，也导致计算机体系结构日趋异构化。基于各类专用硬件平台的应用不断增加，且这些异构硬件在处理特定任务时往往能够提供比 CPU 更高的性能，因此，边缘计算应用场景下的计算模式已逐渐由 CPU 主导转向 CPU 与其他硬件结构相配合的方式。

- CPU+GPU：虽然 CPU 已经能够很好地处理通用计算任务，但其核心数量的限制使得在大量数据处理、并行计算和图像处理等方面的表现远不如 GPU，因此将 CPU 和 GPU 相组合能够更加高效地完成计算任务。由于 CPU 的核心相对较少且每个核心的控制能力较强，因此通常作为主机。而 GPU 的核心较多，当出现大量数据需要处理时 CPU 会将处理任务交给 GPU 执行，从而提高整体效率。
- CPU+FPGA：由于 FPGA 具有灵活可编程、速度快、功耗低等特点，目前已出现了许多 CPU 与 FPGA 结合的应用方式。例如将处理器高度嵌入 FPGA 可编程器件中，从而实现 CPU 与 FPGA 的紧耦合；将 FPGA 作为外部独立的计算模块，通过网络、数据总线、I/O 接口等机制与处理器连接等。

3.2 虚拟化技术

边缘计算是云计算的一种补充，它通过将云的计算能力下沉至边缘节点来缓解云计算中心的计算负载和网络压力。每个边缘节点通常由众多异构服务器集群组成，可以将其看作一个小型云计算中心，用户能够将自己的任务请求就近发送到边缘服务器上进行处理。由于用户提出的任务请求存在着高度的异构性，这要求边缘服务器能够灵活运行各种计算服务。为了能够实现跨设备、跨层次的使用，屏蔽软硬件环境的差异，提高服务效率，虚拟化技术被提出。

虚拟化技术是一种资源管理技术，是能够将计算机的各种计算资源（如CPU、内存、磁盘空间等）抽象后转化为多种配置环境。虚拟化技术起源于20世纪60年代末，美国IBM公司开发了一套虚拟机监视器（Virtual Machine Monitor，VMM）系统软件，该软件作为计算机硬件层上的软件抽象层，将计算机硬件虚拟地分割为一个或多个虚拟机，并提供多用户对大型计算机同时、交互访问。

通常，计算机系统自下而上被分成五个抽象层，分别为硬件抽象层、指令集抽象层、操作系统抽象层、库函数抽象层和应用程序抽象层。虚拟化技术本质上是为上层架构或应用分配底层资源，而上层架构只需要知道下层抽象的接口，不需要了解其内部运作机制。这样所带来的好处是每个层次只需要考虑本层的设计和与相邻层次之间的接口，从而大大降低了系统设计的复杂度，提高了软件的可移植性。按照抽象程度的不同，可以将虚拟化技术分为五个层次，分别为：

- 硬件抽象级虚拟化：在虚拟化过程中，通常将真实存在的物理主机称为宿主机（host machine），而将虚拟机称为客户机（guest machine）。硬件抽象级虚拟化通过虚拟机监视器将宿主机的处理器、内存、I/O、硬盘等硬件资源映射为客户机所能识别的资源，并为客户机提供统一抽象的资源访问接口，使得底层硬件对于宿主机和客户机操作系统而言相对透明。经典的硬件抽象级虚拟化技术包括VMware、KVM、Xen等。
- 指令集架构级虚拟化：是通过中间件来模拟目标指令集架构的处理器、存储器、总线、磁盘控制器、计时器等，中间件将客户机所发出的指令转换为宿主机可操作的指令序列，并在宿主机的物理硬件资源上执行这些指令。基于指令集架构级虚拟化技术包括Bochs、QEMU等，由于这些技术基本用于实现不同平台指令集之间的指令仿真，因此也被称为仿真器。
- 操作系统级虚拟化：是指宿主机的操作系统内核允许多个相互隔离的用户实例共同存在，这些相互隔离的用户实例通常被称为容器。由于这是宿主机操作系统内核主动提供的虚拟化，因此效率较高。但同时要求每个容器中的操作系统也必须与宿主机操作系统相同，所以灵活度相对较小。常见的几种操作系统级虚拟化技术包括Docker、OpenVZ、LXC、chroot等。
- 编程语言级虚拟化：计算机中的应用程序代码通常会被转换为当前计算机所能识别的机器语言。编程语言级虚拟化会先将高级语言编译为字节码，然后再通过虚拟机将其转译为目标平台所能识别的机器指令序列，能够实现跨操作系统平台、跨语言执行。这类虚拟化的典型技术有 Java 虚拟机（Java Virtual Machine，JVM）和通用语言基础架构（Common Language Infrastructure，CLI）等。

- 库函数级虚拟化：为了方便用户和开发者的使用，操作系统通常会向外提供访问操作系统基本功能的接口。然而，不同操作系统的接口也各不相同，例如，Linux 系统与 Windows 系统的接口就大不相同，导致在 Linux 上能正确运行的代码到 Windows 环境中报错。因此，库函数级虚拟化通过虚拟化操作系统的库函数接口，从而使应用程序不需要修改就能够在不同的操作系统中直接运行，极大提升了应用程序的兼容性和可移植性。典型的库函数级虚拟化包括 Wine 和 WSL 等。

虚拟化技术在边缘计算应用中至关重要，它能够将各种实体资源，如网络、计算、存储资源等，进行重新整合与隔离，将一个硬件设备转化为多个相互独立的虚拟逻辑设备，再按需提供给对应的用户，从而实现计算资源和计算服务的灵活管理，大大提升了网络资源利用率和用户服务的响应效率。此外，虚拟化技术可以实现对所有服务器进行统一管理，由此减少服务器的加载时间，有效降低了软件和硬件的成本消耗。

3.3 软件定义网络技术

传统网络采用的是分布式控制架构，虽然经过了多年的发展更新，但面对“云大物移智”时代的到来，各种问题仍然层出不穷，已逐渐无法满足人们的需求。具体来说，传统网络存在着如下一些弊端：

- 部署管理不灵活。如今的网络设备生产商数量较多，不同厂商生产的设备型号繁杂。在实际使用的过程中用户常常将不同厂商的设备混合使用，虽然它们的底层协议是相同的，但通常还有一些私有的扩展协议，部署方式和命令仍存在差异，这使得设备之间无法实现统一部署管理，运维复杂。
- 无法实现策略定制和按需调整。通常传统网络的内部运行协议在设备生产时就已经确定，后续难以根据实际情况修改和更新协议，缺乏一定的灵活性。

软件定义网络（Software Defined Network，SDN）技术是由美国斯坦福大学 Nike Mckewn 教授领导的 Clean-Slate 课题研究组提出的一种基于 OpenFlow 的新型网络创新架构[2]，它基于 OpenFlow 协议将路由器的控制平面从数据平面中分离，改以软件方式实现，从而摆脱了硬件对网络架构的限制，实现了将分散在各个网络设备上的控制平面进行集中化管理。SDN 架构能够使网络管理员在不改变硬件设备的前提下，通过中央控制方式重新规划网络，对网络流量进行灵活控制，实现网络虚拟化和智能化，同时也为核心网络和应用创新提供了良好平台。

3.3.1 SDN 网络架构

SDN 是对传统网络架构的一次重构，由传统的分布式控制网络架构转变为集中式控制网络架构。如图3-2所示，SDN架构通常分为三部分，即应用层、控制层和基础设施层。

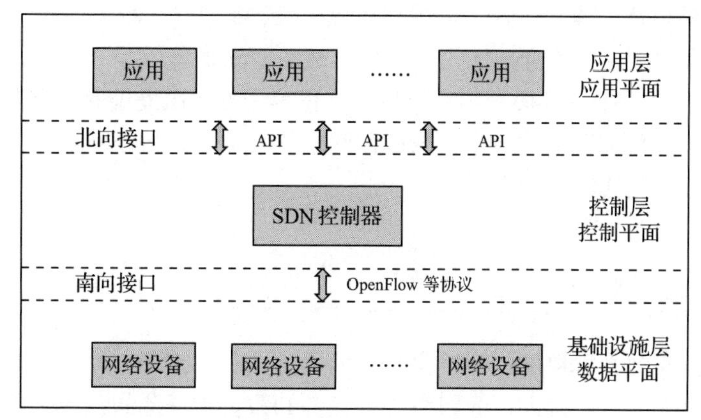

图3-2　SDN网络架构

- 应用层：主要包括各种面向用户的上层应用程序，这些应用通过调用SDN控制器和北向接口实现对数据平面的设备的配置、控制和管理。
- 控制层：主要包括SDN控制器，是SDN的核心组件。SDN控制器不仅掌握着全局网络信息，监控网络状态，同时还执行网络控制。它能够将应用层的请求转换到SDN数据路径，同时还能为应用层提供底层网络的抽象模型。
- 基础设施层：主要包括数据平面中的网络设备，负责转发和处理数据信息。

在SDN架构中除了三个平面还有两个重要的接口，即北向接口和南向接口。

- 北向接口：位于应用平面和控制平面之间，向应用层提供抽象的网络视图，使上层应用程序能通过北向接口获取下层的网络资源，并能够向下层发送数据，直接控制网络的行为。
- 南向接口：位于控制平面和数据平面之间，负责SDN控制器与网络单元之间的数据交换，将控制器中的转发规则下发至转发设备，其中最主要的应用为OpenFlow协议。

3.3.2　SDN网络特点

与传统网络设备对流量控制和转发独立控制不同，SDN的核心在于将路由器和交换机中的控制功能从网络设备中分离出来，网络设备采用通用的硬件平台，只负责数据转发，而原来用于网络逻辑控制的功能采用相对独立、集中的控制器代替，实现网络可编程、资源有效利用、提升网络控制管理效率。SDN网络特点总结如下：

- 转发与控制分离。SDN控制器负责实现网络拓扑收集、路由计算、产生流表、网络控制与管理等，而网络设备只负责流量转发和策略执行，这种转控分离的方式能够使网络系统的转发面和控制面独立发展。转发面更加通用简单，在一定程度上降低了设备硬件成本。而控制面更加集中统一，提高了网络整体性能。

- 集中控制。在实现了转控分离后，控制器朝着集中统一的方向发展。SDN 控制器掌握网络的全局拓扑、转发信息、资源利用等，能够实现统一管理控制而不需要设备逐一操作，以及对网络实施全局优化，提高了网络整体效率。
- 开放可编程性。SDN 开放了编程接口，使得第三方应用提供商只需要通过控制器提供的开放接口，以编程的方式定义新的网络功能，然后在控制器上执行即可，大大增加了部署调整的灵活性。

3.4 无线传输技术

边缘计算的服务对象通常是各种异构的终端设备，而这些终端设备一般是资源有限的低功耗设备，多采用无线方式接入边缘网络进行任务卸载。在任务卸载的过程中，传输速率的快慢是影响整体性能的重要因素之一，而终端设备采用的无线传输方式将直接影响任务传输速率。因此，无线传输技术是终端设备接入边缘网络中的关键技术。终端设备根据应用场景需求、边缘设备部署情况等选择合适的传输技术。通常情况下，根据构建的网络类型，相关的无线传输技术主要有以下几种：

- 无线局域网（Wireless Local Area Network，WLAN）传输技术：主要是基于 IEEE802.11 标准 [3]，目前最广泛的应用是 Wi-Fi。
- 无线广域网（Wireless Wide Area Network，WWAN）传输技术：主要包括移动通信蜂窝网络，如 4G、5G、6G 通信技术等。
- 低功耗广域网传输技术（Low Power Wide Area Network，LPWAN）：典型的技术包括 Sigfox、LoRa、NB-IoT、LTE-M 等通信技术。

3.4.1 无线局域网传输技术

无线局域网是通过无线通信技术进行数据传输的系统。区别于传统使用导线和电缆所连接的局域网，无线局域网采用无线电波或电场与磁场作为数据传输介质，弥补了有线网络的不足。无线局域网的主干网络使用有线电缆，而用户只需通过一个或多个无线接入器接入局域网，从而使得网络构建和终端移动更加灵活方便。目前应用最为广泛的无线局域网协议是 Wi-Fi，多应用于家居、商场、机场、学校等边缘计算场景。

无线局域网最通用的标准是 IEEE 定义的 802.11 系列标准，目前已更新到 IEEE 802.11ax 标准，即 Wi-Fi 6 协议。表 3-1 展示了 Wi-Fi 世代列表。IEEE 802.11 系列标准最早于 1997 年正式发表，定义了介质访问接入控制层和物理层，物理层定义了工作在 2.4GHz 和 ISM 频段（industrial scientific medical band）上的两种无线调频方式和一种红外传输方式，总数据传输速率定义为 2Mbps。1999—2000 年在此基础上补充了两个版本，分别是 IEEE 802.11a 和 IEEE 802.11b。IEEE 802.11a 标准首次引入正交频分复用（Orthogonal Frequency Division Multiplexing，OFDM）技术，使用 5GHz 频段提供最高 54Mbps 的速率。IEEE 802.11b 标准在 2.4GHz 频段上提供最高 11Mbps 的速率，由于 2.4GHz 频段为世界上绝大多数国家通用，因此 IEEE 802.11b 标准得到了广泛应用。2003 年提出的 IEEE 802.11g 标准将正交频分复用技术应用到了 2.4GHz 频段上，提供最高 54Mbps 的速率，并与 IEEE 802.11b 标准保持向后兼容和互操作性，在市场上大获成功。为了进一步改善 IEEE 802.11a 标准和 802.11g 标准在网络流量上的不足，2009 年提出的 IEEE 802.11n 标准（即 Wi-Fi 4 协议）引入了多输入多输出（Multi-Input Multi-Output，MIMO）技术，该技术允许更多的天线创建更多的数据流，最高传输速率可达 600Mbps。2014 年 IEEE 802.11ac 标准（即 Wi-Fi 5 协议）进一步引入多用户多输入多输出（Multi-User Multi-Input Multi-Output，MU-MIMO）技术，支持 8 个 MIMO 空间流，使用 5GHz 频段且最高速率可突破 1Gbps。

表 3-1　Wi-Fi 世代列表

世代名称	IEEE 标准	最大速率 /bps	上市时间	频率 /GHz
Wi-Fi 6E	802.11ax	9.6G	2020	2.4/5/6
Wi-Fi 6			2019	2.4/5
Wi-Fi 5	802.11 ac	1G	2014	5
Wi-Fi 4	802.11 n	600M	2009	2.4/5

目前最新的 IEEE 802.11ax 标准（即 Wi-Fi 6 协议）支持从 1GHz 至 6GHz 的所有 ISM 频段，包括目前已使用的 2.4GHz 和 5GHz 频段，且向下兼容 IEEE 802.11a/b/g/n/ac。于 2020 年 1 月 3 日开始使用 6GHz 频段的 IEEE 802.11ax 称为 Wi-Fi 6E 协议。Wi-Fi 6 协议中的主要关键技术包括：

- 正交频分多址（Orthogonal Frequency-Division Multiple Access，OFDMA）技术：是频分多址（Frequency Division Multiple Access，FDMA）技术的演进，使用大量的正交窄带子载波（subcarrier）来传输信息，同时面向上行链路和下行链路有效共享信道，使得多个终端可以同时并行传输，减少信道冲突，提高整体网络效率并有效降低时延。
- 多用户多输入多输出（MU-MIMO）技术：允许一次传输更多下行链路数据，使得接入设备能够同时和多个终端通信，扩大了网络总吞吐量和容量，提高了网络数据传输速率。
- 160MHz 信道：增大带宽，能够以更低的时延提供更高的性能。
- 1024 正交幅度调制（1024-Quadrature Amplitude Modulation，1024-QAM）模式：能够在同样数量的频谱中编码更多的数据，提高了设备的吞吐量。

Wi-Fi 协议是目前应用最为广泛的无线局域网传输协议，在边缘计算的任务卸载中发挥着重要的作用。Wi-Fi 接入点通常会被较为密集地部署在室内，提供高速的数据传输服务，终端设备上的服务请求就能够被快速卸载到边缘服务器上。例如，当用户的移动设备上产生如语音识别、视频分析等计算任务时，就能将计算任务通过 Wi-Fi 快速传输至边缘网关，从而降低能耗并提高了整体效率。

3.4.2 无线广域网传输技术

无线广域网是通过无线网络将物理距离极为分散的局域网连接起来的通信方式。无线广域网传输技术主要包括移动通信蜂窝网络，如目前已被广泛使用的4G、5G通信技术和仍处于发展阶段的6G技术。

1. 4G通信技术

4G通信技术是第四代移动通信技术（4th Generation Mobile Communication Technology，简称4G)，它在2G和3G通信技术的基础上添加了一些新的技术，从而使得无线通信信号更加稳定，数据传输速率、通信质量更高。按照国际电信联盟（ITU）的定义，4G静态传输速率最高可达1Gbps，用户在高速移动状态下可达100Mbps。同时，4G通信技术提高了兼容性，减少了软硬件工作中的冲突，在很大程度上避免了闪退、卡顿等故障的发生，使用户体验更加流畅顺利。

4G通信技术基于3G通信技术不断优化升级，它将WLAN技术和3G通信技术进行了很好的结合，比3G技术具有更大的竞争优势。首先，4G通信技术在图像、视频传输质量上得到了很大的提升，能够实现原图、原视频的高清传输。其次，4G通信能够实现文件、图片、音视频等下载速度最高达到每秒几十兆的速度，这是相较于3G通信（普遍提供2Mbps的速度）而言最大的优势，使得用户能获得更好的使用体验。

4G通信的关键技术包括以下几个方面：

- 正交频分复用技术：是一种频分复用方案，将高速数据流通过串并变换，分配到传输速率相对较低的若干个相互正交的子信道中进行传输，实现高速串行数据的并行传输。1971年，OFDM技术得到了改进，引入保护间隔，若保护间隔大于最大时延扩展，则能够最大限度地消除多径带来的符号间干扰（Inter-Symbol Interference，ISI)，如果用循环前缀作为保护间隔，还可避免多径带来的信道间干扰。
- 多输入多输出技术：多输入多输出技术利用了映射技术，在发送端和接收端使用多根天线，发送设备将信息发送到无线载波天线上，天线在接收信息后迅速对其进行编译，并将编译后的数据编成数字信号发送到不同的映射区域，再利用分集和复用方式对接收到的数据信号进行融合，从而在收发之间构成了多个信道的天线系统，极大提高了信道容量和频谱效率。
- 软件无线电（Software Defined Radio，SDR）技术：是一种无线电广播通信技术，基于软件定义的无线通信协议而非传统的纯硬件电路连线。通过将宽带模拟数字变换器或数字模拟变换器充分靠近射频天线，编写特定程序代码，以软件的形式完成频段选择、调制解调等，实现具有高灵活性和开放性的无线通信系统。

2. 5G通信技术

5G通信技术是目前最新一代的移动通信技术，是4G系统的演进。高速率、低时延、大连接成为5G最突出的特征，用户体验速率可达1Gbps，时延低至1ms，用户设备连接能力达到每平方公里一百万的连接密度。国际电信联盟定义了5G的八大关键性能指标，其中包括移动性、时延、峰值速率和频谱效率四项传统移动带宽的关键技术指标，以及新定义的用户体验速率、连接数密度、流量密度和能效，具体而言：

- 移动性：支持500km/h的高速移动。
- 时延：最低时延达到1ms。
- 峰值速率：峰值速率可达10Gbps～20Gbps，是4G网络的十几倍。
- 频谱效率：5G基站采用64天线发射，在密集城区的频谱效率在10bps/Hz左右。
- 用户体验速率：支持0.1Gbps～1Gbps的用户体验速率，最高速率较4G网络的10Mbps有巨大提升。
- 连接数密度：可实现每平方公里一百万的连接数密度，支持大量设备与网络并发连接，满足物联网的通信需求。而4G网络的典型连接密度仅为每平方公里2000个连接。
- 流量密度：流量密度达到10Tbps/km^2，相较于4G网络提升了近百倍。
- 能效：整体能效相较于4G提升了十倍。

此外，国际电信联盟还定义了5G的三大应用场景，即：

- 增强移动宽带（enhanced Mobile Broadband，eMBB）：eMBB的典型应用场景如高清视频直播、VR/AR体验等，也是5G的主要应用场景。eMBB是4G LTE移动宽带服务的演进技术，旨在满足用户对高速数据日益增长的需求，大幅提高数据传输速率，具有更高的吞吐率和更大的容量。
- 超高可靠低延迟通信（ultra-Reliable Low Latency Communication，uRLLC）：uRLLC是指将网络应用在需要不间断和稳定数据链接的关键任务场景，如自动驾驶、远程医疗、工业产线等领域，通常对可靠性和时延要求较高。uRLLC能提供低于1ms延迟的可靠无线通信连接。
- 海量机器类通信（massive Machine Type Communications，mMTC）：mMTC应用于大量设备的互联通信，如智慧城市、智能家居、云计算、环境检测等，通常对连接密度要求较高，海量设备将集中交接在较小的范围内。

eMBB是对用户体验的进一步提升，主要追求的是人的通信体验。而uRLLC和mMTC则是物联网的应用场景，但uRLLC侧重于物与物之间的通信需求，mMTC侧重于人与物之间的信息交互。

根据3GPP[4]公布的5G网络标准制定过程，5G整个网络标准分为两个阶段完成。第一阶段是R15阶段，在2018年6月完成独立组网的5G标准，支持增强移动带宽和低时延高可靠性物联网，完成网络接口协议。第二阶段是R16阶段，在2019年12月完成满足国际电信联盟全部要求的完整的5G标准。

5G通信的关键技术主要包括：5G通信采用毫米波波段，频率在30GHz到300GHz之间，波长范围1mm～10mm。同时，采用MIMO技术和OFDM技术，使得设备能够在多个信道使用多条天线组成的天线阵列同时收发数据，由于具有足够的可用带宽和较高的天线增益，从而可以支持超高速的传输速率。5G 通信还利用波束自适应和波束赋形技术，通过使用传感器阵列定向发送和接收信号，减小信号的衰落。利用滤波组多载波（Filter Bank Multi-Carrier，FBMC）技术，通过一组滤波器对信道频谱进行分割从而实现信道频率复用，极大提高了频率效率。采用非正交多址接入（Non-Orthogonal Multiple Access，NOMA）技术，该技术通过利用不同的路径损耗差异来对多路发射信号进行叠加，从而提高信号增益。在正交多址（Orthogonal Multiple Access，OMA）技术中只能为一个用户分配单一的无线资源，而 NOMA 技术可将资源分配给多个用户，从而可以解决由于大规模连接带来的网络挑战。除此之外，5G 通信还使用了超带宽频谱、网络切片、超密度异构网络等技术。

然而目前 5G 技术的发展也面临着许多挑战：由于 5G 采用了毫米波波段来提高频率，而毫米波的辐射范围小、绕射能力弱，这导致 5G 信号绕过障碍物的能力不如 3G 和 4G，需要更加密集的架设基站减缓发送范围小的问题。因此，如何实现使用更少的基站服务更大的范围成了一个挑战。此外，随着 5G 网络的普及，连接网络的物联网设备不断增加，5G 网络相比于前几代蜂窝网络具有更大的攻击面，且 5G 网络更加复杂，因此安全性也是一个挑战。

边缘计算在 5G 技术的发展上也发挥了关键作用。边缘计算技术能够在用户更靠近数据源的地方分析数据，不需要将数据传送到云端处理，能够提高整体速率。边缘计算低时延、高带宽、对无线网信息位置的实时感知等特点，都能更好地满足移动运营商、用户、应用程序对时延、可扩展性等方面的需求。

3. 6G 通信技术

6G 通信技术是 5G 通信技术的延伸，目前仍处于开发阶段，已有许多国家发布了发展 6G 的战略计划。2018 年，芬兰开始研究 6G 相关技术。同年，中国工业和信息化部部长苗圩宣布中国开始致力于 6G 的发展。美国国防高级研究计划局与 SRC 公司、纽约大学坦登工程学院等合作，于 2018 年 1 月成立“大学联合微电子学项目（Joint University Microelectronics Program，JUMP)”，其子项目之一“太赫兹与感知融合技术研究中心（ComSenTer)”致力于研究 6G 关键技术太赫辐射。韩国的三星公司和 LG 电子公司都在 2019 年设立了 6G 研究中心。2020 年 2 月，国际电信联盟在瑞士日内瓦召开的第 34 次国际电信联盟工作组会议上正式启动面向 2023 年及未来 6G 的研究工作，此次会议明确了 2023 年底前国际电联 6G 早期研究的时间表，包含形成未来技术趋势研究报告、未来技术愿景建议书等重要报告的计划。

6G 通信技术的总体愿景是基于 5G 愿景的进一步扩展和升级。针对 5G 技术在信息交互方面存在的空间范围受限以及仍无法满足某些垂直行业应用等问题，6G 主要的技术目标是具有更大的传输带宽、更低的时延、更高的可靠性、更广泛的连接以及更智能化的网络特性。目前对 6G 通信技术的研究中，比较有前景的几项关键技术如下：

- 太赫兹（THz）通信。太赫兹通信是指用太赫兹波作为信息载体进行的空间通信。由于太赫兹波介于微波与远红外光之间，处于电子学向光学的过渡领域，因此它集成了微波通信与光通信之间的优势。太赫兹通信的传输容量更大，太赫兹波的频段介于 0.1THz 至 10THz 之间，相比于 5G 的毫米波频段有着更高的工作频率，可提供高达 10Gbps 的无线传输速率，比目前的超宽带技术快了百倍甚至上千倍[5-9]。太赫兹波束更窄、方向性更好，可以探测更小的目标并进行更精准的定位。同时，太赫兹波具有更好的保密性和抗干扰能力，能够实现更加安全的通信。由于太赫兹波长相对更短，在实现同样功能的情况下无线的尺寸能够做得更小，其他系统结构更加简单。此外，太赫兹波具有很好的穿透性，它能以很小的衰减穿透烟尘、墙壁、碳板、布料等介质，更好地适用于一些跨障碍物通信的特殊场景。

- 可见光通信（Visible Light Communication，VLC）。光无线通信（Optical Wireless Communications，OWC）是一种对现有的无线射频通信技术的补充，频段包括红外线、可见光和紫外线，可以有效缓解当前射频通信频带紧张的问题，其中可见光频段是 OWC 最重要的频段。可见光的频率介于 400THz ～ 800THz，可见光通信充分利用可见光发光二极管（Light Emitting Diode，LED）的优势，实现照明和高速数据通信的双重目的。与传统的无线电通信相比，VLC 具有许多优势。首先，可见光通信技术提供了超高带宽（THz）且频谱使用不受限制，不需要频谱监管机构的授权。其次，VLC 不会产生电磁辐射，也不易受到外界电磁的干扰，因此适用于医院、飞机、加油站、化工厂等对电磁干扰敏感的场景。同时，VLC 的传输介质是可见光，无法穿透墙壁等不透明遮挡物，从而使得网络信息的传输被限制在了一个建筑物之内，大楼外的接收器无法接收信号，能够有效避免传输信息被外界恶意截获，也减少了区域间的相互干扰，保证了信息传输的安全性。除此之外，VLC 支持快速搭建无线网络，室内可见光通信技术还能利用室内的照明光源作为基站，结合其他有线、无线通信技术为用户提供便捷的室内无线通信服务，减少了基站建设和维护成本。

3.4.3　低功耗广域网传输技术

低功耗广域网（Low Power Wide Area Network，LPWAN）是一种范围广、低功耗的远程无线网络通信技术，具有远距离、低功耗、低带宽、低成本、大连接等特点，是物联网的核心组成网络之一。虽然 4G/5G 等移动蜂窝网络应用广泛，但仍存在着物联网设备功耗大、成本高等劣势，而 LPWAN 正是为满足物联网需求的低功耗远程无线通信技术。目前，LPWAN 尚未形成统一的标准，典型的技术包括 LoRa、Sigfox、NB-IoT 等，根据使用的无线电频段可分为两类：

- 使用授权频段的通信技术：主要由 3GPP 主导的电信运营商投入建设运营，且设备在授权频段内通信，如 NB-IoT、LTE-M 等，网络通信干扰小、可靠性高，但需要额外向运营商付费，因此部署成本和维护使用成本较高。
- 使用非授权频段的通信技术：主要为私有技术，工作频段未授权，如 LoRa、Sigfox 等，具有部署成本低、运营难度低、实施灵活的特点。

1. LoRa

远距离通信（Long Rang，LoRa）技术是Semtech公司开发的一种LPWAN通信技术[10]，解决了功耗与传输距离之间矛盾的问题，实现了在相同功耗条件下较其他无线通信方式具有更远的传输距离。LoRa使用ISM频段，不需要许可和费用，通信距离最远可达数千米。2015年LoRa联盟（LoRa Alliance）宣布成立，该联盟是开放的、非营利组织，旨在推动LoRa网络标准的标准化和确保所有LoRa产品技术的互操作性，目前全球成员已超过了500个，其中包括IBM、Microchip以及中国的腾讯、阿里巴巴等公司。

LoRa网络主要由终端、网关、网络服务器和应用服务器组成，应用数据可支持双向传输。LoRa网络架构是一个典型的星形拓扑结构，其中LoRa网关是一个透明传输的中继，连接终端设备和后端服务器。网络终端设备通过LoRa无线通信与网关连接，网关再通过标准IP连接与网络服务器连接。从终端设备到网关的传输称为上行链路，从网关到终端设备的传输称为下行链路，LoRa网络将终端设备划分成A、B、C三类：

- Class A：双向通信终端设备。这类终端设备允许双向通信，每个终端设备的上行链路传输会伴随着两个下行链路接收窗口。终端设备根据自身的通信传输需求安排传输时隙，并基于ALOHA协议进行微调。Class A是功耗最低的终端设备，下行链路通信只能在终端的上行链路通信之后。
- Class B：具有预定接受时隙的双向通信终端设备。这类终端设备在Class A的基础上，会在预设时隙中开放多余的接受窗口。为此，终端设备会同步从网关接收一个同步时间信标Beacon，通过Beacon使服务器知道终端设备何时在侦听。这种方式能够降低数据的传输时延，但同时也增加了终端设备的功耗。
- Class C：具有最大接收时隙的双向通信终端设备。这类终端设备持续开放接收窗口，只有在传输时关闭，因此适合于需要更多下行链路传输的应用，但也会比Class A和Class B产生更多能耗。

LoRa的物理层和MAC层设计LoRa为半双工系统，上下行工作在同一频段。目前国内单芯片支持的LoRa系统带宽为2Mbps，包括8个固定带宽为125kbps的信道，每个固定带宽的信道之间需要125kHz的保护带，则至少需要2Mbps的系统带宽。每个信道支持6种扩频因子（Spreading Factor，SF），SF范围在7～12。每次终端设备进行上行链路数据发送或重发时会在8个信道中采用随机方式选择一个信道接入。终端和网关的通信会根据通信距离、信号强度、消息发送等因素选择不同的速率，即选择不同的SF。当链路环境较好时，可以选择较低的SF，获得较高的速率；而当链路环境较差时，可以通过增大SF来获得更高的灵敏度使传输距离更远，但同时传输速率会降低。

LoRa具有远距离、低功耗、大容量、低成本等特点，具体而言：

- 远距离：在城市等建筑物密集或遮蔽较多的区域中传输距离可达2公里，而在传播路径没有明显遮挡的郊区可实现10公里左右的通信范围[11]。扩频因子越大，对信号干扰的鲁棒性越强，传输距离越远。

- 低功耗：LoRa 的接收状态电流为 12mA，当发射功率在 14dBm 时电流大约为 32Ma，当进入睡眠状态时电流消耗小于 1μA。同时，采用 ADR（adaptive data rate）机制能够在无线条件允许的情况下使用更高的速率发送数据，自动降低发送功率，从而降低能耗，延长电池寿命。
- 大容量：由于终端信道会根据不同的链路环境自适应地选择扩频因子，即以不同速率进行传输。即使两个设备同时发送数据，只要扩频因子不同，仍有很大概率能够成功解码。因此，LoRa 网关允许单个信道内可以有多个终端同时工作。
- 低成本：采用非授权频谱，无须缴纳额外费用。

2. Sigfox

Sigfox 是由 2009 年创立的法国网络公司 Sigfox 所开发的 [12]，是以超窄带（Ultra Narrow Band，UNB）调制技术连接物联网设备的无线网络通信技术，采用二进制相移键控（Binary Phase-Shift Keying，BPSK）和频率偏移调变（Frequency-Shift Keying，FSK）技术，利用 ISM 频段通信，在欧洲是 868MHz，美国是 902MHz，其他国家或地区的频段范围为 902 ～ 928MHz。Sigfox 具有低功耗、低成本、远距离等特点。截至 2019 年底，Sigfox 网络已覆盖全球 70 个国家，覆盖范围达 500 万平方公里。

超窄带技术的接收器具有高度选择性，它可以在接收到信号后先过滤出部分可能在窄带之外的噪声和干扰，从而具有更远的传输距离和更强的穿透力。Sigfox 使用 192kHz 频谱带宽的公共频段来传输信号，采用超窄带调制方式，每条信息的传输宽度为 100Hz，并以 100bps 或 600bps 的速率传输数据。因此，可以实现长距离传输，且对噪声具有较强的鲁棒性。

为了实现低成本的远距离传输以及终端设备的低功耗，Sigfox 设计了一种短消息通信协议，消息大小支持 0 ～ 12B。12B 的有效负载足以传输状态（1B）、速度（1B）、温度（2B）、GPS 坐标（6B）等信息，适用于水表、电表、路灯控制等应用，由于降低了信息传输量，能够有效降低物联网装置的能耗。

Sigfox 网络架构如图 3-3 所示，主要包括终端设备、Sigfox 基站、Sigfox 云服务器、应用服务器。终端设备通过无线信道与 Sigfox 基站连接，Sigfox 基站负责接收数据包并回传给 Sigfox 云服务器，Sigfox 云服务器再将数据包分发给相应的应用服务器，实现应用服务器与终端设备之间的无线连接。

3. NB-IoT

窄频物联网（Narrow Band Internet of Things，NB-IoT）是由 3GPP 制定的 LPWAN 无线电标准 [13]，于 2016 年 6 月的 3GPP Release 13 中制定，目的是提供更远的服务范围。其他的 3GPP 物联网技术包括增强型机器类通信（enhanced Machine-Type Communication，eMTC）以及扩展覆盖 GSM 物联网（Extended Coverage-GSM-IoT，EC-GSM-IoT）。

NB-IoT 是针对低功耗、广覆盖类业务的新一代蜂窝物联网接入技术，支持待机时间长、对网络连接要求较高的设备连接，具有覆盖广、低功耗、低成本、大连接等特点，广泛应用于智慧电表、共享单车、智慧烟感、智慧门锁、可穿戴设备等场景。

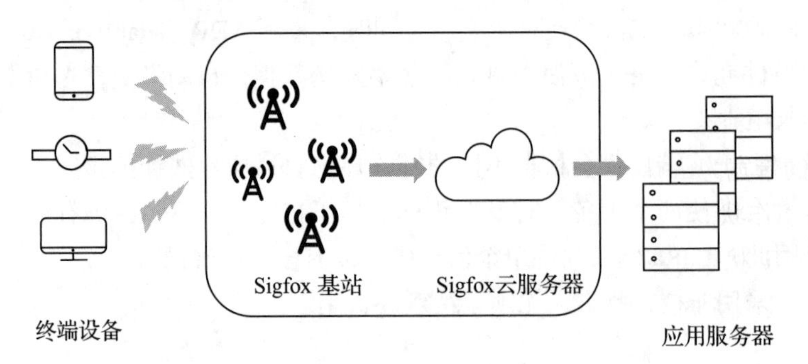

图 3-3　Sigfox 网络架构

NB-IoT 的上行链路和下行链路采用不同的调制方式，上行链路采用单载波频分多址（Single-Carrier Frequency-Division Multiple Access，SC-FDMA）技术传输，是 LTE 上行链路的主流技术；下行链路采用正交频分多址（Orthogonal Frequency Division Multiple Access，OFDMA），也是 LTE 中采用的通信技术。相比于 LTE 技术而言，NB-IoT 精简了不必要的物理信道，上行链路只有两种物理信道和一种参考信号，下行链路去除了物理多播信道（Physical Multicast Channel，PMCH），只有三种物理信道和两种参考信号，因为 NB-IoT 不提供多媒体广播（组播）服务。

NB-IoT 的其中一个特点是能够直接部署在运营商已有的网络中，从而实现低成本。NB-IoT 沿用了 LTE 定义的频段号，载波频宽为 200kHz，去除保护带后的有效频宽为 180kHz，与 LTE 帧结构中的一个资源块的频宽相同，并支持以下三种灵活的频段部署，如图 3-4 所示。

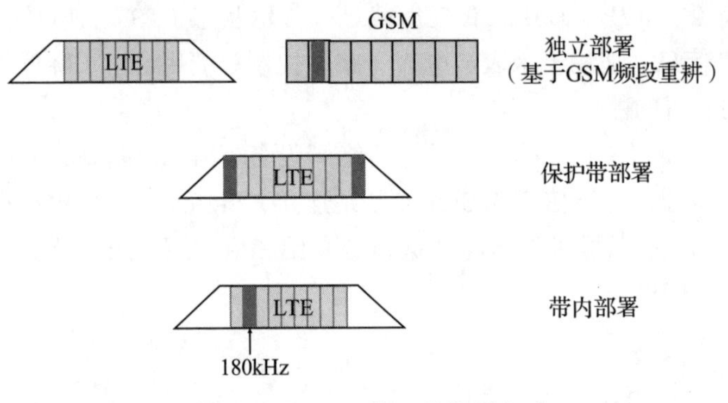

图 3-4　NB-IoT 的三种部署方式

- 独立部署（stand alone operation）：NB-IoT 可以不依靠现有的 LTE 网络，独立部署于单独的频段内，适用于全球移动通信系统（Global System for Mobile communications，GSM）频段的重耕，GSM 的信道带宽为 200kHz，正好可以为 NB-IoT 180kHz 的带宽辟出空间，并且还能在信道两边各留出 10kHz 的保护带。

❑ 保护带部署（guard band operation）：NB-IoT 部署在 LTE 边缘的无用频段中，利用 LTE 信道边缘的保护频带中未使用的 180kHz 带宽的资源块。由于这种部署方式占用了保护频带，因此需要满足一些额外的技术要求来避免 LTE 和 NB-IoT 之间的信号干扰。

❑ 带内部署（in-band operation）：NB-IoT 部署在 LTE 的频段内，由于 LTE 帧结构中一个资源块的带宽为 180kHz，与 NB-IoT 带宽相同，因此可以利用 LTE 中的任何资源块。

NB-IoT 的工作状态通常可以分为三种：

❑ CONNECT 状态：该状态下仅能发送数据。

❑ IDLE 状态：该状态下仅能接收数据。

❑ PSM 状态：休眠状态，该状态下既不能发送数据也不能接收数据。

为了实现 LPWAN 网络低功耗的要求，NB-IoT 的终端设备具有三种不同功耗的工作模式，如图 3-5 所示。

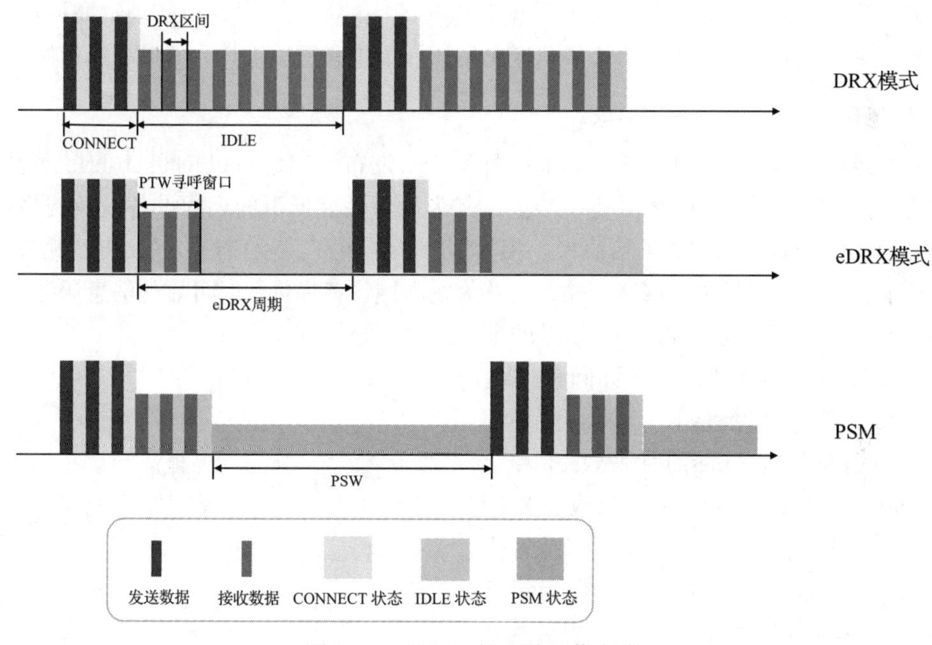

图 3-5　NB-IoT 的三种工作方式

❑ 非连续接收（Discontinuous Reception，DRX）模式：DRX 是广泛应用于手机中的一种模式，在每个 DRX 周期（常见的 DRX 周期有 1.28s、2.56s 或 5.12s）内，终端设备会监听一次信道以检测是否有下行数据到达。由于 DRX 周期通常较短，可以认为终端设备能够实时地接收数据，适用于对实时性要求较高的业务，如共享单车、智能锁等。

❑ 扩展非连续接收（extended DRX，eDRX）模式：eDRX 是在 DRX 的扩展，在 DRX 的基础上引入寻呼时间窗口（Pagging Time Window，PTW），终端设备只有在 PTW 内接收下行数据，其余时间处于休眠状态，这也就是 eDRX 周期，eDRX 周期为 20.48s ～

2.92h 之间。相比于 DRX 模式，eDRX 模式的数据传输时延更大，但能耗较低，适用于无须频繁发送数据的场景，如物流监控等。

- 省电模式（Power Saving Mode，PSM）：在 PSM 状态下终端设备无法接收物联网平台的下行数据，休眠时间最长可达 390h。只有当终端设备进行一次数据发送离开 PSM 状态进入 CONNECT 状态再转入 IDLE 状态时才能接收到平台下发的数据。因此，PSM 下物联网平台只能在终端设备主动上传数据时才能进行数据下发，适用于对实时性要求很低的应用场景，如远程水表、电表等。

3.4.4　边缘接入的典型通信服务协议

前面我们从物理层和数据链路层出发，介绍了许多无线通信技术，如 Wi-Fi、4G/5G/6G 和 LPWAN 等，解决了各种物联网应用场景的需求。然而在网络层想要建立统一的接入协议较为困难，因此，需要在应用层建立对数据和服务统一的通信机制，以实现物联网设备间的高效数据传递。本节将从应用层协议的角度出发，介绍物联网边缘计入的典型通信服务协议。

1. MQTT

MQTT 协议是 IBM 于 1999 年发布的一种基于“发布 / 订阅（publish/subscribe）”模式的通信传输协议[14]，工作在 TCP/IP 协议族上，是为硬件性能低下的远程设备以及网络环境较差的情况设计的轻量级二进制通信协议。相较于 HTTP 而言，MQTT 的一大明显优势是数据包开销较小，因此更容易进行网络传输，能够为物联网设备提供实时可靠的消息服务。

MQTT 是一个基于客户端 – 服务器的消息发布 / 订阅传输协议。发布 / 订阅模式提供了一对多的消息分发机制，定义了两种网络实体，即消息代理（message broker）和客户端（client），其中消息代理作为服务器用于接收来自客户端的消息并转发给目标客户端。如图 3-6 所示，客户端既可以作为消息发布者（publisher）发送消息也可作为订阅者（subscriber）接收消息，或者两者都是，而消息代理服务器只能作为发布者转发消息而不可能是订阅者。消息的传输是通过主题（topic）管理的，当发布者需要发布数据时，会向所连接的消息代理发送携带数据的控制消息，而消息代理会向订阅此种主题的客户端分发数据。因此，发布者不需要知道订阅者的数据和位置，订阅者也不需要了解发布者的相关信息，实现了发布者和订阅者之间的解耦。

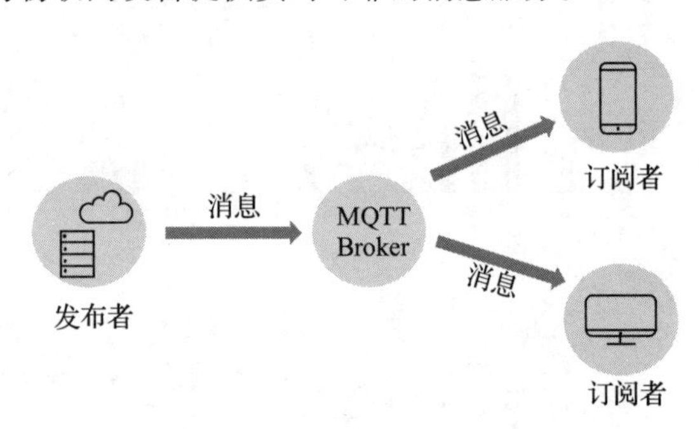

图 3-6　MQTT 消息传输

MQTT 协议具有速度快、开销小、低功耗、对带宽和硬件要求较低等特点，这也使得 MQTT 在物联网开发中应用广泛。目前国内已有许多企业使用 MQTT 作为 Android 手机客户端与服务器端消息传输的协议，其中包括搜狐和思拓合众（CmsTop）等。

2. AMQP

高级消息队列（Advanced Message Queuing Protocol，AMQP）协议是一个提供统一消息服务的应用层标准高级消息队列协议，是面向消息中间件提供的开放的应用层协议[15]。AMQP 规范了消息传输发送方和接收方的行为，使消息在遵从规范的客户端应用和消息中间件服务器实现全功能互操作性，不受开发语言等条件的限制。

AMQP 协议架构如图 3-7 所示。首先，生产者将消息发送给 AMQP 代理，代理收到消息后由交换机根据路由规则将消息路由到若干个该服务器上的消息队列中，最后代理会将消息投递给订阅了此消息的消费者或者由消费者自行获取。为了避免由于网络不可靠等原因引起的消费者未成功处理完消息就丢失了的情况，AMQP 模块还包含一个消息确认（message acknowledgements）机制，当消费者处理完消息后会发送一条确认回执给对应的消息队列，消息队列在收到确认回执后才会将该消息从队列中删除。在整个 AMQP 协议工作过程中，生产者、交换机、队列和消费者都可以有多个，由于 AMQP 是一个网络协议，所以它们都可以分别存在于不同的设备上。

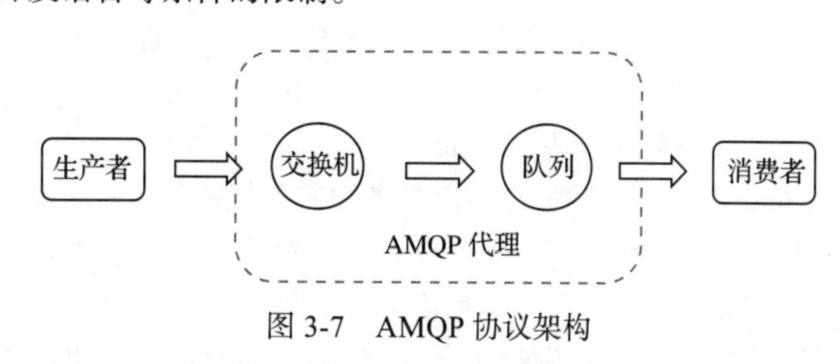

图 3-7 AMQP 协议架构

AMQP 是实现消息队列的一种协议，消息队列主要应用于异步处理、应用解耦、流量缓冲和日志处理等场景。此外，RabbitMQ 是一个由 Erlang 语言编写开发的 AMQP 的开源实现，能够支持 Python、Java、PHP、Go 等多种常用的编程语言，用于分布式系统中存储转发消息，具有可靠性高、路由灵活、可扩展性强等特点。

3.5 微服务架构技术

微服务（microservices）是一种软件架构风格，将复杂的应用程序拆分成一系列专注于单一责任与功能的服务，各服务之间使用对外开放不受语言限制的 API 进行交互。

与微服务相对的一种传统架构是单体架构，早期互联网应用功能较为单一，多采用这种单体架构，即一个应用程序内包含了所有需要的业务功能，并使用主从式架构或多层次架构实现。显然，单体架构具有部署简单、技术单一、易于测试等优点，至今小型项目开发等应用场景下仍然占有巨大优势。然而，随着互联网规模的不断扩大，面对中大型项目复杂的应用形态，单体架构存在着扩展性差、技术升级困难、开发效率低、不利于安全管理等问题，具体而言：

- 扩展性差：单体架构中应用功能之间耦合度高，一个功能点的变更所带来的影响往往难以评估，无法有效地组织测试，测试与发布都需要整体部署，非常耗时。

- ❑ 技术升级困难：如果整个项目周期内需要对技术框架或类库版本等升级，由于单体架构无法模块化地进行升级，牵一发而动全身，导致技术升级困难。
- ❑ 开发效率低：每个成员都需要有完整的环境依赖，开发环境的搭建成本高，协同开发时容易存在版本冲突，每次调试都需要对整个系统进行编译，这都使得整体的开发效率降低。
- ❑ 不利于安全管理：由于所有开发成员都拥有完整的代码，项目的安全管理存在一定的风险。

为了应对这些问题而产生了微服务架构。微服务的概念于 2014 年由 Martin Fowler 与 James Lewis 共同提出，定义了微服务架构是以一组由单一应用程序构成的微服务集群共同开发一个应用系统 [16]。每个微服务都拥有自己的进程和轻量化处理，服务功能根据应用业务设计，可以使用不同的编程语言和数据库存储技术，与其他服务之间使用 HTTP 等通信协议和轻量级 API 来实现通信。这些微服务能够通过自动化部署工具独立发布，并且会保持最小规模的集中管理。图 3-8 展示了传统单体架构和微服务架构的区别。

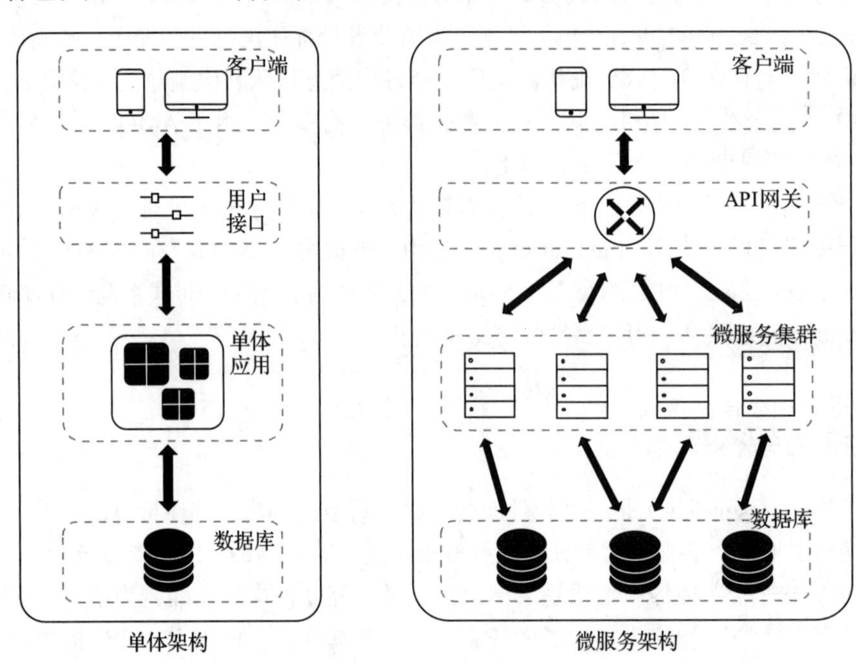

图 3-8 单体架构和微服务架构对比图

与单体架构相比，微服务架构具有以下特点：

- ❑ 实现应用组件化：微服务架构通过将整体应用切分为多个可独立部署和升级的微服务，从而能够进行组件化设计，对单个组件的修改也不会影响到整个应用系统。
- ❑ 围绕业务功能组织团队：微服务架构根据业务功能将整个系统分解为多个微服务，每个微服务团队可以专注于此服务的独立开发，自由选择符合服务 API 契约的各种开发技术，具有更高的灵活度。

- 基础设施自动化：为了确保持续交付，利用基础设施自动化技术极大降低微服务构建、部署和运维的成本。
- 故障处理设计：由于微服务架构将单个应用拆分为多个组件，这使得发生故障的概率大大提升，因此必须要应用系统的容错能力。微服务架构通常采用对相关指标进行实时监控以及日志机制来发现问题，以便后续开发团队进行调查恢复。
- 演进式设计：微服务应用注重快速更新，因此通常采用演进式设计，并将对完整应用的分解视为一个额外的工具，使得开发人员能够在一定范围内控制变化。

微服务架构虽然具有部署简单、可扩展性强、组合灵活、可靠性高和支持技术异构等优点，但仍然存在着一些不足之处。首先，微服务架构构建的是一个分布式系统，分布式系统在系统容错、网络延迟和事务调度等方面会带来巨大的挑战。其次，微服务之间都通过接口进行交互，当某个微服务的接口发生改动时，所有的调用方都会受到影响，因此，接口的调整成本较高。此外，采用微服务架构的系统由多个独立的微服务构成，微服务越多，对服务的管理、部署将会变得越复杂，这使得运维的成本也随之提升。

目前业界已经出现了一些比较成熟的微服务开发框架，如 Spring Cloud、Dubbo 等，然而它们都只适用于特定的应用场景和开发环境，设计之初并不是为了支持通用性和多语言性，开发人员需要将原有的业务代码进行修改才能正常工作。因此便出现了称作第二代微服务的服务网格（service mesh），它作为服务间通信的基础设施层，负责服务的网络调用、限流、熔断和监控等问题，一定程度上解决了微服务架构在实际部署中所面临的各类挑战。

3.6　其他有关技术

除了前文提到的技术，边缘计算应用场景中还包含许多其他核心技术，这里进行简要介绍。

- 网络功能虚拟化（Network Functions Virtualization，NFV）：是利用虚拟化技术，将网络功能节点虚拟化为多个功能区块，并分别以软件的方式实现，从而能够根据业务需求动态调整软硬件资源部署，不再受限于硬件架构。NFV 在数据中心、核心网络和用户接入等边缘网络服务管理场景中具有广泛应用。
- 网络切片技术：是一种按需组网的方式，能够让运营商在统一的基础设施上分离出多个虚拟的端到端网络，根据业务需求提供高灵活度的网络服务。在边缘计算网络中使用网络切片技术能够根据用户的业务需求选择每个切片的特性，如网络效率、高吞吐量、低时延等，有助于提高服务效率，目前已广泛应用于虚拟现实、自动驾驶、超高清视频、网络直播等边缘计算应用场景中。
- 无服务器（serverless）架构：是一种云计算模型，用户只需专注于构建和运行应用而无须管理服务器，由云提供商负责代码部署、维护和扩展服务器等工作，用户可以简单地将代码打包到容器中进行部署。无服务器架构和其他云计算模型的区别在于，它是由云提供商负责管理云基础架构和应用扩展，且无服务器应用部署在容器中，由事件触发，只有在需要时启动，云提供商为其提供资源，在执行结束后用户便不再付费。这种架构能够降低开发运维的难度和成本，提高效率，使开发人员更专注业务逻辑本身而无须关注应用扩展和服务器置备等日常任务。

3.7 本章小结

本章介绍了边缘计算的相关核心技术。首先介绍了异构计算技术，包括 CPU、GPU、FPGA；然后介绍了虚拟化技术和软件定义网络技术；从无线局域网、无线广域网、低功耗广域网等角度介绍了无线传输的相关技术，以及典型的几种通信服务协议；最后介绍了微服务架构以及其他和边缘计算相关的几种技术。

思考题

1. 请问 5G 通信的三大应用场景是什么？关键技术有哪些？
2. 请简述几种低功耗广域网传输技术。
3. 请问微服务架构和单体架构之间的区别是什么？有哪些特点？

参考文献

[1] CUDA. CUDA Toolkit Documentation[EB/OL]. [2023-02-13]. https://docs.nvidia.com/cuda/cuda-c-programming-guide/index.html.

[2] 王蒙蒙，刘建伟，陈杰，等．软件定义网络：安全模型、机制及研究进展 [J]. 软件学报，2016, 27(4): 969-992.

[3] ABOUT IEEE P802.11 AND HOW TO PARTICIPATE. ABOUT IEEE P802.11 AND HOW TO PARTICIPATE [EB/OL]. [2023-02-13]. https://www.ieee802.org/11/abt80211.html.

[4] 3GPP. Reports and Specifications [EB/OL]. [2023-02-13]. https://www.3gpp.org.

[5] HIRATA A, KOSUGI T, TAKAHASHI H, et al. 120-GHz-band millimeter-wave photonic wireless link for 10-Gb/s data transmission[J]. IEEE transactions on microwave theory and techniques, 2006, 54(5): 1937-1944.

[6] NAGATSUMA T, HIRATA A. 10-Gbit/s wireless link technology using the 120-GHz band[J]. NTT Technical Review, 2004, 2(11): 58-62.

[7] KOSUGI T, TOKUMITSU M, ENOKI T, et al. 120-GHz Tx/Rx chipset for 10-Gbit/s wireless applications using 0.1μm-gate InP HEMTs[C]//IEEE Compound Semiconductor Integrated Circuit Symposium, 2004. New York: IEEE, 2004: 171-174.

[8] YAMAGUCHI R, HIRATA A, KOSUGI T, et al. 10-Gbit/s MMIC wireless link exceeding 800 meters[C]//2008 IEEE Radio and Wireless Symposium. New York: IEEE, 2008: 695-698.

[9] LECUN Y, BENGIO Y, HINTON G. Deep learning[J]. nature, 2015, 521: 436-444.

[10] SEMTECH. Document has moved[EB/OL]. [2023-02-13]. https://info.semtech.com/find-documentation.

[11] SANCHEZ-IBORRA R, SANCHEZ-GOMEZ J, BALLESTA-VIÑAS J, et al. Performance evaluation of LoRa considering scenario conditions[J]. Sensors, 2018, 18(3): 772.

[12] Sigfox. SIGFOX OG TECHNOLOG BY UNABIZ [EB/OL]. [2023-02-13]. https://www.sigfox.com/en.

[13] I 3GPP Low Power Wide Area Technologies[J]. GSMA White Paper downloaded Mar, 2018, 11: 49.

[14] OASIS. MQTT Version 3.1.1 Plus Errata [EB/OL]. [2023-02-13]. http://docs.oasis-open.org/mqtt/mqtt/v3.1.1/mqtt-v3.1.1.html.

[15] O'HARA J. Toward a commodity enterprise middleware[J]. Queue, 2007, 5(4): 48-55.

[16] martinFowler.com. Microservices: A definition of this new architectural term [EB/OL]. [2023-02-13]. https://martinfowler.com/articles/microservices.html.

第 4 章 · CHAPTER 4

主要研究方向与挑战

通过前几章的学习，相信读者对于边缘计算的历史发展和技术原理已有了大致的了解。新兴的边缘计算和传统的云计算有着本质的区别，前者将计算和存储下沉至在物理上距离用户更近的位置，通过密集的服务器部署来应对由用户移动产生的网络接入请求和数据处理请求，在网络边缘侧进行实时计算，进而满足海量的移动终端设备低时延需求。

总的来说，边缘计算具有以下四个优点：

（1）高时效的数据处理：数据无须通过回程网络传输至云端处理，极大地降低了传输时延。

（2）轻量级的管理开销：网络边缘端产生的数据量呈指数增长，而边缘计算的分布式处理在管理方面的开销也远小于传统的集中式云计算中心。

（3）显著的带宽节省：边缘计算通过选择性卸载过滤掉大量的无用数据，显著减小了网络带宽的压力。

（4）高保障的隐私安全：作为物联网传感器等数据基础设施的首要接触点，边缘设备可选择本地处理来避免潜在的数据泄露，或者在上传数据至云端之前进行严格的数据脱敏处理，提升数据的安全性。

如图 4-1 所示，根据用途和适用场景，当前边缘计算的应用可分为以下三类：

- **用户驱动型应用**。这类应用通常与用户直接交互，并且附带严格的时延需求，可将其全部或者部分的计算卸载至靠近用户的小型边缘服务器。如增强现实和虚拟现实应用，通过对周围环境进行 3D 建模和分析来获取用户感兴趣的区域，并对其进行画面渲染，最终达到为用户提供沉浸式体验的效果。然而，移动终端并不具备强大的算力，因而需要将其计算密集型任务（如区域检测）卸载至就近边缘服务器。
- **运营商和第三方应用**。海量移动设备和传感器产生的数据经过边缘计算预处理后，被运营商或者第三方收集，而后发送至远程数据中心进行深度分析，如道路监控和智慧医疗；又如物联网设备通过各种无线电技术和通信协议进行连接，而边缘计算则扮演互联网网关的角色，将物联网服务聚集并分发至密集分布的移动基站，以满足应用的实时性需求；又如在车联网中，边缘计算通过汽车将需要的云服务扩展到高度分散的移动基站环境中，使数据和应用程序能够部署在车辆附近，从而减少数据的往返时间，并提供实时响应、路边服务、附近消息互通等功能。

- **网络优化应用**。该类应用的主要目标是优化网络性能，提高用户体验质量（Quality of Experience，QoE）。边缘计算将热门的服务放置在边缘节点，因而极大缓解了回程网络拥塞，同时缩短了服务响应时间。例如，由于 TCP 本身难以预测无线信道的剧烈变化，导致其带宽使用的低效性；为此，可利用边缘计算为后端视频服务器吞吐量进行实时估计，进而实现应用级编码和吞吐量的完美匹配。

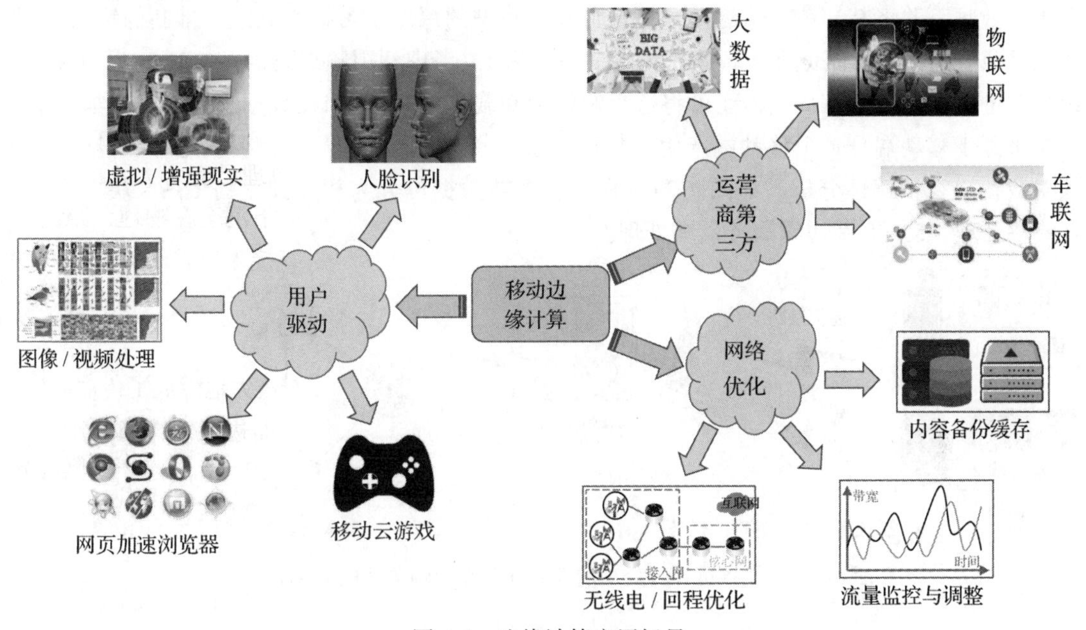

图 4-1 边缘计算应用场景

基于以上三类应用，本章总结当前边缘计算的一些热门研究方向，包括计算卸载、服务部署、边缘智能和视频分析，并分析其面临的困难和挑战。本章最后也给出了一些常用的边缘计算建模方法及其求解方案。

4.1 计算卸载

用户驱动型应用，如云游戏、增强现实（Augmented Reality，AR）、虚拟现实（Virtual Reality，VR）等，往往需要强大算力来支持其密集计算。然而，移动设备自身的计算资源十分有限，很难满足用户对应用实时处理的需求。边缘计算通过将计算资源下沉到边缘节点，使得用户能够将计算卸载至距离其最近的节点进行处理，从而提升效能。通常来说，一个典型的应用卸载方案包含两个核心问题：①确定卸载的具体对象；②确定卸载的执行策略。

4.1.1 计算卸载对象

1. 不可分任务卸载

任务的输入或者任务本身不支持细粒度划分，因而为了保持其完整性，只能将整个任务或整个输入作为卸载对象。

2. 可并行代码或数据卸载

数据或代码间不存在依赖关系，可独立进行处理。如在边缘视频分析应用中，移动端负责采集视频，并将其卸载至边缘节点进行计算密集型的深度学习推断处理。推断的输入单元往往是独立的帧，因而可将视频帧作为一个卸载单元（考虑到视频编码器，如 H.264，根据一组帧来进行时空相关编码，因而可将这组帧作为卸载单元）。又如在数据驱动型联邦学习中，数据来源于移动端且每个移动端产生的数据独立同分布，因而用户只需要决定卸载量，而无须对数据进行依赖性分析。如图 4-2a 所示，任务或数据可分为相互独立的 1 ～ 8 块，1 ～ 4 在终端处理，5 ～ 8 在边缘服务器端处理。

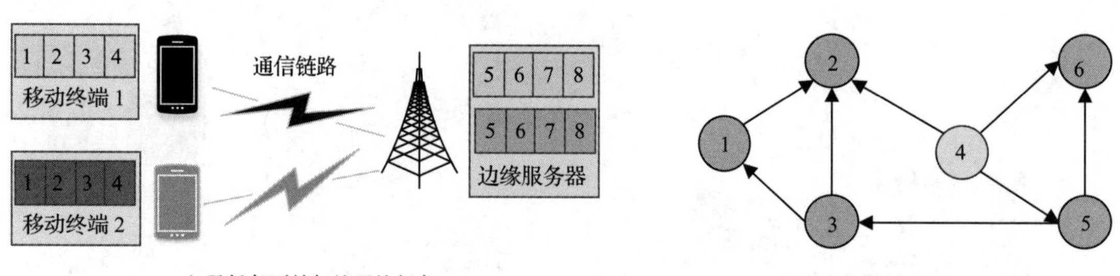

a）子任务可并行处理的任务　　b）存在依赖关系的DAG任务

图 4-2　子任务可并行处理的任务和存在依赖关系的 DAG 任务

3. 存在依赖关系的计算任务卸载

由于执行顺序有先后关系，随机卸载可能导致当前任务无法得到有效的输入，从而拉长整个应用的处理时延。如在处理基于云 – 边协同的 DNN 切割任务中，将 DNN 中存在依赖的层分别部署在边缘节点和终端设备，使得云 – 边通信次数和数据量增加，加大网络负载。通常，可将任务建模成有向无环图（Directed Acyclic Graph，DAG）结构，并基于此设计合理的卸载计划。调度如图 4-2b 所示的任务，子任务 4 是所有其他任务的最前驱节点，因而不可卸载至边缘服务器。

4.1.2　计算卸载决策

计算卸载旨在克服移动端硬件的瓶颈，即计算和存储资源匮乏、耗电量大，因此卸载至边缘服务器的处理性能必然要优于本地处理，否则不执行计算卸载。不同于云端海量算力，边缘服务器的资源也是有限的，在处理类似于视频超分辨率的计算密集型应用时，往往需要云服务器的参与。图 4-3 展示了云 – 边 – 端计算卸载框架，以及其中产生的传输开销和计算开销，包括本地处理时延 D_l 和能耗 E_l、边缘服务器处理时延 D_e 和能耗 E_e、云端处理时延 D_r，以及接入网络的传输时延 T_1 和回程网络传输时延 T_2。根据性能表现，可将卸载策略大致分为以下三类。

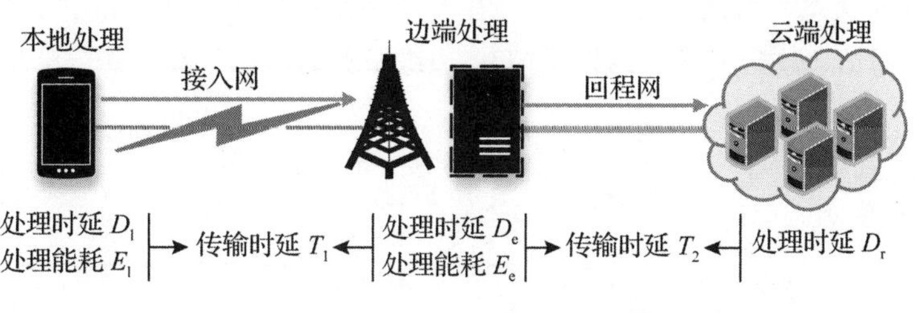

图 4-3　云 – 边 – 端计算卸载框架

1. 完全卸载

完全卸载是二值决策，只需要决定要不要卸载，通常用一个指示变量表示。只考虑处理时延，若 $D_e + T_1 < D_l$ 或 $D_r + T_1 + T_2 < D_l$，则将计算卸载至边缘或云服务器；否则，任务在本地进行处理。同时考虑能耗和时延，若满足 $D_e + T_1 < D_l$ 且 $E_e < E_l$，则执行计算卸载；否则，任务在本地处理。Liu 等人 [1] 基于客户端队列状态、本地和服务器计算资源以及信道反馈信息做决策，设计一种贪心算法，选择预测时延最低的卸载方案，这种方法的缺点是边缘设备需要边缘服务器的反馈信息，这引入了额外的信道通信开销。Kamoun 等人 [2] 考虑同时优化时延和能耗，将计算卸载建模成马尔可夫序列化决策过程，并设计了两种算法来优化资源分配，即基于应用运行信息和网络状况的在线学习和基于确定信息（如数据包到来速率、无线信道状况）的预训练。Barbarossa 等人 [3] 考虑在多边缘设备场景下，最小化能源消耗并满足最大处理时延。在每个时隙中，将边缘设备动态划分成两组，其中一组将任务卸载至边缘服务器处理，另一组在本地处理，同时优化对网络带宽和计算资源的分配。

2. 部分卸载

从云 – 边 – 端协同的思路出发，对计算卸载决策量化分析。通常来说，根据应用特征分为以下两类：

（1）任务可分为 N 个独立子任务（包含依赖关系的子任务可耦合成一个新的子任务），每个子任务需要决定在本地、边缘服务器或云端处理。

（2）任务可均匀划分，此时需要决策计算卸载的百分比。

这两类决策都需要考虑并权衡总时延和能耗，以此实现最优决策。You 等人 [4] 考虑多边缘设备场景，并根据信道质量、本地可用计算资源和能量消耗状况对每个设备赋予一个优先级，并根据优先级来确定卸载的比例，级别越高，卸载比例越大；Mao 等人 [5] 对能耗和时延进行平衡，提出了一个满足任务时延队列稳定性约束的能耗最小化问题，并提出一种基于李雅普诺夫（Lyapunov）优化的在线算法来分配服务器计算和带宽资源。

不管是完全卸载还是部分卸载，合理高效的卸载方案很大程度上依赖于本地和服务器信息，如图 4-4 所示，这些信息包括：

（1）本地可用计算资源，影响执行时间。

（2）任务队列状态，占用本地缓存且存在竞争关系；边缘网络状况，影响边缘设备和边缘服务器之间的通信（数据上传、结果反馈）；边缘服务器可用计算资源，影响执行时间。

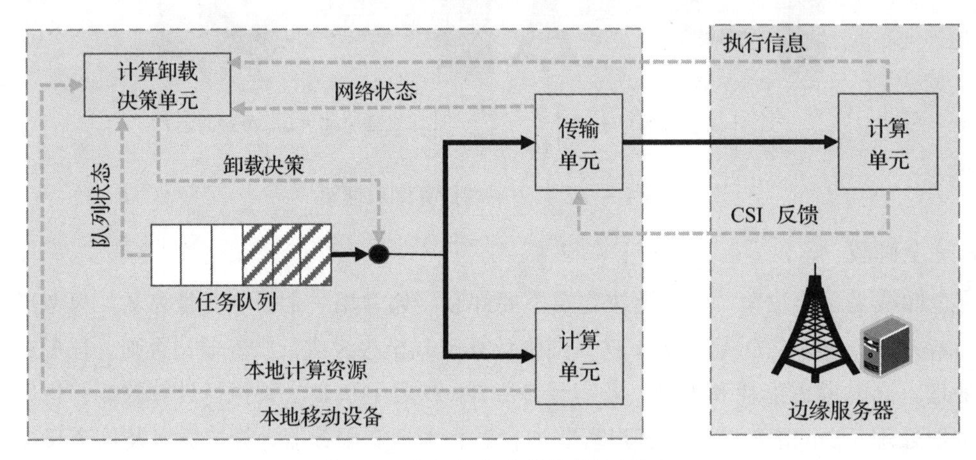

图 4-4　完全卸载决策执行流程图

4.1.3　计算卸载的挑战

1. 边缘应用往往由多个存在依赖关系的子任务构成

这类应用可用有向无环图表示，而 DAG 图的调度早已被证明是 NP 难问题。深度学习中的神经网络推断任务可按层划分成多个子任务，很多网络如 YOLO 中，层与层之间都存在复杂的依赖关系，因而高效的计算卸载需要以高效的 DAG 划分为前提。

2. 边缘环境的不确定性

这主要体现在①任务的特征，如数据规模、到来模式、位置分布等都是未知的；②网络的拥塞状况是动态变化的，难以预测的。因而在一个序列化的连续决策过程中，很难建立一个统一且精准的模型去预测下一个时隙的信息，做出高效的决策。在面对一些极端情况，如任务突发到来、网络剧烈抖动，计算卸载决策更是充满挑战性。

3. 边缘设备的异构性

通常计算卸载方案是针对一个具体的边缘设备，而边缘广泛分布着各类异构的设备，这些设备在计算、存储、架构上各不相同，因而很难将一个表现良好的方案从一个设备迁移到另一个设备。

4.2　服务部署

随着智能设备的广泛普及，越来越多的应用，如人脸识别、数据量处理、云游戏、增强 / 虚拟现实，也被越来越多的用户所喜爱。这些应用往往是计算密集型且高耗能的，而资源受限的单一移动设备无法提供实时高效的性能。边缘计算将计算下沉到距离用户更近的边缘节点，为应用提供运行所需的服务。我们通过一个例子来深入理解服务部署问题，图 4-5 所示为增强现实应用的执行过程，其中视频捕捉和画面呈现等简单操作在本机处理器上即可实现，然而人脸识别、目标检测、姿态检测和场景渲染等操作需要强大算力的支持，因而需要将其卸载至就近的边缘服务器进行处理。图 4-6 所示为增强现实应用的服务部署示例，此时边缘服务器 BS_1 缓存了人脸识别和目标检测服务，BS_2 缓存了目标检测和姿态检测服务，BS_3 缓存了场景渲染服务。当用户在位置 A 时，这三个基站对于用户来说都是可接入的，因而用户可以将这四类任务（人脸识别、目标检测、姿态检测、场景渲染）卸载至缓存有相应服务的基站。然而当用户从位置 A 移动到位置 B 时，BS_1 不在接入范围，因而其中部署的服务该用户无法使用，虽然新接入的 BS_4 也能提供新服务，但却没有缓存人脸识别服务，因而只能在本地执行人脸识别操作，这往往会带来很高的计算时延，进而影响用户体验。因此，服务部署方案对于应用的执行至关重要。

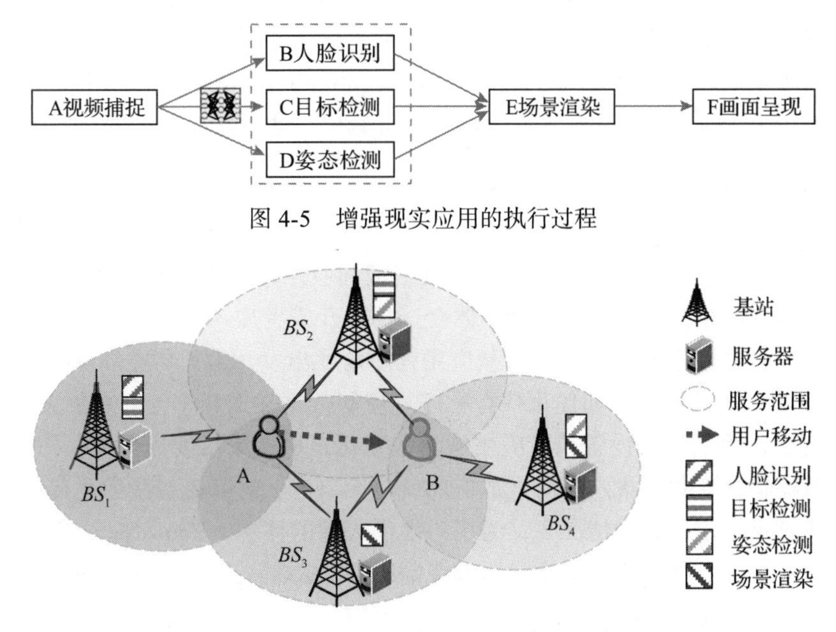

图 4-5　增强现实应用的执行过程

图 4-6　增强现实应用的服务部署示例

4.2.1 服务部署分类

根据服务提供商和用户的特征，我们将服务部署分为四类，如图 4-7 所示。

1. 控制平面设计

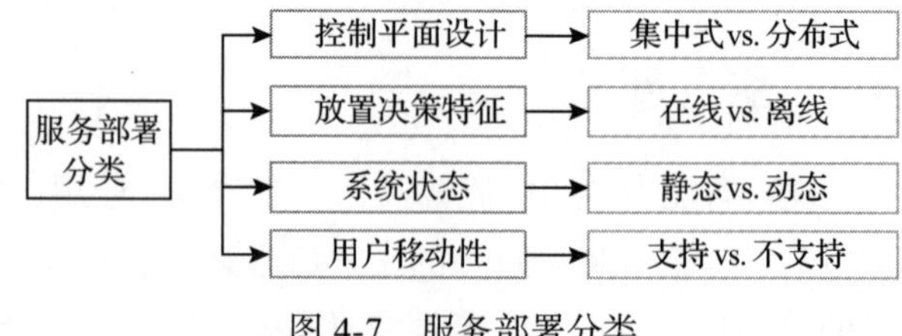

图 4-7 服务部署分类

集中式控制平面需要应用程序和基础设施资源的全局信息，以制定和传递全局部署决策。集中式布局算法的优点是能找到潜在的全局最优解，然而由于对信息需求较高，其在可扩展性和计算复杂性方面表现很差。与集中式解决方案不同，分布式方法考虑只利用多个调度节点来完成服务和边缘节点的映射，每个调度节点根据本地或邻近资源和状态进行布局。显然，分布式部署能灵活快速应对网络设备的动态变化，有助于提升决策的可扩展性和解决位置感知问题，部署最适合本地的服务。然而，分布式部署无法保证全局最优。Wang 等人[6]在边缘计算或雾计算环境中设置多个边缘节点和边缘调度节点，在每个边缘节点中部署服务并负责具体的任务执行，而调度节点负责动态部署相关服务，当任务的服务请求数量过多导致边缘节点无法满足时，调度节点便将该任务卸载至云端处理。

2. 放置决策特征

根据服务放置决策的紧迫程度，可分为离线部署和在线部署。离线状态下，在请求到来时，只有当所需的所有信息都获取时才会做出部署决定；而在线状态下，需要在做出实时的部署，即任务到来或者到来之前就要给出决策。在大多数真实应用，如增强现实、云游戏，都需要调度器在线调度，给出当前最优决策。在线部署能最大程度适应系统的动态变化，因为缺乏全局和未来信息，它依旧没法提供最优部署。Skarlat 等人[7]假设所有信息已知，从而进行离线决策，而 Lee[8]针对边缘节点数量的动态变化，通过动态监控变化，提出一种在线部署策略来最小化计算时延。

3. 系统状态

系统状态的变化来自于两个方面：边缘设施端和应用端。边缘网络是高度动态变化的，由于网络波动或者网络连接失败，边缘实体会选择离开或者加入网络；边缘计算的资源也会随时间变化，如新增摄像头或者 GPU。从应用程序角度出发，为了响应环境的变化，它的结构框图可能会随时间而变化，如优化执行顺序、控制数据发送频率等。在静态部署策略下，在服务部署之后，无视边缘设备或者应用的动态变化，显然灵活度比较低，用户体验较差；而动态部署策略根据变化，指定了与之适应的反应策略，及时部署新服务、替换或者释放已部署服务，在满足给定约束的情况下，为用户提供最优的体验。Yousefpour 等人[9]提出动态服务配置算法来满足用户的 QoS 需求和服务级别协议（SLA）；提出动态决策边缘服务节点数量来应对突变的服务请求数量。

4. 用户移动性

在边缘用户或设备移动时，确保用户始终能够在不中断的情况下获得相关服务和期望性能，是边缘计算的主要研究方向之一。终端节点（如智能手机、汽车、摄像头）位置的频繁变化可能会导致数据包丢失或者服务请求超时，降低用户体验。在这种情况下，调度器需要将之前的服务器从原边缘设施上透明地迁移到距离用户更近的新设施上，以保持服务的可用性。Mahmud 等人 [10] 以优化用户感知时延和服务迁移代价为目标，提出使用基于汤普森采样的在线学习算法来探索边缘环境的动态性，并设计基于上下文的多臂赌博机方法来实现自适应的服务部署决策。Ouyang 等人 [11] 根据用户的移动，通过优化接入网络的选择以及服务的部署，权衡基站接入、服务迁移、基站通信的代价，以此来提高用户的 QoE。

4.2.2　服务部署面临的挑战

虽然基于边缘计算的服务缓存技术为应用的高效执行提供了保障，然而服务缓存的最优部署却面临诸多问题。

1. 服务部署的先决性

通常在服务请求到来之前，调度者就需要将服务部署到相应的边缘节点，然而缺少对未来环境（包括用户和边缘设备）的先验信息，随机部署极大可能导致服务部署决策无法契合未来信息和满足应用的实际需求。

2. 边缘的动态性本质上是不确定的

准确预测边缘动态性十分棘手，目前学术界没有一个统一的模型去建模该动态性。虽然在线学习通过对历史信息进行分析，进而预测了这种动态性，但基于学习的预测需要大量训练样本做支撑，真实边缘环境下通过试错收集样本的代价十分昂贵。

3. 用户移动具有随机性

用户移动引发服务再部署，边缘计算平台的网络状态和资源使用状态也随之改变。为了减少服务迁移带来的影响，需要对用户的移动轨迹进行预测。然而，用户的运动特征（如速度、方向）很难获取。尽管基于学习的时序预测（如 LSTM）取得了一定程度上的成功，但这些预测方法大多数针对特定的用户，不具有可扩展性。

4.3　边缘智能

近年来，人工智能（AI）再次迎来了蓬勃发展，众所周知的 AlphaGo、智慧城市、智能家居、无人驾驶汽车，都是 AI 发展的延伸。此外，随着算力、算法、大数据处理的推陈出新，深度学习（Deep Learning，DL）在语音识别、计算机视觉等领域也实现了质的突破，越来越多的智能应用走进了人们的视线，极大地丰富了人们的生活方式，提高了生产效率。由于AI计算密集型的特征，大部分的AI任务都部署在云端或者大规模计算资源密集的平台上。考虑到云平台与智能终端的巨大物理距离以及智能终端产生的海量数据，研究者催生了将边缘计算与人工智能结合的想法，即边缘智能（Edge Intelligence，EI）。边缘计算和人工智能的结合是自然的，因为它们之间有明确的交叉点。具体而言，边缘计算旨在协调多个边缘设备和服务器，在用户侧生成和处理数据，而人工智能则从这些数据中学习，进而模拟设备或机器的智能行为。接下来将详细阐述这两者的关系。

4.3.1　边缘计算和人工智能的关系

1. 网络边缘产生的数据需要人工智能的参与

近年来，随着移动物联网设备数量的激增，海量数据驱动型应用（如视频分析、语义分析、增强现实）的服务请求也不断在网络边缘堆积，边缘计算面临着请求调度、资源分配等问题。人工智能具备快速分析数据，并从中学习到类似于人为决策的智能行为的能力，因而可将其作为应用求解的利器。作为人工智能主流技术之一，深度学习能自动识别数据模式，感知数据异常，如交通流量、空气质量、人口分布等，并根据感知信息做出实时决策（如路口控制、公交规划、自动驾驶），以快速响应环境的变化，提高执行效率。

2. 边缘计算为人工智能提供充裕数据和适用场景

近年来蓬勃发展的深度学习背后的驱动力来自于四个方面，即算法、硬件、数据和应用场景。算法和硬件对深度学习的影响是直观的，但数据和应用场景的作用同样不可忽略。通常，为了提高深度学习的学习能力，最直接的办法是增加神经元的数量，采集更多的训练数据，这也表明了数据对深度学习的重要性。传统上的大多数数据产生并存储在大规模的数据中心，随着物联网的快速发展，趋势正在逆转，边缘在生成大量数据。显然，如果将这些数据全部上传至云数据中心供AI处理，将消耗大量带宽资源，同时给云数据中心带来巨大的负载。为了解决这个问题，边缘计算将计算能力下沉至边缘，即靠近数据侧，从而实现低延迟数据处理以及数据驱动的高性能AI模型。数据来源于边缘，服务于人工智能，优化了AI模型的泛化能力。

总的来说，人工智能为边缘计算提供技术和方法，如基于神经网络的强化学习、联邦学习、模仿学习、深度超分辨率等，而边缘计算也为人工智能提供了场景和平台，如视频分析、视频增强、增强现实、虚拟现实、自动驾驶、资源调度等。

4.3.2　边缘智能的范畴和划分

目前，大多数研究都是将边缘智能称为在边缘设备上运行AI算法的范式，其中数据也是来源于边缘。虽然这是最常见的边缘计算形式（如在边缘设备嵌入高性能AI芯片），但是这也限制了边缘智能的范畴。事实上，与本地执行AI算法相比，云–边协同的方式可以减少端到端的时延和能耗，因而边缘智能更是一种多层协同处理的模式。此外，现有边缘智能研究集中在 AI 推理阶段，而默认 AI 模型训练阶段在数据中心完成，这也意味着海量用户相关的数据从边缘设备传输至数据中心，极易引发数据隐私的泄露，因而训练阶段也应尽可能地靠近用户。

综上所述，边缘智能应是一种如下范式：充分利用由边缘设备、边缘节点和数据中心组成的层次结构中的可用数据和资源，以优化 AI 模型的训练和推断性能。根据 AI 模型部署的层次以及距离用户的远近，将边缘智能分为图 4-8 所示的六类：①模型训练和推断均在云端；②训练在云端，推断由云端和边缘节点协作完成；③训练在云端，推断由单个或多个边缘节点完成；④训练在云端，推断由边缘设备完成；⑤训练由边缘节点和边缘设备协作，推断在边缘设备上；⑥模型训练和推断均由单个或多个边缘设备完成。

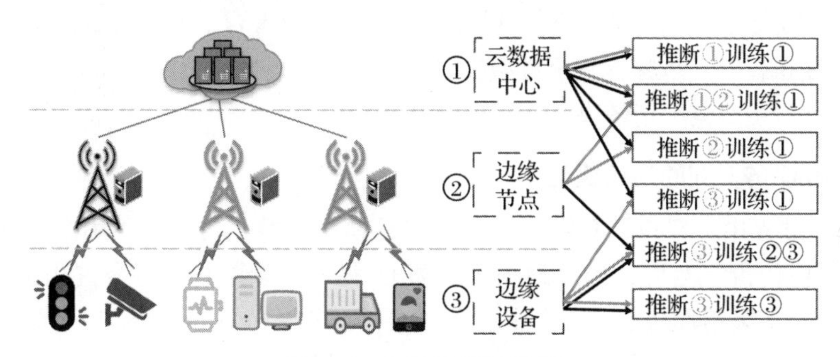

图 4-8　边缘智能的类别

4.3.3　边缘智能下的模型训练

随着移动和物联网设备的普及，用于 AI 模型训练数据也在网络边缘端大量产生，考虑到模型训练资源需求高，单个边缘设备无法处理大规模的模型训练任务，故而需要部署在云端或多方协同处理。如图 4-9 所示，当前边缘智能下的模型训练架构分为以下三类：

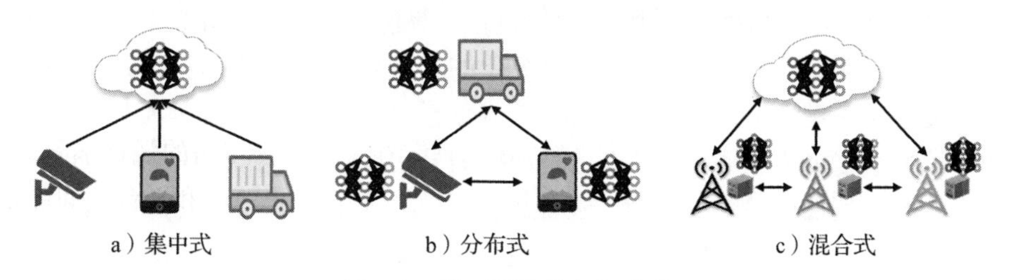

a）集中式　b）分布式　c）混合式

图 4-9　模型训练的框架分类

（1）集中式训练：广泛分布的边缘设备（如智能手机、智能摄像头、车辆）产生海量数据，随即将其发送至算力强大的云数据中心进行训练。

（2）分布式训练：为了防止用户隐私泄露，每一个边缘计算节点都使用本地数据进行训练，并且通过与其他节点的模型共享来更新自身模型，显然这种模型不需要云数据中心的参与。

（3）混合式训练：混合架构结合了以上两种的特点，边缘服务器各自训练模型，并将训练好的模型发送至云端，云数据中心将模型参数聚合，并将新模型发送至边缘节点，直至模型收敛。

接下来将通过联邦学习（Federated Learning，FL）来了解边缘计算下的分布式模型训练。

联邦学习是一种基于云 – 边 – 端的分布式训练框架，其中具备一定计算能力的移动设备和边缘节点被视为执行本地训练的客户端，而算力强大但距离用户较远的云服务器则负责模型聚合。FL 中的客户端不需要上传本地数据至云端，只需要使用本地数据进行训练，然后上传训练好的模型参数至云端。联邦学习整体执行流程如下：①客户端请求从聚合服务器下载初始化的全局模型参数；②客户端用本地数据更新下载的模型；③客户端将更新后的本地模型参数上传至服务器；④服务器对接收到的模型进行加权聚合，并将聚合后的模型参数反馈给客户端。重复执行以上步骤，直至模型收敛。

当前联邦学习主要集中于解决以下三个问题。

1. 客户端和服务器间的通信优化

在 FL 训练过程中，客户端只需要将训练好的模型参数上传，而不用上传训练数据，这显著降低了通信代价。然而，当本地模型参数巨大时，参数上传也会占用大量带宽资源。Sattler 等人 [12] 提出采用稀疏三元法来压缩客户端和服务器之间传递的上行模型参数和下行模型参数，以实现降低通信代价的目的；Chen 等人 [13] 提出一种异步学习策略，将神经网络划分为深层和浅层，深层的更新频率低于浅层，同时对历史训练的局部模型，引入时间加权策略，聚合出当前模型，从而提高模型的准确性和收敛性；针对边缘计算资源有限，以及潜在的训练数据非独立同分布（Non Independent Identical Distribution，Non-IID）特性，Wang 等人 [14] 导出 Non-IID 分布式学习的收敛界，以保证理论上优化在给定资源预算下的聚合频率。

2. 异构设备的资源优化

广泛分布的边缘设备训练同一个 AI 模型时，计算能力较差的设备产生较大的训练时延，进而延迟了中心服务器的全局模型聚合。最简单的方法是将该瓶颈设备移除，然而该设备产生的数据可能包含关键信息，直接移除可能会降低模型的实用性。Xu 等人 [15] 提出异构感知框架 Helios 来解决设备异构问题，Helios 自动检测异构设备的训练能力，并以此分配一定的训练量，在充分利用瓶颈设备的同时，还能保持局部训练和联邦协作收敛。Dinh 等人 [16] 为每个客户端设计一种资源（如功率和 CPU 周期）分配算法，来平衡能量消耗和训练时间。

3. 联邦学习中的隐私保护

客户端与服务器之间的信息交流而产生的隐私保护问题，是分布式机器学习要解决的核心问题之一。差分隐私技术通过在敏感数据中添加噪声来控制信息的披露，以降低 FL 训练中隐私泄露的风险，该方法也广泛用于当前的 FL 训练中。客户端本地模型收敛后，对其进行差分隐私处理，最后将处理后的模型参数上传至服务器进行聚合。从另一角度，聚合服务器对边缘设备也需要一定的防备，因为错误的模型参数可能会引发全局模型的效能降低。Xie 等人[17]提出鲁棒联邦优化，通过过滤边缘设备产生的离群值，实现鲁棒聚合，保护全局模型不受影响。

4.3.4　边缘智能下的模型推理

在对深度学习模型进行分布式训练之后，在边缘高效地模型推理对于提升用户体验至关重要。除了传统的基于云中心的推断外，如图 4-10 所示，边缘智能下的模型推断框架可分为以下四类：

（1）基于边缘服务器：客户端将数据发送至边缘服务器进行推断，服务器将推断结果返回给客户端，该框架适用于所有移动设备，然而推断性能严重依赖于网络带宽。

（2）基于边缘设备：客户端从边缘服务器或者云端下载模型参数，并在本地执行 DNN 推断，而无须再与边缘服务器通信，该框架下的推断性能取决于本地的可用资源（如 GPU、CPU 以及 RAM）。

（3）基于边 – 端协同：移动设备根据当前系统信息（如网络带宽、设备资源、服务器负载等），将 DNN 切割成多块，并分别部署到本地服务器和边缘服务器，本地服务器只需将推断结果发送至边缘服务器进行进一步推断，该方法充分利用了客户端资源，并减少了数据传输。

（4）基于云 – 边协同：类似于边 – 端协同，客户端负责数据采集，边缘服务器和云服务器负责具体的推断，该种框架适用于资源受限的客户端，但当网络拥塞时，其也会产生大量的数据传输时延。

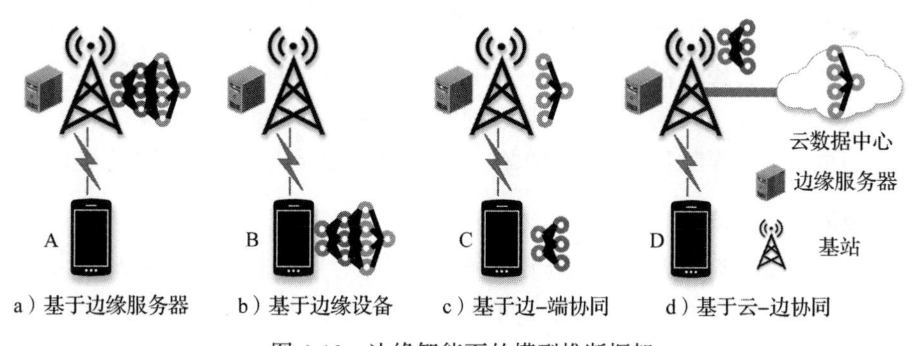

图 4-10　边缘智能下的模型推断框架

当前优化模型推断的研究集中在以下几个方面：

- **模型优化**。神经网络推断往往是计算密集型的，对计算和内存资源需求很高，且模型越复杂，需要的资源越多，因而优化 AI 模型可降低资源成本。首先，为了实现高效的 AI 模型推断，一些研究对模型进行了参数剪枝和共享优化。Alwani 等人[18]提出复用相邻层之间的中间数据，以减少数据通信，同时采用二进制来量化卷积层的输入，这使得推断速度提升了58倍。其次，Hinton等人[19]首次提出知识蒸馏的概念，这是一种将复杂模型转化为精简模型的方法，既降低了模型的复杂度，同时又保持了原模型重要的特征。文献[20]提出一个实现模型早退机制的编程框架BranchyNet，通过在某些层位置添加出口分支来修改标准DNN模型结构。每个出口分支都是一个出口点，与标准DNN模型共享部分DNN层。输入数据可以在这些不同的早退点进行分类。

- **模型切割**。考虑到边缘设备算力越来越强大，原本只能在边缘服务器或者远端进行推断的DNN也能在边缘设备上部署，形成云–边–端协同、边–端协同，甚至于边–边协同推断框架。研究发现，切割AI模型，并进行分布式处理，可以获得更好的端到端时延以及能源利用率。在文献[21]中，DNN模型是在设备和服务器之间进行划分的，关键的挑战是找出一个合适的划分点，以获得最佳的模型推理性能。Kang等人分别考虑延迟方面和能量效率方面，提出了一种基于回归的方法来估计DNN模型中每个层的延迟，并返回使模型推理满足延迟要求或能量要求的最佳分割点。MoDNN[22]引入了Wi-Fi直连技术，在WLAN中使用多个授权的支持Wi-Fi的移动设备来构建微型计算集群，以进行分区DNN模型推断。发出DNN任务的移动设备是所有者，其他设备充当工作节点。为了加速DNN层的执行，MoDNN中提出了两种分区方案。实验表明，使用2～4个工作节点，MoDNN可以将DNN模型推理速度提高2.17～4.28倍。

4.3.5　边缘智能面临的挑战

1. 数据质量

尽管海量数据在边缘设备端产生，但其中可用于模型训练的高质量数据并不多，而数据的好坏直接决定了模型质量的高低，并且数据的Non-IID特性也极大地影响着学习性能。尽管分布式学习能在一定程度上克服这个问题，但在设计鲁棒通信协议方面仍面临巨大挑战。

2. 模型兼容

考虑到边缘设备计算能力和通信资源的异构性，聚合服务器得到的模型不一定在所有设备上都适用。因而，需要考虑异构设备之间对于模型的兼容性，设计一个统一的API接口。

3. 模型可扩展性

模型训练通常是离线完成的，然而边缘环境在本质上是动态变化的，如数据分布、设备资源、用户需求等，因而模型的性能也会因为输入环境的改变而变化。模型的在线训练在一定程度上缓解了这个问题，然而由于训练需要消耗大量的时间，这也降低了模型的实时性。同时，在线训练对本地设备也提出了更高的要求。

4.4　面向边缘计算的视频分析

4.4.1　视频分析流程

视频分析，是指通过计算机视觉算法对一个或多个摄像头采集的视频内容进行自动分析和理解，完成如目标检测、目标追踪、异常检测等复杂视觉分析任务。作为学术界和工业界研究的重点问题之一，视频分析被广泛用于自动驾驶、智慧城市、智慧家居等领域，不仅取代了传统低效的人工监控业务，还拓展了视频分析任务的应用范畴。视频分析需求较为复杂，涉及多个不同的模块。图 4-11 展示了常见的以目标识别和追踪为主的视频任务处理过程。

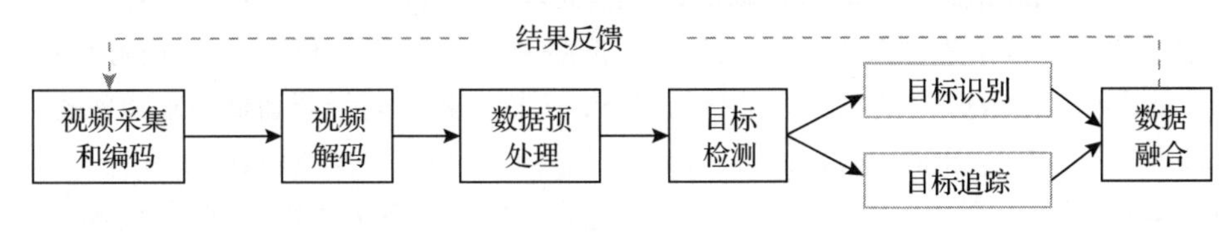

图 4-11　视频分析基本流程

下面详细介绍视频分析的各步骤。

- **视频采集和编码**：从物理环境中录制连续的视频帧，并根据 H.264、H.265 等视频编码协议，将视频帧压缩成视频比特流，这种利用帧间时空冗余的编码范式，可以在保持视频质量的前提下显著降低视频大小。一方面，编码协议对各帧本身进行帧内编码；另一方面，编码协议会基于块匹配的运动补偿减少帧间冗余。通常，帧间匹配的同一个图像块的位置变化被称为运动矢量，而内容差异则被称为残差。
- **视频解码**：接收端按照对应的帧率和分辨率等参数，利用视频编码协议进行逐帧解码，提取出视频帧。与编码相对应，给定关键帧，解码器根据运动矢量和残差即可导出视频流中的其他帧。
- **数据预处理**：根据视频分析任务的具体要求，对原始视频帧进行预处理，如亮度调整、去噪、增强、灰度处理、亮度图转化等。
- **目标检测**：传统策略是使用 HAAR、SIFT、HOG 等人工方法提取视频帧的特征，然后通过 AdaBoost、SVM 等机器学习算法判断滑动窗口是否包含目标（如行人、动物、车辆）。而深度学习算法采用了深层的卷积神经网络，快速地提取了更为有效的图片特征，同时还能避免过度的窗口滑动带来的计算开销。
- **目标识别和目标追踪**：实时追踪同一目标在连续帧的运动轨迹。主流追踪算法可分为三大类，即基于 HOG、边缘检测等人工算法，基于检测框重叠关系，以及基于深度学习。
- **数据融合**：将多个摄像头的分析结果进行整合，并根据历史信息进行深度挖掘。考虑到视频分析系统的数据源自多个摄像头，数据融合比单个结果更具价值。如道路监控，可能需要在东、西、南、北四个方向部署摄像头，当需要追踪一辆车的轨迹时，单个摄像头存在死角，无法呈现车辆全程轨迹，因此需要将多个摄像头的分析结果进行整合。

4.4.2 视频分析的边缘解决方案

自 AlexNet [18] 提出以来，计算机视觉算法，尤其是基于深度卷积神经网络（Convolutional Neural Network，CNN）的目标检测和识别技术取得了重大突破，神经网络在视频分析任务上的处理性能达到甚至超过了人类，如 YOLO[24] 和 SSD[25] 等目标检测模型极大地提升了检测效率。CNN 的推断需要强大算力的支持，往往只在图形计算单元（GPU）上才能保持实时性，因而需要将该任务卸载到计算能力较强的设备上处理。传统的视频分析系统多采用中心化云计算框架，边缘设备采集视频并将其上传至云服务器，云服务器利用 GPU 进行 CNN 推理，并将推理输出整合形成分析结果。在部分情况下，云服务器会将结果返回给边缘设备。显然，直接传输视频至云端将面临传输时延高、带宽占用过高、隐私泄露等问题。

如图 4-12 所示，基于边缘计算的视频分析范式，较好地解决了以上问题。边缘计算将云中心的计算下沉至与视频源物理接近的边缘服务器或智能移动设备上，在云 – 边缘 – 设备这三个层级中，边缘服务器和移动设备能直接处理大部分分析任务，进而视频数据消耗的带宽显著减少。此外由于距离视频源较近，其产生的数据包往返时间（RTT）和云服务器相比，几乎可以忽略不计。同时，将视频数据在边缘端处理或者进行脱敏操作再上传，都可以有效降低数据泄露的风险。然而在边缘环境下，要实现高效的视频分析系统，要解决以下两个挑战：

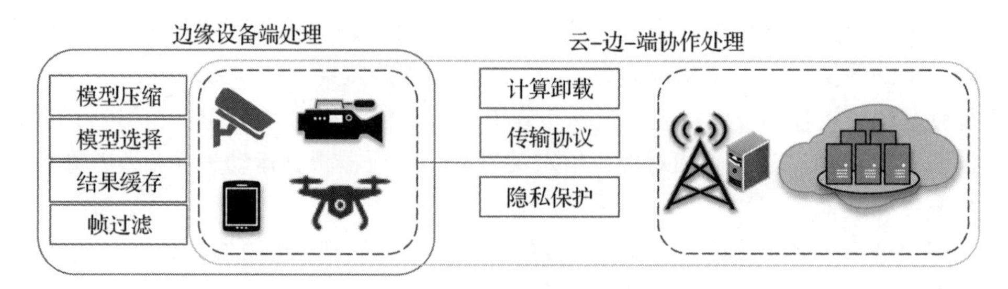

图 4-12 边缘视频分析框架及相关技术

1. 终端设备资源的有限性和计算机视觉算法的复杂性相冲突

视频源设备往往配备有限的资源（如计算、存储、能量），且设备的硬件架构不同。例如，可作为边缘设备的 NVIDIA Jetson TX2 开发板采用 YOLOv3 算法进行目标检测时，其处理速率能达到 1 帧每秒（fps），然而普通的摄像头甚至没有足够加载 CNN 模型的内存。但是，在边缘设备上处理视频能避免视频传输带来的巨大时延，进而很多研究也从模型选择和任务设计的角度出发，优化边缘设备处理框架。模型压缩技术，如模型剪枝和量化 [26][27]、矩阵分解 [28][29][30] 和模型重构 [31] 等，以牺牲少量分析准确度的代价降低模型的规模，减少参数量和计算量，既减少了峰值内存占用和能量消耗，也加快了 CNN 的推断。模型选择 [32][33] 在运行前，从一系列候选模型中选择最合适的模型，从而更好地权衡处理时间、分析准确度和计算能耗。以目标检测为例，当输入的图片分辨率过低，且照片中的环境比较幽暗复杂，则需要一个较为复杂的模型才能达到准确度阈值。若设备端支持多任务并行，则还需要考虑资源竞争带来的一系列问题。由于连续视频帧时空上的相似性，它们的分析结果也具有一定的相似性，因此，可对视频分析结果或者中间结果进行缓存，若检测到当前帧与前帧相近，则可复用之前的分析结果，通过牺牲少量准确度和增加内存开销，来降低处理时延和能量消耗。Glimpse[34] 采用“检测 + 追踪”方法，每隔固定帧进行一次目标检测，其他帧则采用“光流法 + 缓存”的检测框架进行目标追踪，这种检测框架可实时更新检测结果，在手机端能达到 30 fps（frames per second）的检测速度。还有一些工作采用视频帧过滤技术 [35-37]，利用视频流内容的时空冗余性，过滤掉大量信息不足的视频帧，这通常能将视频分析的速度提升一到两个数量级，且对于计算复杂度要求不高，可用于视频分析的预处理阶段。

2. 视频分析在边缘计算不同层级之间的调度十分复杂

边缘视频分析是典型的分布式异构计算场景，涉及边 – 端、云 – 边、云 – 边 – 端等架构中的多个层级，以及同一层级下的多设备协同，因而需要在复杂网络条件下，设计高效的视频分析任务的计算卸载决策以及设备间的协作机制，进而优化时延、能耗、准确度等指标。许多工作考虑将视频分析任务纵向卸载到计算能力逐渐增强的终端设备、边缘服务器和云端。研究 [38] 根据网络状态动态决定在本地执行 CNN 推断还是卸载至云端处理；研究 [39] 针对大规模监控场景，系统需要为多路视频服务，而边缘设备和服务器上资源有限，网络带宽也有限，因此需要将每个视频流的分析任务在设备、边缘服务器和云端进行协调卸载。研究 [40] 将一个视频帧划分成多块并卸载到不同的服务器进行分析，并引入注意力机制和长短时记忆网络预测当前帧的目标区域范围，随后对每个区域进行开销估计，最后通过启发式算法将块发送至对应的服务，以达到负载均衡的效果。除了纵向卸载，许多工作也考虑同一层级中不同设备之间的横向卸载，以充分利用分布式边缘计算系统中的闲置资源。研究 [41] 考虑在边缘节点之间进行卸载，若某个节点任务过载，会尝试将任务卸载至附近的空余节点。研究 [42] 预测每个节点的延迟和排队，将任务优先卸载给总时延最小的节点。除了计算卸载，很多工作通过对编码方式、传输内容、压缩程度等进行调整，在网络协议方面提升不同设备间的通信和协作效率。研究 [43] 根据当前队列长度和系统反馈的延迟信息估计网络带宽，并据此选择最合适的编码方式，自适应地调整后续的视频质量，比 TCP 视频传输降低了 97.5% ～ 99% 的延迟。研究 [44] 也基于该思想，使用低分辨率传输视频，再运行视频超分辨率模型重构高分辨率图片，进一步降低了传输时延。云 – 边 – 端跨层多设备协作处理视频分析任务，涉及大量的数据通信，而这些数据通常包含人脸、车牌等个人信息，因而协作方式需要考虑隐私保护问题。研究 [45] 针对人脸识别视频分析，首先利用基于目标检测的追踪方法对识别出的人脸进行追踪和模糊，从而减少重复识别，随后将原始人脸数据加密保存在本地，将剩余的视频部分和识别结果上传到云端进行进一步分析。

4.4.3 视频分析场景

增强现实（Augmented Reality，AR）从真实世界出发，经过数字成像，然后通过影像数据和传感器数据一起对三维世界进行感知理解，同时得到对三维交互的理解。三维交互理解的目的是告知系统需要增强的“内容”。例如，在AR辅助维修系统中，如果系统识别出修理师翻页的手势，就意味着下面要叠加到真实图像中的应该是虚拟手册的下一页，又如进入AR博物馆时，需要根据视角的移动，需要识别出视角对应的文物信息，并将此信息叠加到用户观看的AR视频中。显然，这些都要求系统对周围的真实三维世界有精准的理解，一旦系统知道了要增强的内容和位置以后，便可通过渲染模块将虚拟信息添加到真实世界，合成的视频被传递到用户的视觉系统中，以此达到增强现实的效果。增强现实对结果的实时性要求较高，通常需要在30ms内返回处理结果。AR系统在内容和位置识别过程中，往往使用了基于深度学习的计算视觉算法，如目标检测和实例分割。在传统计算框架中，这类任务需要卸载至云端处理，边缘计算的兴起使得AR中的目标检测任务在设备端或者边缘服务器便可完成，以此降低视频分析的时延。研究[46]根据网络状况，优化AR视频传输的分辨率和帧率，进而权衡检测准确和处理时间。研究[47]采用了边－端协同的视频分析框架，在视频渲染的同时，利用流水线技术和感兴趣区（Region of Interest，ROI）编码技术进一步降低了时延，将视频分析速率提升了一倍。

自动驾驶系统是通过车载传感系统感知道路环境，并根据感知所获得的道路、车辆位置和障碍物信息，控制车辆的转向和速度，从而使车辆能够安全、可靠地在道路上行驶并到达预定地点的功能。要实现可靠的无人驾驶，需要感知层、决策层、执行层的协调配合，它们分别代替了人类的眼睛、大脑和手脚，而其中最重要的便是感知层，感知层出错会导致决策失败，引导错误的执行。如路过交通路口时，需要感知器能正确识别交通指示灯的颜色，正常驾驶时，需要时刻识别周围环境（如汽车尾灯、车道线、行人等）。准确地感知离不开基于深度学习的深度视觉算法，自动驾驶对于延迟和检测的准确度都十分敏感，因而对车载设备以及边缘服务器要求都很高。研究[48]考虑车联网下的多设备协同，通过优化服务部署和视频分辨率的选择，进而在任何道路情况下都能实现快速、准确和稳定的视频分析。

无人机侦查在一些极端环境中发挥着巨大的作用。小型民用无人机可快速便利地部署到人类无法驻足的地方执行紧急搜救、罪犯搜索、火山检测等任务，具有服务范围广、机动性强、代价低等特点。无人机侦查任务通常有多个无人机组成的无人机集群执行，在一片范围内执行目标搜索或异常检测等任务，因而涉及目标检测算法。不同于手机和汽车的移动分析和资源预算，无人机在三维空间上移动，高度起伏大，视频分析结果需要进一步融合，增大了计算量；此外，无人机配置的电量十分有限，通常是按照太阳能板获取能量，因而在阴雨天气，只能飞行很小距离。由于无人机的工作环境往往是在比较复杂的环境中，其和云端的通信链路受到严重影响，因而基本只能与附近基站或者邻近的无人机进行通信。研究[49]提出基于无人机集群的火山预测系统，每个无人机分别拍摄并处理图片，边缘服务器利用概率模型融合无人机的分析结果，预测火山发生概率。研究[50]基于云－边－端协同进行火山预测，并设计了优化算法减少检测的时延，在有限的资源下，实现了带宽、响应时间和能耗之间较好的平衡。

4.4.4　视频分析面临的挑战

从应用本身出发，输入视频的尺寸（分辨率）越来越大，由之前的 360p 到现在的 1080p 甚至 4k，这对于边缘设备的算力和内存大小提出了更高的要求，同时也极大地增加了能量消耗。视频分析的种类也越来越多样化，由简单的目标检测到姿态检测等，需要训练更为复杂的 CNN 模型，加重了边缘设备的负担。

从边缘设备的角度出发，越来越多的智能设备走进人们的生活，而这些设备本身的架构、资源配置各不相同，这带来了计算机视觉模型可移植性问题，目前并没有一个统一的 API 接口能实现跨架构部署。

从边缘计算层级架构的角度出发，层级之间的网络依旧是动态变化、很难预测的，离线调度很难取得良好的长期效益，而在线调度很多时候无法获取足量的有效信息，很难实现全局最优。

4.5　方法论和关键词

边缘计算是一种优化云－边－端资源分布的范式，从本质上来说它也是一种调度或者决策范式。结合前面提出的四个方向，我们依次分析其调度定义。在计算卸载中，边缘设备或者边缘用户需要决定是否需要卸载，以及卸载的比例，而边缘服务器也需要具体分配资源，达到高效的边缘协同；在服务缓存中，云数据中心需要将各类计算密集型的服务缓存到边缘服务器，为用户提供就近服务，即需要决策服务类别、服务数量、服务放置的位置；在边缘智能中，同样需要决策任务卸载方案、CNN 模型类别、网络带宽分配；在视频分析中，需要确定视频编码的码率、分辨率或帧率、推理模型等。然而，由于边缘网络的动态性、用户的移动性、设备的异构性等原因，确定性策略很难取得高效的性能，进而衍生出一系列基于预测或学习的方法。本节简要介绍三种代表性方法：深度强化学习、赌博机算法和李雅普诺夫优化。

4.5.1　深度强化学习

强化学习（Reinforcement Learning，RL）是机器学习的范式和方法论之一，用于描述和解决 agent 与环境交互中，通过学习策略以实现特定目标的问题。强化学习也是一种学习如何从状态映射到行为以获取最大累积奖励的学习机制，通过环境给予的奖励来不断优化状态 - 行为的对应关系。强化学习具有以下三个特点：（1）延迟反馈而非即时反馈，即只有当动作执行之后才能得到反馈；（2）具有明显的时间序列性质；（3）级联效应，即当前动作会影响后续状态。我们分别用 S，A，R 表示强化学习三个要素，即状态空间，动作空间和奖赏函数。显然，状态只是环境的一部分抽象，而不是全部，否则便可在上帝视角决策；动作定义了 agent 的行为，通常来说是状态的具体映射或概率分布；奖赏函数是一个标量的反馈信号，表示 agent 在某一时刻的好坏。如图 4-13 所示，状态 S_t 下执行动作 A_t，获得奖赏 R_t，并将状态转移至下一个状态 S_{t+1}，依次执行，直至任务执行完成或者达到最大决策轮数。“$S \rightarrow A$”为一组状态 – 动作映射，强化学习的目标是将每一个状态 S_t，映射到未来 N 个时隙内取得最大累积奖赏 $\sum_i^N R_{t+i}$ 或累积折扣奖赏 $\sum_i^N \gamma^i R_{t+i}$ 对应的那个动作 A_t 或者动作概率分布。

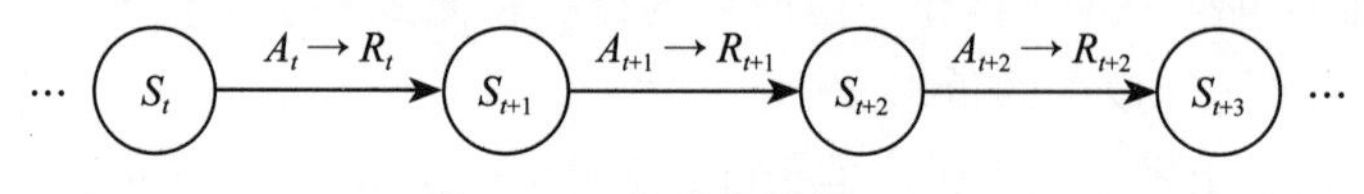

图 4-13　序列化决策过程

边缘计算场景下的决策与强化学习的特点高度契合。以计算卸载为例，状态为从边缘网络下可获得的整合信息，如历史网络吞吐量、任务规模、队列状态等；动作为卸载决策，即卸载比例，当存在多个边缘服务器时，还需决策卸载的目标服务器；奖励为执行该决策获得的时延和能耗减少值。当且仅当被卸载任务完成，才能评估当前动作的好坏；由于任务是持续而非集中到来，因而需要将时间划分成多个时隙，在每个时隙确定卸载策略，具备时间序列性质；若当前卸载决策操作不当，如过度卸载，可能会导致网络拥塞，服务器待执行队列冗长，进而影响下一个状态。

如图 4-14 所示，agent 在状态和动作之间的映射通常采用深度神经网络（DNN）来表示，agent 根据当前状态，给出对应的动作，动作执行完毕得到即时奖励，并将状态转移至下一状态。显然，越是完整准确的状态，agent 越能给出高效的动作。如在计算卸载中，精准的网络吞吐量估计能显著减少网络拥塞的情况，给定任务分布或者到来模式也有利于决策。然而，这些信息往往是未知的，故强化学习只能不断地从历史数据中学习最佳策略。在很多场景下，状态空间和动作空间往往是指数级别的，而试错的代价又十分昂贵，因而大部分研究都是将训练工作部署在服务器端，并通过数据增强或者仿真的办法来采集策略网络的训练样本。

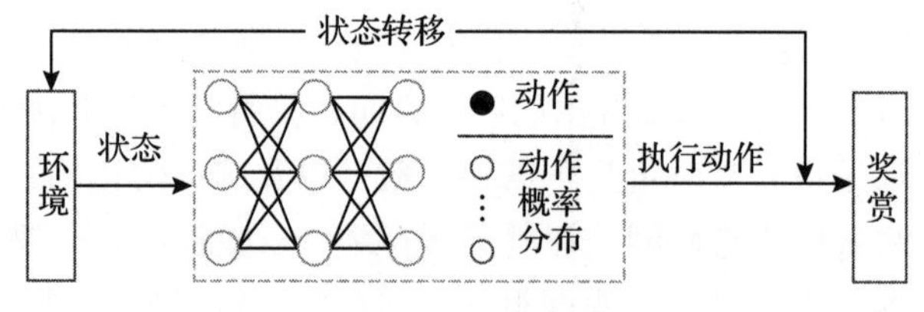

图 4-14　强化学习决策过程

4.5.2　赌博机算法

赌博机算法在不确定的场景中做出实时决策，具有简单高效的特点，在很多方面具有广泛的应用，如根据用户的点击以及用户的历史信息为用户推送感兴趣的内容，实时地调整商量价格来最大化利润，动态地调整投资方案来最大化回报。赌博机算法其实是强化学习在决策选择上的一个分支，其主要用于权衡以下两者：①利用（exploitation）：基于已知最好策略，选取已知具有较高回报的 item（贪婪、短期回报）；②探索（exploration）：不考虑之前的策略，探索潜在的高回报的策略。极端情况下，每次都选择已有策略最优的，或者每次随机选择一个策略，显然都不能达到最优，因而需要对这两者进行折中，其中常见的方法有 Epsilon-Greedy 算法、汤普森采样算法以及 UCB（upper confidence bound）算法。赌博机算法通常需要量化一个核心问题：错误的选择到底有多大的遗憾？能不能少一些遗憾？所以便有了衡量赌博机算法的一个指标：**累积遗憾** $R_A(T)$。公式为

$$R_A(T) \stackrel{\text{def}}{=} E\left[\sum_{t=1}^{T} r_{t,a_t^*}\right] - E\left[\sum_{t=1}^{T} r_{t,a_t}\right]$$

式中，t 表示轮数；r 表示回报；$E\left[\sum_{t=1}^{T} r_{t,a_t^*}\right]$ 表示 T 轮的期望最大收益；$E\left[\sum_{t=1}^{T} r_{t,a_t}\right]$ 表示 T 轮臂选择带来的收益。

边缘计算中，每一个决策选项可认为是一个臂（arm），决策者并不知道每个决策能带来的收益分布，因而需要在不断的探索和利用中最大化累积收益。以服务缓存为例，云中心并不知道每种策略的收益，然而固定缓存策略可能无法满足移动用户的需求，导致用户体验下降；而每次随机策略可能会导致昂贵的服务迁移和服务重新部署代价，因而需要在不断的探索和利用中找到平衡，优化决策过程。

4.5.3　李雅普诺夫优化

李雅普诺夫优化是指使用李雅普诺夫函数优化动态系统，广泛用于控制理论以确保不同形式的系统稳定性。通常来说，任意时刻的系统状态由多维向量表述，李雅普诺夫函数是多维状态的非负标量。当系统向着不好的状态移动时（负方向），函数被界定为增长。该优化机制通过执行使李雅普诺夫函数向负方向漂移为零的动作来实现系统稳定性。简单来说，对于一个所创建的队列，队列中的每个元素代表某个时刻下的表现，如时延或者能耗，队列的稳定性有利于减少性能波动，而李雅普诺夫优化正是用于保证队列的稳定性。

边缘计算中，由于设备的异构性、网络的波动性，应用在每个处理过程中产生的性能表现都不尽相同，显然用户更倾向于能提供稳定性能的系统。以计算卸载为例，边缘设备能量有限，因而要避免能量在某一刻过度消耗，导致后续过程中任务请求失败，有效的办法便是在给定预算下，稳定单位时间内的能量消耗。消耗能量的步骤包括本地处理和数据传输，李雅普诺夫优化机制通过控制权衡本地处理和数据传输，维持能量消耗的稳定性。同样也可以建立时延队列，通过控制计算卸载力度来实现每个时隙任务执行的延迟程度，保证用户的 QoE。

4.6　本章小结

本章简要介绍了边缘计算四个代表性研究方向，即计算卸载、服务部署、边缘智能和面向边缘计算的视频分析，并给出了其对应的挑战和常用的边缘计算调度方法。

- 计算卸载：智能设备尽管得到了广泛的普及，然而在处理一些计算密集应用时，仍然无法满足用户体验，包括响应时延、能量消耗等关键性能指标，因而需要将部分或者全部计算卸载至边缘服务器或者云端进行处理。计算卸载包括两个主要问题：如何将含或不含依赖关系任务划分成多个可卸载的子任务；如何确定卸载力度，即卸载至云端的比例。现有研究大部分研究决策都是基于已知信息，如本地资源、网络状态、服务器状态信息等。然而，DAG 任务的调度本身充满挑战性，边缘环境的不确定性使得大部分方法都是无模型决策，设备的异构性使得卸载机制的可移植性变弱。
- 服务部署：为了避免数据经回程网传输而产生过量时延，云中心将计算密集型服务（如云游戏、增强现实、虚拟现实）部署在边缘服务器中。分布根据控制平面设计、放置决策特征、系统状态和用户移动性，将服务部署问题分成了四类。集中式方法虽然能得到全局最优解，然而其需要全局信息，因而其在可扩展性和实时性上表现很差；分布式方法只需要局部信息，因而其能快速做出适合当前环境的部署方案；离线放置需要等到所有信息到来进行决策，而在线决策能通过预测或者学习的方法快速做出反应；静态部署无视边缘环境的变化，灵活度较低，而动态部署根据环境变化，及时替换、释放、迁移服务，进而提高用户体验；用户移动对于服务部署策略也有直接影响，理想服务部署应能支持用户移动，为用户提供不间断服务。服务部署的先决性极大地依赖于信息的可获取性和实时性，网络边缘的动态变化使得服务部署更加频繁，而用户移动的随机性也提高了服务迁移或重新部署的概率，这都使得服务部署充满了挑战。
- 边缘智能：边缘计算和人工智能的结合是必然的，边缘高性能应用的处理需要人工智能提供技术和方法，如强化学习、模仿学习等，而数据之源的网络边缘也为人工智能提供了丰富的训练数据和场景平台，如联邦学习、视频分析、视频增强、虚拟现实。根据 AI 模型训练和推理的层级，可将边缘大致分为六类。首先考虑边缘智能下的模型训练，主要分为集中式、分布式、混合式训练。作为典型的混合式训练机制，联邦学习中的客户端不需要上传原始数据，只需要将本地训练好的模型参数上传，服务器将收到的模型进行加权聚合，并将聚合后的模型反馈给客户端，经过多轮迭代，模型达到收敛状态。其次考虑智能边缘下的模型推理，当前主流架构有基于边缘服务器、基于边缘设备、基于边 – 端协同、基于云 – 边 – 端协同。从模型自身出发，AI 推理往往是计算和存储密集型的，因而降低模型复杂度也能显著降低 AI 模型在边缘环境下的部署难度。具体来说，可通过模型优化，如参数剪枝、共享、早退等方式，降低参数规模；也可采用模型切割，使之运行在多个层级，充分利用边缘计算的优势。然而，边缘下海量数据的质量直接决定了模型的好坏，同时设备在计算、存储、架构上的异构性也为模型部署增加了难度，降低了模型的可扩展性。
- 面向边缘计算的视频分析：随着深度学习的蓬勃发展，视频分析应用被广泛用于自动驾驶、智慧城市、无人机监控等领域。增强现实在真实的世界中添加虚拟信息，使用户获得沉浸式体验；自动驾驶通过摄像头感知周围环境，并做出快速准确的回应，以保证驾驶的安全；无人机侦查在一些极端环境中，发挥着重要的作用。视频分析中的技术密集型任务，如目标检测、人脸检测等，往往配置有复杂的 DNNs，如 YOLO 和 SSD 算法。传统云计算框架将视频上传至云端处理，造成显著传输时延。基于边缘计算的视频分析范式考虑在边缘服务器和移动设备上处理大部分任务，因而避免了巨大的回程网耗时。要实现此范式，需要解决两个关键问题。首先，如何将复杂的计算机视觉算法部署到资源受限的移动设备上，不少研究通过模型压缩技术降低模型复杂度，通过模型选择决定最合适的模型，通过分析结果的缓存来减少计算量，通过帧过滤来减少冗余计算。其次，如何在不同层级之间高效调度，不少研究考虑通过横向卸载和纵向卸载来分摊计算量，最小化总处理时延。如今，视频的初始质量越来越高，内容越来越复杂，对边缘设备的配置提出了更高的要求；同时，网络的动态变化依然是边 – 端高效协同的重要阻碍。

边缘环境在本质上是动态变化的，因而在其之上进行高效的层级调度也需要在线调整；固定策略无法适应新环境，而频繁采用新策略会加大试错成本；从用户角度出发，稳定的性能具有更高的吸引力。针对以上三个挑战，本章分别简要介绍了强化学习、赌博机算法和李雅普诺夫优化算法。

思考题

1. 请结合具体例子，谈谈边缘计算中卸载对象的“多样性”。

2. DAG 调度已被证明为 NP-Hard 问题，请查阅相关论文，总结现有 DAG 调度的近似算法。

3. 请结合具体场景，谈谈网络边缘中的“不确定性”。

4. 服务往往是通过虚拟机或者容器进行部署的，结合其部署代价和迁移代价，请谈谈这两者的区别。

5. 用户移动性会显著改变当前网络环境，使得决策更加困难，请查阅相关论文，总结现有用户“移动轨迹”追踪或预测的办法，并分析其优劣势。

6. 以分布式联邦学习为例，从数据供给的角度出发，谈谈边缘计算对联邦学习的促进作用。

7. 请从计算和设备间通信的角度出发，谈谈边缘计算下模型分布式推断的可行性。

8. 针对点播和直播的视频分析，谈谈它们在 QoE 建模上的异同。

9. 结合边缘计算，如何理解超分辨率“缓解”却无法真正“填补”高质量视频和有限带宽之间的“鸿沟”？

10. 结合网络边缘的特征，分析为什么强化学习能在边缘决策中发挥重要作用。在什么情况下它又面临决策失效的问题？如何解决试错带来的巨额训练开销？

11. 结合算力网络的发展，谈谈边缘智能完全去中心化的可行性。

参考文献

[1] LIU J, MAO Y, ZHANG J, et al. Delay-optimal computation task scheduling for mobile-edge computing systems[C]//2016 IEEE international symposium on information theory (ISIT). New York: IEEE, 2016: 1451-1455.

[2] KAMOUN M, LABIDI W, SARKISS M. Joint resource allocation and offloading strategies in cloud enabled cellular networks[C]//2015 IEEE International Conference on Communications (ICC). New York: IEEE, 2015: 5529-5534.

[3] BARBAROSSA S, SARDELLITTI S, LORENZO P. Joint allocation of computation and communication resources in multiuser mobile cloud computing[C]//2013 IEEE 14th workshop on signal processing advances in wireless communications (SPAWC). New York: IEEE, 2013: 26-30.

[4] YOU C, HUANG K. Multiuser resource allocation for mobile-edge computation offloading[C]//2016 IEEE Global Communications Conference (GLOBECOM). New York: IEEE, 2016: 1-6.

[5] MAO Y, ZHANG J, SONG S H, et al. Power-delay tradeoff in multi-user mobile-edge computing systems[C]//2016 IEEE global communications conference (GLOBECOM). New York: IEEE, 2016: 1-6.

[6] WANG P, LIU S, YE F, et al. A fog-based architecture and programming model for IoT applications in the smart grid[EB/OL]. [2022-06-05]. https://arXiv.org/abs/1804.01239.

[7] SKARLAT O, NARDELLI M, SCHULTE S, et al. Towards qos-aware fog service placement[C]//2017 IEEE 1st international conference on Fog and Edge Computing (ICFEC). New York: IEEE, 2017: 89-96.

[8] LEE G, SAAD W, BENNIS M. An online secretary framework for fog network formation with minimal latency[C]//2017 IEEE International Conference on Communications (ICC). New York: IEEE, 2017: 1-6.

[9] YOUSEFPOUR A, PATIL A, ISHIGAKI G, et al. Qos-aware dynamic fog service provisioning [EB/OL]. [2022-06-05]. https://arXiv.org/abs/1802.00800.

[10] MAHMUD R, RAMAMOHANARAO K, BUYYA R. Latency-aware application module management for fog computing environments[J]. ACM Transactions on Internet Technology (TOIT), 2018, 19(1): 1-21.

[11] OUYANG T, LI R, CHEN X, et al. Adaptive user-managed service placement for mobile edge computing: An online learning approach[C]//IEEE INFOCOM 2019-IEEE conference on computer communications. New York: IEEE, 2019: 1468-1476.

[12] SATTLER F, WIEDEMANN S, MÜLLER K R, et al. Robust and communication-efficient federated learning from non-iid data[J]. IEEE transactions on neural networks and learning systems, 2019, 31(9): 3400-3413.

[13] CHEN Y, SUN X, JIN Y. Communication-efficient federated deep learning with layerwise asynchronous model update and temporally weighted aggregation[J]. IEEE transactions on neural networks and learning systems, 2019, 31(10): 4229-4238.

[14] WANG S, TUOR T, SALONIDIS T, et al. When edge meets learning: Adaptive control for resource-constrained distributed machine learning[C]//IEEE INFOCOM 2018-IEEE conference on computer

communications. New York: IEEE, 2018: 63-71.

[15] XU Z, YU F, XIONG J, et al. Helios: Heterogeneity-aware federated learning with dynamically balanced collaboration[C]//2021 58th ACM/IEEE Design Automation Conference (DAC). New York: IEEE, 2021: 997-1002.

[16] DINH C T, TRAN N H, NGUYEN M N H, et al. Federated learning over wireless networks: Convergence analysis and resource allocation[J]. IEEE/ACM Transactions on Networking, 2021, 29(1): 398-409.

[17] XIE C, KOYEJO S, GUPTA I. Practical distributed learning: Secure machine learning with communication-efficient local updates[C]//European Conference on Machine Learning and Principles and Practice of Knowledge Discovery in Databases. [S.l.]: ECML PKDD, 2019.

[18] ALWANI M, CHEN H, FERDMAN M, et al. Fused-layer CNN accelerators[C]//2016 49th Annual IEEE/ACM International Symposium on Microarchitecture (MICRO). New York: IEEE, 2016: 1-12.

[19] HINTON G, VINYALS O, DEAN J. Distilling the knowledge in a neural network [EB/OL]. [2022-06-05]. http://arXiv.org/abs/1503.02531.

[20] TEERAPITTAYANON S, MCDANEL B, KUNG H T. Branchynet: Fast inference via early exiting from deep neural networks[C]//2016 23rd International Conference on Pattern Recognition (ICPR). New York: IEEE, 2016: 2464-2469.

[21] KANG Y, HAUSWALD J, GAO C, et al. Neurosurgeon: Collaborative intelligence between the cloud and mobile edge[J]. ACM SIGARCH Computer Architecture News, 2017, 45(1): 615-629.

[22] MAO J, CHEN X, NIXON K W, et al. Modnn: Local distributed mobile computing system for deep neural network[C]//Design, Automation & Test in Europe Conference & Exhibition (DATE), 2017. New York: IEEE, 2017: 1396-1401.

[23] KRIZHEVSKY A, SUTSKEVER I, HINTON G E. Imagenet classification with deep convolutional neural networks[J]. Communications of the ACM, 2017, 60(6): 84-90.

[24] REDMON J, DIVVALA S, GIRSHICK R, et al. You only look once: Unified, real-time object detection[C]//Proceedings of the IEEE conference on computer vision and pattern recognition. New York: IEEE, 2016: 779-788.

[25] LIU W, ANGUELOV D, ERHAN D, et al. Ssd: Single shot multibox detector[C]//Computer Vision–ECCV 2016: 14th European Conference, Amsterdam, The Netherlands, October 11–14, 2016, Proceedings, Part I 14. Berlin: Springer International Publishing, 2016: 21-37.

[26] HAN S, POOL J, TRAN J, et al. Learning both weights and connections for efficient neural network[J]. Advances in neural information processing systems, 2015.

[27] YANG T J, CHEN Y H, SZE V. Designing energy-efficient convolutional neural networks using energy-aware pruning[C]//2017 IEEE conference on computer vision and pattern recognition. New York: IEEE, 2017: 5687-5695.

[28] LANE N D, BHATTACHARYA S, GEORGIEV P, et al. Deepx: A software accelerator for low-power deep learning inference on mobile devices[C]//2016 15th ACM/IEEE International Conference on Information

Processing in Sensor Networks (IPSN). New York: IEEE, 2016: 1-12.

[29] ZHANG X, ZHOU X, LIN M, et al. Shufflenet: An extremely efficient convolutional neural network for mobile devices[C]//2018 IEEE/CVF conference on computer vision and pattern recognition. New York: IEEE, 2018: 6848-6856.

[30] HOWARD A G, ZHU M, CHEN B, et al. Mobilenets: Efficient convolutional neural networks for mobile vision applications [EB/OL]. [2022-06-05]. https://arXiv.org/abs/1704.04861.

[31] FANG B, ZENG X, ZHANG M. Nestdnn: Resource-aware multi-tenant on-device deep learning for continuous mobile vision[C]//Proceedings of the 24th Annual International Conference on Mobile Computing and Networking. [S.l.]: MobiCom, 2018: 115-127.

[32] TAYLOR B, MARCO V S, WOLFF W, et al. Adaptive deep learning model selection on embedded systems[J]. ACM SIGPLAN Notices, 2018, 53(6): 31-43.

[33] XU R, ZHANG C, WANG P, et al. ApproxDet: content and contention-aware approximate object detection for mobiles [EB/OL]. [2022-06-05]. https://arXiv.org/abs/2010. 10754.

[34] CHEN T Y H, RAVINDRANATH L, DENG S, et al. Glimpse: Continuous, real-time object recognition on mobile devices[C]//Proceedings of the 13th ACM Conference on Embedded Networked Sensor Systems. New York: ACM, 2015: 155-168.

[35] LI Y, PADMANABHAN A, ZHAO P, et al. Reducto: On-camera filtering for resource-efficient real-time video analytics[C]//Proceedings of the Annual conference of the ACM Special Interest Group on Data Communication on the applications, technologies, architectures, and protocols for computer communication. [S.l.]: SIGCOMM, 2020: 359-376.

[36] APICHARTTRISORN K, RAN X, CHEN J, et al. Frugal following: Power thrifty object detection and tracking for mobile augmented reality[C]//Proceedings of the 17th Conference on Embedded Networked Sensor Systems. [S.l.]: SenSys, 2019: 96-109.

[37] ZHANG T, CHOWDHERY A, BAHL P, et al. The design and implementation of a wireless video surveillance system[C]//Proceedings of the 21st Annual International Conference on Mobile Computing and Networking. [S.l.]: MobiCom, 2015: 426-438.

[38] RAN X, CHEN H, ZHU X, et al. Deepdecision: A mobile deep learning framework for edge video analytics[C]//IEEE INFOCOM 2018-IEEE conference on computer communications. New York: IEEE, 2018: 1421-1429.

[39] HUNG C C, ANANTHANARAYANAN G, BODIK P, et al. Videoedge: Processing camera streams using hierarchical clusters[C]//2018 IEEE/ACM Symposium on Edge Computing (SEC). New York: IEEE, 2018: 115-131.

[40] ZHANG W, HE Z, LIU L, et al. Elf: accelerate high-resolution mobile deep vision with content-aware parallel offloading[C]//Proceedings of the 27th Annual International Conference on Mobile Computing and Networking. [S.l.]: MobiCom, 2021: 201-214.

[41] YI S, HAO Z, ZHANG Q, et al. Lavea: Latency-aware video analytics on edge computing

platform[C]//2017 IEEE 37th International Conference on Distributed Computing Systems(ICDCS). New York: IEEE, 2017: 1-13.

[42] WANG S, YANG S, ZHAO C. SurveilEdge: Real-time video query based on collaborative cloud-edge deep learning[C]//IEEE INFOCOM 2020-IEEE Conference on Computer Communications. New York: IEEE, 2020: 2519-2528.

[43] ZHANG B, JIN X, RATNASAMY S, et al. AWStream: Adaptive wide-area streaming analytics[C]// Proceedings of the 2018 Conference of the ACM Special Interest Group on Data Communication. [S.l.]: SIGCOMM, 2018: 236-252.

[44] WANG Y, WANG W, ZHANG J, et al. Bridging the edge-cloud barrier for real-time advanced vision analytics[C]//USENIX conference on HoT Topics in Cloud Ccomputing. HotCloud, 2019.

[45] WANG J, AMOS B, DAS A, et al. A scalable and privacy-aware IoT service for live video analytics[C]// Proceedings of the 8th ACM on Multimedia Systems Conference. [S.l.]: MMSys, 2017: 38-49.

[46] CHEN N, QUAN S, ZHANG S, et al. Cuttlefish: Neural configuration adaptation for video analysis in live augmented reality[J]. IEEE Transactions on Parallel and Distributed Systems. IEEE, 2021, 32(4): 830-841.

[47] LIU L, LI H, GRUTESER M. Edge assisted real-time object detection for mobile augmented reality[C]// The 25th Annual International Conference on mobile computing and networking. [S.l.]: MobiCom, 2019: 1-16.

[48] WANG H, KIM B G, XIE J, et al. E-auto: A communication scheme for connected vehicles with edge-assisted autonomous driving[C]//ICC 2019-2019 IEEE International Conference on Communications (ICC). New York: IEEE, 2019: 1-6.

[49] MERINO L, CABALLERO F, MARTÍNEZ-DE-DIOS J R, et al. An unmanned aircraft system for automatic forest fire monitoring and measurement[J]. Journal of Intelligent & Robotic Systems, 2012, 65: 533-548.

[50] KALATZIS N, AVGERIS M, DECHOUNIOTIS D, et al. Edge computing in IoT ecosystems for UAV-enabled early fire detection[C]//2018 IEEE international conference on smart computing (SMARTCOMP). New York: IEEE, 2018: 106-114.

第 5 章 · CHAPTER 5

边缘计算与人工智能

边缘计算技术和人工智能技术可以在多个领域中相辅相成。本章将从智能边缘和边缘智能两个方面出发，分别介绍人工智能算法在解决边缘计算领域内优化问题中的应用，以及边缘计算在提高人工智能应用效率方面的重要作用。

5.1 智能边缘

得益于人工智能技术的快速发展，现代边缘计算框架通过引入深度学习和神经网络等成熟的人工智能领域相关模型，解决了边缘缓存、资源调度和计算卸载等许多任务，提升了性能的同时还提高了资源利用率。我们将这种使用人工智能相关算法模型来为边缘计算框架进行优化求解的方式概括为智能边缘（AI for edge）。

在拥有成熟的 5G 技术和高性能计算芯片的今天，你可能会奇怪为什么我们还需要在计算缓存、资源调度和计算卸载这些方面进行优化。实际上正是因为网络和硬件设备的快速发展，传输的内容、计算复杂度和对超低延时的需求本身也同样在以指数级上升。从文本到语音，再从语音到视频，从视频到高清直播以及未来更加成熟的 VR 和 AR 技术，传输媒体的多样性和规模的增长可见一斑。利用边缘计算技术来为这些应用提供更低延时、更高质量的服务显得尤为重要。

另一方面，基于合适的智能算法和模型，边缘计算所需的各项硬件和能源资源利用率得到提高，既能节省部署和维护边缘计算节点所产生的成本，又能提升移动设备的续航，在软件层面进一步优化能耗比，为全球的节能减排贡献出一份力量。

然而，在边缘计算的各项优化问题上，由于环境的多样性以及网络模型的复杂性，多数问题的复杂度过高，在边缘计算节点上直接进行求解会造成巨大的延迟。如果仅仅借助于传统的云计算进行辅助求解，即使数据中心处拥有的丰富的计算资源可以在极短的时间内求出最优解，将环境条件等作为输入进行上传和将最终计算结果进行下载的过程占用的网络带宽和造成的延时最终也是无法被避免的。在 5G 技术和物联网技术日益延伸的今天，这个问题愈发明显[1]。

面对这些高复杂度的优化问题，人工智能算法体现了其自身的优越性。日渐成熟的深度学习领域诞生了许多模型，边缘计算的各种高复杂度优化问题在引入特定的模型后也迎刃而解。如图 5-1 所示，在目前的边缘计算领域已有相当数量的优化任务在求解的过程中应用了深度学习算法中的不同技术，包括但不局限于使用支持向量机、深度强化学习、Q-Learning 和 Deep Q-Learning 解决了不同方向上的边缘计算优化问题。这些结合了相应算法的框架将数据中心提前训练好的模型部署至边缘计算节点处，根据当前的网络情况动态地和其他特定的输入进行预测和计算，在保障高准确性的同时也极大限度地降低了时间复杂度[2-4]。

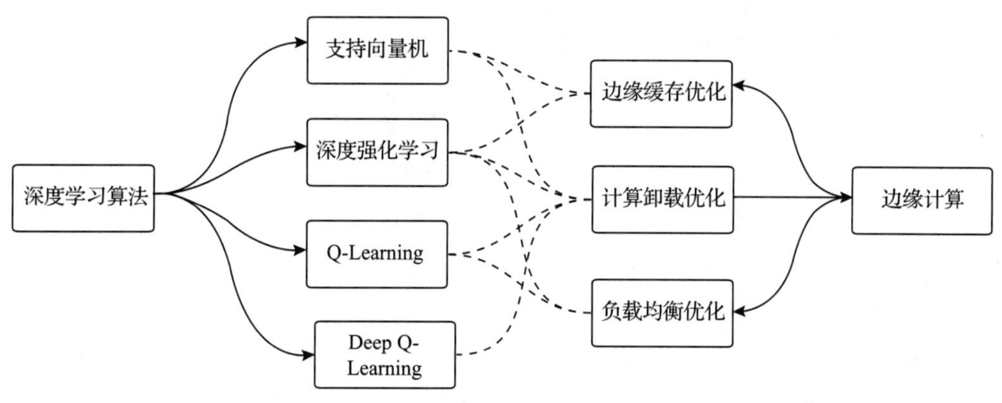

图 5-1 边缘计算优化任务与深度学习算法

5.1.1 复杂的优化问题

本节以计算卸载为例，具体展开说明深度学习在边缘计算优化任务方面发挥的重要作用。

在大量的移动终端接入物联网后，有限的计算资源和电池容量成了在移动设备上提供高服务质量（Quality of Service，QoS）应用的瓶颈，如当前热门的极低延迟的交互式视频会议。在过去，可使用移动云计算（Mobile Cloud Computing，MCC）来解决上文提到的部分局限。MCC 技术结合云计算、移动计算和无线通信技术，将计算压力转移至为移动设备而专门架设的云服务器，为移动设备和用户提供更高的服务质量[5]。但即使如此，与云服务器通信带来的延迟依旧不可忽视，并且进一步提升应用服务质量也将受到限制。

由运营商主导的多接入边缘计算（Multi-Access Edge Computing，MEC）技术，通过在以基站为主的移动接入点处部署 MEC 服务器（MEC Server，MES），为实现极低延时的应用提供了可能。如果移动设备可以进行合适的计算卸载决策，将部分计算密集型工作卸载至 MES 处完成，既可以让资源有限的移动设备节省能源，还可以完善和保障用户的应用体验。如

图 5-2 所示，移动设备在进行计算卸载决策后，将部分任务作为输入传输至附近部署了 MES 的基站或其他任意可能的 MES 处，由 MES 完成具体的计算任务并将最后的计算结果传输回移动设备和用户处。近些年国家大力推行 5G 基站的建设，以上海为例，截至 2022 年 4 月底，上海已累计开通 5G 基站 51 716 个，5G 基站密度达到 8.2 个每平方公里。基于运营商提供的稳定服务和持续增长的基站密度，如果移动设备可以进行适当的计算卸载决策，将任务分配至自身附近的基站处完成，将大幅度降低原本和云服务器通信造成的延迟。

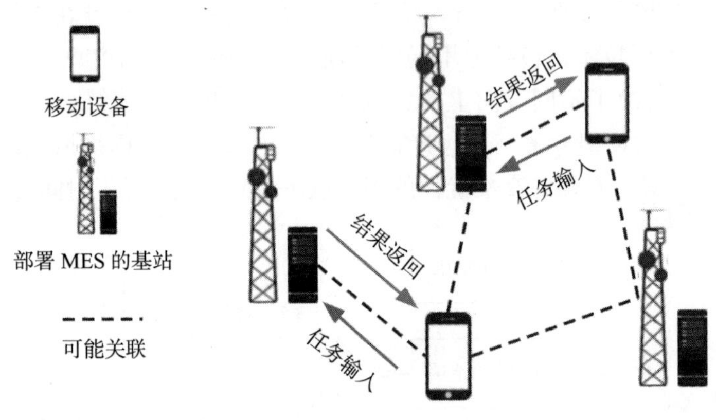

图 5-2　MEC 任务卸载

既然好处如此诱人，那为什么不赶快在这些基站处部署 MES 帮移动设备完成部分的任务呢，难道还有什么问题没有解决吗？实际上，在上文中有个关键的问题没有得到解决，就是**移动设备该如何进行适当的计算卸载决策**。如果卸载多了，把原本移动设备自身就能很好完成的任务交给了基站进行计算，那么时延很有可能会增加，同时过度增加了基站处 MES 的压力。如果没能根据当前的网络状况来选择合适的基站进行计算卸载，那么很有可能降低系统整体的效率。如图 5-2 展示的计算卸载流程，我们可以看到每个移动设备在卸载任务之前需要从可能关联的 MES 中最终挑选一个去帮助自己完成计算密集型的任务。

为了解决这个问题，我们首先要对整个系统有个较为明确的认识。首先是优化目标，对于每个移动设备而言，传输和完成卸载后的计算任务的时间要短，同时消耗的能源要尽可能少。但是仅仅使用贪心算法去找到自身附近最近的部署了 MES 的基站或者资源最充足的基站是不现实的。因为在一个有限的环境内，可能会有无数的设备，如果每个接入边缘移动网的设备都以最贪心的方式去卸载任务，那很有可能导致部分基站通信的带宽被大量地占用了，而其他相对距离较远但是没有被分配到任务的基站的带宽就被浪费了。

由于在进行计算卸载的时候需要同时考虑设备的计算容量和通信的带宽，优化问题通常需要被整合为一个混合整数非线性规划（Mixed Integer Non-Linear Programming，MINLP）问题，对于这类问题的求解被证明为 NP 难 [5]。对此，学者们为了实现在较短时间内对该类问题的求解也尝试了各种不同的数学模型转换，主要包含多次使用拉格朗日松弛算法进行迭代的集中式算法 [5] 和使用博弈论实现用户之间的纳什均衡的分布式算法 [6]。

然而在现实环境下，直接应用这两种算法框架来对这个优化问题进行求解有很大的局限性，因为优化问题的输入将经常随着时间发生变化，包括用户数量、设备容量、通信情况和网络状况等。在每次这些参数发生变化的时候，需要重新执行一遍算法流程才能计算出对当前边缘计算的情况进行的优化。特别是使用传统的迭代化松弛法，将产生更高的复杂度，并且最后的优化结果通常也没办法保证是最优的，难以扩展到更复杂的现实环境。

除了上文详细展开的计算卸载问题的优化，Qiao 等人在 2020 年发表的论文里研究的针对车辆边缘计算的联合内容缓存优化问题被定义为长期混合整数非线性规划（Long-term Mixed Integer Linear Programming，LT-MILP）[7]，以及 Gao 和他的团队对 MEC 环境下网络选择和服务放置的联合优化问题也同样被证明为 NP 难[8]。求解优化方程的困难性和边缘服务器有限的计算资源形成了一个不可忽视的矛盾。

5.1.2　强大的深度学习

直接求解高时间复杂度的优化方程带来的高计算资源需求问题恰好能被最近热门且成熟的深度学习算法及相关模型解决，该领域的相关算法和模型将在 5.2 节中进行详细介绍。

在边缘计算的各种使用场景下，利用深度学习相关模型求解优化问题的大致流程如图 5-3 所示。深度学习模型的一般使用流程包含了离线的模型训练和在线的模型推断。首先根据不同的应用场景进行数据收集和标记工作，使用一定规模的数据集在云服务或本地高性能计算机上对模型进行离线训练。将训练完成后的模型部署到指定地点后，即可根据实时的输入进行在线推理，同时系统也将根据最终推理的结果进行决策。

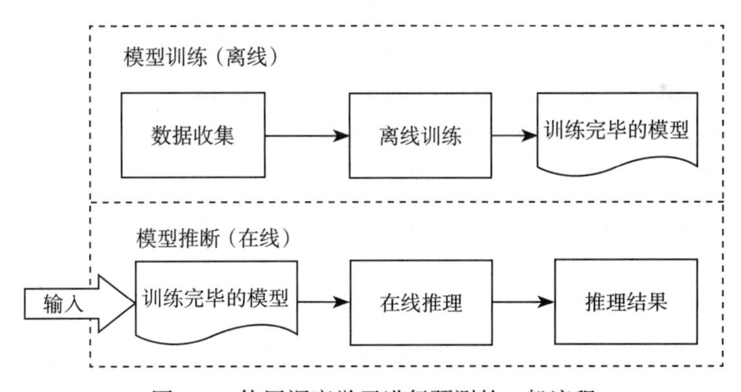

图 5-3　使用深度学习进行预测的一般流程

之所以深度学习模型可以在很短的时间内直接获取一个较优的决策，是因为有着大量原始数据的支撑来进行模型训练。当然，模型给出的决策也并不一定是最优的，甚至有时会略逊于直接求解优化方程。但是，这个算法帮助系统决策节省的时间和资源才是我们更加关注的。通常来说，训练完毕的模型通过部署在边缘计算节点处，即可对计算卸载等任务进行相当程度的优化。如果能将输入和在线推理的结果再一次进行收集和评价，使用更大、更真实的数据集对模型进行再训练，那么检测模型将有机会拥有更高的准确率。

5.2　边缘智能

随着深度学习模型的成熟，人工智能的各项领域得到了飞跃式的发展，包括机器视觉、语音识别、自然语言处理还有围棋（AlphaGo）和机器人技术等[9]。正是借助这些领域算法的成熟，各种智能应用正在融入我们生活的方方面面。相信各位读者已经听说过不少人工智能算法在实际生活里的应用，小到语音助手 Siri、个性化购物推荐，大到智能家居和汽车的自动驾驶。从模型训练到模型推理，几乎所有的人工智能算法都是基于大量的数据实现的。为了保证训练后模型预测的准确性，就需要充分利用现实生活中产生的多维度数据，因此大规模数据的存储和处理成为一个亟待解决的问题。

另一方面，物联网设备想要调用人工智能模型进行决策时，一般都需要将自己当前的环境和相关的变量作为输入上传至云端调用模型，云端的数据中心在预测完之后再将结果返回至设备。但是这种大量且频繁的云端和本地之间的信息传输，会占用相当大的带宽，并且存在用户隐私泄露的风险[10]。

恰巧同样是在近期兴起的边缘计算为上述人工智能算法面临的各项挑战带来了转机。与传统的云服务不同，边缘计算强调在靠近物联网设备或者数据源的地方部署服务器。通常来说，一个边缘计算节点可以是一个配备有服务器的网络接入点（Access Point，AP），可以是一个网关，甚至可以是专门为了附近设备而部署的小型数据中心。由于边缘节点更“接近”用户，即它和终端用户设备之间数据传输所需要的跳数更少，从而能够有效降低数据传输的延迟，因此利用边缘计算来辅助人工智能算法，与云计算相比有更低的延迟、更低的隐私泄露风险以及更低的网络带宽需求。

事实上，将边缘计算和人工智能相结合的理念已经被许多科技巨头公司所注意到了，包括 Meta（原 Facebook）、Tesla、Google、Microsoft 和 NVIDIA 等。这些科技巨头们已经开始利用边缘计算自身所带来的优势来实现更加广泛的人工智能应用，如实时的视频分析、农业领域的精准认知辅助以及工业物联网的各项应用。

本节的边缘智能（edge for AI）更加强调边缘计算在人工智能的实际应用上发挥的作用。

5.2.1　人工智能算法的成熟

人工智能事实上并不是一个新兴的领域，AI 的概念早在 1956 年就在达特茅斯学院的一次会议上被提出了[11]。虽然当时投资了大量的资金进行 AI 领域的研究，但是由于硬件技术的限制，AI 的相关研究很快就落入了低谷。在经历了多个大起大落之后，在 2010 年，深度学习（Deep Learning，DL）的突破性发展再一次引发了 AI 新的浪潮。

机器学习中有着许多经典的算法，如决策树、k 近邻算法和贝叶斯网络等，它们都是基于真实世界获取的数据进行训练来进行分类和预测。在各种机器学习算法中，深度学习属于相对特殊的一种，这类算法利用了人工神经网络（Artificial Neural Network，ANN）来对数据进行更深层次的理解。又因为部分学习模型中使用的 ANN 往往会有很多层（layer），这类模型也被叫作深度神经网络（Deep Neural Network，DNN）。作为近年来最为热门的人工智能领域算法模型，本节也将从 DNN 出发，为各位读者介绍边缘计算对人工智能应用的重要作用。

如图 5-4 所示，通常一个 DNN 模型由一个输入层、一个输出层和若干个隐藏层构成，每个层内又包含了若干个神经元（neuron）。位于输入层的神经元在收到了输入的数据之后会将对应的数据传播至下一个隐藏层。该隐藏层内的神经元收到了前一层传播过来的信息会根据不同的比重使用特定的激活函数求和，并继续传播给后面一层，直至传输到输出层为止，最后的分类或者预测结果就会呈现在输出层上。一般来说，DNN 的层数越多，结构越复杂，就能够更好地进行学习并在最终预测时有更好的表现。

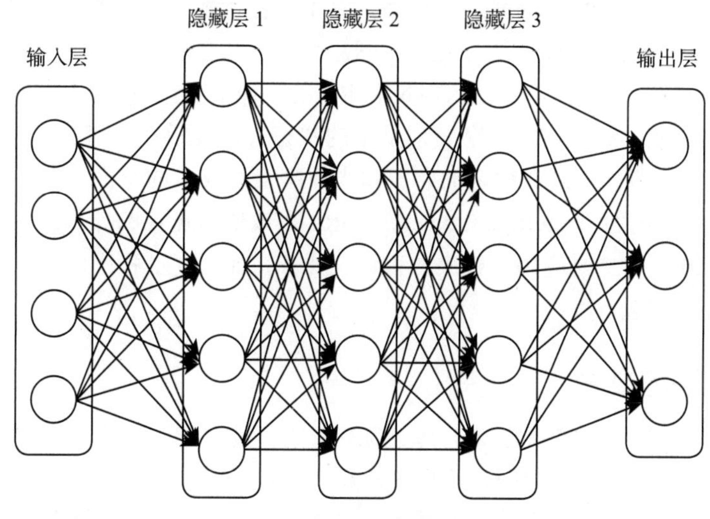

图 5-4　DNN 结构图

我们将这种基础的 DNN 算法模型称为多层感知器（Multilayer Perceptron，MLP），这种模型拥有经典的多层神经元，实际上是最基础的深度神经网络模型。对于不同的应用领域，DNN 也有多种变体，主流的模型包括卷积神经网络（Convolution Neural Network，CNN）、循环神经网络（Recurrent Neural Network，RNN）、生成对抗网络（Generative Adversarial Network，GAN）和深度强化学习（Deep Reinforcement Learning，DRL），这些不同的变体分别适用于不同的问题。

- CNN：和常规的 MLP 不同之处在于，CNN 模型更加关注的是将复杂问题简化，首先降低输入参数的规模再进行后续的推算。CNN 中的卷积层会对输入执行卷积操作来提取特征。对复杂输入进行的卷积操作和让输入的数据进行降维的能力，非常适用于和视觉相关的问题，因为视觉上的信息量规模往往过大而无法直接作为输入应用到 DNN 中。CNN 模型能更好地处理机器视觉（Computer Vision，CV）任务，如针对图片分类的 ResNet 算法 [12] 和 VGG 网络 [13]，针对物体识别的 YOLO 框架 [14] 和 SSD 算法 [15] 等。

- ❑ RNN：RNN的特点在于允许序列式的数据输入，更强调对一串相互依赖的数据流的适用性。一般的神经网络算法在每次输入完之后，第二次接收到新的输入后就会进行一个全新的推断过程，两次推理往往不会互相影响。但是RNN则允许让上次的输入影响下次的结果，通过一个循环的神经网络来接收若干个连续的输入，并且将每次的推算结果应用于下一次。这个特性使得RNN在若干连续输入的问题下拥有更好的表现，特别是自然语言处理，包括机器翻译、问答系统和文档分类等。
- ❑ GAN：GAN将对抗博弈的思想引入了深度学习的过程，GAN的主要结构包括了生成器和判别器。生成器的作用是在了解训练数据集的数据分布之后生成新的数据，判别器的任务则是对所有数据进行分类，对生成器生成的假数据和真实数据进行区分。GAN常被用于图片生成、图片变形、图片以及图像合成和图像超分辨率任务等。
- ❑ DRL：DRL实际上正是字面上DNN和RL的一种结合。RL负责根据当前环境的状态寻找最优的行为策略，DNN负责对复杂的状态进行表示并且对RL给出的行为决策进行打分，打分的过程是对预定的期望和当前决策的效益的差值计算。通过持续的学习创造一个智能代理（intelligent agent），DRL可以通过可控的操作最大化一些长期的任务效益。DRL的主要应用是解决各种调度任务，如博弈过程中的决策问题和视频传输的分辨率选择等。

5.2.2　边缘智能的诞生

边缘计算和人工智能两者从定义上其实就有着明显的交集，边缘计算的诞生是为了协助边缘设备进行计算并凭借较短的物理距离来对新产生的数据进行实时的处理，人工智能的诞生则使得机器拥有了基于大规模的数据进行学习来模仿人类的行为和决策的能力。两者在实际应用上体现了互惠互利的精神，可以总结为以下几个方面。

1. AI需要依靠边缘计算推广至更多场景

物联网世界中，无数的传感器和部署在边缘的设备在持续感知周围物理环境的过程中带来了大规模的、不同种类的数据，数据的种类包括音频、图片和视频等。以音频传感器为例，想要达到4 kHz的音频采样率，每秒需要读取的数据量大约为4 kB，一天总共会产生约344 MB的数据。IDC（国际数据公司）预测在2025年，IoT设备的数量将达到惊人的595亿，同时产生79.4 ZB的数据[16]。在分析如此大规模的数据时，AI可以说是必要的工具，借助AI我们才能更好地对数据进行分析并且抽取一些关键信息进行决策。以5.2.1节提到的几个DNN模型变体为例，深度学习算法可以更好地对模式进行识别并且根据边缘设备收到的数据检测可能的微小异常，如湿度、温度、压力、空气质量、车流量。面对快速变化的环境，传感器捕获的数据放在模型中来进行实时的预测和决策，大大增加了操作的效率。

促使AI领域再次繁荣的原因可以归结为四点：算法、硬件、数据和应用场景。在数据和应用场景上，边缘计算发挥了不可替代的作用。具体来说，对于一个特定的DNN模型，我们想提升其性能无非是在模型里增加更多层的神经元。为了实现这一点，DNN 在进行传播时需要更多的参数，因此训练的数据量需求将更大。传统方式下，数据通常在大型的数据中心产生并得到存储。但是随着 IoT 设备的增加，大量的数据在边缘端产生，如果这些数据需要先被上传到云端进行处理再将结果下载至本地，将会占用大量的带宽，同时消耗云服务器资源。更加贴近数据的边缘计算技术为 AI 处理这些数据提供了可能。AI 技术已经融入了我们日常生活的方方面面，包括在线购物、产品推荐、智能家居等。另一方面，各项 AI 算法的应用也是在不同领域内推动技术创新的巨大动力，如汽车的自动驾驶、智能金融以及癌症的智能诊断。许多科技公司提出"让 AI 随时随地服务于每个人和每个组织"，想要实现这点，边缘计算显然比云计算更加具有优势。更贴近用户的边缘服务器、更实惠的价格和更方便地实现，边缘计算为 AI 的应用和发展带来了更多的可能。

2. 边缘计算借助 AI 应用得以繁荣

在边缘计算的早期发展过程中，曾经有人提出质疑，究竟有什么样的应用更适合在边缘服务器而不是在云服务器上运行？从 2009 年起，Microsoft 就针对这个质疑进行过相关的研究，从语音识别领域到虚拟现实和增强现实，从可交互的云游戏到实时的视频分析，通过对比，实时的视频分析应用证明了边缘计算的必要性。对于实时视频分析这类计算机视觉应用而言，高计算量、高带宽、高隐私和低延时的需求目前也只有边缘计算能够满足。可以说正是由于新型 AI 应用（如智能机器人、智能家居等）的需求，边缘计算技术才能凭借其优势被我们熟知并发展壮大。

5.2.3　边缘智能的应用

如图 5-5 所示，IDC 预测在 2025 年，全球的 AI 硬件、软件和服务器总收入将达到 7108 亿美元。随着人工智能算法和边缘计算技术的成熟，在现有的行业内，已经出现了不少的公司和组织开始使用边缘计算来辅助人工智能算法解决一些实际问题。

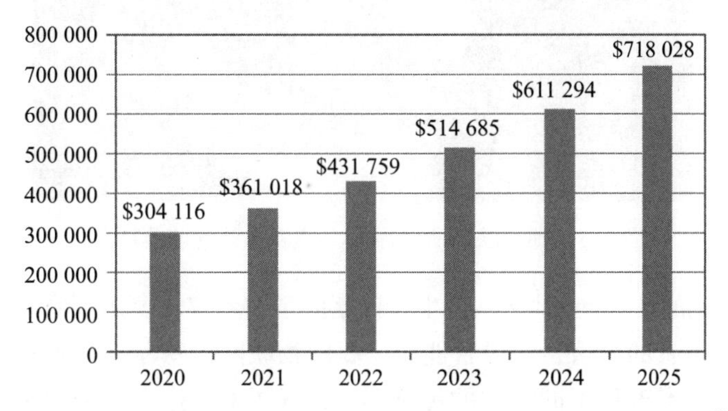

图 5-5　2020—2025 年全球 AI 硬件、软件和服务收入趋势（$M）[16]

边缘智能在医疗 IT 方面有着巨大潜力，无论是从对病人的护理还是运营成本的角度出发。据统计，目前在发达国家的医院内，每个病床连接了 10 ～ 15 个传感器设备，来监控病人实时的状态，并且预估在 2025 年底，将有 75% 的医疗数据从边缘产生。一些初创公司开发了搭载人工智能算法的物联网传感器平台，为医院和疗养院提供了更加精准和及时的数据收集方式。一方面，低占用且稳定的网络情况和更低的延迟可以有效规避意外情况的发生。另一方面，自动化临床技术也推动了治疗效率的提升，帮助医院和其他相关医疗设施创造更高的效益并大幅度降低运营成本。

我们经常会看到医院到处放置着各式各样的医疗设备，但是事实上，医院的很多数据并没有做到完全的实时同步。利用部署了 AI 的物联网传感器阵列可以为数据收集和记录提供一种更好的方式。例如，在配备了相关的电子设备后，当护士将病人送进手术室时，安装在手术室的监控摄像头就可以检测到病人的到来，在触发自动记录机制的同时，也可以在线上通知即将参与手术的医师。现代的手术室环境往往非常复杂，对于一个医疗团队来说，他们需要同步地处理和协调手术各方面的问题。借助于边缘智能所实现的图像采集、诊疗工具作为辅助，手术医生们可以更好地完成肿瘤测量和实时的监控，并优化工作流程。如果医院能够以更高效率完成手术，就有机会帮助到更多的人，同时降低手术成本，从而降低病人的医疗开销。

在医疗方面，跌倒预防是一个同样有着重大意义的边缘智能应用。美国疾控中心估计，每年和病人跌倒有关的医疗费用支出为 500 亿美元。对于护士来说，她们不可能随时随地观察到病人的行为，因此通过边缘的监控摄像头使用相关的检测算法，可以有效监控可能会导致跌倒的行为。也正因如此，人体姿势估计算法现在变得流行起来，它可以扫描每个人身上的关键点，如眼睛、手臂和腿。如图 5-6 所示，在设定好系统参数后，当一个病人在尝试自行下床时，就会触发相关警报并通知护士。

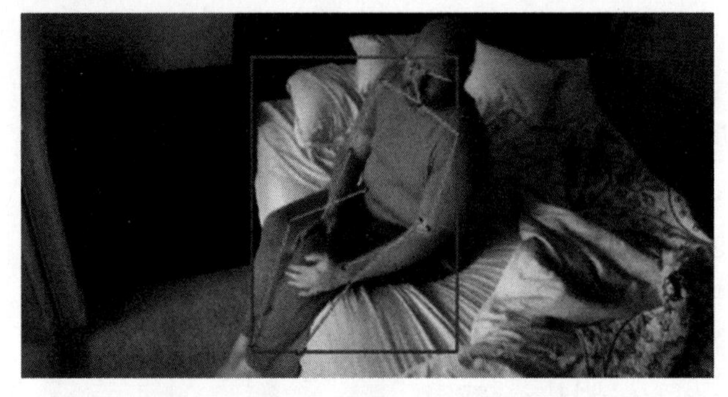

图 5-6　预防跌倒所使用的人体姿势估计监测图 [17]

正如中医里常说的“望闻问切”，医生在诊断病情时不仅需要用到眼睛，还需要运用各种其他感官才能确认患者的病情，边缘智能所需要的物联网传感器阵列也远不止监控摄像头这么简单。通常来说，有五种不同类型的传感器：搭载了 CV 算法的摄像头、具有语音识别功能的麦克风、扬声器、蓝牙和 RFID。通过这样的传感器阵列，可以将人类的各种感官所捕获的信息转换为数字信息，包括视觉、听觉和运动。

除了医疗方面，边缘智能对汽车行业也是一个潜在的机遇。近年来，车联网行业遭受了制造业、供应链和销售的困难行情所带来的巨大冲击。然而，IDC 却预测当前的状况即将反弹，智能网联汽车的出货量将从 2021 年的 4440 万辆增长到 2024 年的 7620 万辆，年平均增长率达到 9.0%。在德国，就有一家专门从事交通相关应用的大型 IT 服务公司使用边缘智能的相关技术，在满足欧盟严格的数据隐私规定法规的前提下，为德国的许多公共运输运营商提供了智能交通相关的解决方案。

边缘智能在车联网上的一个常见应用案例就是交通基础设施的性能和利用率分析，例如，通过获取公交车上的人数、公共交通的座位占用率以及路面上的非机动车数，对这些数据的分析可以有效调整交通运输工具的比重，更好地为客户进行服务。通过在车内和部分交通要道处部署搭载了智能识别人像或物体算法的摄像头，就可以直接对人和物进行计数，而不会向后端传输任何图片或者视频，保证了数据隐私。

曾几何时，汽车制造商在世界各地测试新车模型时产生的 PB 级别的数据集，使得他们需要将存储测试数据的磁盘阵列实体运输回公司进行数据分析，这种分析方式大大拖慢了原型完善的过程。现在大部分遥测数据可以通过边缘计算技术就地处理，只对工程师要求的相关数据集进行传输，从而大大加快了新车辆原型的迭代速度。

对于类似能源这样的关键行业来说，即使是短暂地中断提供的服务也很可能会对人们的正常生活产生巨大的影响，因此，智能预测是关键。边缘智能可以使用历史数据进行模型训练，并根据传感器能捕捉到的当前的温度、风速、湿度等关键物理信息来进行模拟和预测，为人们提供更加有效的能源生产、分配和管理。从石油钻井平台上，到发电厂内，到马路边，甚至是建筑内部，部署在边缘的人工智能算法保障了工人的人身安全，整合了可再生能源，提高电网的弹性，为消费者提供更加可靠的能源供应。如图 5-7 所示，Noteworthy AI 公司通过在特定卡车上部署智能摄像头，监测了数以百万计的电线杆及其相关设备，对可能出现的电路故障进行了实时的预测。

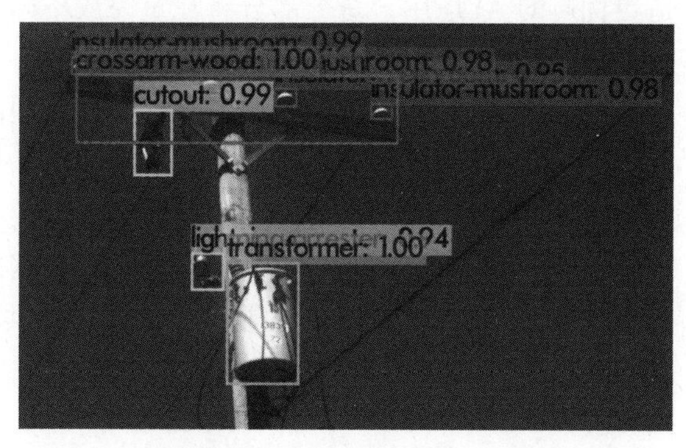

图 5-7　智能摄像头实时捕获的电线杆设施信息 [18]

边缘智能在管理分布式能源资源方面同样发挥了关键作用，如电动汽车、家用电池、太阳能电池板和风力发电厂，以增强电网的弹性并加速能源转型。

在零售业方面，全球的零售商和供应商都面临着快速变化的消费者需求、行为和预期带来的一系列挑战。这些变化导致的不确定性，给全球供应链和渠道商运营带来了不小的压力，边缘智能成了帮助零售业各公司来克服相关困难的一大利器。

对于零售商而言，部署在边缘的人工智能应用基于摄像头和传感器数据，在货架或库存水平可能降低时对店员进行相应的提醒，减少缺货造成的影响。另一种应用是减少盗窃、诈骗、损坏和浪费造成的商品损失，这种类型的损失在全球范围内会对该行业带来大约 1000 亿美元的损失。边缘智能应用通过检测商店和货架商品的分析，降低误扫、入店盗窃和其他失误的概率，帮助零售商保护他们的资产。无接触式的商店也正在向全球各地进行测试和推广，凭借精准的摄像头识别和 RFID 技术，消费者甚至可以完全跳过商品清点结账的过程，为带走的商品自动计费，既节省了消费者的时间，也降低了零售商店的运营成本。

5.3 面向边缘计算的机器学习框架

5.3.1 云 – 边 – 端协同计算打造更强 AI 应用

在 AI 应用逐渐从云端过渡到边缘端的过程之中，人们逐渐认识到边缘和云端对于 AI 应用而言实际上并不冲突，相反它们在 AI 模型训练、应用发展和模型推理中扮演的不同角色，如图 5-8 所示，形成了一个经典的云 – 边 – 端协同框架来打造更优质的 AI 应用，每个部分将注重完成不同的任务。

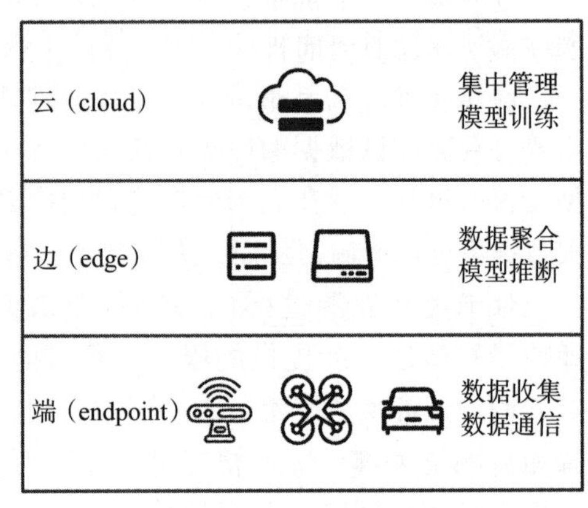

图 5-8　云 – 边 – 端协同架构

对于边缘而言，将更注重数据的实时处理能力。边缘服务器和网关通过收集和存储数据，使用预训练的 AI 模型来处理数据，最后将推理的结果返回至云端。云端更关注的则是对于大数据的长期处理，以及和模型相关的功能训练、数据共享和数据分析能力。

如图 5-8 所示，一套经典的智能云 – 边 – 端协同架构将会解决传统云 AI 面临的许多困难和挑战。

- 数据的捕获和处理：在边缘节点处，通过系统内部不同设备之间所建立的大量的协议和连接的支持，将能够收集到大范围内的多样数据。凭借边缘节点自身所拥有的存储和处理数据的能力，能够极大减轻网络传输的负担和云计算的压力。
- 延迟的降低：和纯粹的基于云的人工智能服务方案相比，边缘计算可以将原本 60 ～ 100 ms 的延迟缩短至 1 ～ 5 ms，为低延迟需求的服务创造了可能。
- 更强的网络适应性：由于对数据处理的过程转移到了边缘处，只有在必要的时候才会将数据传输至云端，整个系统对网络带宽的要求降低了。即使设备的连接相对脆弱甚至容易被干扰，对于数据的大部分操作也不会被影响，降低了核心网络的压力。
- 更好的数据安全：为了保证隐私数据不被泄露，边缘设备会对收到的数据进行“脱敏”，再将必要的数据上传至云端。边缘设备可以将敏感数据在本地进行存储和处理，从而更好地满足不同商业环境下的保密性需求。

事实上，一套成熟的云－边－端协同框架的结构远不止图 5-8 所包含的三层结构和分工这么简单。一般来说，在考虑面向边缘计算的机器学习模型时，我们需要做到具体情况具体分析，将模型的训练和推断流程分开进行规划和设计，来应对更加复杂的现实环境。

5.3.2　面向边缘计算的模型训练

在传统的云－端人工智能应用架构变成了云－边－端的边缘智能架构后，人工智能模型的训练和推断也发生了变化。一般来说，边缘智能下的模型训练主要分为三种模式：集中式、分布式、混合式。

集中式训练的 DNN 模型通过收集分散的终端设备产生的数据，集中起来在云端进行训练。这种集中式的训练不需要边缘节点具有计算能力，只需要将对应数据发送至服务器即可，属于较为传统且实时性较低的一种训练模式。

分布式训练的 DNN 模型则是在各个计算节点处训练自己的 DNN 模型，仅使用本地获取的数据，理论上有着更高的数据隐私性。边缘节点之间也会相互通信以分享模型训练的更新。在这种训练模式下，全局的 DNN 模型训练是不受云端所决定的。

混合式训练顾名思义就是将集中式和分布式训练进行了结合，边缘服务器在训练 DNN 模型的时候既可以是直接和其他节点进行通信，又可以通过云服务器集中式训练模型处获取更新。

这三种训练方式各有千秋，目前的行业应用更关注分布式训练和混合式训练，这两者有着更好的实时性，并且在硬件技术提升明显的今天，具有分布式特性的模型也更容易实现。

对于分布式的边缘智能下的模型训练，一般有以下几个关键因素需要考虑：

- 通信成本：在训练 DNN 的时候，往往需要大量的数据，这些原始数据都需要在边缘的计算节点之间进行传输。传输过程中产生的延迟增加了训练的延迟，同样地也会相应增加能量的消耗和带宽的占用。通常来说，原始输入数据的规模、传输的方式以及可用的带宽决定了通信成本的大小。
- 训练时的损失：DNN 模型的训练本质上说是为了解决一个优化问题，旨在使损失最小化。训练产生的损失所衡量的是学习值和标签真实值之前的差距，其说明了当前训练的 DNN 模型对训练数据集的匹配程度。每个模型都希望这个损失越低越好，这个值一般由训练的样本和训练方法所决定。
- 能源效率：在分布式训练的过程中，计算和通信过程的开销都包含了大量的能源消耗。然而，对于大量的边缘节点或者终端设备本身，它们的能源是有限的。所以想要实现高效的分布式训练方法，能源效率显然是需要重点考虑的因素。
- 隐私性：当使用从若干终端设备中产生的原始数据进行训练时，这些数据需要被传输到边缘节点或云端服务器。显然，为了保障隐私不容易被泄露，需要严格控制哪些数据需要被卸载至边缘和云端。
- 收敛性：该指标是针对分布式训练定义的，简单地说，一个分布式训练方法只有在若干个训练过程收敛到一个统一形式的时候才被认为是有效的。收敛性衡量了这种方法是否以及多快能达到整体的收敛，这个值受到梯度同步和更新方式的影响。

现有的研究针对以上提到的边缘智能模型训练中的若干关键指标进行了不同方向的优化。表 5-1 列出了几个代表性的面向边缘计算环境的机器学习模型训练框架。

表 5-1　面向边缘计算环境的机器学习模型训练框架

框架名称	训练模式	应用技术	目标
FedAvg[19]	混合式训练	联邦学习	降低通信成本
SSGD[20]	混合式训练	联邦学习；随机梯度下降	协同训练；保护隐私
DGC[21]	集中式训练	梯度压缩；梯度裁剪	减少传输带宽；加快收敛
eSGD[22]	混合式训练	梯度压缩；梯度提升回归	减少传输带宽；扩大 CNN 的边缘训练规模
Arden[23]	集中式训练	DNN 切割；随机噪声	提高计算资源利用率；低延迟
PipeDream[24]	混合式训练	DNN 切割；流水线并行	提高资源利用率；加快收敛；低延迟

1. 联邦学习（federated learning）

联邦学习技术虽然相对新兴，但能有效保障 DNN 模型训练过程中使用的源自不同客户端产生的数据的隐私性 [19]。应用联邦学习技术后，庞大的原始数据集不需要被传输至一个集中的数据中心进行训练，服务器在进行模型训练的时候只需要聚合边缘设备计算出的更新信息。应用联邦学习技术进行模型训练所面临的挑战主要包括了优化和通信的问题。

联邦学习的优化问题在于如何使用移动设备上计算出来的分布式梯度更新来优化共享模型的梯度。面对这个问题，联邦学习使用了随机梯度下降（Stochastic Gradient Descent，SGD）的方法，每次梯度的更新只在数据集的小部分子集上发生，这种方式虽然简单但是被广泛使用。这也是联邦学习能保障隐私的主要原因之一，SGD 很容易进行并行和异步操作，允许客户端在自己的数据集上独立训练，并选择性地将模型关键参数的小型子集共享给一个集中式的服务平台。在保护隐私性的同时也能共享模型参数，减少训练的损失。

联邦学习中的通信挑战则是由于网络的不可靠和不可预测性导致的。虽然不需要上传数据进行集中式的训练，但是联邦学习中每次循环的每个客户端都需要向某个集中的服务器发送一个完整的模型或者模型参数的更新信息。当遇到比较庞大的模型和相对有限的网络资源时，该步骤可能会成为性能瓶颈。减少训练循环的次数是一种相对直接的解决方案，但是这需要边缘设备花费更大的计算开销，这对于计算资源十分有限的边缘设备而言是不现实的。Konečný 团队针对这个问题进行了算法的优化，他们设计出了两种更新策略，包括结构化更新（structured update）和草图化更新（sketched update），有效减小了循环中模型更新时的传输开销 [20]。

尽管联邦学习是实现分布式深度学习的一种有效辅助手段，但是这种手段仍然没有离开一个集中式的服务器。对于没有服务器来集中处理分布式的模型更新信息的情况，不同的学者们也提出了各自的解决方案。基于贝叶斯网络的分布式算法允许每个设备在更新自身的模型时只需要获取和自己相邻的所有设备的更新信息。利用区块链技术，联邦学习技术可以应用到一个完全分布式的网络，即使有些设备缺乏训练所需的样本，也可以实现在无须中央服务器进行协调的环境下训练机器学习的模型。

2. 梯度压缩（gradient compression）

研究发现，分布式的 SGD 在模型训练过程中交换的 99.9% 的梯度信息是多余的[21]。为降低分布式训练过程中产生的额外通信开销，梯度压缩是一种用于压缩模型更新信息的启发式方法。为了达到这个目标，需要引入两个新的概念：梯度量化（gradient quantization）和梯度稀疏化（gradient sparsification）。具体展开来说，梯度量化是指通过将梯度向量中的每个元素转换为有限位的低精度值，对梯度向量进行有损的压缩。梯度稀疏化则是通过传输部分梯度向量，来达到减小通信开销的目标。

Lin 提出了深度梯度压缩（Deep Gradient Compression，DGC）算法，针对大量的 CNN 和 RNN，压缩了梯度 270 ～ 600 倍[21]。DGC 为了保证压缩过程不会降低模型的准确性采用了四种手段。受到 Lin 团队的启发，Tao 等人提出了 eSGD（edge stochastic gradient descent）框架[20]。这种解决方案既保证了最终模型的收敛，又能保证实际性能。为了改善一阶梯度的随机目标函数的优化，eSGD 包含了两种机制：①确定哪些梯度坐标是重要的，只传输这些坐标；②设计动量残差累积机制，用来跟踪哪些残差梯度坐标是过时的，避免稀疏更新引起的低收敛率。最终的分析结果表明这个策略和配备了错误补偿的纯 SGD 以同样的速率进行收敛。简而言之，该算法在降低通信传输压力的同时，又保障了相同的收敛速率。

3. DNN 切割（DNN splitting）

DNN 切割通过只传输部分处理过的数据而非原始数据来保障训练时信息的隐私安全。DNN 切割技术基于一个已知的理论，即一个 DNN 模型是可以被切割为两个部分并部署在不同的地方，且分割的两个部分由连的层组成，所以不会降低最终的准确度。为了实现合适的切割，实际上对于分布式的 DNN 模型训练而言，最关键的问题是怎么在有限的时间内找到合适的切割点。Wang 的团队在边缘移动设备和云数据中心环境下对这个问题提出了自己的解决方案[23]。为了保证在数据中心的计算能力下不会带来额外的隐私风险，Wang 等人设计了基于深度神经网络的私有推理框架（privAte infeRence framework based on Deep nEural Networks，ARDEN），一个添加了轻量级隐私保护机制的 DNN 模型切割框架。ARDEN 通过使用强制的无效化数据和添加随机噪声来保护数据的隐私不会受到侵害。

DNN 分割技术对模型的分割不仅是隐私保护的有效手段，同样重要的是，这种技术使得大规模 DNN 的训练和计算变得更加可行。当使用边缘计算来对大量设备上的模型进行训练的时候，我们通常使用并行的方法来管理各个设备。DNN 的并行训练一般包含两个部分，数据并行和模型并行。数据并行可能会占用更多网络带宽，而模型并行通常会导致计算资源严重紧张，这两种并行的特性都有可能最终成为提高训练效率的瓶颈。Harlap 等人提出了一种流水线式的并行方法，来增强模型的并行性[24]。为了确保计算资源得到有效并发使用，多个批任务被一次性输入到系统中。基于流水线式的并行方法，Harlap 等人设计出了 PipeDream，一个支持流水线式训练的系统，该系统可以自动确定如何在可用的边缘节点处对给定的模型进行系统地分割。PipeDream 有效地减少了通信的开销，并提高了资源的利用率。PipeDream 的总体运行流程如图 5-9 所示，通过输入想要训练的 DNN 模型和硬件方面的设备限制，最终生成并执行并行式的流水线训练任务。

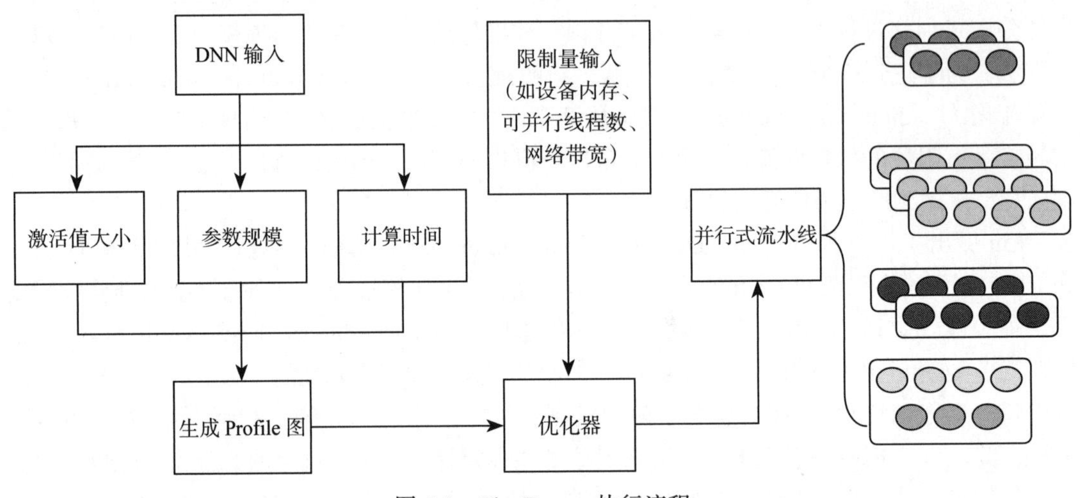

图 5-9　PipeDream 执行流程

5.3.3　面向边缘计算的模型推理

和 5.3.2 节中多种训练模式类似，面向边缘计算的模型推理也可以根据推理发生的位置进行分类，主要划分为四种：边缘推理、设备推理、边缘 – 设备推理和边缘 – 云端推理。图 5-10 展示了不同模式下推理模型的部署情况。

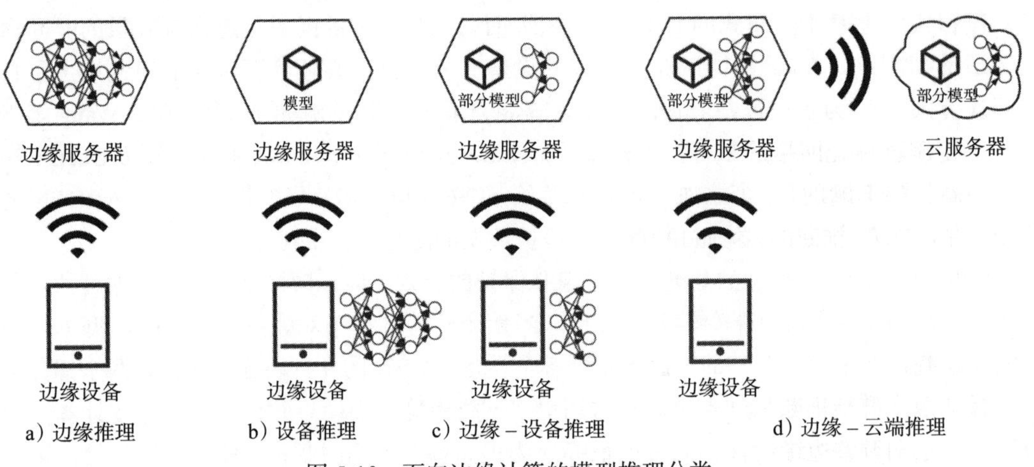

图 5-10　面向边缘计算的模型推理分类

边缘推理模式下，模型推断工作在边缘服务器上完成，服务器根据设备的输入进行推理，并将最终计算结果通过网络传输回设备。这种推理模式相对比较容易实现，由于不需要在设备上部署模型，因此也适用于多类型的移动平台。主要缺陷在于设备和边缘服务器之间的网络带宽会很大程度上影响推理的性能。

设备推理模式下，边缘设备从边缘服务器上获取人工智能模型，在设备本地执行推理操作。模型推理的过程不需要设备和边缘服务器进行通信，这使得整个流程更加可靠。但是这需要占用边缘设备大量的多维资源，如 CPU、GPU 和 RAM，推理的效果也将和硬件的性能挂钩。

边缘 – 设备推理模式下，推理过程分散在边缘设备和边缘服务器两端完成。由设备或服务器首先进行 DNN 切割工作，根据当前的系统环境将推理用的模型分割至若干部分，一般需要考虑系统的网络带宽、设备资源和边缘服务器的负载。接着边缘设备根据特定的输入和当前分割的部分层进行初步的推断获得中间数据，中间数据被发送至边缘服务器以便完成后续的计算工作。推理工作最终完成后，由边缘服务器发送回设备。和上面提到的边缘推理和设备推理相比，边缘 – 设备的推理模式在保证了可靠性的同时也增强了扩展性。但是这种模式仍然对边缘设备的计算资源要求较高，因为通常 DNN 切割后的前半部分推理层需要执行较多的计算密集型工作。

边缘 – 云端推理模式和边缘 – 设备模式较为相似，但是更适用于边缘设备资源更加有限的情况。在该模式下，设备只负责收集推断所需要的输入信息，模型的推断工作由边缘和云服务器协同完成。这种模式的模型推理的性能很大程度上由网络连接质量以及带宽决定。

值得注意的是，以上提到的四种面向边缘计算的模型推理模式可以在一个系统内同时应用，以便解决复杂的 AI 模型推理任务，并且更好地利用多样的设备、边缘和云资源。

与面向边缘计算的模型训练过程类似，在评价模型推理过程时也有若干个关键指标。

- ❑ 延迟：推理过程花费的总延迟包括了数据预处理时间、模型推理时间、数据传输时延和后续处理时间。对于部分实时的智能应用而言，它们有着低延迟的需求，如 AR/VR 游戏和智能机器人，有些甚至要求延迟低于 10 ms。
- ❑ 准确性：衡量一个模型表现好坏的一个关键指标就是它的准确性，即能够计算获得正确预期的推断占总输入的比重。许多面向移动设备的应用对准确性和可靠性的需求极高，如车辆的自动驾驶和人脸识别，一次错误的判断很可能就会带来十分严重的后果。DNN 推断的准确程度也很大程度上由输入数据到达的速度决定。对于实时视频分析应用来说，短时间内如果有大量输入数据产生，由于边缘设备自身计算资源有限，那么 DNN 可能会跳过部分的输入数据样本，可能导致关键采样遗失而降低了整体的准确性。
- ❑ 能源：模型推断带来的大量计算和通信负载会消耗大量的能源，因此通过控制模型的大小和调整边缘设备的资源来提高能源利用率是非常重要的。
- ❑ 通信开销：除了设备推理模式以外，其余三种模式都需要在设备和其他端之间进行数据的在线传输。在边缘智能应用中，我们更加需要关注通过控制推理模式和可用宽带来减少模型推理过程中的通信开销，尤其是与更加昂贵的云服务器通信的网络带宽。

- 内存占用：复杂的 DNN 模型往往会有许多个中间层，上百万个参数意味着大量的内存需求。另一方面，和拥有充足高性能 GPU 资源的数据中心不同，移动设备上的 GPU 通常没有专用的高带宽内存。移动端的 CPU 和 GPU 通常是争用共享内存带宽，想要优化边缘端的模型推断工作，内存占用是一个不可忽略的重要指标。

表 5-2 列出了几个代表性的面向边缘计算环境的机器学习模型推断框架。

表 5-2　面向边缘计算环境的机器学习模型推断框架

框架名称	推理模式	技术特点	目标
AdaDeep[25]	设备推理	模型压缩	高准确度；减少能源消耗；降低内存占用
Neurosurgeon[26]	边缘 – 云端推理	模型分区	低延迟；高能耗
MoDNN[27]	边缘 – 设备推理	模型分区	低延迟；高能耗
DDNNs[28]	边缘 – 设备推理	模型早退	低延迟；高准确度
FoggyCache[29]	边缘 – 设备推理	边缘缓存	低延迟；高准确度

1. 模型压缩（model compression）

为了缓解边缘资源的有限性和对资源需求极高的模型推理之间的矛盾，经常需要用到模型压缩技术来降低模型的复杂性以减少对资源的需求，来实现边缘设备和边缘服务器上的推理。这类操作往往还能减少响应延迟和系统整体能源消耗。模型压缩技术主要包括模型剪枝、数据量化以及这两种技术的结合设计等。

模型剪枝是模型压缩被采用最广泛的操作之一，主要操作是删除训练后 DNN 内部的一些冗余的神经元连接。实现剪枝操作首先需要完成的是对各个神经元根据其贡献比重进行排序，将比重较小的神经元进行删除来缩减整个模型的大小。这种操作可能对模型推断的准确性产生影响，因此如何在保持推理准确的情况下尽可能缩减模型的规模成了较为关注的问题。

数据量化是另一种实现模型压缩的主流技术，其主要思想是避免使用 32 位的浮点数，改用更紧凑的格式来表示输入和权重。由于表达数字使用了更少的位数，数据量化操作通常可以减少内存的占用并加速推理过程，提高整体的计算效率。

为了实现更好的模型压缩，上面提到的两种主流技术可以结合起来一起使用，来满足物联网设备应用的各项限制。面向 DNN 模型的自动化优化框架 AdaDeep[25] 使用了模型剪枝和数据量化操作，根据设定的延迟、内存和准确度要求为约束，利用深度强化学习来找到实现模型压缩的最优组合操作。AdaDeep 框架工作流如图 5-11 所示，其主要工作分为三步：DNN 初始化、用户需求建模和满足需求的优化。在一个非专业的开发人员（不需要对边缘智能所使用的模型有深刻了解）根据系统的性能要求和硬件的性能约束输入用户需求后，AdaDeep 将执行自动化操作，为用户进行适当的模型压缩工作并在最后输出优化后的 DNN。

AdaDeep 的 DNN 初始化模块中会根据需要从现有的先进 DNN 模型库中选择一个合适的初始 DNN 模型。在进行用户需求建模时，根据用户提出的性能要求和硬件限制进行指标的计算并转换为约束公式。这个约束公式会被作为满足需求的优化的输入，来保证最后的模型满足系统的约束和优化目标。最后，满足需求的优化需要将初始的 DNN 模型作为输入，根据这两个输入来寻找能最大化系统性能的模型压缩组合操作。

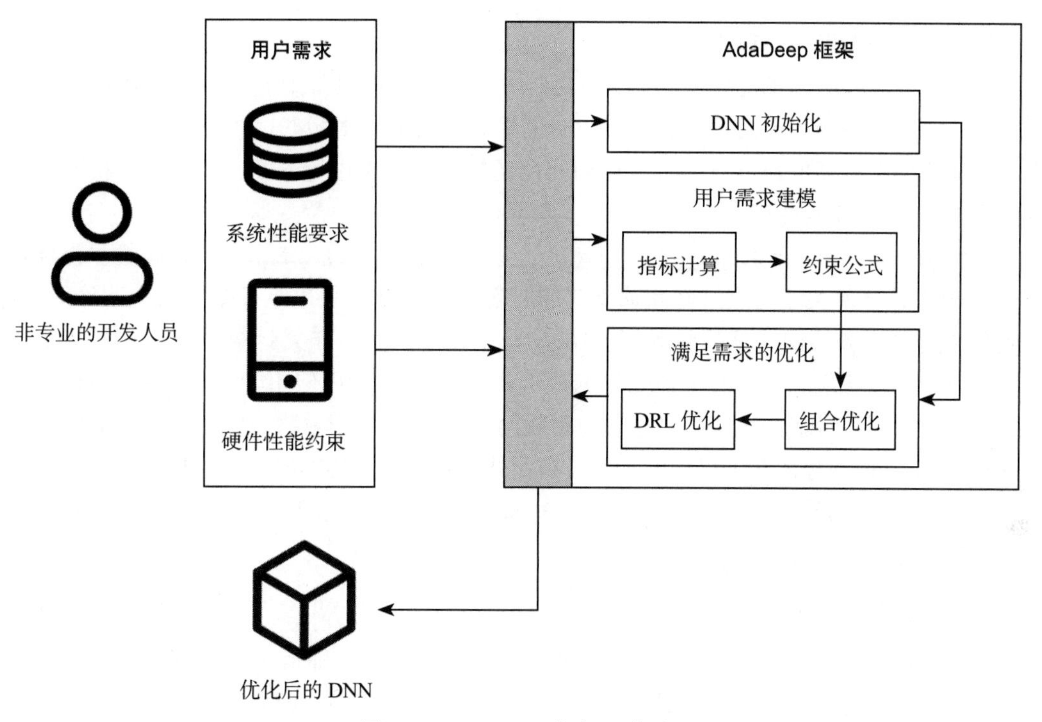

图 5-11　AdaDeep 框架工作流

2. 模型分区（model partition）

为了减轻边缘设备在运行人工智能应用时的计算压力，一个较为直观的想法就是对模型进行分区，将计算密集型的部分卸载到边缘服务器或者附近的其他移动设备上，以便获得更好的系统性能。模型分区的主要目的是解决延迟、能源消耗和隐私的问题。

模型分区的操作可以分为两类，服务器和边缘设备上的模型分区以及设备间的模型分区。

Neurosurgeon 框架就是实现服务器和边缘设备上的模型分区的代表之一[26]。在 Neurosurgeon 框架中，DNN 模型被划分到服务器和设备上。和 5.3.2 节中在面向边缘计算的模型训练中的 DNN 切割技术类似，模型划分的最大挑战也是找到合适的分割点来达到最优的模型推断性能。Neurosurgeon 的设计者分别从延迟和能效两个方面出发，提出了一种基于回归的方法来估计 DNN 模型中每一层推断所需要的延迟，并返回一个最佳分区点，使模型推理满足延迟要求或能耗要求。

Mao 的团队开发的 MoDNN 框架则是关注设备间模型分区的优化问题[27]。MoDNN 框架引入了 Wi-Fi 直连技术，以便在 WLAN 环境下对多个支持 Wi-Fi 的移动设备建立一个小型的计算集群，用于执行分区后的模型推理。主动发出模型推理任务的移动设备作为主持人，邀请其他设备一同进行协作。实验结果表明，当 2 ～ 4 个工作节点协作时，MoDNN 可以将 DNN 模型推理速度提升 2.17 ～ 4.28 倍。

3. 模型早退（model early-exit）

对于高准确性要求的边缘智能应用而言，其 DNN 结构通常十分复杂，在边缘设备上执行这样的模型推理很可能会占用掉大部分计算资源，并且耗时较长。模型早退技术的提出就是为了加速模型推断的速度，通过利用中间层的输出数据来进行分类，使得整个推断过程只需要经过部分的 DNN 模型。

DDNNs（distributed deep neural networks）是一个在云－边－端上实现的模拟早退优化框架 [28]。边缘计算所关注的决策卸载通常是将计算密集型任务从边缘设备卸载至边缘服务器，抑或是从边缘服务器卸载至云服务器。DDNNs 采用了一种分布式计算的方法，从三个层面出发，分别是设备层、边缘服务器层和云服务器层，通过利用不同端所具有的固有优势，来支持协调决策，并对基于地理位置分布的物联网设备提供了大规模的边缘智能应用的扩展性。为此，DDNNs 由上述的三个层面的终端设备组成，在实际应用的时候，每层都代表着一个早退的出口。在拥有云服务器进行 DNN 推理的同时，允许在边缘和终端设备上使用 DNN 的一些浅层部分在本地进行快速推理。

4. 边缘缓存（edge caching）

边缘缓存技术是另一种用于加速 DNN 模型推理的方法，即通过对推理结果进行缓存来优化延迟。边缘缓存的核心思想是缓存和重用之前的推理结果，面向容易出现类似输入的边缘智能应用，如边缘的图像分类预测问题。图 5-12 展示了最基础的边缘缓存架构，来自移动设备的请求会先由边缘服务器判断是否命中已经缓存的结果，如果命中就直接将结果返回，否则从云端数据中心处根据输入进行模型推断并将结果缓存至边缘服务器处。

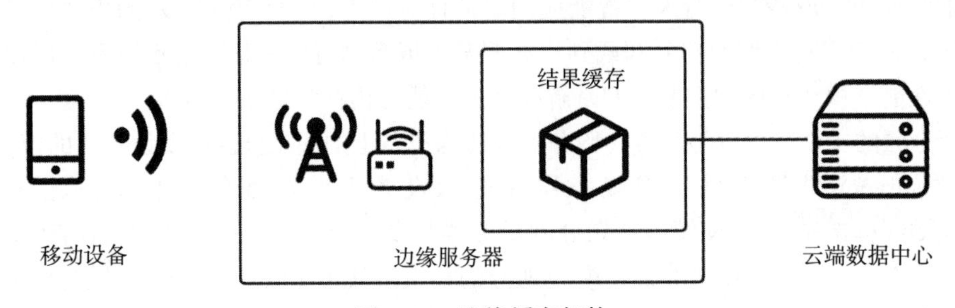

图 5-12　边缘缓存架构

考虑到同样的一个应用可能会在多个地理位置接近的设备上运行，并且 DNN 模型经常会处理类似的输入数据，Guo 的团队开发了 FoggyCache 框架来减少这些冗余的计算 [29]。面对分布式未知的输入数据和衡量输入数据相似性的问题，FoggyCache 分别提出了 A-LSH 散列方案和 kNN 的同质化方案。FoggyCache 最终实现了将计算延迟和能源消耗降低了 3 ～ 10 倍。

5.4　本章小结

本章主要从智能边缘和边缘智能的角度出发，来对人工智能和边缘计算相结合的应用进行了更为深入的讲解。关于智能边缘，我们更强调使用人工智能算法来解决边缘计算方面遇到的复杂优化问题，而边缘智能则更关注使用边缘计算来为人工智能算法应用提供更多的应用场景并优化使用体验。此外，本章还对当前学术界和工业界热门的一些面向边缘计算的机器学习训练和推断框架进行了简单介绍。

思考题

1. 为什么边缘计算的优化问题经常被描述为 NP 难？另一方面，当前热门的深度学习算法是怎么去解决边缘计算的优化问题的？

2. 边缘计算在辅助 AI 算法的时候是如何发挥自身特性的？边缘设备的计算资源往往是有限的，究竟是通过什么操作使得有限的计算资源也可以进行深度学习这种计算密集型工作？

3. 对于在边缘上的机器学习框架，它们在模型训练和模型推断时有什么共同点吗？

参考文献

[1] RODRIGUES T K, SUTO K, NISHIYAMA H, et al. Machine learning meets computation and communication control in evolving edge and cloud: Challenges and future perspective[J]. IEEE Communications Surveys & Tutorials, 2019, 22(1): 38-67.

[2] YANG B, CAO X, BASSEY J, et al. Computation offloading in multi-access edge computing: A multi-task learning approach[J]. IEEE Transactions on Mobile Computing, 2020, 20(9): 2745-2762.

[3] DINH T Q, LA Q D, QUEK T Q S, et al. Learning for computation offloading in mobile edge computing[J]. IEEE Transactions on Communications, 2018, 66(12): 6353-6367.

[4] IANDOLA F N, MOSKEWICZ M W, ASHRAF K, et al. Firecaffe: near-linear acceleration of deep neural network training on compute clusters[C]//2016 IEEE Conference on Computer Vision and Pattern Recognition (CVPR). New York: IEEE, 2016: 2592-2600.

[5] GUO S, LIU J, YANG Y, et al. Energy-efficient dynamic computation offloading and cooperative task scheduling in mobile cloud computing[J]. IEEE Transactions on Mobile Computing, 2018, 18(2): 319-333.

[6] JOŠILO S, DÁN G. Selfish decentralized computation offloading for mobile cloud computing in dense wireless networks[J]. IEEE Transactions on Mobile Computing, 2018, 18(1): 207-220.

[7] QIAO G, LENG S, MAHARJAN S, et al. Deep reinforcement learning for cooperative content caching in vehicular edge computing and networks[J]. IEEE Internet of Things Journal, 2019, 7(1): 247-257.

[8] GAO B, ZHOU Z, LIU F, et al. Winning at the starting line: Joint network selection and service placement

for mobile edge computing[C]//IEEE INFOCOM 2019-IEEE conference on computer communications. New York: IEEE, 2019: 1459-1467.

[9] DENG L, YU D. Deep learning: methods and applications[J]. Foundations and Trends in Signal Processing, 2013, 7: 197-387.

[10] PU Q, ANANTHANARAYANAN G, BODIK P, et al. Low latency geo-distributed data analytics[J]. ACM SIGCOMM Computer Communication Review, 2015, 45(4): 421-434.

[11] KAPLAN A, HAENLEIN M. Siri, Siri, in my hand: Who's the fairest in the land? On the interpretations, illustrations, and implications of artificial intelligence[J]. Business Horizons, 2019, 62(1): 15-25.

[12] HE K, ZHANG X, REN S, et al. Deep residual learning for image recognition[C]//Proceedings of the IEEE conference on computer vision and pattern recognition. New York: IEEE, 2016: 770-778.

[13] SIMONYAN K, ZISSERMAN A. Very deep convolutional networks for large-scale image recognition[EB/OL]. [2022-06-05]. https://arXiv.org/abs/1409.1556.

[14] REDMON J, DIVVALA S, GIRSHICK R, et al. You only look once: Unified, real-time object detection[C]//2016 IEEE Conference on Computer Vision and Pattern Recognition (CVPR). New York: IEEE, 2016: 779-788.

[15] LIU W, ANGUELOV D, ERHAN D, et al. Ssd: Single shot multibox detector[C]//European conference on computer vision. Berlin: Springer, 2016: 21-37.

[16] IDC. How You Contribute to Today's Growing DataSphere and Its Enterprise Impact[EB/OL]. [2022-06-05]. https://blogs.idc.com/2019/11/04/how-you-contribute-to-todays-growing-datasphere-and-its-enterprise-impact.

[17] NVIDIA DEVELOPER. How Edge Computing is Transforming Healthcare[EB/OL]. [2022-06-05]. https://developer.nvidia.com/blog/healthcare-at-the-edge.

[18] NVIDIA. Startup Surge: Utility Feels Power of Computer Vision to Track Its Lines[EB/OL]. [2022-06-05]. https://blogs.nvidia.com/blog/2021/12/14/power-utility-ai-edge.

[19] MCMAHAN H B, MOORE E, RAMAGE D, et al. Communication-efficient learning of deep networks from decentralized data[C]//Artificial intelligence and statistics. [S.l.]: PMLR, 2017: 1273-1282.

[20] KONEČNÝ J, MCMAHAN H B, YU F X, et al. Federated learning: Strategies for improving communication efficiency[EB/OL]. [2022-06-05]. https://arXiv.org/abs/1610.05492.

[21] LIN Y, HAN S, MAO H, et al. Deep gradient compression: Reducing the communication bandwidth for distributed training[EB/OL]. [2022-06-05]. https://arXiv.org/abs/ 1712.01887.

[22] LI M, ANDERSEN D G, SMOLA A J, et al. Communication efficient distributed machine learning with the parameter server[J]. Advances in Neural Information Processing Systems, 2014, 19-27.

[23] WANG J, ZHANG J, BAO W, et al. Not just privacy: Improving performance of private deep learning in mobile cloud[C]//Proceedings of the 24th ACM SIGKDD international conference on knowledge discovery & data mining. [S.l.]: KDD, 2018: 2407-2416.

[24] NARAYANAN D, HARLAP A, PHANISHAYEE A, et al. PipeDream: generalized pipeline parallelism for

DNN training[C]//Proceedings of the 27th ACM Symposium on Operating Systems Principles. [S.l.]: SOSP, 2019: 1-15.

[25] LIU S, LIN Y, ZHOU Z, et al. On-demand deep model compression for mobile devices: A usage-driven model selection framework[C]//Proceedings of the 16th Annual International Conference on Mobile Systems, Applications, and Services. [S.l.]: MobiSys, 2018: 389-400.

[26] KANG Y, HAUSWALD J, GAO C, et al. Neurosurgeon: Collaborative intelligence between the cloud and mobile edge[J]. ACM SIGARCH Computer Architecture News, 2017, 45(1): 615-629.

[27] MAO J, CHEN X, NIXON K W, et al. Modnn: Local distributed mobile computing system for deep neural network[C]//Design, Automation & Test in Europe Conference & Exhibition (DATE), 2017. New York: IEEE, 2017: 1396-1401.

[28] TEERAPITTAYANON S, MCDANEL B, KUNG H T. Distributed deep neural networks over the cloud, the edge and end devices[C]//2017 IEEE 37th International Conference on Distributed Computing Systems (ICDCS). New York: IEEE, 2017: 328-339.

[29] GUO P, HU B, LI R, et al. Foggycache: Cross-device approximate computation reuse[C]//Proceedings of the 24th Annual International Conference on Mobile Computing and Networking. [S.l.]: MobiCom, 2018: 19-34.

第 6 章 · CHAPTER 6

边缘计算中的安全与隐私保护

自从边缘计算的概念提出以来，边缘计算的安全性一直是制约其实现和发展的关键因素。边缘计算场景具有分布式、异构性等特点，其快速的软硬件迭代会不断集成大量新技术和技术标准，而不同技术标准的软硬件共存会导致大量安全问题的产生。与此同时，新产生的应用场景以及人们对隐私保护日益增长的需求，也给边缘计算安全带来了巨大挑战 [1]。

如图 6-1a 所示，传统云计算架构主要包括云和端。云就是一个互联网数据中心，布置了大量高性能服务器。端侧就是用户侧，如用户的移动设备、PC 以及各种各样的 IoT 设备。这些设备的计算任务或是在本地完成，或是在云完成，或是一部分本地处理，一部分上传到云处理。传统云计算的安全考虑主要在于如何确保数据在从用户终端传输到数据中心，以及数据中心处理过程中数据不会泄露。绝大多数情况下，网络传输过程中采用密钥传输、非对称加密算法、CA 认证等方式足以确保数据传输过程的数据安全。因此，传统云计算的安全面临的挑战主要在于如何确保数据中心的数据安全。

如图 6-1b 所示，在边缘计算架构上不同于传统云计算的云 – 端模式，额外增加了边缘节点，它们可以是边缘云（靠近用户的规模较小的服务器集群），或是附属在基站、路由器等设备周边的具备一定计算能力（相较于 IoT、PC 等终端来说）的设备。同时，边缘设备的计算请求可能由不同的边缘节点，甚至不同的边缘设备执行。在边缘节点或设备计算能力和存储能力均受限的复杂的场景下，边缘计算的安全主要面临如下的挑战：

- 边缘设备、边缘服务器架构差异大，它们通常使用不同的硬件和软件栈，导致安全协议的交互较为复杂。
- 由于成本更低，迭代更加快速，新的边缘软硬件可能又使用了旧设备没有的安全技术，但仍然需要与旧的软硬件互操作。

- 边缘节点需要应对由于边缘设备移动带来的负载波动，由于边缘节点相较于云来说性能较弱，大量的请求也会导致安全相关的负载压力升高，挤占本就有限的计算资源。

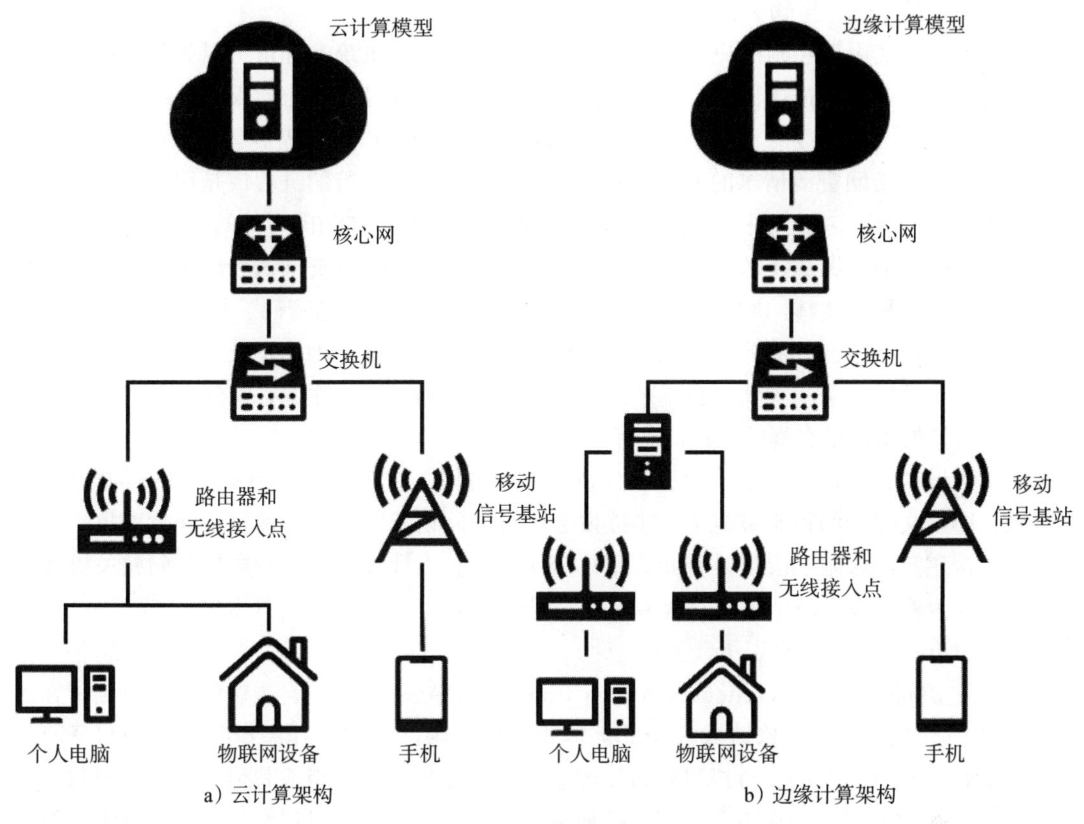

a）云计算架构　　b）边缘计算架构

图 6-1　云计算架构与边缘计算架构的差异 [1]

本章主要讨论边缘计算场景下的安全挑战，以及相关硬件、软件安全技术。在 6.1 节，简要介绍边缘计算面临的三类安全挑战，包括访问控制、数据加密与隐私保护、密钥管理；在 6.2 节，简要介绍 ARM TrustZone、ARM CCA、TPM、Intel QAT、FPGA 硬件安全技术；在 6.3 节，简要介绍区块链、联邦学习、BitLocker 软件安全技术。

6.1　边缘计算安全

6.1.1　访问控制

1. 什么是访问控制

在计算机安全中，访问控制通常是通过某种途径限制对资源的访问能力和范围的一种方法。一般的访问控制包括识别（identification）、授权（authorization）、认证（authentication）、访问批准（access approval）和审计（audit）五个部分。而狭义的访问控制仅涵盖识别 / 认证和访问批准，如基于成功的身份验证或成功的匿名访问令牌验证来批准访问。其中身份验证方法和令牌包括密码、生物识别扫描、物理密钥、电子密钥等[2]。

访问控制通常用于控制用户对系统资源的访问。例如，系统管理员可以为某个用户设定一套控制策略，该策略描述了用户能够访问哪些资源，以及对应的访问权限（如读 / 写）。访问控制主要包括三个要素：主体（subject）、客体（object）和访问控制策略（access control policy）。主体是访问资源请求的发起者，可以是用户、用户运行的进程或是用户启动的设备等。客体就是资源，包括文件、硬件设备等。控制策略则是主体访问客体的规则集合。

在访问控制中，识别技术唯一标识一个主体，认证技术则负责确认标识出的这个主体是否真的是它所声称的主体。常用的识别 / 认证技术典型的有用户名密码、指纹 / 面部识别等。例如，用户操作某个设备需要输入用户名和密码，用户名就是一种识别技术，能够让系统唯一辨识用户，密码则是一种认证技术，系统将输入的密码与数据库中存储的真正密码进行比对，确认操作的用户是否真的是用户名标识出的用户。

在完成识别和认证后，系统通过授权技术，为主体（用户）指定能够访问的资源以及操作权限，即上文提到的控制策略。当主体发起资源访问请求时，系统通过访问批准技术，根据授权给该用户的权限，决定是否允许用户访问资源。审计技术则是对主体访问相关操作进行记录，并为检测违规操作以及安全事故重现提供支撑。

常用的访问控制模型有以下几类：

- 自主访问控制（Discretionary Access Control，DAC）模型：自主访问控制机制中客体的拥有者可以任意修改或授予此客体相应的权限。许多操作系统都采用 DAC 模型，如用户对其所有的文件或目录可以随意设定其用户、用户组或其他所有者的权限。自主访问控制最大的优点是灵活。任何拥有权限的主体都可以授予其他用户权限，但缺乏安全性，权限可以不受控制地传播。如果一个用户被授权允许访问，意味着程序也授权访问，如果程序被授权访问，那么恶意程序已将拥有同样的访问权，因此其容易成为攻击者的目标。
- 强制访问控制（Mandatory Access Control，MAC）模型：强制访问控制机制中不允许客体的拥有者随意修改或授予客体相应的权限，而是通过强制的方式为每个客体分别授予权限。授予权限主要依据主体和客体的安全级别，以及具体的策略来进行。强制访问控制的优点是集中式管理。预先定义好一组安全级别，之后依据其来实现严格的权限管理，适用于对安全性要求高的应用环境。它的缺点在于强制性太强，权限的变更和管理不方便。
- 基于角色的访问控制（Role-Based Access Control，RBAC）模型：基于角色的访问控制模型中，各种权限不是直接授予具体的用户，而是在用户集合与权限集合之间建立一个角色集合，每一种角色对应一组相应的权限。一旦用户被分配了适当的角色后，该用户就拥有此角色的所有操作权限。基于角色的访问控制模型的优点在于不必在每次创建用户时都进行分配权限的操作，只要分配用户相应的角色即可，可以大大简化权限管理。RBAC 模型也支持权限继承及约束，通过设置用户、角色、权限三层，能够达到更细的控制粒度，并且可以灵活设置不同的控制策略。

除了上面三个常用的控制类型模型外，实践中还有基于任务的访问控制（Task-Based Access Control，TBAC）模型、基于属性的访问控制（Attribute-Based Access Control，ABAC）模型等。

2. 边缘计算中的访问控制安全挑战

边缘计算安全在访问控制方面面临着非常严峻的挑战。首先，边缘节点将直接连接到大量低功耗物联网设备以及移动计算设备。这些设备资源较为有限且具有开放性、复杂性和多源异构性，导致传统云计算环境下的安全机制无法直接用于边缘计算。因此，边缘计算环境中设备访问控制机制的设计将是非常关键且具有挑战性的。其次，如何对用户身份进行管理认证，实现资源的授权访问以及对系统内未授权的网络异常行为进行检测等，是在边缘计算环境下保证访问控制机制安全有效的重大挑战。

身份认证是边缘计算访问控制中的首要挑战。在边缘计算中，当终端设备首次向边缘设备申请服务时，需要完成初始化身份认证，以确保只有合法设备接入边缘节点。由于边缘节点计算和存储资源受限，所以需要较高的计算能力和资源消耗。传统的数字签名认证方法，大多都不再适用于边缘计算中的安全认证。目前已有多种针对不同边缘计算环境的身份认证技术被提出，如单一身份认证技术、联合身份认证技术和切换身份认证技术等[18]。

在边缘计算环境中实现资源的授权访问也是一项重要挑战。传统的访问控制方案中的资源授权访问，大多都假设用户和功能实体在同一信任域中，并不适用于边缘计算中基于多信任域的授权基础架构。因此，边缘计算中的授权访问控制系统在原则上应适用于不同信任域之间的多实体访问权限控制，同时还应考虑地理位置和资源所有权等各种因素。因此，设计一种细粒度、动态化、轻量级和多域访问控制机制是接下来的研究重点。目前看来，基于属性和角色的访问控制方法应该是比较适合边缘计算环境的技术手段[17]。

除此之外，在各国学者的努力下，虽然已诞生了不少边缘计算的访问控制方案，但大多都基于网络架构以主机为中心。而对于未来的信息中心网络（Information-Centric Networking，ICN）[4]，由于 ICN 中具有缓存，一些已有的访问控制方案在这种架构下就不再适用，边缘计算想要在这种网络架构下落地，还需要一种有效的分布式访问控制机制。

6.1.2 数据加密与隐私保护

1. 什么是数据加密

数据加密技术[7]是指一条消息通过加密密钥和加密函数转换成无意义的密文，接收者通过解密函数和解密密钥将密文还原成明文。这样，我们就可以保护数据不被非法窃取和读取。数据加密由明文（未加密报文）、密文（加密报文）、加解密设备或算法、加解密密钥四部分组成。加密方法有很多种，但主要有对称加密算法、非对称加密算法和不可逆加密算法。密钥加密有两种类型：分组和序列。

常见的加密算法有高级加密标准（Advanced Encryption Standard，AES）和RSA（Rivest-Shamir-Adelman）。AES算法密钥是美国国家标准和技术委员会电子数据加密标准。AES是一种迭代的对称密钥分组密码，它可以使用128位、192位或256位密钥。RSA于1978年提出，目前已被ISO推荐为公钥数据加密标准。RSA算法基于一个十分简单的数论事实：将两个大素数相乘十分容易，但是分解它们的乘积却非常困难，因此可以将乘积公开作为加密密钥。

2. 边缘计算中的隐私保护与数据加密

边缘计算在隐私保护方面面临的最大挑战是：由于边缘节点的脆弱性，不得不假设它们是半诚实的，即不能允许边缘节点直接获取纯文本形式的敏感信息[1]。

例如，为了防止恶意软件通过边缘节点直接获取用户的准确位置，需要一种轻量级的定位加密机制，以确保用户位置信息的安全。此外，由于边缘计算的技术特点，窃听者可以通过跟踪服务的迁移路径来定位用户[5]。因此，也需要相应机制来防止攻击者间接获取用户的位置。

除了用户的位置信息外，用户的身份信息和兴趣信息也需要保护。边缘节点不仅要确保在连接和身份认证过程中不会泄露用户的真实身份信息[3]，还需要确保服务用户终端的网络类型和传输的特定数据类型不会泄露。此外，如何在边缘节点上提供一种具有隐私保护的高效数据挖掘方案也是值得研究的。复杂的部署环境、大量的敏感数据和非常有限的计算资源使边缘计算在隐私保护方面面临巨大挑战。

边缘计算在数据加密面临的主要挑战是：如何在保证数据安全性的基础上实现移动终端加密时最小化计算成本，同时最小化加密和密钥生成时间，提高整体性能。传统的加密算法包括对称加密算法（如DES、3DES、AES等）和非对称加密算法（如RSA、Diffe-Hellman、ECC等），但传统加密算法加密后的数据可操作性低，对后续的数据处理造成很大阻碍。目前比较常用的数据加密算法有基于属性加密（ABE）、代理重加密（PRE）和全同态加密（FHE）算法等[17]。这些加密算法可以在一定程度上满足边缘环境下数据加密的需求。在开放式的边缘计算环境下，如何将传统的加密方案与边缘计算中并行分布式架构、终端资源受限、边缘大数据处理、高度动态环境等特性进行有机结合，实现轻量级、分布式的数据安全防护体系是未来的重点研究内容。

6.1.3 密钥管理

加密密钥是任何安全系统的重要组成部分。它们执行从数据加密和解密到用户身份验证的所有操作。任何加密密钥的泄露都可能导致整个安全基础结构崩溃，从而允许攻击者解密敏感数据，将自己认证为特权用户，或允许自己访问其他机密信息源。因此，为了确保机密信息的安全，就需要正确管理密钥及其相关组件[8]。

1. 什么是密钥管理

密钥管理是按照密钥管理策略以确保组织中加密密钥安全性的过程。密钥管理负责处理密钥的创建、交换、存储、删除和更新，并处理组织成员对密钥的访问。密钥管理构成了所有数据安全的基础。对数据进行加密和解密都需要使用加密密钥，这意味着任何加密密钥的丢失或泄露都会使相关的数据安全措施失效。

加密密钥分为对称密钥和非对称密钥。对称密钥处理静态数据，静态数据是存储在静态位置（如数据库）中的数据。对称密钥加密使用相同的密钥进行加密和解密。以数据库中的数据为例，当数据存储在数据库中时，它使用对称密钥进行加密。一旦授权用户尝试访问数据，信息将使用相同的对称密钥进行解密，并提供给用户访问。

另一种类型的加密密钥是非对称密钥。使用非对称密钥加密比对称密钥加密稍微复杂一些。它不使用相同的密钥进行加密和解密，而是使用两个称为公钥和私钥的单独密钥来加密和解密数据。这些密钥是成对创建的，并且彼此相关。一对非对称密钥的公钥主要用于加密数据。此密钥可以与任何人共享，因为它加密而不是解密数据。私钥用于解密由其对应的公钥加密的数据，因此它必须保持安全。非对称密钥专注于加密通过网络连接发送的动态数据。

传输敏感数据时，大多数加密过程都同时使用对称密钥和非对称密钥来加密数据。首先，数据由对称加密密钥进行静态加密。之后，对称密钥由数据接收对象的公钥加密，该加密的对称密钥和密文将发送给数据的接收者。最后，一旦密文和密钥到达收件人，对称密钥将由该用户的私钥解密，密文将被解密。

2. 密钥管理的工作原理

密钥管理有着严格的生命周期，这是确保密钥安全创建、存储、使用和轮换所必需的。大多数加密密钥都遵循如下的生命周期：生成、分发、使用、存储、轮换、备份 / 恢复、撤销和销毁。

生成密钥是确保密钥安全的第一步。如果密钥是使用弱加密算法生成的，则任何攻击者都可以轻松发现加密密钥的值。此外，如果密钥是在不安全的位置生成的，则密钥可能会在创建后立即泄露，从而导致密钥无法安全地用于加密。

下一步是确保密钥的安全分发。密钥应通过安全的 TLS 或 SSL 连接分发给所需的用户，以维护所分发密钥的安全性。如果使用不安全的连接来分发加密密钥，则由这些密钥加密的任何数据的安全性都会受到质疑，因为攻击者可以执行中间人攻击并窃取密钥。

分发密钥后，它将用于加密操作。如前所述，密钥应仅由授权用户使用，以确保密钥不会被滥用、复制等。当密钥用于加密数据时，必须存储它以供以后解密。最安全的方法是通过硬件安全模块（Hardware Security Module，HSM）或云 HSM 进行存储。如果未使用 HSM，则可以将密钥安全地存储在客户端，如果在云上使用密钥，则可以使用云服务提供商的密钥管理服务对密钥进行存储管理。

当密钥的加密周期或密钥可用的时间段过去，必须轮换密钥。当加密数据集的密钥过期时，该密钥将停用并替换为新密钥。首先，数据由旧密钥或密钥对解密，然后由新密钥或密钥对加密。轮换是必要的，因为密钥轮换间隔的时间越长，有人窃取或发现密钥的机会就越大。在怀疑密钥被泄露的情况下，密钥的轮换可以在加密周期到期之前进行。

处理已泄露密钥的另外两种方法是吊销或销毁有问题的密钥。吊销密钥意味着该密钥不能再用于加密或解密数据，即使其加密周期仍然有效。销毁密钥（无论是由于泄露还是由于不再使用密钥）会从任何密钥管理器数据库或其他存储方法中永久删除该密钥。这使得无法重新创建密钥，除非使用备份映像。NIST 标准要求将停用的密钥保存在存档中，以便在需要解密过去加密的数据时重建密钥。

3. 边缘计算中的密钥管理挑战

虽然边缘计算可以使用不同的通信协议实现物联网设备的端到端通信，但它仍然不能忽视数据的机密性和完整性。安全可控的密钥管理是确保数据安全和保护用户隐私的关键。边缘计算在密钥管理中面临的挑战是：需要设计一种具有高度可扩展性的安全密钥管理方案，以实现具有不同计算能力的终端设备的认证和管理。

有两种传统的安全通信解决方案，一种是向每个物联网设备分发唯一的对称加密密钥，另一种是使用公钥基础设施（Public Key Infrastructure，PKI）[9]。但它们都不适用于基于边缘计算的物联网应用场景。第一种方案的问题在于，边缘设备需要存储与其通信的所有设备的密钥，但这些边缘设备通常只有有限的存储空间，从而缺乏伸缩性。第二种方案也是不合适的，因为边缘设备大部分都是低功耗物联网设备，它们的计算能力非常有限，使用 PKI 可能会显著影响性能。因此，为了使边缘计算有一个适用的密钥管理方案，大概有两类方法，一类是在当前通信安全方案的基础上设计一个更轻量、可扩展的加密协议和加密原语，另一类是设计一套具有全新架构的通信安全方案。

6.2 硬件安全技术

在典型的云、边、端边缘计算架构中，端侧通常是各类嵌入式设备以及移动设备，或是低算力 PC。为了在相对低下算力和存储能力的端侧实现安全功能，硬件厂商开发了各类硬件安全技术。在端侧系统中，最常用的就是 ARM 架构的嵌入式 SoC。在 6.2.1 节介绍目前 ARM 处理器广泛采用的 TrustZone 技术，它能够提供安全空间和非安全空间两种保护域，让敏感信息或程序能够在安全空间中安全存储或运行。在 6.2.2 节中，介绍较新的高端 ARM 架构 ARMv9 中采用的安全扩展 ARM CCA 机密计算架构，其能够让开发者安全地部署应用（以虚拟机的形式），做到应用间的相互隔离。这种技术还可用于边侧和云侧的服务器上。在 6.2.3 节，介绍目前广泛采用的 TPM 可信平台模块。在 6.2.4 节，介绍 Intel 推出的 QAT 加密算法加速卡。在 6.2.5 节，介绍可能的 FPGA 实现低成本通用安全插件技术。

6.2.1 ARM TrustZone 技术

TrustZone 技术通过硬件实现，它修改了硬件架构，从而在处理器层次实现了两个不同权限的保护域——Secure World 和 Normal World，任何时刻处理器仅会处于其中一个域中 [10][11]。这两个域是硬件隔离的，并具有不同的权限，Normal World 中运行的应用或操作系统访问 Secure World 的资源受到严格的限制，而 Secure World 中运行的应用可以正常访问 Normal World 中的资源。

一般来说，Secure World 始终运行安全操作系统，提供可信执行环境（Trusted Execution Environment，TEE)，机密数据就存储在 TEE 中。而 Normal World 则一般运行如 Android、Linux 等操作系统，它们提供了富执行环境（Rich Execution Environment，REE)，应用可以直接部署在其上。因为这两个域实现了硬件隔离，所以即使 Normal World 中的操作系统或应用受到攻击，TEE 中的数据仍然是安全的。

TrustZone 在不同处理器上的实现也有所不同：

- 高端的 Cortex-A 处理器带有内存管理单元（Memory Management Unit，MMU)，在其上实现 TrustZone 是通过增加一个特殊处理器模式——监视模式来完成的 [10]。通过调用 SMC（secure monitor call）特权指令，可以让处理器进入监视模式，并实现两个域的切换（典型的做法就是设置各状态寄存器和 MMU 等组件），如图 6-2 所示。
- 在不带 MMU 的 Cortex-M 处理器中，由于资源更为稀少，一般直接将内存映射为 Secure World 和 Normal World，当从安全内存运行代码时，处理器状态为安全，而当从非安全内存运行代码时，处理器状态为非安全 [11]。Cortex-M 中的 TrustZone 实现不需要额外的监视模式，也不需要任何监视软件，从而令安全域转换为更高效，如图 6-3 所示。Cortex-M 通过三个新指令来实现这些特性：Secure Gateway（SG)、Branch with eXchange to Non-secure State（BXNS）和 Branch with Link and eXchange to Non-secure State（BLXNS)。SG 用于在安全入口点的第一条指令中从非安全状态切换到安全状态；BXNS 指令从安全状态返回非安全状态；BLXNS 指令用于在安全状态下来调用非安全功能。此外，Cortex-M 中的状态转换也可以由异常和中断触发。

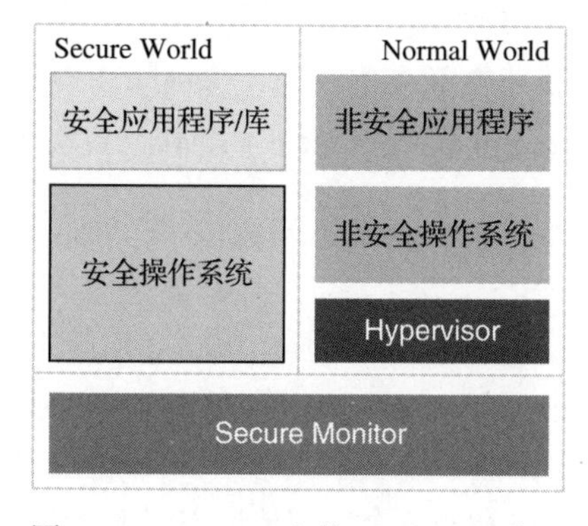

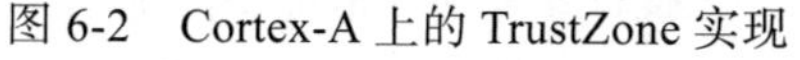
图 6-2　Cortex-A 上的 TrustZone 实现

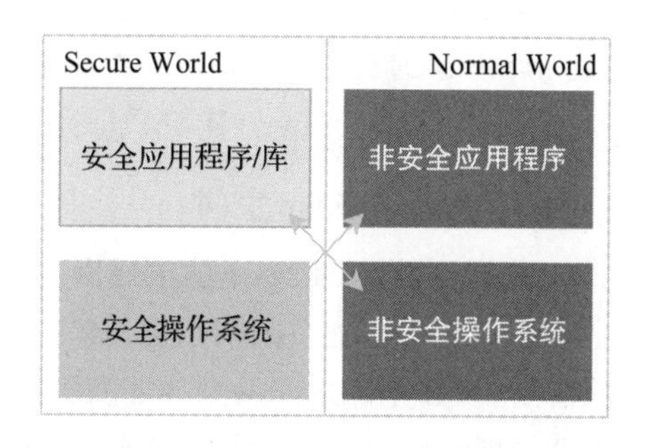

图 6-3　Cortex-M 上的 TrustZone 实现

TrustZone 通过硬件隔离出的 Secure World 提供了 TEE，根据在其中运行的可信程序的不同，又可以将其提供的TEE划分为两类：TEE内核与TEE服务。

简单来说，TEE内核就是一个基本的可信安全OS，它需要管理多个TEE实例，每个实例对应一个特定的应用程序。为了实现这个目的，TEE内核需要提供Secure World内存管理、TEE实例内存访问保护、处理TEE与Normal World中OS的通信，并为TEE实例提供API。TEE内核与Normal World中OS的通信需要标准协商，在2009年，Open Mobile Terminal Platform（OMTP）便提出了一个TEE标准，该标准定义了TEE应该支持的一系列安全功能。随后，GlobalPlatform组织以此为基础定义了可信应用程序可以依赖的内部API，以及正常世界的OS软件与TEE中的应用程序进行交互的通信接口。许多常见的TEE产品方案都遵守GlobalPlatform标准，如SierraTEE、T6、OP-TEE、Open-TEE和Samsung KNOX。

而TEE服务只实现某种特定功能，它下面不需要有OS内核逻辑，因此一个设备上只可以部署一种TEE服务。常见的TEE服务有身份验证、可信存储和可信I/O等。

TEE内核相较于TEE服务，可以支持多个TEE实例同时运行，但为此需要维护较多的任务控制块（Task Control Block，TCB）信息，从而容易出现漏洞。

6.2.2 ARM CCA机密计算架构

机密计算（confidential computing）旨在通过可信的硬件支持的安全环境保护使用中的数据。处于保护下的数据不会被未经授权的系统其他组件所访问、修改或执行。

由于边缘计算环境的复杂性，端系统可能需要将任务卸载到边系统、云系统甚至是其他的端系统上执行，那么对于提交任务的端系统来说，如果包含了不能被泄露的信息，在其他系统上执行时就需要机密计算技术来保证不会被其他相对不可信的系统组件获得信息。

ARM公司在ARMv9架构上推出了新的ARM Confidential Compute Architecture（ARM CCA）来解决这类问题，它保证了开发者可以在ARMv9平台上安全地部署任务或VM，而无须信任底层软件设施（如hypervisor、kernel等），也就是可以为任务或VM分配调度资源，但不能访问任务或VM使用的代码、数据或寄存器[12]。

ARM CCA的这种隔离是通过创建受保护的VM执行空间来实现的，这种隔离空间称为Realms。Realms的实现则通过硬件扩展Realm Management Environment（RME）和软件固件Realm Management Monitor（RMM）实现。

1. Realm空间和Root空间

6.2.1节提到的TrustZone技术提供了Secure World和Normal World。World实际上是PE的安全状态和物理地址空间的组合。PE的安全状态决定了PE可以访问的物理地址空间。在安全状态下，PE允许访问安全或非安全物理地址空间，而在非安全状态下，PE将只允许访问非安全物理地址空间。正常空间通常指的是非安全状态和非安全物理地址空间的组合。

在此基础上，CCA引入了RME，增加了两个额外的Realm空间和Root空间。Root空间是Root安全状态和Root物理地址空间的组合。此时的PE运行在EL3异常级别。特别需要注意的是，Root 空间的物理地址空间与安全空间的物理地址空间是隔离的。这是与 TrustZone 主要的不同，TrustZone 中 EL3 的代码没有专门的物理地址空间，而是使用安全空间的物理地址。TrustZone 应用代码运行在 EL2/1/0，Monitor 运行在 Root 空间中，也就是 EL3。

Realm 空间是 ARM 的 CCA 环境，它由 Normal World Host 动态分配。Host 是管理某个应用程序或虚拟机的 Supervisor（监控）程序。Realm 空间由 Realm 安全状态和 Realm 物理地址空间组成。Realm 空间的代码运行在 R_EL2、R_EL1 和 R_EL0。Realm 空间的初始状态以及其下的平台信息需要提供认证机制，从而建立对其的信任，之后才会将敏感信息或应用放入其中运行。同时要实现信任隔离，Realm 空间不从非安全空间的 Hypervisor 继承信任。Hypervisor 只负责资源分配和管理，以及应用 / 虚拟机的调度。

先前的 Hypervisor 已经支持了非 CCA 环境的虚拟机，为了支持 CCA 环境 Realms 相关操作，需要与 RMM 进行通信。Realm 空间类似于 TrustZone 的安全空间。运行在 Realm 空间的监控软件可以访问正常空间的内存，这样就可以建立共享缓存。

图 6-4 展示了 CCA 扩展定义的四种空间，标志位 NS、标志位 NSE 可用于区分所处空间。

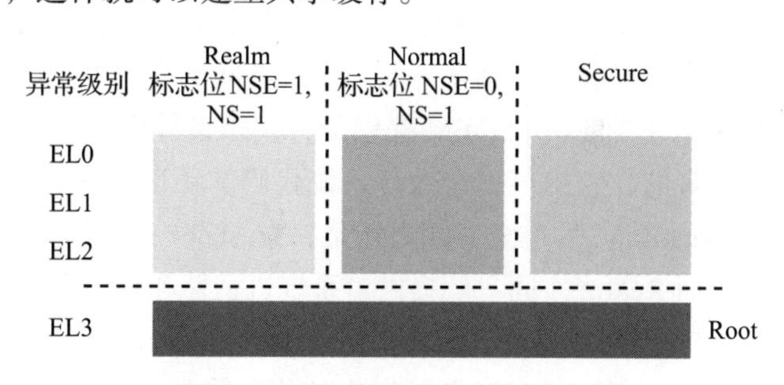

图 6-4　CCA 扩展定义的四种空间

Root 空间的主要用途是执行可信引导程序，以及在 Realm 空间、Normal World 和 Secure World 之间的切换操作。一个 PE 复位后，默认就进入 Root 空间。

Realm 空间提供了 VM 的执行环境，它们与 Normal World、Secure World 是隔离的。Realm 空间中的 VM 也需要 Normal World 中的 Hypervisor 进行控制。为了实现这些特性，Arm CCA 需要实现 RME，即 Root 空间的功能，它是由硬件扩展实现的；以及 RMM，它用于管理 Normal World 中 Hypervisor 发来的 Realm 创建、运行等请求，它是由软件实现的。RME 硬件扩展也不是必需的，如果没有 RME，可以通过一些特定的标志位（如 SCR_EL3.NS）来实现 World 切换。

2. 完整的 CCA 机密计算架构

除了新增的 Realm 空间和 Root 空间，在较新的架构中，TrustZone 扩展中的 Secure World 也有所改动。在 ARM-A 架构规范中，TrustZone 都是作为一个扩展选项存在。该扩展为代码和数据提供了一个安全可信的隔离环境。从 ARMv8.4-A 架构开始，Secure World 进一步支持了虚拟化，它可以将 Secure World 进一步划分为多个安全分区，从而运行多个 TEE 内核（多个可信 OS）。为了支持虚拟化，显然 Secure World 还需要一个类似 Hypervisor 的分区管理器，即安全分区管理器（Secure Partition Manager，SPM）。图 6-5 展示了完整的 CCA 机密计算架构。

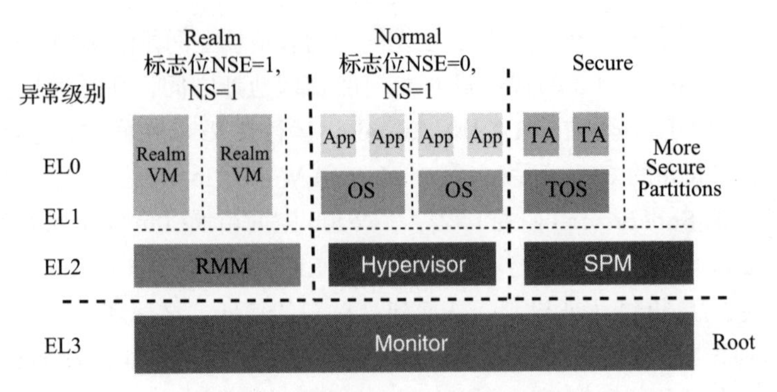

图 6-5　完整的 CCA 机密计算架构

自底向上看，Root 空间的 Monitor 就是 RME 扩展，用于执行可信引导程序，以及在 Realm 空间、Normal World 和 Secure World 之间的切换操作。RMM 扩展管理 Normal World 中 Hypervisor 发来的 Realm 创建、运行等请求。Realm VM 就是隔离开的应用。

读者可能会感到困惑，Realm 空间的设计是否与 TrustZone 重合了？实际上，TrustZone 是为芯片供应商和 OEM 提供的，用来设计硬件平台特有的服务，而 Realm 空间是面向普通开发者的，它提供一个运行系统代码的环境，与复杂的业务逻辑隔离开。此外，Realm 空间和 TrustZone 另一个不同之处是，TrustZone 中的代码能够为系统提供机密性、整体性和真实性，而 Realm 空间只能提供给系统机密性和整体性。

机密性（confidentiality）、整体性（integrity）和真实性（authenticity）是可信的三个要素。机密性是指 ARM CCA 环境中的代码或状态不能被非 CCA 环境中的代码窥测到；整体性是指 ARM CCA 环境中的代码或状态不能被非 CCA 环境中的代码修改；真实性是指 CCA 环境中的代码或状态能够被非 CCA 环境代码修改，但是这些更改都是可验证的。

ARM 机密计算架构中提供的 4 个空间中，安全空间和 Realm 空间是完全隔离的。这意味着可信应用不必关注 Realm VM 的执行，而 Realm VM 也不必关心可信应用的执行。

3. CCA 内存管理

6.2.1 节提到了 TrustZone 提供了两种物理地址空间（Physical Address Space，PAS）——安全物理地址空间和非安全物理地址空间。在 CCA 扩展中又增加了两种 PAS——由 RME 硬件扩展提供的 Realm 物理地址空间和 Root 物理地址空间。

图 6-6 展示了 CCA 架构定义的地址空

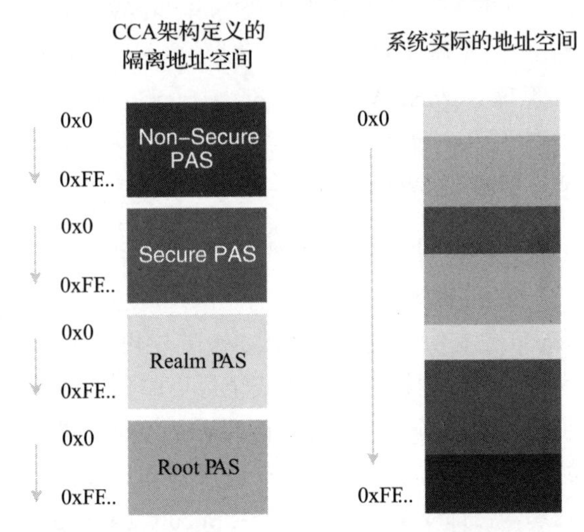

图 6-6　CCA 架构定义的地址空间与系统实际地址空间的映射

间与系统实际地址空间的映射。如图所示，CCA 架构规范上四种空间的地址空间应该是相互隔离的，但实际系统只有一个物理地址空间，这就需要通过地址转换（ARM 一般采用两级内存管理单元实现）来实现每个空间内的地址到实际物理页的映射，通过这种方式，实际系统物理地址上四种空间的内存块是交叉分散的。

不同的物理地址空间之间具有不同的访问权限，CCA 架构中各个空间之间的访问权限见表 6-1。

其中，Root 空间可以访问所有的物理地址空间。也就是说，Root 空间在必要时，可以对非安全、安全和 Realm 的物理地址空间进行转换。为了保证隔离，Realm 空间中的资源必须在 Realm 自己的内存空间中，也就是 Realm 物理地址空间的一部分。但是，Realm 空间中可能会访问非安全空间的资源，比如使能消息传递。所以，Realm 空间中能够访问 Realm 物理地址空间和非安全物理地址空间。运行在 Realm 空间的 VM，也需要同时访问 Realm 物理地址空间和非安全物理地址空间。访问不同的物理地址空间是通过 Realm 的两阶段地址转换表中的 NS 标志位实现的。

表 6-1　CCA 架构中各个空间之间的访问权限

空间类型	非安全 PAS	安全 PAS	Realm PAS	Root PAS
非安全	√	×	×	×
安全	√	√	×	×
Realm	√	×	√	×
Root	√	√	√	√

不同物理地址空间的隔离是通过颗粒度保护检查（Granule Protection Check，GPC）机制实现的，它的核心是一个颗粒度保护表（Granule Protection Table，GPT）。这个表实际上类似于 Linux kernel 中的 struct page，它记录每一个物理内存页属于哪一个地址空间（Realm、Secure、Normal），它与 ARM 的两阶段 MMU 配合检查地址访问的合法性，也就是要对地址检查 GPT，GPT 检查合法之后才能够访问，否则就产生一个颗粒度保护错误（Granule Protection Fault，GPF）。GPT 的更新是通过 Root 空间中的 Monitor 实现的，Monitor 可以修改某个物理内存页，让它属于不同的空间。

GPC、GPT 和 GPF 都由 RME 扩展下 Root 空间中的 Monitor 进行控制，Monitor 工作在异常级别 EL3 下，图 6-7 展示了完整的地址转换流程和 GPC 检查发生的位置。其中，不管是非安全空间、Realm 空间还是安全空间都能在 EL1 或 EL2 完成一阶段地址转换，如果必要，还可以完成二阶段地址转换。

RME 扩展在完成地址转换后进行 GPC，根据 GPT 检查所有的物理地址和物理地址空间，决定是否访问还是产生 GPF。GPT 表存储在 Root 空间的内存中，保证与其他空间的隔离。GPT 的创建和修改只能在 Root 空间中进行，由 Monitor 或其他可信固件完成。

4. Realm 中代码的认证

运行在 Realm 中的代码负责管理机密数据或运行机密算法。所以，这部分代码必须知道它是运行在真实的 ARM CCA 环境中，而不是一个模拟场景。代码还需要知道是否被正确加载，而不是被篡改过。最后，还需要知道整个平台运行在正常模式，而不是 debug 模式，从而造成机密泄露。这个建立信任的过程称为认证（attestation）。

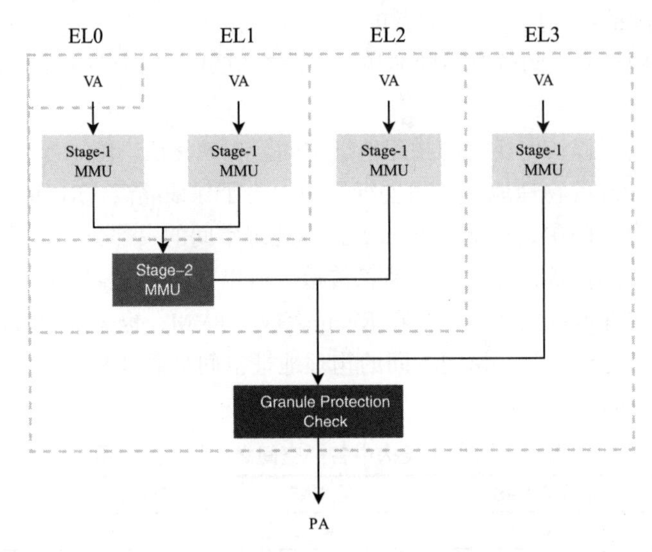

图 6-7　完整的地址转换流程和 GPC 检查（VA=Virtual Address，PA=Physical Address）

认证过程分为硬件平台认证和 Realm 初始状态认证，它们结合起来产生认证报告，Realm 中的代码可以随时请求访问这些报告。这些报告可以用来验证平台和 Realm 空间中代码的有效性。

硬件平台认证包含证明芯片和固件的真实性，从而证明 Realm 是真实的，而非一个虚拟的环境。这需要硬件提供一些标识用于判断。同样，硬件还需要支持一些关键固件的认证，比如 Monitor、RMM 和其他影响安全的控制器固件（比如电源控制器）。

5. CCA 软件接口

CCA 架构的核心是 Realm 隔离空间，由 6.2.2 节介绍的 CCA 架构可知其最重要的组件是 RMM。运行在 Realm 中的 VM 与正常空间隔离开，VM 的启动和控制由正常空间的 Hypervisor 管理。为了实现 Realm VM 的隔离执行，ARM 引入了一个新的组件，称为 RMM（Realm 管理监控器），它运行在 R_EL2 异常级别。RMM 负责管理通信和内容切换。RMM 只提供机制，而 Hypervisor 则负责 VM 选择或内存分配等具体策略。RMM 还通过提供 stage-2 页表，在 Realm 空间中为各个 Realm VM 提供隔离空间。

Monitor 运行在 EL3，与平台相关，为系统中各个可信模块提供服务。它提供给 RMM 一个特定的接口，用于处理来自 Hypervisor 或者 Realm VM 的请求。基于该接口，RMM 则完全可以是一个通用代码段。CCA 架构下创建并控制一个 Realm VM 的流程如下：

- Normal World 中发起创建 Realm 请求，这会调用到 Normal World 的 Hypervisor。

❑ Hypervisor 向 Monitor 发送命令。

❑ Monitor 转发命令给 Realm World 的 RMM。

❑ RMM 在 Realm World 中创建相应的 Realm VM。

不同的 World 通过 Monitor 进行交互，Monitor 实现了不同空间的隔离和通信。图 6-8 就是一个在 Realm 空间中运行着机密计算的 Realm VM 的 CCA 架构平台。

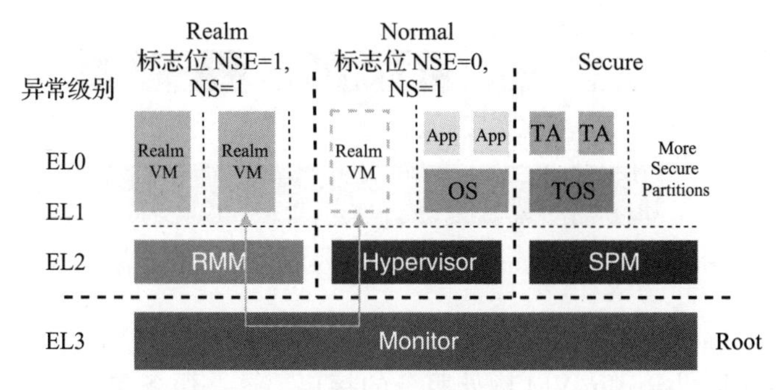

图 6-8　在 Realm 空间中运行着机密计算的 Realm VM 的 CCA 架构平台

这些模块间的接口主要有三种：RMM、Hypervisor、SPM 与 Monitor 之间的接口（主要是 SMC 指令）、Normal World 和 Realm World 之间的管理接口（Realm Management Interface，RMI）以及 RMM 向 Realm VM 提供的相关服务接口（Realm Service Interface，RSI）。

❑ RMM、Hypervisor、SPM 与 Monitor 之间的接口 SMC 指令：SMC 指令允许 RMM、Hypervisor 和 SPM 陷入 Monitor 中，为所有运行在 EL2 的软件和 Monitor 建立了一个通信通道。图 6-9 展示了 RMM、Hypervisor、SPM 与 Monitor 之间的交互指令 SMC。每个空间中，EL2 的代码调用 SMC 指令，陷入 EL3 的 Monitor。这是 Hypervisor 通过 Monitor 与 RMM 进行通信的基础。

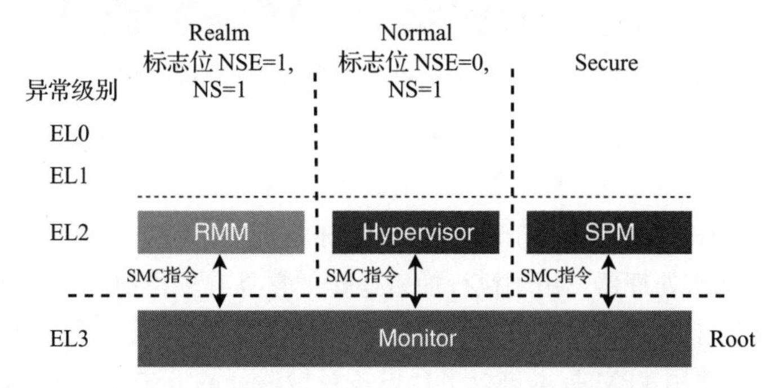

图 6-9　RMM、Hypervisor、SPM 与 Monitor 之间的交互指令 SMC

❑ Normal World 和 Realm World 之间的管理接口 RMI：RMI 是 RMM 和正常空间的 Hypervisor 之间的接口。RMI 允许 Hypervisor 发送指令给 RMM，进而管理 Realm VM。RMI 响应 Hypervisor 调用的 SMC 指令。RMI 提供的服务包括 Realm VM 的创

建、数量、执行和销毁。图 6-10 展示了 Normal World 和 Realm World 之间的管理接口 RMI，虚线表示这是一个抽象接口，实际的操作还是会由 SMC 指令去完成。

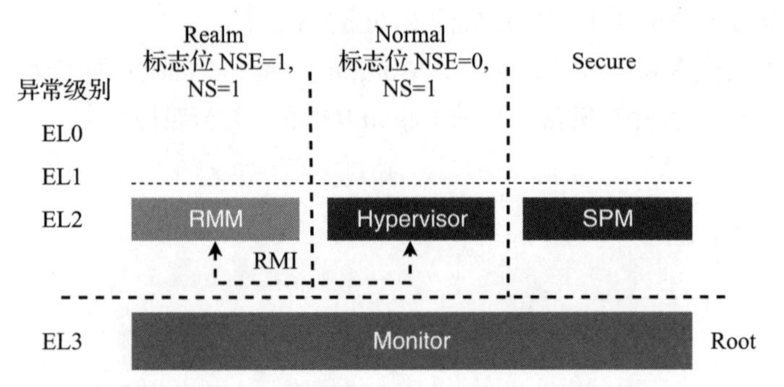

图 6-10　Normal World 和 Realm World 之间的管理接口 RMI

- RMM 向 Realm VM 提供的服务接口 RSI：RSI 是 Realm VM 和 RMM 之间的接口。RSI 是 RMM 提供 Realm VM 额外服务的接口。这些服务包括加密和认证服务。RSI 也是 Realm VM 向 RMM 申请内存管理的接口。图 6-11 展示了 RMM 向 Realm VM 提供的服务接口 RSI。

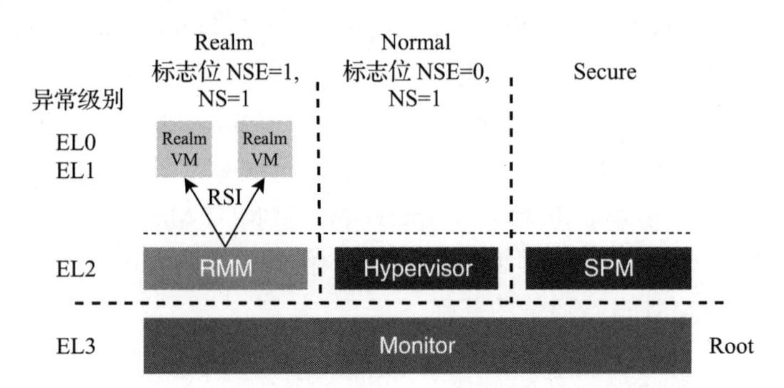

图 6-11　RMM 向 Realm VM 提供的服务接口 RSI

6.2.3　TPM

可信平台模块（Trusted Platform Module，TPM）旨在提供基于硬件的安全相关功能[13]。TPM 是一种安全的加密处理器，用于执行加密操作。它具有多种物理安全机制，具有很强的防篡改性。TPM 常用于生成、存储和限制加密密钥的使用及通过执行和存储安全度量值来帮助确保平台完整性。使用 TPM 技术进行平台设备身份验证的方法是使用 TPM 中刻录的唯一 RSA 密钥。

最常见的 TPM 功能用于系统完整性测量以及密钥的创建和使用。在系统的启动过程中，可以测量加载的启动代码（包括固件和操作系统组件）并将其记录在 TPM 中。完整性测量值可用作系统如何启动的证据，并确保仅当使用正确的软件引导系统时才使用基于 TPM 的密钥。

可以通过多种方式配置基于 TPM 的密钥。一种选择是使基于 TPM 的密钥在 TPM 外部不可用。这可以防范网络钓鱼攻击，因为它可以防止在没有 TPM 的情况下复制和使用密钥。还可以将基于 TPM 的密钥配置为“需要授权值才能使用它们”。如果发生太多不正确的授权猜测，TPM 将激活其字典攻击逻辑，并防止进一步的授权值猜测。

6.2.4 Intel QAT

Intel QAT（Quick Assist Technology）技术实际上是硬件加速卡，以实现高效的安全相关加密、解密和压缩、解压缩功能[15]。

QAT 支持的对称密码功能包括：密码操作（AES，DES，3DES，ARC4）；无线技术算法（Kasumi，Snow 3G）；哈希 / 验证操作（SHA-1，MD5，SHA-2，SHA-224，SHA-256，SHA-384，SHA-512）；身份验证（HMAC，AES-XCBC，AES-CCM）以及随机数生成等。

支持的公钥功能包括：RSA 操作、Diffie-Hellman 操作、数字签名标准操作、密钥派生操作和 ECC 椭圆曲线密码算法、ECDSA 数字签名算法和 ECDH 密钥交换算法等。

压缩 / 解压缩包括：DEFLATE（Lempel-Ziv 77）、LZS（Lempel-Ziv-Stac）。

支持 PCI-SI、SR-IOV（32 位虚拟化功能），用于实现 I / O 虚拟化。 每个设备的物理配置分为多个虚拟设备。将每个虚拟设备直接绕过 Hypervisor 中的虚拟交换机分配给单个虚拟机，从而获得接近物理机的性能。

6.2.5 FPGA

由于边缘计算设备的 CPU 资源有限，安全相关功能最好需要绕过 CPU（OS 内核），交给硬件完成，让 CPU 能够专注于功能的执行。前几节提到的技术都是硬件 ASIC 安全技术，它们的实现形式都是芯片 ASIC，这种方式性能较高，大规模生产成本也会降低。但问题在于，边缘计算环境各异，如果使用某种加速技术，很难让所有设备都配备上相应的加速安全 ASIC 硬件，有些设备不得不占用 CPU 而耗费宝贵的 CPU 时间。其次，ASIC 形式加速硬件一旦设计完成便不能改变，如果有新的安全方案和新的硬件实现，就必须更换 ASIC 芯片，成本巨大，维护困难。

FPGA 是一个可考虑的方案，FPGA 能够通过烧写不同的加速安全 IP 实现不同的安全加速功能，即使日后硬件需要升级，在 FPGA 资源（主要是 LUT 资源和内存资源）允许的情况下，只需要烧写新镜像就可以实现。同时，通过统一的平台来管理设备上的 FPGA 卡，可以大幅降低运维成本，增加灵活性。虽然在大规模部署的情况下，FPGA 的单位采购成本要高于 ASIC。但可以统一大量采购同一种（系列）FPGA 芯片，实现多种不同的安全加速方案，能节省大量人力，整体成本可能相较 ASIC 会更低。同时，FPGA 可以使用厂商提供的通用接口 IP（如厂商提供的 PCIE IP）大幅降低软件开发成本（直接使用一些厂商提供的接口驱动，如 PCIE DMA）。

6.3 软件安全技术

6.3.1 区块链

区块链是一个基于P2P网络的去中心化的分布式数据库。这个数据库被划分为多个区块，存储在分散的节点上。区块链的典型应用就是比特币等数字货币，它们去中心化的一致性和安全数据库特性也可以应用在边缘计算的安全设计中。下面以比特币为例介绍区块链技术。

1. 区块链网络结构

比特币的互联基础是对等（Peer to Peer，P2P）网络。P2P是一个基于TCP/IP的应用层协议。在典型P2P网络中，接入的每个设备都是对等的，不存在中心节点，而每个节点都会选择一些其他节点建立连接，连接建立后它就为这些节点提供服务，也从这些节点获取服务（TCP网络）。这种特点使得P2P网络具有去中心化、可靠的特性。典型P2P网络应用就是P2P文件分享，如BitTorrent。

之前提到区块链本质是维护一个分布式数据库，比特币的分布式数据库就是一个账本，其中记录了所有的比特币交易信息。账本按照时间被分成一个个区块，以区块为单位更新数据库。

在比特币的P2P网络中，新增的比特币交易信息会通过P2P网络通告所有节点。节点会验证收到的交易信息，只有大部分节点都验证正确，这条新增交易信息才会被记录到区块链的当前区块中。比特币网络平均每10min会生成一个区块，该区块记录了这10min内比特币网络上的所有交易。每个节点都可以生成新区块，但是需要先求解一个数学题，只要节点在10min内求解完毕，其他节点就会接受它生成的区块，并添加到自己的区块链中，而成功生成区块的节点会得到比特币奖励。

如图6-12所示，在一个比特币网络中，每个节点有四种功能：路由功能、钱包功能、挖矿功能以及账本数据库(完整区块链)。其中，只有路由功能是每个节点必需的，它负责将新生成和新接收到的比特币交易和一些控制信息传送给更多节点。节点之间通过这个路由组件连成了一个区块链网络。钱包功能用于比特币交易，交易信息就是由它生成的。挖矿功能就是上面提到的生成新区块的功能，通过更快求解数学题获得生成新区块的权利，从而获得比特币奖励。新的区块通过路由功能告知其他节点。账本数据库就是完整的区块链（包含该比特币网络所有的交易信息）。

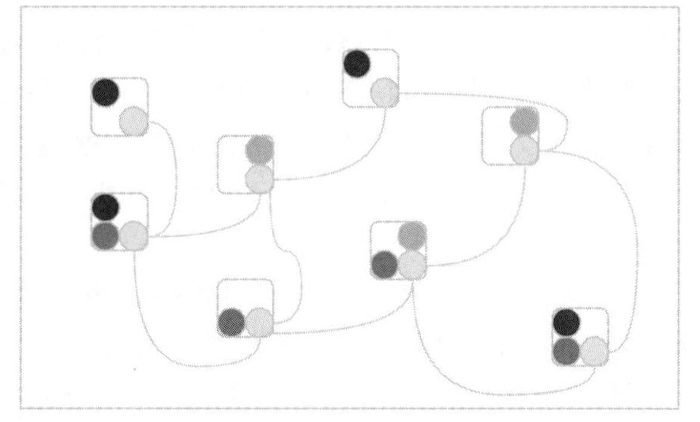

图6-12　比特币网络

2. 区块链的数据结构

区块链是一个链表，每个节点就是数据库的一个区块。比特币的区块链中记录的是交易信息，每个完整节点都在本地保存有一份完整的区块链，记录了所有交易信息，每当有一个新交易申请产生时，节点都可以通过完整区块链验证这笔新交易的正确性，被验证通过的交易会添加到下一个将要生成的新区块中。

如图 6-13 所示，一个区块内容包含两部分，一部分是包含元数据的区块头，另一部分是之前一段时间内的交易信息。而区块链的大部分功能都依赖区块头中的元数据。

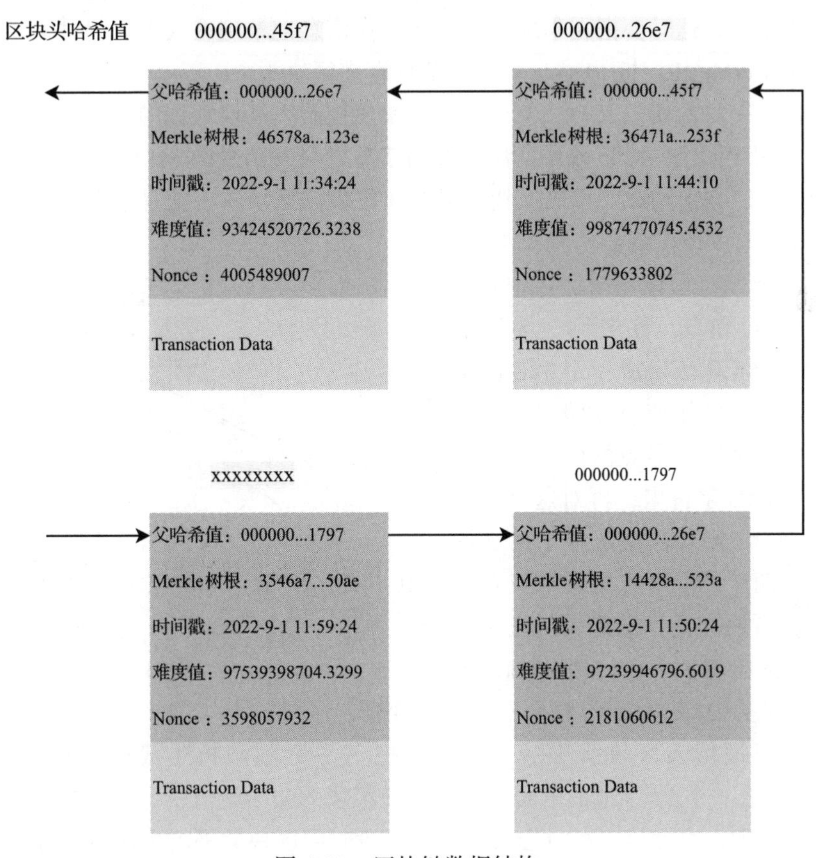

图 6-13　区块链数据结构

区块头中的元数据主要有版本号、父哈希值、Merkle 树根、时间戳、难度值、Nonce。其中，版本号标示软件及协议的相关版本信息；父区块哈希是父区块头的哈希值，相当于链表指针，它将每个区块首尾相连成区块链，并且这个值对区块链的安全性起到了至关重要的作用；Merkle 树根是该区块中所有交易的哈希值逐级两两哈希计算出来的一个数值，主要用于检验一笔交易是否在这个区块中存在；时间戳记录该区块产生的时间；难度值指规定数学题的难度，Nonce 则是题目的解。

每个区块的区块头中记录了其引用的父区块的哈希值，这个哈希值是通过 SHA256 算法对父区块的区块头进行二次哈希计算得出的。通过这个父区块头哈希值，可以把所有的区块组织成链状。

3. 区块链的构建过程

之前提到，挖矿功能用于生成新区块，即将新的交易信息记录到区块链中，通过工作量证明机制保证信息的一致性与安全性。在生成区块的同时，新的交易信息会保存到本地内存中下一个区块，在当前区块被自己或其他矿工生成并验证通过后，所有矿工就立即开始下一个区块的生成工作，这时会把在本地内存中的交易信息记录到区块中，同时生成此区块中所有交易信息的 Merkle 树，把 Merkle 树根的值保存在区块头中。

Merkle 树是一种哈希二叉树，使用它可以快速校验大规模数据的完整性。在比特币网络中，Merkle 树用于归纳一个区块中的所有交易信息，交易信息的 SHA256 值两两哈希，结果再两两哈希，自底向上构成一棵二叉树，最终树根就是区块所有交易信息的哈希值，区块中任何一笔交易信息的改变都会使 Merkle 树改变。

如图 6-14 所示，假设一个区块中有四笔交易 A、B、C 和 D，首先将交易数据通过两次 SHA256 算法生成一个 32B 的哈希值，这些值作为叶子节点存储在 Merkle 树中，然后把相邻叶子节点的两个 32B 哈希值串成一个 64B 字符串，再对这个字符串通过两次 SHA256 算法生成一个 32B 的哈希值作为这两个叶子节点的父节点存入 Merkle 树中，自底向上，最终生成区块中所有交易信息的哈希值，也就是 Merkle 树的根节点，区块头中存储的就是这个根节点哈希值。

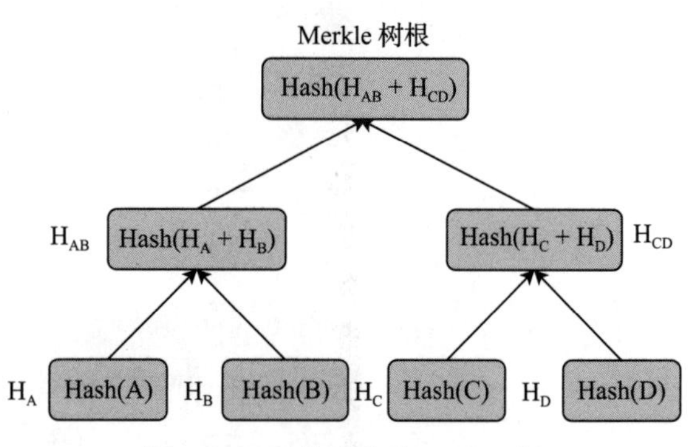

图 6-14　区块头中的 Merkle 树

Merkle 树根被填入区块头中后，系统会把上一个刚刚被生成的区块头的数据通过 SHA256 算法生成一个 32 字节的哈希值填入当前区块的父哈希值中，然后把当前系统时间保存在时间戳字段中，难度值字段也会根据之前一段时间区块的平均生成时间进行调整以应对整个比特币网络不断变化的整体计算总量，如果计算总量增长了，则系统会调高数学题的难度值，使得预期完成下一个区块的时间依然在 10min 左右。区块头中最后一个字段是 Nonce，初始值为 0。

区块头及区块主体构建完成以后，挖矿（解数学题）就可以开始进行了，挖矿的目标就是通过不断改变区块头中的 Nonce 值，使得对区块头使用 SHA256 算法得出的哈希值符合难度值的要求。SHA256 算法是一个加密哈希算法，这个算法的特点是不同的输入会产生完全不同的哈希值，没有任何规律可循，而且无论输入的大小是多少，SHA256 算法的输出的长度总是 256 位。比特币挖矿的目标就是找到一个 Nonce 值，使得在这个值下的区块头的 SHA256 哈希值的输出必须小于难度值中设定的值，这个难度值通常是以多个 0 开头，当前最新难度的要求是得出的 256 位的哈希值中前 68 个位都必须是 0，这要求整个比特币网络每秒大概进行 6×1020 次哈希计算，才能在 10min 左右的时间内能有矿工找到符合要求的 Nonce 值。在挖矿过程中，由于每个矿工创建的新区块头中的时间戳都可能不一样，而且由于每个矿工选择进入本区块的交易集合不一样，区块头中的 Merkle 根的值也不一样，所以即使很多矿工都是从 Nonce 等于 0 开始累加寻找符合条件的哈希值，它们也还是在各自不同的位置寻找，挖矿的过程是整个比特币网络所有矿工节点的计算能力加在一起寻找答案的过程，每个矿工都有找到正确答案的机会，只不过拥有的更高计算性能的矿工找到答案的概率更大一些。

当一个矿工成功找到使得区块头哈希值小于目标难度的 Nonce 值后，它会立刻把这个区块广播到比特币网络中，几秒钟后，网络中的所有矿工就会收到这个区块，当它们验证成功后，就会立即停止自己生成当前区块的努力，把那个矿工找到的区块加到区块链中，完成后立刻开始下个区块的生成过程。这样，一个区块就被添加到完整区块链当中了。

4. 区块链的一致性与安全性

在区块链中，如何保持所有节点的一致性？如何保证没有节点恶意篡改区块链中的信息？

对于一致性问题，主要在于多个挖矿节点竞争生成新区块的过程。网络中的所有节点都会通过解数学题争取得到创建当前区块的权利，当一个节点解题成功后，就会把题的答案和构建的区块通过比特币网络发送给其他节点，其他节点只要验证了这个答案，就会停止自己创建当前区块的尝试，并把验证过的区块链入本地区块链中，然后用这个区块的区块头计算哈希值填充下一个区块的区块头中的父哈希项，开始尝试构建下一个区块。这个过程看似没有问题，但是如果同一时间有两个或者更多不同的节点都计算出了解，它们各自都立刻把答案和区块发送给与它们连接的节点中，这些节点验证通过后会基于这个区块立刻开始下个区块的构建工作，由于每个节点生成的区块都是不同的，所以每个区块的哈希值也都不相同，后续区块的哈希值也会改变，这样在整个网络中就形成了多条区块链的分支，不同的节点在不同的分叉上往后构建新区块。如图 6-15 所示，该区块链网络中，某一时刻所有节点都是一致的，这是 A 和 B 同时找到了数学题的解，并开始广播自己生成的新区块，就把该网络分成了橙色和绿色两个部分，它们拥有不同的新区块分支。

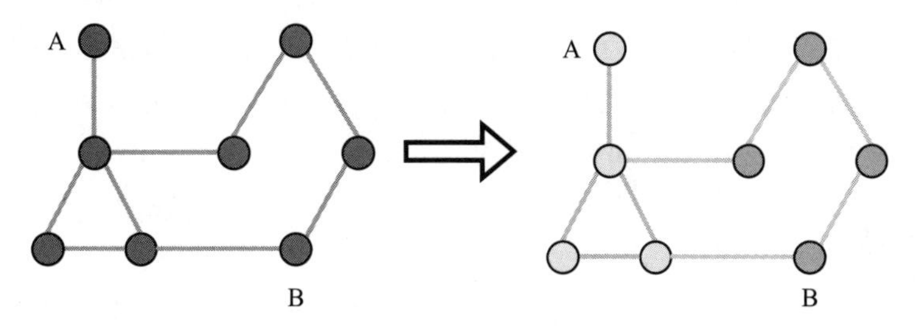

图 6-15　区块链的一致性问题（见彩插）

对于这种情况，实际上不需要做特别处理。因为即使当前区块有多个节点同时解出了答案，但是下个区块很可能就会分出先后（谁先算出了解）。如图 6-16 所示，C 先解出下个区块并广播给全网，之后这个分支就会被整个区块链网络认可，之前在另外分支上的节点就会把自己分支中之前不一致的区块替换掉，使得整个网络重新一致。比特币通过调整难度值，让每个区块的解题时间控制在 10min 左右，因为更难的题和更久的解题时间使得同时解出答案的概率更低。一般来说，区块链中最新生成的几个区块的确可能会出现一致性的问题，但是在数个区块之前的所有区块一般都是一致的。

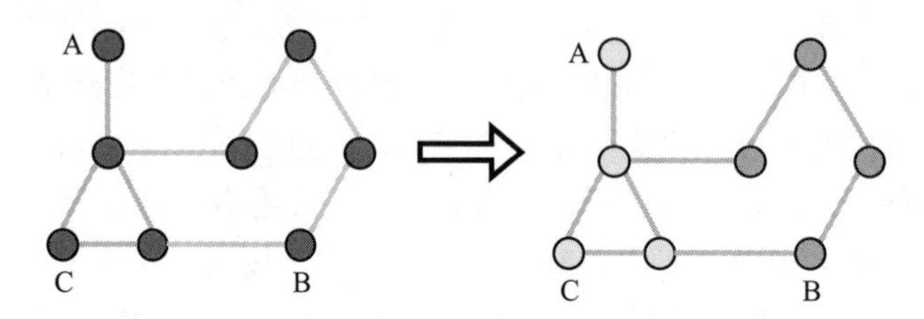

图 6-16　区块链一致性问题的解决（见彩插）

而安全问题主要体现在两方面，一是有节点试图更改之前某个区块上的交易信息，二是有节点试图控制新区块的生成，解决这两个问题的关键在于区块链机制保证了解数学题需要相当大的计算能力。

如果有节点想要更改之前某个区块的交易信息，如之前区块链构建中 Merkle 树的生成过程，只要交易信息一更改，这个信息的哈希值就会更改，最终会引起区块头中代表所有交易信息的 Merkle 树根的更改，这个区块头的哈希值也就更改了，并且之前的 Nonce 值已经不是这个被改了的区块头的解了，这个区块的数学题需要重新计算。并且，由于区块链数据库是通过头哈希值连接起来的，这个头更改了，那么之后的所有区块头都需要更改，也就是重新计算生成。也就是说，如果想要更改某个区块，就必须重新计算该区块所有后续区块，并且追上网络中最新区块链的进度，之后把这个长的区块链分叉被提交给网络中的其他节点，才有可能被认可。在当前区块链网络巨大计算能力的背景下，一个恶意节点想重新计算多个区块并且追上全网的情况基本不可能出现。

如果有节点试图控制新区块的生成，它就需要率先得出每个新区块数学题的解，从而控制整个网络中新区块的内容（都由该节点决定）。这种方式是可能的，如果恶意节点的计算能力比网络中所有其他节点的计算能力的总和都高，也就是恶意节点占据了全网 51% 的计算能力，它就可以控制新区块的生成，这种攻击被称为 51% 攻击。同样由于巨大的算力需求，这种情况在比特币网络中也是基本不可能出现的。

6.3.2　联邦学习

边缘计算架构中的边缘设备会收集大量的用户或环境信息，结合当下流行的机器学习技术，这些数据经过机器学习模型训练后可以发挥许多作用。传统的机器学习方法需要大量的数据集，并且需要在一个高性能计算集群上部署一个模型，对这些数据集进行训练。这一般要求将边缘设备收集到的数据上传至高性能计算集群中。但由于用户和相关政策条例对隐私数据保护的严格规定，在一个集中的位置收集和共享消费者的数据一般是不被允许的，这就大大限制了机器学习算法的发挥空间。

联邦学习就是一种能够避免隐私数据泄露，但又能使用边缘设备收集的隐私数据来训练机器学习模型的软件方法[16]。图 6-17 展示了传统的机器学习模型训练部署方式，设备数据都需要上传到同一个计算节点（服务器或集群）存储，并由该节点训练模型，生成的模型再被发送给设备部署。这个过程中设备向计算节点发送数据极易导致隐私泄露。

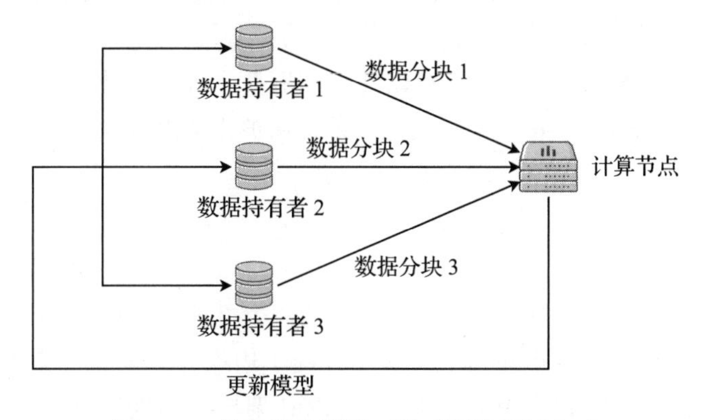

图 6-17 传统的机器学习模型训练部署方式

图 6-18 展示了联邦学习框架下的训练部署方式，设备的数据不再需要发送给计算节点，而是在设备本地部署一个训练模型，在本地将自己的数据训练完后，将得到的模型发给计算节点，计算节点再对收集到的所有局部模型通过算法汇总更新模型，再将更新后的模型发给各个设备部署。

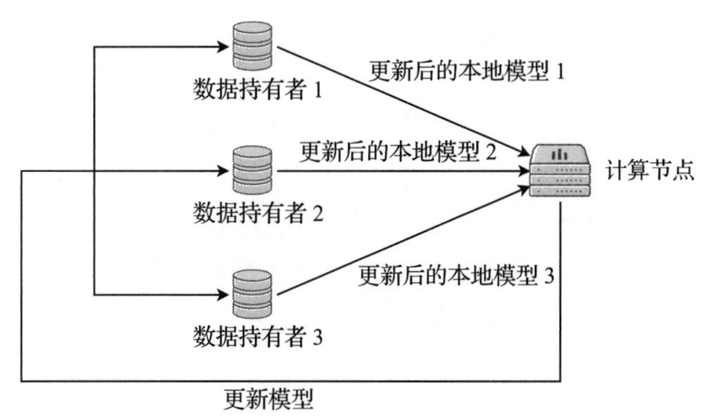

图 6-18 联邦学习框架下的训练部署方式

通过这种方式，隐私数据就只在数据所有者（设备）本地可见，降低了隐私泄露风险。联邦学习的主要难点之一就是这种分散、聚合的模型训练方法的设计。

6.3.3 BitLocker

BitLocker 是一种驱动器加密技术，它一般集成在操作系统中，可以解决因设备丢失、被盗等原因而导致的数据被盗或泄露的风险[14]。

BitLocker 可以与 TPM 结合使用。TPM 是计算机制造商在许多较新的计算机上安装的硬件组件。它与 BitLocker 配合使用，以帮助保护用户数据，并确保计算机在系统脱机时未被篡改。除了 TPM 之外，BitLocker 还提供了锁定正常启动过程的选项，直到用户提供个人标识号（Personal Identification Number，PIN）或插入包含启动密钥的可移动设备（如 USB 闪存驱动器）。这些附加的安全措施提供多重身份验证，并保证在提供正确的 PIN 或启动密钥之前，计算机不会启动或从休眠状态恢复。

如果设备丢失或被盗，通过某些恶意软件，或是直接将其驱动器取出，很容易获得其中的敏感数据。通过 BitLocker，可以增强文件和系统保护，从而减少未经授权的数据访问。

6.4 本章小结

本章简要介绍了边缘计算中的安全挑战，包括三个方面：访问控制、数据加密与隐私保护，以及密钥管理。接着，本章介绍了一些可以用于边缘计算安全场景的硬件、软件技术。包括当下最流行的边缘设备和边缘节点采用的 ARM 架构的处理器中相关的安全技术，包括 TrustZone 和 CCA；还有硬件厂商广泛采用的 TPM 可信平台模块来存储密钥等信息，并且和 BitLocker 一类的磁盘加密技术配合使用；此外，还介绍了以 Intel QAT 为代表的一些密码处理加速器，这类加速器可以大大降低边缘节点的计算压力，以便同时服务更多的边缘设备。此外，还探讨了 FPGA 技术用于安全硬件低成本快速迭代、部署的可能性。最后，在软件安全技术方面，本章介绍了时下流行的分布式一致性账本数据库区块链，以及注重隐私保护同时又能挖掘数据价值的联邦学习技术。

思考题

1. 使用了配合 TPM 的 BitLocker 一类驱动器加密技术后，就一定能够保证数据安全吗？
2. ARM CCA 技术在边缘计算环境下有什么可能的应用场景？
3. 区块链技术在边缘场景中可能有哪些应用？

参考文献

[1] ZEYU H, GEMING X, ZHAOHANG W, et al. Survey on edge computing security[C]//2020 International Conference on Big Data, Artificial Intelligence and Internet of Things Engineering (ICBAIE). New York:

IEEE, 2020: 96-105.

[2] SAMARATI P, DE VIMERCATI S C. Access control: Policies, models, and mechanisms[M]//International school on foundations of security analysis and design. Berlin, Heidelberg: Springer Berlin Heidelberg, 2000: 137-196.

[3] NIST. Report on lightweight cryptography [EB/OL]. [2023-2-26]. https://nvlpubs.nist.gov/nistpubs/ir/2017/NIST.IR.8114.pdf.

[4] KARNOUSKOS S, Stuxnet worm impact on industrial cyber-physical system security[J]. IECON 2011-37th Annual Conference of the IEEE Industrial Electronics Society, 2011.

[5] HE T, CIFTCIOGLU E N, WANG S, et al. Location Privacy in Mobile Edge Clouds: A Chaff-Based Approach[J]. IEEE Journal on Selected Areas in Communications, 2017, 35(11): 2625-2636.

[6] ROMAN R, ZHOU J, LOPEZ J. On the features and challenges of security and privacy in distributed internet of things[J]. Computer Networks, 2013, 57(10): 2266-2279.

[7] THAMBIRAJA E, RAMESH G, UMARANI D R. A survey on various most common encryption techniques[J]. International journal of advanced research in computer science and software engineering, 2012, 2(7).

[8] ENCRYPTION CONSULTING. What is Key Management? How does Key Management work?[OL]. [2023-2-26]. https://www.encryptionconsulting.com/education-center/what-is-key-management.

[9] 中华人民共和国国家互联网信息办公室 . 工业和信息化部办公厅关于推动工业互联网加快发展的通知：工信厅信管 [2020] 8 号 [EB/OL]. (2020-03-20) [2023-2-26]. http://www.cac.gov.cn/2020-03/20/c_1586243822373053.htm.

[10] ARM. Trustzone for Cortex-A[OL]. [2023-2-26]. https://www.arm.com/technologies/trustzone-for-cortex-a.

[11] ARM. Trustzone for Cortex-M[OL]. [2023-2-26]. https://www.arm.com/technologies/trustzone-for-cortex-m.

[12] ARM. Introducing Arm Confidential Compute Architecture Version 1[OL]. [2023-2-26]. https://developer.arm.com/documentation/den0125/0100.

[13] MICROSOFT. Trusted Platform Module Technology Overview[OL]. [2023-2-26]. https://learn.microsoft.com/en-us/windows/security/information-protection/tpm/trusted-platform-module-overview.

[14] MICROSOFT. BitLocker[OL]. [2023-2-26]. https://learn.microsoft.com/en-us/windows/security/information-protection/bitlocker/bitlocker-overview.

[15] INTEL. Intel Quick Assist Technology[OL]. [2023-2-26]. https://www.intel.com/content/www/us/en/developer/topic-technology/open/quick-assist-technology/overview.html.

[16] ALEDHARI M, RAZZAK R, PARIZI R M, et al. Federated learning: A survey on enabling technologies, protocols, and applications[J]. IEEE Access, 2020, 8: 140699-140725.

[17] 张佳乐 , 赵彦超 , 陈兵 , 等 . 边缘计算数据安全与隐私保护研究综述 [J]. 通信学报，2018，39(3)：1-21.

[18] 沈传年 . 边缘计算安全与隐私保护研究进展 [J]. 网络安全与数据治理，2022，41(8)：41-48.

第 7 章 · CHAPTER 7

边缘计算建模与仿真

本章将为读者介绍面向边缘计算环境的建模与仿真工具。这些工具将复杂的边缘计算环境进行一定程度的抽象，并且提供编程接口和友好的用户界面，使得开发者和研究人员能够灵活地设置边缘设备的数量和资源配置、边缘环境的网络拓扑以及用户的请求模式，从而便捷地在仿真环境下对各种资源分配方案，应用部署方法和任务调度策略进行模拟测试。

在本章中，我们首先列举现有的面向边缘计算的建模与仿真工具，并分别介绍它们的功能特性（即支持的仿真功能，比如设备能耗仿真和用户移动性仿真等）和实现特性（即开发工具和开发方法，比如开发模拟器的程序设计语言和模拟器的类型等）。然后对目前最流行的 iFogSim 模拟工具及其前身 CloudSim 以及基于 iFogSim 拓展的 iFogSim2 进行详细介绍。

7.1 面向边缘计算的仿真建模工具概述

随着 5G 通信技术的发展，越来越多具有计算能力的设备被部署在网络边缘就近处理用户请求，从而提高应用的服务质量，降低核心网数据传输负载。然而与云数据中心不同的是，边缘设备的数量是有限的，单个边缘设备能提供的计算能力也是有限的；边缘设备的计算能力、软件架构是异构的，并且边缘设备之间的网络连接也是异构的。边缘计算环境的这些特性，使得我们很难有效利用边缘设备的计算资源来降低应用响应时间，提高用户服务质量。为了解决这个问题，研究者们提出了各种各样的资源分配策略来应用分配边缘设备的计算和存储等资源，从而高效利用边缘环境中的分布式计算资源满足特定应用场景下的需求。但是，我们要如何测试这些资源分配策略的有效性呢？

一个直观的想法就是在真实的边缘计算环境中实现真实的资源分配系统进行测试。然而，搭建真实的边缘计算环境需要多种设备和将这些设备连接起来所需要的网络连接设备（如路由器，交换机等），而购买这些设备的花费是非常高昂的。即使搭建好了真实的边缘计算环境，实现和调试资源分配系统所需要的时间成本也是非常大的。如果所设计的资源分配策略不能表现出令人满意的性能，那么就需要对资源分配策略进行重新设计，对资源分配系统进行重新开发，从而导致巨大的重新实现和重新调试的时间成本。

面向边缘计算的模拟仿真工具可以有效解决上述问题。首先，仿真工具可以在单个计算能力有限的计算机上模拟出边缘环境的多个设备，以及它们之间的网络连接，从而节约了购买和维护设备的金钱成本。仿真工具还能支持用户自定义边缘设备的计算资源，比如 CPU 处理单元个数、CPU 处理单元计算能力、内存容量和硬盘容量等，这比真实情况更加灵活。与此同时，仿真工具还能支持用户通过编程快速自定义边缘设备之间的网络拓扑和连接特性，比如传播时延和传输带宽等，比真实环境更加便捷。其次，使用仿真工具只需要非常少的代码量就可以快速实现资源分配策略并进行测试，大大降低了真实系统实现和调试的复杂性。

本节首先列举了十余个当前流行的面向边缘计算环境的仿真建模工具。接着详细介绍了它们的功能特性，即每个工具所支持的功能。最后介绍了这些仿真工具的实现特性。

7.1.1　流行的仿真建模工具

在本节中，我们介绍下列面向边缘计算的仿真建模工具。

- FogTorchΠ：FogTorchΠ 是一个用于模拟边缘环境下应用部署与资源分配策略的模拟器。它的主要特点是支持通过带宽和延迟参数来计算物联网设备数据的传输成本。它有两种虚拟机创建方式：创建一个具有固定资源配置的虚拟机，或动态构建一个具有自定义资源配置的虚拟机。它支持物联网 – 边缘 – 云架构，并且支持边缘设备和云之间不同的类型的网络连接，包括边缘设备之间的连接和边缘设备与云之间的连接。
- OPNET：OPNET 是一个经典的用于网络仿真的工具。它既提供了友好的用户界面，也提供了良定义的编程接口，可以用来创建地理分布的网络环境。它支持用户定义网络环境中网络中设备的种类、网络覆盖地理范围的大小、网络拓扑结构以及链路大小。通过 OPNET 用户可以获取网络中各个设备、各条链路的相关信息，比如设备 IP 地址、链路负载情况等，也可以收集到网络全局的统计信息，比如端到端时延等。OPNET 可以有效支持边缘场景下复杂网络环境的建模。
- PDES：PDES 是一个用于模拟边缘计算环境下任务调度策略的模拟器。它是一个使用 C 语言编程实现并且基于事件触发的并行模拟器。它定义了一个由 128 台虚拟机组成的云计算中心以及一个由 32 个树莓派、64 台个人计算机和 64 台手机的边缘设备集群共同组成的仿真边缘环境。在 PDES 中，到达的任务会被存储在资源队列中，这些任务可以被分配给云计算中心、树莓派、智能手机和个人计算机进行处理。用户可以通过该模拟器来分析各种任务调度算法对用户服务质量的影响。
- FogNetSim++：FogNetSim++ 是专门用来模拟边缘计算环境网络的模拟器。它是一个通过 C++ 语言编程实现，基于离散事件触发的模拟器。该模拟器的主要特点是能够模拟多种通信协议并支持不同的用户移动性模型。

- Edge-Fog：Edge-Fog 是一个由 Python 语言实现的模拟器，其中边缘设备层由网络设备（例如路由器和交换机）来表示，并且支持边缘设备之间的相互连接。它可以用于模拟边缘环境下的任务调度策略。Edge-Fog 还包含了一个 LPCF 算法（即处理成本最低优先算法），该算法通过最小化处理时间和网络使用成本将任务分配给处理设备。
- YAFS：YAFS 是一个用于模拟在边缘计算环境中的应用程序部署策略的模拟器。该模拟器支持对应用模块动态部署、网络故障和用户移动性的模拟。它是一个由 Python 语言实现的离散事件模拟器。YAFS 支持使用者通过 JSON 文件来定义边缘计算设备和边缘网络拓扑。它的仿真结果包含网络利用率、响应时间、网络延迟等信息。
- EdgeNetworkCloudSim：EdgeNetworkCloudSim 由 Java 语言实现，主要用于模拟边缘计算环境下的资源分配策略。
- PureEdgeSim：PureEdgeSim 是一个用于建模边缘计算环境中应用部署策略的模拟器，它关注边缘计算环境的高可伸缩性。它由 Java 语言实现，并且支持用户通过 XML 来配置设备地理位置、边缘设备能耗模型和虚拟机的相关参数。
- iFogSim：iFogSim 可以用来模拟真实的边缘计算环境，它采用 Sense（感知）–Processing（处理）–Actuate（触发）模型来模拟请求从发送到响应的全过程。iFogSim 中的主要物理组件有以下 3 种：①边缘设备（包括云数据仓库、具有计算能力的边缘设备），边缘设备具有 CPU 处理单元数量、CPU 处理单元计算能力、内存容量、上行和下行带宽、空闲和运行状态的功率值等参数；②用于接收请求响应的触发器；③用于生成请求的传感器。iFogSim 支持对分布式应用程序的建模，它将一个应用建模为有向无环图（Directed Acyclic Graph，DAG）结构，并且使用应用模块建模 iFogSim 中的请求处理组件，使用应用边来建模应用模块之间的数据传输。iFogSim 的不足之处在于其朴素的网络拓扑建模：iFogSim 只支持层次结构网络拓扑，不支持任意两个边缘设备之间的直接通信。虽然有很多关于 iFogSim 的论文和代码，但是开源代码中有很多函数、类和变量的源代码缺乏注释。因此，使用该工具进行建模仿真需要相对较长的时间来阅读相关论文和理解源代码。
- iFogSim2：iFogSim2 是 iFogSim 的原作者们在 iFogSim 上进行拓展而得到的新模拟器。它在 iFogSim 的基础上拓展了对传感器 / 触发器移动性、边缘设备集群和微服务的支持。
- MyiFogSim：MyiFogSim 是在 iFogSim 上进行拓展而得到的新模拟器。它在 iFogSim 的基础上拓展了对用户移动性和虚拟机迁移的支持。它可以用来对边缘计算环境下用户移动性感知的虚拟机迁移策略进行建模仿真。
- iFogSimWithDataPlacement：iFogSimWithDataPlacement 在 iFogSim 的基础上拓展了对数据放置策略的支持，并且支持由数据放置引起的延迟、网络资源占用和能耗的计算。
- EdgeCloudSim：EdgeCloudSim 模拟器的主要特点是支持无线局域网、广域网的网络建模和用户移动性。它支持任意边缘设备之间的网络连接，弥补了 iFogSim 在网络建模上的缺陷，但是它没有提供对 DAG 结构的应用支持。

在表 7-1 中，我们列举了上述所有模拟器的引用量（数据来自谷歌学术，截至 2023 年 6 月 8 日）。我们发现 iFogSim 的引用量一骑绝尘，这说明它已经具有了很广的流行度和很高的影响力。因此在后续的内容中，我们将重点介绍 iFogSim、它的前身 CloudSim 和它的拓展 iFogSim2。

表 7-1　仿真建模工具及其引用量

序号	模拟器	引用量
1	FogTorch Π	136
2	OPNET	646
3	PDES	14
4	FogNetSim++	157
5	Edge-Fog	200
6	YAFS	160
7	EdgeNetworkCloudSim	22
8	PureEdgeSim	33
9	iFogSim	1483
10	iFogSim2	55
11	MyiFogSim	105
12	iFogSimWithDataPlacement	59
13	EdgeCloudSim	466

7.1.2　仿真建模工具的功能特性

在本节中，我们将为读者介绍上述十余个模拟器的功能特性。功能特性即这些模拟器所支持的仿真功能。我们主要关注以下 7 种重要的仿真功能。

- 边缘环境架构：边缘环境架构即模拟器支持的可以用来构建边缘计算环境的组件，常见的组件有传感器、边缘计算设备、云数据中心等。
- 计费模型：计费模型即模拟器对边缘环境中计算资源的使用情况进行计费的支持。
- 地理位置：地理位置即模拟器支持的对边缘计算环境中边缘设备、移动用户、传感器等组件所在的地理位置进行描述的支持。
- 网络模型：网络模型即模拟器支持的对边缘计算环境中各个组件之间的网络拓扑和连接特性进行描述的支持。
- 能耗模型：能耗模型即模拟器对边缘环境中各种设备的能耗进行计算的支持。
- 虚拟机管理：虚拟机管理即模拟器对边缘环境中虚拟机的创建、撤销和迁移等功能的支持。
- 移动性：移动性即模拟器对边缘环境中用户地理位置移动进行建模的支持。

表 7-2 中列举了各个模拟器以及它们对这些仿真功能的支持情况。

表 7-2 仿真建模工具及其功能特性

序号	模拟器	边缘环境架构	计费模型	地理位置	网络模型	能耗模型	虚拟机管理	移动性
1	FogTorchΠ	云数据中心，边缘设备，物联网设备		✔	✔			
2	OPNET	物联网设备，边缘设备，云数据中心		✔	✔			
3	PDES	多种物联网设备，云数据中心				✔		
4	FogNetSim++	物联网设备，边缘设备，中间层节点，基站	✔	✔	✔	✔		✔
5	Edge-Fog	边缘设备，雾节点，数据存储层						
6	YAFS	云数据中心，雾节点，传感器，触发器	✔	✔	✔	✔		✔
7	EdgeNetwork CloudSim	边缘服务，边缘虚拟机，边缘数据中心中间层		✔				
8	PureEdgeSim	云数据中心，雾节点，边缘节点		✔	✔	✔	✔	
9	iFogSim	传感器，触发器，边缘设备，云数据中心	✔	✔	✔	✔	✔	
10	iFogSim2	传感器，触发器，边缘设备，云数据中心	✔	✔	✔	✔	✔	✔
11	MyiFogSim	移动传感器，边缘设备，移动触发器，数据中心	✔	✔	✔	✔	✔	✔
12	iFogSimWith DataPlacement	传感器，触发器，边缘设备，云数据中心	✔	✔	✔	✔	✔	
13	EdgeCloudSim	边缘服务器，数据中心，移动客户端	✔	✔	✔	✔		✔

7.1.3 仿真建模工具的实现特性

在本节中，我们将为读者介绍上述十余个模拟器的实现特性。实现特性即这些模拟器的开发工具和开发方法。我们主要关注以下 2 种重要的实现特性。

- ❑ 编程语言：我们不但关注用于实现模拟器的编程语言，还关注用于序列化的语言。
- ❑ 模拟器类型：我们定义了以下的模拟器类型① Network：网络模拟器的功能在于模拟节点之间的网络连接和数据传输。它们通常用于建模边缘计算环境中的网络底层交互，但是很难创建更高级别抽象的组件（如云或雾资源、物联网传感器）来构建复杂的系统。② Event-driven：事件驱动模拟器，它使用离散事件模拟边缘计算环境中各个实体的行为和状态变化，可以用于更高层次的抽象。

表 7-3 中列举了各个仿真建模工具以及它们的实现特性。

表 7-3　仿真建模工具及其实现特性

序号	模拟器	编程语言	模拟器类型
1	FogTorchΠ	Java，XML	
2	OPNET	C，C++	Network
3	PDES	C	Event-driven
4	FogNetSim++	C++	Network
5	Edge-Fog	Python	
6	YAFS	Python，JS，HTML，JSON	Event-driven
7	EdgeNetworkCloudSim	Java，HTML	Event-driven
8	PureEdgeSim	Java，XML	Event-driven
9	iFogSim	Java，XML，JSON	Event-driven
10	iFogSim2	Java，XML，JSON	Event-driven
11	MyiFogSim	Java，XML，JSON	Event-driven
12	iFogSimWithDataPlacement	Java，XML，JSON	Event-driven
13	EdgeCloudSim	Java，JSON	Event-driven

7.2　CloudSim：一个面向云计算环境的建模与仿真工具包

CloudSim 是由墨尔本大学 CLOUDS 团队使用 Java 语言开发的一个开源的面向云计算环境的建模与仿真工具包。截至[⊖]2022 年 9 月 20 日，CloudSim 的论文[3]引用量已经达到了 5639，这说明它具有很高的流行度和影响力。因为 iFogSim 是在 CloudSim 的基础上进行拓展开发而得到的，所以它有很多核心组件和资源管理策略建模都与 CloudSim 相同，因此在本节中我们对 CloudSim 进行介绍，并且在 7.3 节中对 iFogSim 拓展的新特性进行介绍。

作为一个面向云计算环境的建模与仿真工具，CloudSim 重点关注一个云数据中心内部的资源管理和任务调度，它对云计算环境中的基础组件进行了建模，比如云服务的用户、云数据中心、主机、虚拟机、计算任务等。也对云计算环境中的资源管理策略进行了建模，比如虚拟机分配策略、虚拟机执行策略、任务执行策略等。如图 7-1 所示，在 CloudSim 中，有多个云计算用户、多个云数据中心，每个云数据中心有多台主机，每台主机上运行着多台虚拟机，每台虚拟机可以同时处理多个任务。

用户使用云计算服务时，首先选择云数据中心来创建虚拟机，云数据中心将会使用虚拟机分配策略决定把虚拟机创建在哪一台主机上，然后使用资源分配策略为虚拟机分配主机的计算资源，并使用虚拟机执行策略决定虚拟机在主机上使用计算资源的方式。虚拟机创建完成后，用户将计算任务提交给创建好的虚拟机，虚拟机会根据任务执行策略来执行任务，在任务执行结束后，响应结果将被返回给用户。

⊖ https://github.com/Cloudslab/cloudsim.

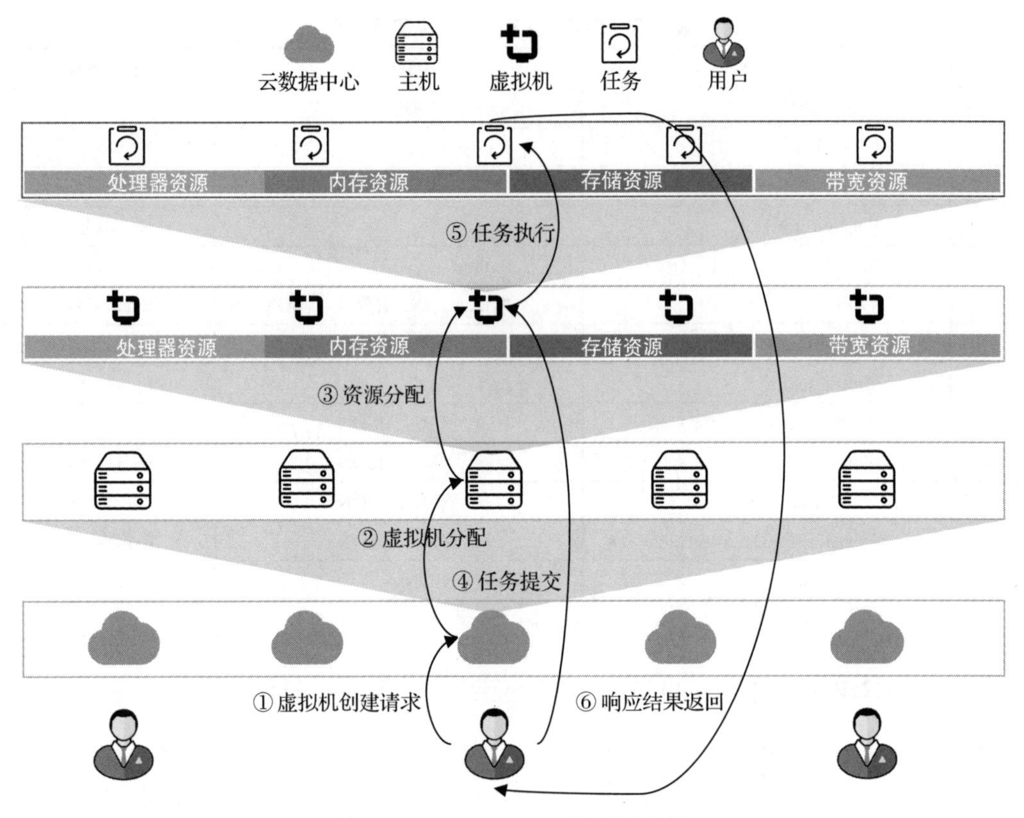

图 7-1　CloudSim 云计算环境建模

7.2.1　数据中心、主机和虚拟机建模

CloudSim 使用 DataCenter 来建模云数据中心，一个 DataCenter 中有多个主机，当用户请求在 DataCenter 中创建虚拟机时，DataCenter 使用虚拟机分配策略选择一个主机来创建虚拟机。CloudSim 中提供了很多虚拟机分配策略，比如简单虚拟机分配策略和 CPU 利用率最小虚拟机分配策略。在简单虚拟机分配策略中，DataCenter 遍历主机列表，检查主机是否有足够的资源来创建用户请求的虚拟机，如果有足够的资源则在该主机上创建，否则继续检查下一台主机。如果所有的主机都没有足够的资源，则向用户返回创建失败的消息。而在 CPU 利用率最小虚拟机分配策略中，DataCenter 按照主机 CPU 利用率从低到高的顺序尝试在主机上创建虚拟机。CloudSim 支持使用者自己编程拓展自定义的虚拟机分配策略。

CloudSim 使用 Host 来建模主机，一个 Host 中可以运行多个虚拟机，当 DataCenter 尝试在 Host 上创建虚拟机时，Host 检查当前可用的存储资源是否足够，并且使用内存分配器、带宽分配器和虚拟机调度器分别为虚拟机分配内存资源、带宽资源和计算资源。CloudSim 提供了简单内存分配器，该分配器使用静态独占式内存分配策略进行内存分配，即每个虚拟机都独享一块内存空间，并且该内存空间的大小是固定不变的。CloudSim 提供了简单带宽分配器，该分配器也使用静态独占式带宽分配策略进行带宽分配。CloudSim 提供了空间共享虚拟机调度器和时间共享虚拟机调度器。空间共享虚拟机调度器使用独占式分配策略为虚拟机分配 CPU 资源，每个 CPU 处理单元只能分配给唯一的虚拟机，只有当该虚拟机上的所有任务都处理完，该虚拟机被撤销了之后才能被分配给下一个虚拟机。时间共享虚拟机调度器允许多个虚拟机共享同一个 CPU 处理单元同时处理任务。CloudSim 支持使用者自己编程拓展自定义的内存分配器、带宽分配器和虚拟机调度器。

CloudSim 使用 VM 来建模虚拟机，当一个任务被提交到 VM 上时，VM 通过任务调度器来为任务分配计算资源。CloudSim 提供了空间共享任务调度器和时间共享任务调度器。CloudSim 使用每秒处理的百万级的机器语言指令数（Million Instructions Per Second，MIPS）来建模每个 CPU 处理单元的计算能力。空间共享任务调度器使用独占式分配策略为任务分配 CPU 资源，每个 CPU 处理单元将所有 MIPS 分配给一个任务，只有该任务执行完毕之后才分配给下一个任务。时间共享虚拟机调度器允许多个任务共享同一个 CPU 处理单元，即一个 CPU 处理单元可以将自己的 MIPS 分为多份，同时分配给多个任务。每个任务都有自己的任务长度，用来建模任务的计算难度，任务长度使用百万级指令数（Million Instructions，MI）表示，一个任务的处理时间可以通过任务长度（MI）除以分配给该任务的计算能力（MIPS）来得出。

虚拟机调度策略与任务调度策略共同决定了任务的执行方式。图 7-2 展示了 CloudSim 虚拟机调度策略与任务调度策略的 4 种搭配方式。如图 7-2 所示，共有两台虚拟机被创建在主机上，每台虚拟机都需要用 2 个 CPU 处理单元去执行 8 个任务，每个任务都是单线程的。图 7-2a 展示了采用空间共享虚拟机调度器和空间共享任务调度器来处理任务的过程。图 7-2b 展示了采用空间共享虚拟机调度器和时间共享任务调度器来处理任务的过程。图 7-2c 展示了采用时间共享虚拟机调度器和空间共享任务调度器来处理任务的过程。图 7-2d 展示了采用时间共享虚拟机调度器和时间共享任务调度器来处理任务的过程。

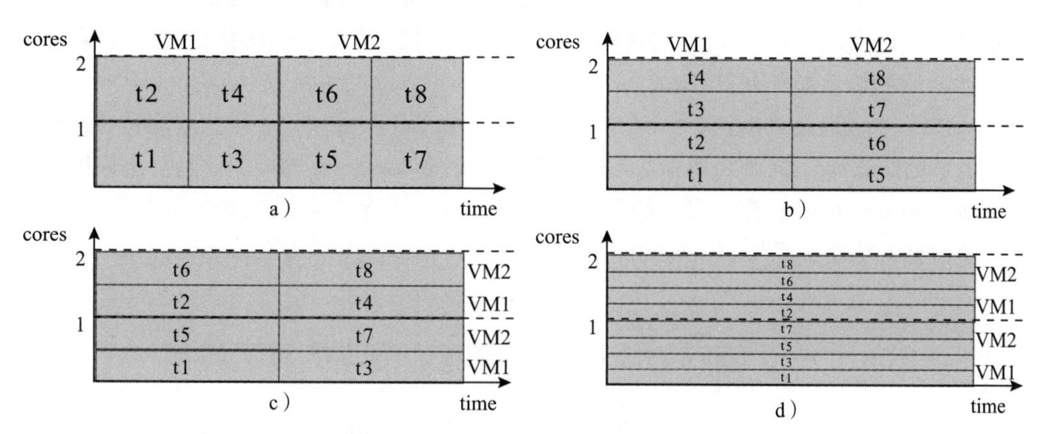

图 7-2 CloudSim 虚拟机调度策略与任务调度策略

7.2.2 能耗建模

CloudSim 基于 DataCenter，Host 和 VM 拓展了 PowerDataCenter、PowerHost 和 PowerVM 以提供对能耗计算的支持。其中 PowerHost 使用功率模型来计算主机当前的功率，功率模型接受主机的 CPU 利用率作为输入。CloudSim 支持多种功率模型，比如线性功率模型和立方功率模型。在线性功率模型中，当主机的 CPU 利用率为 0 时，功率为 0，这对应着主机关机或休眠的状态，当利用率大于 0 时，主机的功率为

静态功率 +CPU 利用率 ×（最大功率 − 静态功率）

即在线性功率模型中，主机的功率随着其 CPU 利用率的增长而线性增长。在立方功率模型中，当主机的 CPU 利用率为 0 时，功率也为 0。然而当 CPU 利用率大于 0 时，主机的功率为

静态功率 + CPU 利用率的三次方 ×（最大功率 − 静态功率）

主机的 CPU 利用率通过所有 CPU 处理单元分配出去的 MIPS 除以所有 CPU 处理单元 MIPS 的总和来计算得出。主机一段时间的能耗则通过功率乘以该功率下的运行时间来计算得出。CloudSim 支持使用者编程拓展自定义的功率模型。

7.2.3 用户行为建模

CloudSim 使用数据中心中间层（Data Center Broker，DCB）来建模云计算服务用户。DCB 可以请求 DataCenter 创建 VM 并且将任务提交到 VM 上执行。CloudSim 提供了默认的 DCB 请求 DataCenter 创建 VM 的策略，在该策略中 DCB 首先请求将所有的 VM 都创建在 DataCenter 列表中的第一个 DataCenter 里，如果有 VM 创建失败，则 DCB 会遍历 DataCenter 列表并且逐个尝试创建那些之前创建失败的 VM。当所有 VM 都成功创建之后，DCB 就开始提交任务到 VM 上执行。在进行模拟设置时，使用者可以编程为任务指定 VM，如果用户没有显式地为任务指定 VM，那么 DCB 将循环创建虚拟机的列表，然后将任务逐个提交给每个虚拟机，直到任务全部被提交。在任务处理完成后，DCB 会收到任务处理完成的消息并且记录任务完成的相关信息。

CloudSim 中使用云信息服务（Cloud Information Service，CIS）作为存储和更新 DataCenter 信息的数据库，DCB 可以通过 CIS 来获取各个 DataCenter 的相关信息。在模拟开始的时候，所有的 DataCenter 会把自己的信息注册到 CIS 中，DCB 可以从 CIS 中获得所有 DataCenter 的信息，从而实现与 DataCenter 的交互。

7.3 iFogSim：一个面向边缘计算环境的建模与仿真工具包

iFogSim 是面向边缘计算环境的建模与仿真工具包，它由墨尔本大学的 CLOUDS 团队使

用 Java 语言开发并开源在 github 上[⊖]。iFogSim 在 CloudSim 的基础上进行了拓展，增加了对传感器和触发器的支持，对 DAG 结构的应用的支持，并且对 CloudSim 的基础组件进行了增量开发，实现了对具有计算能力的边缘设备的支持、对层次化结构的网络拓扑的支持以及对边缘环境中的应用放置策略的支持。通过 iFogSim，用户可以在自定义的网络拓扑和设备配置下仿真模拟各种应用结构在不同部署策略下的时延和能耗表现。

iFogSim 将边缘计算环境建模为由传感器、触发器、边缘设备共同构成的分布式计算环境。其中传感器和触发器被建模为不具有计算能力的请求发送和响应接收装置，无法本地处理请求，而边缘设备具有异构的计算能力，云计算中心被建模为一种特殊的边缘设备，它往往具有非常充足的计算资源。如图 7-3 所示，传感器负责收集数据并且发送应用请求给它的接入网关，接入网关将请求发送给部署了对应处理模块的边缘设备，一个请求可能需要多个应用模块来陆续处理，因此请求会在多个设备之间不断地进行处理和转发，当请求处理结束后，处理的结果会被发送给对应的触发器。

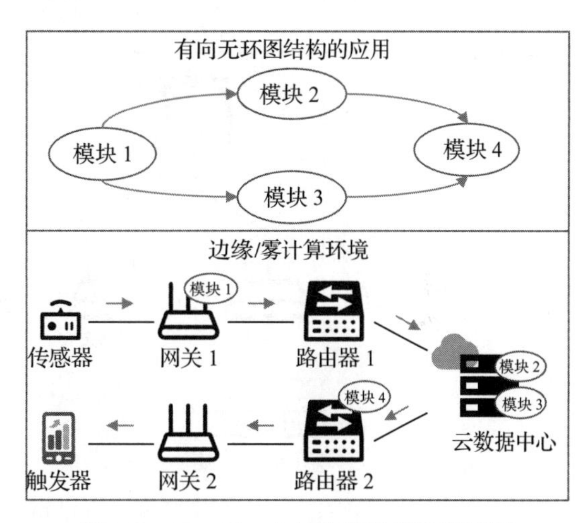

图 7-3 iFogSim 中的边缘计算环境建模

为了方便用户定义边缘计算环境中的网络拓扑，iFogSim 还提供了一个简洁的图形界面。用户可以通过与该图形界面交互来定义各个边缘设备的计算资源和设备之间的网络拓扑，并且将配置好的网络拓扑保存在 JSON 文件中。这些保存下来的 JSON 文件可以在其他的模拟过程中重新加载，实现了网络拓扑结构的复用，从而降低了程序编写的复杂性，使得 iFogSim 更加便捷易用。

7.3.1 网络拓扑建模

iFogSim 采用层次结构对边缘计算环境的网络拓扑进行建模。如图 7-4 所示，每个传感器和触发器都指定唯一的边缘设备作为网关。每个边缘设备都处于不同的层级，层级越高的设备越靠近网络边缘的终端用户，层级越低的设备越靠近云数据中心。每个边缘设备都与最多一个低层级的设备相连接，该低层级的设备称为其父设备，但是每个边缘设备可以与多个高层级的设备相连接，这些设备称为其子设备。比如在图 7-4 中，云数据中心就是路由器 1 的父设备，而网关 1 和网关 2 就是路由器 1 的子设备。

在 iFogSim 中，每个边缘设备只能与自己的父子设备直接通信，与父设备进行通信的链路称作上行链路，与子设备进行通信的链路称作下行链路。每条链路建模为具有固定的传播时

⊖ https://github.com/Cloudslab/iFogSim1.

延和带宽，当边缘设备将要通过指定链路发送一个请求时，该请求经历的传输时间计算如下：

$$传输时间 = 传播时延 + 传输时延，$$

$$传输时延 = 请求携带的数据量 / 链路带宽。$$

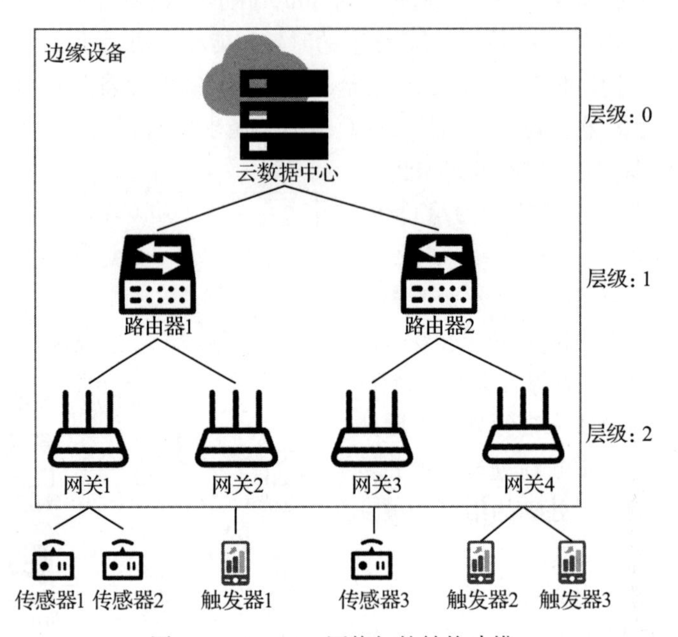

图 7-4 iFogSim 网络拓扑结构建模

除此之外，iFogSim 还将链路建模为独占地，不具有并发传输数据的能力，即如果一条链路在 t_1 时刻开始传输一个请求，该请求的传输时延为 $\varDelta$，则在 t_1 时刻到 $t_1+\varDelta$ 时刻内，该链路不能传输其他请求，如果有其他的请求准备在这段时间内通过该链路发送，则会将它们放入等待队列中，当该链路空闲了之后再进行发送。

综上所述，iFogSim 不支持任意边缘设备之间的直接通信，并且采用了独占式的链路建模，这样的网络拓扑模型不灵活。并且在具体实现中，这些与网络特性有关的代码与边缘设备的代码紧紧耦合，使其难以拓展。

7.3.2 传感器、触发器和边缘设备建模

iFogSim 采用感知 – 处理 – 触发模型来表示请求从产生到处理结束的整个过程。该处理模型的三个步骤分别由传感器、边缘设备和触发器完成。其中传感器负责收集数据并且向自己的网关设备发送请求，部署在边缘设备上的应用处理模块对请求进行处理后会将请求结果传输给对应的触发器。以室内温度感知的物联网应用为例，如图 7-5 所示，温度传感器感知原始温度数据之后将其发送给部署在边缘计算环境中的设备来处理，处理结束后最终的处理结果被传输到用户的智能手表上，如果温度过高或过低，则智能手表会向用户发出提示。在

这个例子中，温度传感器就是传感器，而用户的电子手表就是触发器。这种将请求发送装置和接收装置分开的建模方式，增加了 iFogSim 的灵活性和适用性。在本小节中，我们将分别介绍 iFogSim 中传感器、触发器和边缘设备的建模。

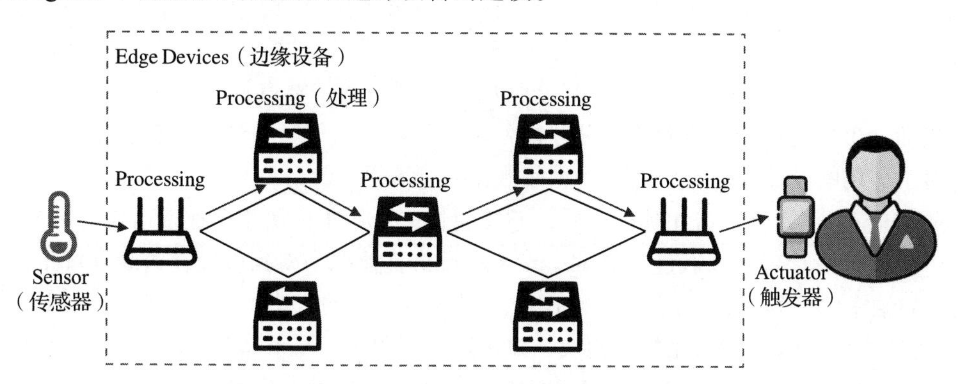

图 7-5 温度感知应用在边缘环境下的处理过程

iFogSim 使用 Sensor 来建模物联网传感器。一个 Sensor 只能将请求发送给一个指定的边缘设备，该边缘设备被称作这个传感器的网关，并且 Sensor 到网关的请求发送时间被建模为定值。每个 Sensor 只能请求一个指定的应用。Sensor 通过请求分布来确定每两次请求发送的时间间隔。iFogSim 为 Sensor 提供了三种请求分布、分别是确定性分布、正态分布和均匀分布。在确定性分布中，用户指定一个确定的时间间隔，Sensor 每隔该时间间隔就向网关发送一个请求；在正态分布中，用户指定时间间隔的均值和方差，Sensor 根据对应的正态分布来生成每两次请求发送之间的时间间隔；在均匀分布中，用户指定时间间隔的最大值和最小值，Sensor 根据均匀分布来生成每两次请求发送的时间间隔。iFogSim 支持用户根据自己的需求编写代码实现自定义的请求分布。

iFogSim 使用 Actuator 来建模触发器，即物联网接收设备。与 Sensor 相同，一个 Actuator 和一个指定的网关绑定，并且只能接收一个应用的请求处理结果。Actuator 的主要功能是接收请求相应消息并且在模拟器日志中记录并更新相关统计信息，比如记录应用的请求平均完成时间。Actuator 并不是仿真模拟过程中必须要创建的，没有 Actuator 的情况对应着应用只处理 Sensor 发送的请求但是不返回响应结果的应用场景。

iFogSim 使用 EdgeDevice 来建模边缘设备。边缘设备是对边缘计算环境中的分布式计算资源的抽象。EdgeDevice 既可以用来建模具有计算能力的网关、路由器、数据基站，还可以建模边缘数据中心和云数据中心。EdgeDevice 拓展自 CloudSim 中的 PowerDataCenter，具有计算和存储能力，并且还支持能耗计算。与 PowerDataCenter 最大的不同在于，iFogSim 为每个 EdgeDevice 定义了该设备所在的网络拓扑层次、该设备和父子设备的连接关系以及这些连接链路的时延和带宽。一般情况下，在设置仿真边缘环境的时候，iFogSim 的使用者会创建一个计算资源丰富的 EdgeDevice 作为云数据中心，并且将其他 EdgeDevice 与云数据中心通信链路的时延设置得更高而带宽设置得更低，以此来模拟边云之间的传输开销。

7.3.3 应用建模

运行在云计算中心的整个应用往往需要较大的计算资源开销，而边缘设备的计算资源有限并且异构，难以部署整个应用。因此需要将应用划分为多个轻量级的模块，将各个模块部署在多个边缘设备上，而部署在不同边缘设备上的模块可以通过网络进行相互通信，这样不但能使用边缘设备的计算能力还可以充分利用边缘网络的带宽资源，从而实现应用的实时处理。然而，怎样对应用进行模块划分才能使得它能够在边缘计算环境中表现出优秀的性能呢？这对于应用的设计者来说，是一个具有挑战性的问题。

iFogSim 提供了灵活的应用建模方式，它支持由多个应用模块相互连接而成的 DAG 结构的应用，应用的设计者可以通过在 iFogSim 上进行仿真模拟来得到应用在边缘环境下的性能参数（比如请求的平均完成时间），从而找出应用设计的不足之处并且加以改进。如图 7-6 所示，iFogSim 的应用结构模型由应用模块、应用边和调用路径三个部分组成。

iFogSim 使用 AppModule 来建模应用模块。一个面向边缘计算的应用由多个 AppModule 组成，iFogSim 中的 AppModule 拓展自 CloudSim 中的 PowerVM。应用模块具有调度请求、处理请求、统计能耗等功能。与 PowerVM 不同的是，每个 AppModule 只处理特定种类的请求，并且应用模块对请求进行处理后会继续发送新请求给之后的其他模块。以图 7-6 为例，AppModule2 在处理完请求后会发送新请求给 AppModule3 和 AppModule4。新请求的发送模式是由选择模型来决定的，选择模型定义了当一个 AppModule 处理完请求之后，它是否会发送新的请求给之后的 AppModule。

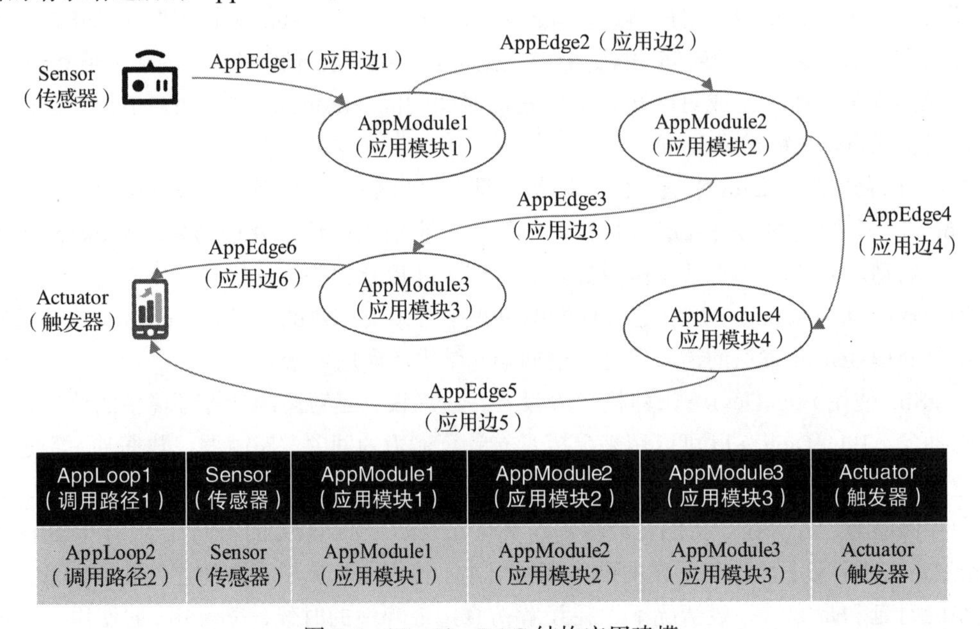

AppLoop1（调用路径1）	Sensor（传感器）	AppModule1（应用模块1）	AppModule2（应用模块2）	AppModule3（应用模块3）	Actuator（触发器）
AppLoop2（调用路径2）	Sensor（传感器）	AppModule1（应用模块1）	AppModule2（应用模块2）	AppModule3（应用模块3）	Actuator（触发器）

图 7-6 iFogSim DAG 结构应用建模

iFogSim 提供了两种选择模型，一种是概率选择模型，一种是突发选择模型。在概率选择模型中，每当应用模块处理完请求后，会根据用户设定的概率来选择是否发送请求给之后的应用模块，而突发选择模型会根据用户设定的参数来判断当前是否是突发时段，如果是则发送请求，否则不发送请求。

iFogSim 支持用户编写代码实现新的选择模型，用户可以根据实际场景来使用合适的选择模型。

iFogSim 使用 AppEdge 来建模应用边。AppEdge 是对应用模块之间的数据依赖的抽象，它定义了对应的源应用模块、目的应用模块、从源到目的之间发送的请求类型以及该类型的请求的特征。其中请求的特征包括请求所携带的数据量和请求的任务长度，即处理请求所需要的计算量。iFogSim 为 AppEdge 设置了类型，来区分应用模块之间的边、传感器与应用模块之间的边和应用模块与触发器之间的边。与此同时，iFogSim 还支持周期性的 AppEdge，这种 AppEdge 对应的请求每隔一段时间就会由源应用模块发送给目的应用模块，无须由选择模型来触发。

iFogSim 使用 AppLoop 来建模应用调用路径。AppLoop 是由 Sensor、Actuator 以及多个 AppModule 组成的列表，它定义了用户请求可能的处理路径。图 7-6 中的应用有两个 AppLoop，iFogSim 会记录这两个 AppLoop 的请求开始发送和处理完成的时间点，从而得出请求的完成时间。

接下来我们通过一个例子来加深对 iFogSim 应用建模的理解。图 7-7 展示了一个视频监控应用实例，它由运动检测模块、对象检测模块、数据聚合模块和数据收集模块组成。图中绘制在应用边旁边的是该边对应的请求类型。表 7-4 中列举了各种请求所携带的数据量和任务长度。该应用在运行时，首先由动作检测模块接收摄像头拍摄的原始视频，并对视频内容

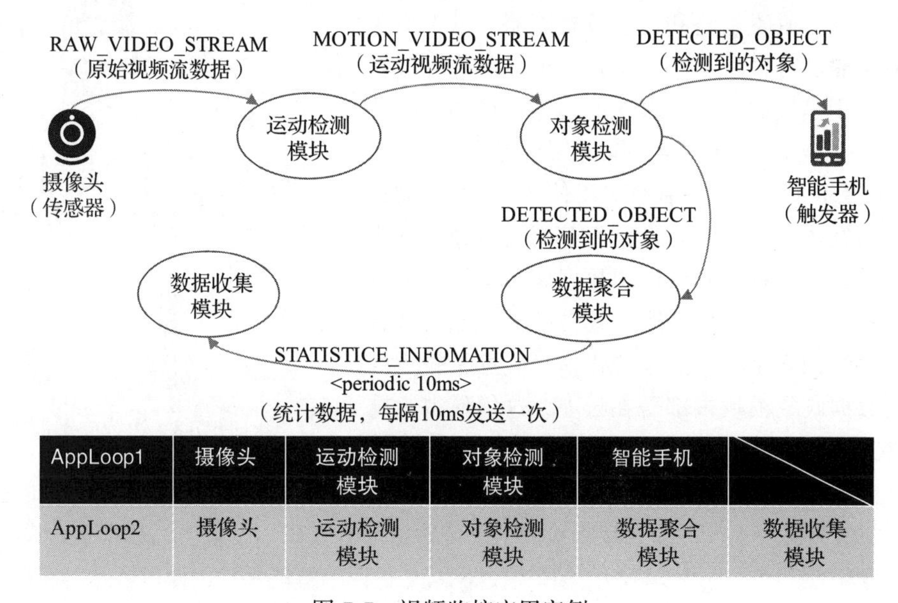

AppLoop1	摄像头	运动检测模块	对象检测模块	智能手机	
AppLoop2	摄像头	运动检测模块	对象检测模块	数据聚合模块	数据收集模块

图 7-7　视频监控应用实例

进行动作检测，如果发现有物体运动，则将有物体运动的视频发送给对象检测模块，对象检测模块对视频中的对象进行检测，并且将检测到的对象发送给用户的智能手机和数据聚合模块，数据聚合模块每隔 10 ms 就聚合检测结果得到统计数据并发送给数据收集模块。

该应用有两个调用路径 AppLoop1 和 AppLoop2，请求经过 AppLoop1 中的模块处理后会由用户的手机（即 Actuator）接收返回结果并进行记录相关信息，而 AppLoop2 并没有对应的触发器，但是当数据收集模块处理完对应的请求之后，iFogSim 也会将该请求完成的时刻记录下来并计算该请求的完成时间。

表 7-4　视频监控应用边对应的请求特征描述

请求类型	请求计所需计算量（MI）	请求携带的数据量（Byte）
RAW_VIDEO_STREAM	1000	20000
MOTION_VIDEO_STREAM	2000	2000
DETECTED_OBJECT	500	2000
STATISTICE_INFORMATION	100	100

7.3.4　应用放置策略建模

应用放置策略决定了把应用的各个模块部署在哪个边缘设备上。在 iFogSim 中，应用放置策略是静态的，在模拟开始的时候各个模块根据用户指定的放置策略被部署在边缘设备上，在模拟运行的过程中该部署结果不会再改变。iFogSim 已经向用户提供了两种放置策略：云上放置策略和边缘放置策略。云上放置策略将应用的所有模块全部部署在云上，而边缘放置策略则将应用模块放置在层次化的边缘环境中。除此之外，iFogSim 也支持用户自定义应用放置策略。

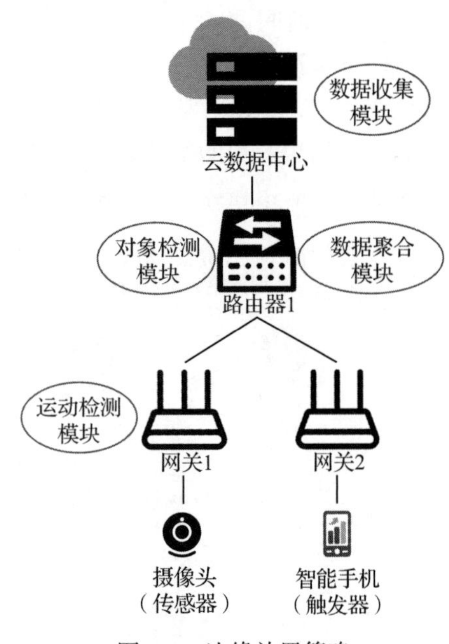

图 7-8　边缘放置策略

图 7-8 展示了将图 7-7 中的应用使用 iFogSim 的边缘放置策略在边缘计算环境中进行部署的结果。其中运动检测模块、对象检测模块和数据聚合模块被部署在边缘设备上，充分利用了边缘设备的计算能力并且有效利用边缘网络带宽资源来传输携带数据量较大的请求。而数据收集模块被部署在云上，这样使得只有 STATISTICE_INFORMATION（统计数据）类型的请求需要上传到云上，而该请求携带的数据传输量很小，避免了边 – 云之间数据传输的高时延。与此同时，对象检测模块不仅可以直接将检测结果传输给部署在同一设备上的数据聚合模块，从而消除网络传输的开销，还可以将检测结果通过网关 2 返回给智能手机，使得 AppLoop1 的处理完全在边缘设备上完成，消除了边 – 云传输开销，从而有效利用边缘设备提升了应用的响应时间。

7.3.5　图形界面

iFogSim 的图形界面向用户提供了更加便捷的边缘环境创建方式。如图 7-9 ～图 7-11 所示，用户可以通过该图形界面创建边缘设备、传感器和触发器并且定义设备之间的网络连接，还可以将这些内容保存在 JSON 文件中。这些保存下来的 JSON 文件可以在其他的模拟过程中重新加载，从而实现复用。

图 7-9 展示了使用图形界面创建边缘设备的过程，点击右上角边缘设备的图标则会跳出对话框，在对话框中可以编辑边缘设备的计算能力等特征，其中 Name 定义了边缘设备的名字，level 定义了设备所在的网络拓扑层级，UpLink Bw 和 DownLink Bw 定义了边缘设备的上下行链路带宽，而 Mips 和 Ram 定义了设备的计算能力和内存资源，Rate/MIPS 定义了每单位计算资源的能耗。编辑完成后点击 OK 按钮，即可成功创建边缘设备。

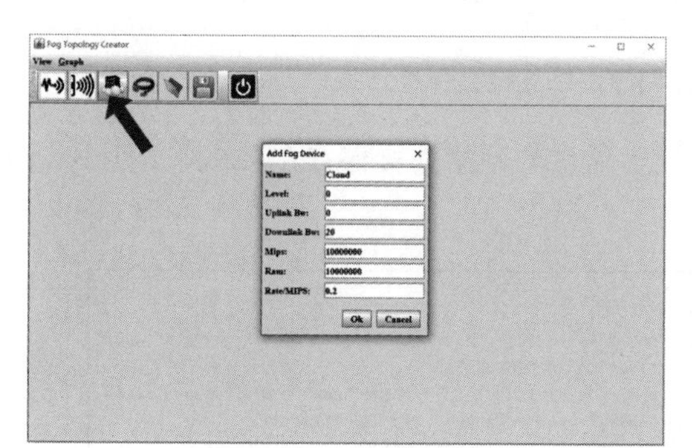

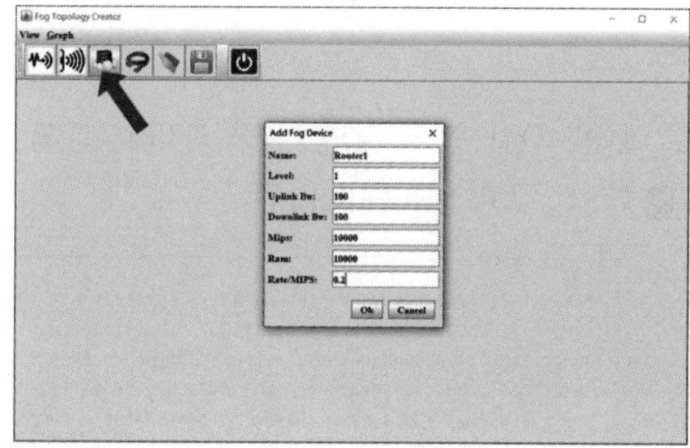

图 7-9　使用图形界面创建边缘设备

图 7-10 展示了使用图形界面创建传感器和触发器的过程，点击右上角传感器和触发器的图标则会跳出对话框，可以在对话框中编辑传感器设备的相关特征，其中 Name 定义了传感器的名字，Type 定义了传感器的类型，DistributionType 定义了传感器的请求分布，在该图形界面中可以选择的请求分布只有 iFogSim 提供的三种，即 Deterministic（确定性请求分布），Normal（正态分布）和 Uniform（均匀分布）。

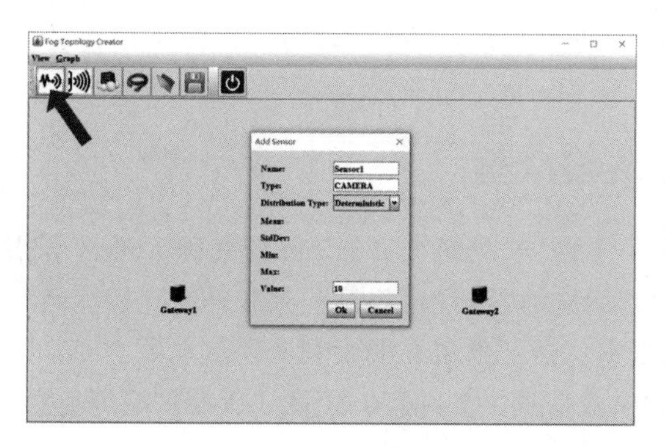

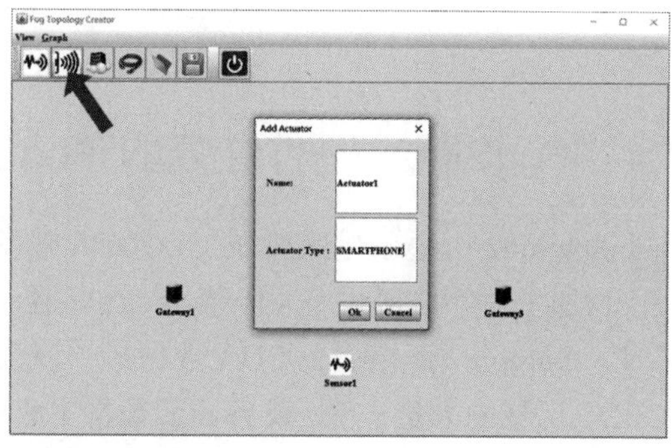

图 7-10　使用图形界面创建传感器和触发器

图 7-11 展示了使用图形界面创建网络连接并保存的过程，点击右上角传感器和触发器的图标则会跳出对话框，可以在对话框中设定链路的两个端点和时延。

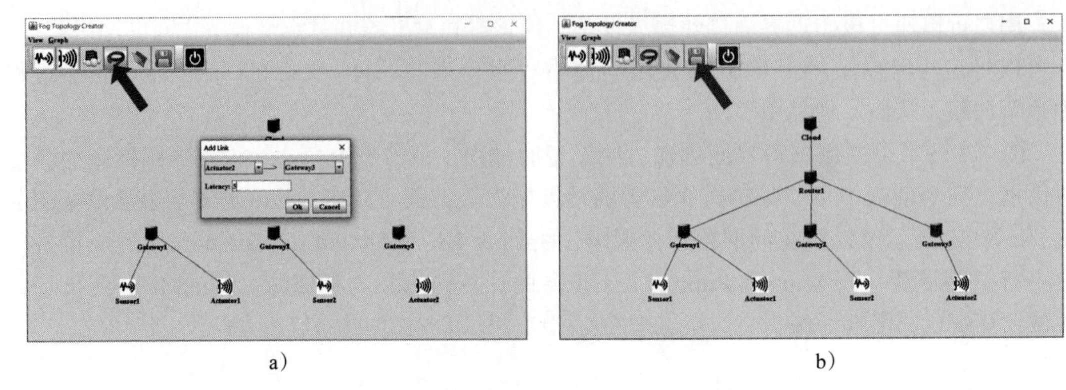

a) b)

图 7-11 使用图形界面创建网络连接并保存

如图 7-11b 所示，点击保存可以将创建的设备信息和网络连接保存在 JSON 文件中，图 7-12 展示了 JSON 文件的内容。


```
{"nodes":[
{"name":"Actuator2","type":"ACTUATOR","actuatorType":"SMARTWATCH"},
{"level":2,"upBw":100,"ratePerMips":0.2,"name":"Gateway1","type":"FOG_DEVICE","mips":10000,"ram":10000,"downBw":100},
{"sensorType":"CAMERA","name":"Sensor1","type":"SENSOR","distribution":2,"value":10.0},
{"level":2,"upBw":100,"ratePerMips":0.2,"name":"Gateway2","type":"FOG_DEVICE","mips":10000,"ram":10000,"downBw":100},
{"min":10.0,"max":30.0,"sensorType":"Thermometer","name":"Sensor2","type":"SENSOR","distribution":3},
{"level":0,"upBw":0,"ratePerMips":0.2,"name":"Cloud","type":"FOG_DEVICE","mips":10000000,"ram":10000000,"downBw":20},
{"level":2,"upBw":100,"ratePerMips":0.2,"name":"Gateway3","type":"FOG_DEVICE","mips":10000,"ram":10000,"downBw":100},
{"level":1,"upBw":100,"ratePerMips":0.2,"name":"Router1","type":"FOG_DEVICE","mips":10000,"ram":10000,"downBw":100},
{"name":"Actuator1","type":"ACTUATOR","actuatorType":"SMARTPHONE"}],
"links":[
{"latency":5.0,"destination":"Gateway3","source":"Actuator2"},
{"latency":5.0,"destination":"Router1","source":"Gateway1"},
{"latency":10.0,"destination":"Gateway1","source":"Sensor1"},
{"latency":5.0,"destination":"Router1","source":"Gateway2"},
{"latency":5.0,"destination":"Gateway2","source":"Sensor2"},
{"latency":5.0,"destination":"Router1","source":"Gateway3"},
{"latency":20.0,"destination":"Cloud","source":"Router1"},
{"latency":10.0,"destination":"Gateway1","source":"Actuator1"}]}
```


图 7-12 保存的 JSON 文件

7.4 iFogSim2：一个拓展的 iFogSim 模拟器

iFogSim2 由墨尔本大学的 CLOUDS 开发并开源[⊖]。他们在 iFogSim 的基础上进行了拓展，增加了对物联网设备（传感器 / 触发器）移动性、边缘设备集群和微服务的支持。与此同时，iFogSim2 还提供了 EUA 数据集，该数据集包括了部署在澳大利亚墨尔本中央商务区（CBD）区域的大量边缘 / 设备和云数据中心的位置信息，如纬度、经度、所在区域等信息。

⊖ https://github.com/Cloudslab/iFogSim.

iFogSim2 延续了 iFogSim 中的层次化网络拓扑结构，并且将边缘计算环境分为4层：一个云数据中心（0层）、多个边缘设备（1层）、多个网关设备（2层）和多个物联网设备（3层）。处于第 n 层的设备只能与一个处于 $n-1$ 层的设备相连，能与多个处于 $n+1$ 层的设备相连，同层之间的设备无法建立连接。在拓展的新功能和数据集的支持下，使用者可以使用 iFogSim2 模拟移动感知的应用模块迁移场景。本节中我们将分别为大家详细介绍 iFogSim2 的三种新特性以及 EUA 数据集。

7.4.1 移动性

iFogSim2 通过物联网设备的位置变化来实现对物联网设备移动性的模拟。iFogSim2 读取物联网设备位置文件，然后根据文件内容和用户移动模型生成相应的位置移动事件。iFogSim2 支持的位置文件内容如图 7-13 所示，每个位置包括经度和纬度两个数据。

位置移动事件之间的时间间隔由移动模式来决定。iFogSim2 提供了两种位置移动模式，定向移动模式和随机移动模式。在定向移动模式中，物联网设备按照位置文件中的位置顺序依次移动位置，每两次移动之间的时间间隔是一个不超过 20 的随机值。而在随机移动模式中，物联网设备并不按照位置文件中的位置顺序来移动，而是随机移动，并且每两次移动之间的时间间隔也是随机的。如果位置文件的内容如图 7-13 所示，在定向移动模式中物联网设备会按照“位置 1（−37.81349, 144.95237）→位置 2（−37.8145, 144.95259）→…→位置 4（−37.81622, 144.95251）”的顺序来移动。而在随机移动模式中物联网设备可能会按照“位置 3→位置 1→…→位置 4”的顺序来移动。

1	Latitude	Longitude
2	-37.81349	144.95237
3	-37.8145	144.95259
4	-37.81572	144.95315
5	-37.81622	144.95251

图 7-13 iFogSim2 支持的位置文件内容

当物联网设备的位置发生移动时，它的接入点也可能会发生改变，iFogSim 采用如下的方式来为移动物联网设备选择新的接入点：iFogSim2 遍历所有的2层网关，分别计算这些网关与物联网设备之间的半正弦距离（经纬度距离），选择半正弦距离最小的网关设备（即地理位置最近的网关）接入。当原来的网关与新网关不同的时候，iFogSim2 将会进行应用模块迁移。应用模块的迁移过程如图 7-14 所示。

如图 7-14 所示，物联网设备在位置移动后其连接的网关从网关 1 切换到了网关 4，因此网关 1 设备上部署的相关应用模块需要迁移到网关 4 上来处理物联网设备的请求。但是由于 iFogSim2 只支持层次化的网络拓扑结构，同一层之间的设备无法直接建立连接进行数据传输，因此网关 1 无法将应用模块直接发送给网关 2，它们需要借助一个中间结点来进行传输。iFogSim2 选择两个网关的“最近共同祖先”节点（即所有祖先节点中层数最大的设备）作为中间结点。在图 7-14 中，网关 1 和网关 4 的“最近祖先节点”是云数据中心。

由于在层次结构中，这两个网关到它们的“最近祖先节点”都只有唯一的路径，因此网关 1 按照路径将相关的应用模块上传到云数据中心，然后云数据中心再将应用模块传输给网关 4。在这一过程中，相关应用模块经历了多个设备的转发，它的传输路径为：网关 1→边缘设备 1→云数据中心→边缘设备 2→网关 4，共 4 段设备→设备之间的传输。模块迁移的时间为这 4 段传输时间的总和，每一段的传输时间都由“传播时延 + 应用模块数据量 / 链路带宽”的方式进行计算得出。

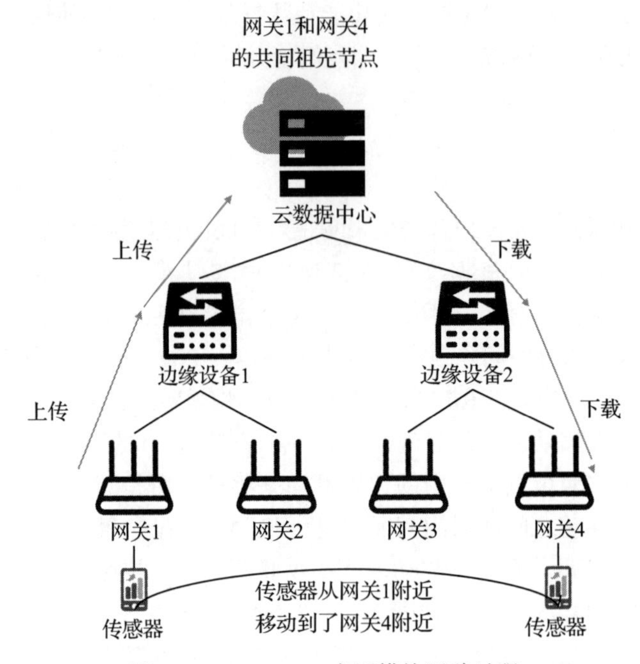

图 7-14 iFogSim2 应用模块迁移过程

7.4.2 边缘设备集群

iFogSim2 支持边缘计算环境中的多个地理位置相互靠近的边缘设备共同组成边缘设备集群，这个集群中的边缘设备之间可以进行直接通信，即使是同一层次中的设备也可以直接通信。在 iFogSim 中，每个设备只能和同一父节点的其他子节点之间组建边缘设备集群，该设备通过集群链路和集群内的其他设备进行通信，当该设备收到一个任务需要转发的时候，如果任务的目的设备和该设备在同一边缘集群内，那么该设备将直接通过集群链路转发任务给目的设备，而无须通过父节点进行转发。

iFogSim2 通过设备的地理位置来确定集群成员，位置距离小于特定阈值的设备才能组成集群，在 iFogSim2 中，该阈值被默认为 300 米。当一个设备需要组建集群时，iFogSim2 遍历它的父节点的所有子结点，并且从中找到满足距离阈值的所有设备与该设备组成集群。集群之间的设备之间的传播时延默认为 2ms，集群链路带宽往往由用户设置为一个较大的带宽值。

7.4.3 微服务

iFogSim2 增加了对于微服务架构的应用的支持。微服务架构的应用由多个微服务组成，每个微服务通常有多个实例，这些实例并发处理请求，提高了请求的处理效率。多个微服务的多个实例之间通过网络相互通信，共同合作完成用户请求。与 iFogSim 中 DAG 型应用的不同在于，同一微服务的多个实例之间需要进行负载均衡，同时每个微服务的实例数量会根据请求负载的不同动态地变化，当请求负载增加时新的实例将会被创建以提供更多的并行处理能力，当请求负载降低时会有实例被撤销以降低设备的资源消耗。

iFogSim2 增加了对微服务的负载均衡和服务发现的支持。当某个微服务的实例要发送请求给下一个微服务时，它调用负载均衡策略来从下一个微服务的多个实例中选择一个目的实例来接收请求。而服务发现就是在实例被创建或者撤销的时候更新全局信息。目前 iFogSim2 提供了对轮询（RoundRobin）的负载均衡策略的支持，在该策略中，请求将被循环发送给目的微服务的每一个实例。iFogSim2 支持使用者通过编程实现自定义的负载均衡策略。

图 7-15 展示了 iFogSim2 中的微服务架构与服务发现机制。如图 7-15 所示，一个微服务有多个实例，一起运行在边缘计算环境中并发地处理请求。而服务发现机制负责存储和更新微服务的实例信息，这些信息主要包括微服务的实例列表以及其中各个实例所部署的具体位置，服务发现机制存储的这些信息可以在负载均衡机制中被获取并使用，帮助用户实现个性化的负载均衡策略。

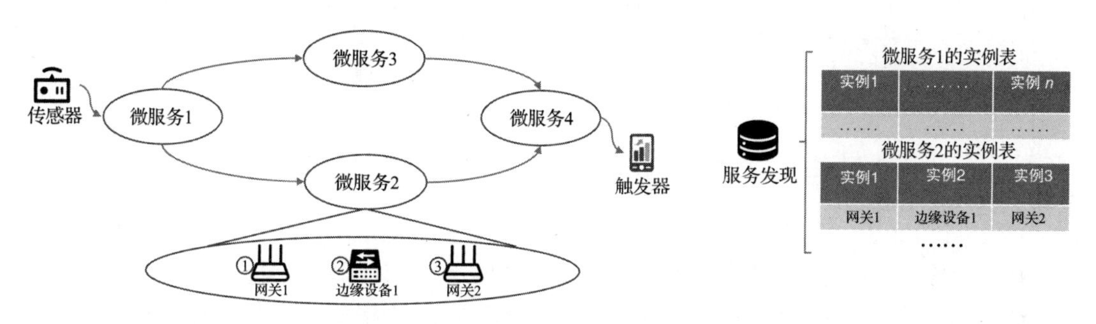

图 7-15　iFogSim2 微服务架构与服务发现

7.4.4　EUA 数据集

iFogSim2 提供了 EUA 数据集，该数据集包括墨尔本中心商务区的 128 个真实的边缘设备的相关信息，这些信息主要包括边缘设备的编号、边缘设备的经纬度、边缘设备所在的层级、边缘设备的父节点。图 7-16 展示了 EUA 数据集的内容。

1	ID	Latitude	Longitude	Block	Level	Parent	State	Details
2	0	-37.8136	144.9631	0	0	-1	VIC	DataCenter
3	1	-37.81395	144.95463	1	1	0	VIC	Block1 Proxy
4	2	-37.81676	144.95592	2	1	0	VIC	Block2 Proxy
5	3	-37.8189	144.95694	3	1	0	VIC	Block3 Proxy

图 7-16　iFogSim2 EUA 数据集内容

iFogSim2 EUA 数据集所覆盖的地理区域如图 7-17 所示，EUA 数据集将所有的真实边缘设备都被设置为2层设备，并且将EUA数据集的区域划分为12个块。在每个块中添加了一个1层设备，并且该块内的所有2层设备都将该1层设备设置为父节点。iFogSim2的作者们还在EUA数据集中添加了唯一的0层云数据中心节点，将其设置为所有1层节点的父设备。图7-17中红色的点表示真实的边缘设备，而蓝色的点表示添加的1层节点。

图7-17 iFogSim2 EUA数据集所覆盖的地理区域[16]（见彩插）

7.5 本章小结

面向边缘计算环境的资源管理和任务调度策略是分布式计算研究领域中的重点研究方向。利用面向边缘计算的模拟仿真工具来进行相关研究可以有效提高资源管理和任务调度策略的设计和验证效率，并且大幅度降低真实系统搭建的时间成本和金钱成本。在本章中我们首先对现有的面向边缘计算环境的仿真建模工具进行了概述，并详细介绍了当前最流行的模拟器iFogSim，iFogSim的前身CloudSim以及基于iFogSim拓展的模拟器iFogSim2。读者可以通过阅读本章内容了解各种模拟器的特性，并且为自己的研究选择适合的模拟器。

思考题

1. 近年来，虚拟化技术不断发展，比虚拟机更加轻量级的容器技术逐渐被广泛地应用在了云计算领域中。相比于虚拟机，容器占用更少的计算资源，并且能够快速的开启和关闭。除此之外，容器的文件系统还可以按照层次结构进行组织，不同的容器可以共享底层相同的文件，从而大大节约存储开销。如果让你扩展iFogSim实现对容器的建模，你会怎么建模呢？

2. 当前大多数模拟器都与 iFogSim 相同，通过“传播时延 + 传输时延”的方式来建模网络传输的时间开销，其中“传输时延 = 数据量 / 链路带宽”，链路带宽往往是恒定的。这种静态建模的方式在很多文献中已经被证明与真实情况有较大差距。实际上，当一条链路比较“拥堵”的时候，数据传输时间会更高，如何对网络传输开销进行建模能够更接近实际情况？

3. 除了文中提到的关于网络建模的不足之外，iFogSim 的建模还有哪些不足之处或者是不合理的地方？该如何改善？

4. 除了用户界面和 JSON 文件之外，模拟器还可以提供哪些方式来降低用户编写代码的开销，提高配置的复用性？

5. 一个好的模拟器需要同时具有一定的通用性，使用者可以对其进行拓展从而实现个性化的需求，但是同时它又要具有一定的专用性，提供有限的功能和有限的可拓展的接口。请你思考 iFogSim 是怎么在专用性和通用性之间做出平衡的？

参考文献

[1] MARKUS A, KERTESZ A. A survey and taxonomy of simulation environments modelling fog computing[J]. Simulation Modelling Practice and Theory, 2020, 101: 102042.

[2] MARGARITI S V, DIMAKOPOULOS V V, TSOUMANIS G. Modeling and simulation tools for fog computing—a comprehensive survey from a cost perspective[J]. Future Internet, 2020, 12(5): 89.

[3] CALHEIROS R N, RANJAN R, BELOGLAZOV A, et al. CloudSim: a toolkit for modeling and simulation of cloud computing environments and evaluation of resource provisioning algorithms[J]. Software: Practice and experience, 2011, 41(1): 23-50.

[4] BELOGLAZOV A, BUYYA R. Optimal online deterministic algorithms and adaptive heuristics for energy and performance efficient dynamic consolidation of virtual machines in cloud data centers[J]. Concurrency and Computation: Practice and Experience, 2012, 24(13): 1397-1420.

[5] MEDINA A, LAKHINA A, MATTA I, et al. BRITE: An approach to universal topology generation[C] // MASCOTS 2001, Proceedings Ninth International Symposium on Modeling, Analysis and Simulation of Computer and Telecommunication Systems. New York: IEEE, 2001: 346-353.

[6] BROGI A, FORTI S, IBRAHIM A. How to best deploy your fog applications, probably[C]//2017 IEEE 1st International Conference on Fog and Edge Computing (ICFEC). New York: IEEE, 2017: 105-114.

[7] CHANG X. Network simulations with OPNET[C]//Proceedings of the 31st conference on Winter simulation: Simulation-a bridge to the future-Volume 1. [S.l.]: WSC, 1999: 307-314.

[8] FogTorchII simulator online: https://github.com/di-unipi-socc/FogTorchPI.

[9] DIMITRIOS T, HELEN K. Simulation and performance evaluation of a fog system[C] //2018 Third International Conference on Fog and Mobile Edge Computing (FMEC). New York: IEEE, 2018: 26-33.

[10] QAYYUM T, MALIK A W, KHATTAK M A K, et al. FogNetSim++: A toolkit for modeling and simulation

of distributed fog environment[J]. IEEE Access, 2018, 6: 63570-63583.

[11] MOHAN N, KANGASHARJU J. Edge-Fog cloud: A distributed cloud for Internet of Things computations[C] //2016 Cloudification of the Internet of Things (CIoT). New York: IEEE, 2016: 1-6.

[12] LERA I, GUERRERO C, JUIZ C. YAFS: A simulator for IoT scenarios in fog computing[J]. IEEE Access, 2019, 7: 91745-91758.

[13] SEUFERT M, KWAM B K, WAMSER F, et al. Edgenetworkcloudsim: Placement of service chains in edge clouds using networkcloudsim[C] //2017 IEEE Conference on Network Softwarization (NetSoft). New York: IEEE, 2017: 1-6.

[14] MECHALIKH C, TAKTAK H, MOUSSA F. PureEdgeSim: A simulation toolkit for performance evaluation of cloud, fog, and pure edge computing environments[C] //2019 International Conference on High Performance Computing & Simulation (HPCS). New York: IEEE, 2019: 700-707.

[15] GUPTA H, VAHID DASTJERDI A, GHOSH S K, et al. iFogSim: A toolkit for modeling and simulation of resource management techniques in the Internet of Things, Edge and Fog computing environments[J]. Software: Practice and Experience, 2017, 47(9): 1275-1296.

[16] MAHMUD R, PALLEWATTA S, GOUDARZI M, et al. Ifogsim2: An extended ifogsim simulator for mobility, clustering, and microservice management in edge and fog computing environments[J]. Journal of Systems and Software, 2022, 190: 111351.

[17] LOPES M M, HIGASHINO W A, CAPRETZ M A M, et al. Myifogsim: A simulator for virtual machine migration in fog computing[C] //Companion Proceedings of the10th International Conference on Utility and Cloud Computing. [S.l.]: UCC, 2017: 47-52.

[18] NAAS M I, BOUKHOBZA J, PARVEDY P R, et al. An extension to ifogsim to enable the design of data placement strategies[C] //2018 IEEE 2nd international conference on fog and edge computing (ICFEC). New York: IEEE, 2018: 1-8.

[19] SONMEZ C, OZGOVDE A, ERSOY C. Edgecloudsim: An environment for performance evaluation of edge computing systems[J]. Transactions on Emerging Telecommunications Technologies, 2018, 29(11): e3493.

[20] SAJJAD H P, DANNISWARA K, AL-SHISHTAWY A, et al. Spanedge: Towards unifying stream processing over central and near-the-edge data centers[C]//2016 IEEE/ACM Symposium on Edge Computing (SEC). New York: IEEE, 2016: 168-178.

[21] MAYER R, GRASER L, GUPTA H, et al. Emufog: Extensible and scalable emulation of large-scale fog computing infrastructures[C]//2017 IEEE Fog World Congress (FWC). New York: IEEE, 2017: 1-6.

CHAPTER 8 · 第 8 章

边缘计算卸载技术研究

近年来，终端设备（智能手机、可穿戴设备以及物联网设备等）已成为人们生活中不可或缺的一部分，而随着传感和通信技术的快速发展，人们对于终端设备的期望也从一开始的提供通信功能变成了游戏、社交媒体交互、电子购物、信息娱乐等需要更多计算资源的应用。不仅如此，如今的终端设备还配备了大量的内置传感器（包括摄像头、麦克风等），这也使得人们期望能够以此为基础，获得智能定制化的服务。

然而，终端设备由于体积较小的缘故，其计算资源与存储能力总是有限且不易拓展的，因此，在终端设备上处理和存储大量的多模态感知数据并对其进行快速处理是不可行的。这也在一定程度上制约了人们日益增长的对于提高生活质量与娱乐生活的需求愿景[1-2]。

云计算具有强大的计算能力与巨大的存储资源，可以为计算密集型任务提供足够的资源并且能够在极短时间内完成任务的处理[3-4]。但是由于云端服务器的地理位置距离用户很远，将本地的任务上传到云端进行处理虽然可以减轻终端设备的负担，但是也会不可避免地陷入较高的时延与大量的抖动，在遇到网络状况不好时，对于视频会议、游戏直播等时延敏感型的相关任务，更是会引起灾难性的用户体验。除此之外，将终端设备的数据上传到云端处理需要经过公共骨干网络，这也会让用户的数据处于易泄露的风险中，不利于保护用户的隐私数据。

很显然，对于云计算的替代方案应该引入一个更加分布式的基础架构，通过将类似云的功能部署在更靠近用户的地方来提高任务的处理效率。到目前为止，边缘计算被认为是解决该问题的有效方法，作为云端的延伸，边缘计算不但具有较强的计算能力，而且距离用户更近，能够让用户轻松进行访问。边缘计算的基本原理是将云计算的计算能力辐射到靠近用户的网络边缘，这使得在终端设备上运行的应用程序可以以较低的开销将计算密集型和延迟敏感型的任务卸载到附近的边缘服务器进行处理，这种被称为**任务卸载**的解决方案可以显著缓解骨干网络拥塞问题，并且降低应用程序的响应时间，给用户提供更高的可靠性和更高的能源效率，从而提升用户体验，如图 8-1 所示。

边缘计算的概念已经存在了数十年之久，但是边缘计算任务卸载问题却直到最近才开始被广泛研究，尽管如此，任务卸载问题依旧获得了工业界和学术界的广泛关注。在本章中，我们将向读者介绍边缘计算任务卸载的流程、方式及性能指标，卸载场景与应用案例分析等内容。

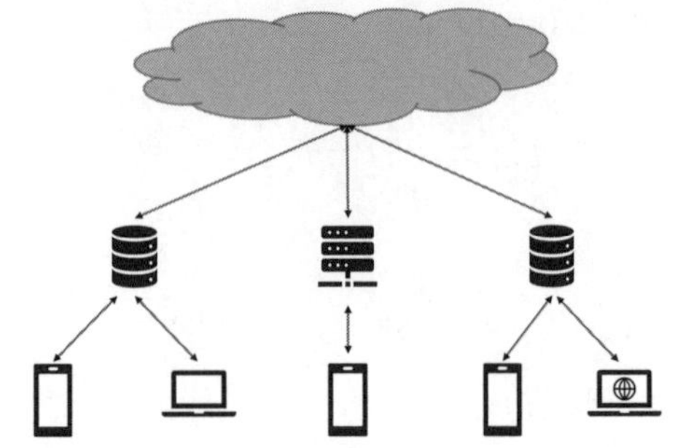

图 8-1　典型的边缘计算任务卸载示意图

8.1　计算任务卸载概述

通常，任务卸载可以定义为将资源密集型计算任务转移到外部资源较为丰富的平台进行处理，如云计算平台、边缘计算平台等。将整个或部分任务卸载到另一个处理器或服务器处理，可以有效对资源密集型和时延敏感型的应用程序进行加速。在这一小节中，我们会介绍边缘计算的任务卸载流程、任务卸载方式、卸载性能指标以及用户移动性。任务卸载是一个复杂的过程，可能会受到许多不同因素的影响。在本节中，我们暂且不去考虑边缘服务器的资源是如何分配的，应用服务是如何缓存的，而是将目光集中在任务卸载的整体流程上，只有先对任务卸载这一整体框架有了一定的了解之后，才能对卸载过程中的细节以及可能出现的挑战有更深刻的理解。

8.1.1　任务卸载流程

边缘计算平台的任务卸载流程主要分为四个步骤，如图 8-2 所示。

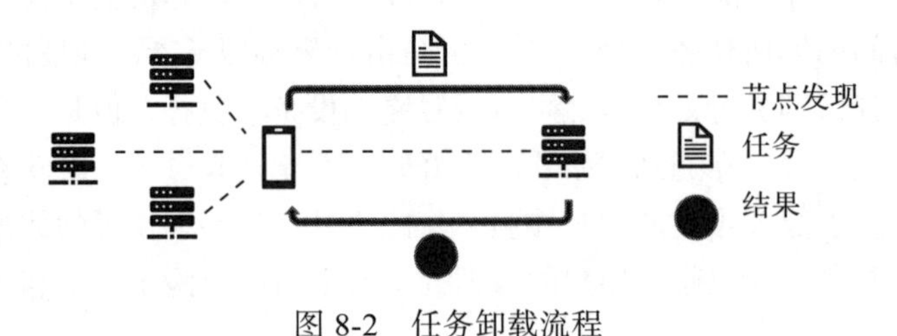

图 8-2　任务卸载流程

1. 节点发现

首先，当用户有任务需要进行转移处理时，本地终端设备会向周围寻找可用的边缘计算节点，也就是位于网络边缘侧的边缘服务器，用于对被卸载的任务进行计算。在搜索到所有可用的节点后，紧接着就是计算卸载中最核心的环节，也就是卸载决策。这一环节主要解决两大问题，即是否进行任务卸载和卸载任务的哪些部分至哪些计算节点。

2. 任务上传

当选择好进行计算的边缘服务器节点后，本地终端设备需要将卸载的任务上传，通过有线或无线网络传输技术，将任务通过接入点卸载至边缘服务器。需要注意的是，边缘服务器如果要处理上传的任务，则本身必须部署相应的服务。以人脸识别任务为例，如果选择的服务器上已经部署了人脸识别的应用，则只需要等待终端服务器将图片数据与相应的增量数据上传即可，而如果服务器上并未部署应用，则该服务器需要向云端请求，在下载并安装人脸识别应用之后才能对任务进行处理。对边缘服务器上的服务进行预先部署和选择也是相当重要且复杂的，这一环节称为服务缓存，将会在后续小节详细介绍。

3. 任务处理

当终端设备将任务上传到边缘服务器后，服务器会根据任务到来时所携带的计算复杂度、服务质量等各项需求为任务分配合理的资源。当涉及任务在多个边缘服务器进行处理时，还需要考虑各服务器之间的数据传输问题。之后边缘计算节点会对卸载到服务器的任务进行处理计算。

4. 结果返回

计算结果的返回是任务卸载流程的最后一个环节：将边缘服务器节点进行计算处理后得到的结果传回用户终端设备。需要注意的是，计算结果的数据量比用户上传的任务数据量往往要小得多。例如，人脸识别系统，边缘服务器计算结果的返回值往往是“True”或“False”这样的标志信息。至此，任务卸载流程结束，终端设备断开与边缘服务器的连接。

8.1.2　任务卸载方式

介绍完任务的卸载流程后，我们接下来针对任务卸载的方式做一些介绍。从任务卸载的粒度上进行区分，通常将其分为 0-1 卸载和部分卸载两种方式。

1. 0-1 卸载

0-1 卸载指的是一种二元决策，即将要卸载的任务看作一个整体，该任务要么在本地终端设备执行，要么全部卸载到边缘服务器进行处理。其中，“0”指的是在本地执行，“1”指的是卸载到网络边缘执行。这类任务一般是高度集成的任务或是相对简单而不可再分割的原子（atomic）任务。通常，轻量级任务会倾向于放在本地执行，这是因为其传输到边缘执行的代价可能会高于本地执行的代价，而且传输过程还会挤占公共网络资源。

对于这种不可分割的计算任务，通常使用一个三元组来表示，即 < 输入数据量、任务截止时间、计算工作量 >：

- 输入数据量指的是完成该任务所需要上传到边缘服务器的数据大小，如文献翻译任务需要上传文本翻译的原件，人脸识别需要上传图片信息等，这会直接影响任务上传的时间，输入数据量越大，上传的时间也越长，一般用 bit 作为其单位。

- 任务截止时间指的是任务完成的时间期限，截止时间可以分为硬截止时间（hard deadline）和软截止时间（soft deadline），超过硬截止时间则该任务失败，而软截止时间则允许部分任务在超出截止时间后以一定损失的情况下完成。除非特殊说明，通常研究中的任务截止时间指的都是硬截止时间。
- 计算工作量指的是处理任务所需要的 CPU 周期数，通常以每 bit 所需的 CPU 周期数来作为单位。计算工作量与具体的应用程序相关，可以通过任务分析器进行估计，从而可以估计并比较本地终端与边缘服务器的计算开销，做出合理的卸载决策。

这三个参数的使用不仅能够捕捉到任务的基本属性，如任务的计算需求、任务传输的通信带宽等，而且还有助于在卸载决策环节对执行时延和能耗性能等进行简单的评估。当任务的数量与服务器的数量较多时，卸载的决策空间会变得很大，导致在短时间内无法获得最优的方案，此时如何在较短时间内获得一个相对令用户满意的卸载决策就变成了一个复杂问题。

2. 部分卸载

随着信息技术的不断发展，现实中的应用变得越来越复杂，越来越多功能化，这些应用往往由多个不同的组件 / 子程序所构成，如图 8-3 所示，这也让实现应用程序更细粒度的计算卸载成为可能。让应用程序以更细粒度进行卸载也就是将应用程序进行切分，分割成多个不可再分的子程序，再对这些子程序分别进行卸载，这也被称为部分卸载。

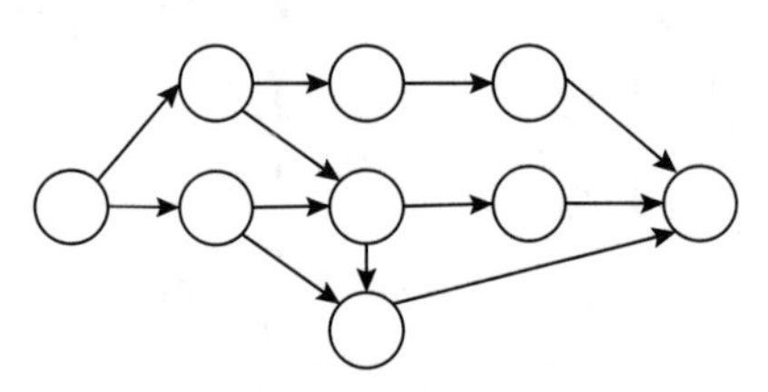

图 8-3　有向无环图型任务拓扑图

最简单的部分卸载的模型是组成应用程序的所有子程序之间都是相互独立的模型，即任务的输入相互之间独立，这使得该应用程序可以被划分成任意形式，之后再进行卸载。这些子任务之间相互独立意味着每个子任务都能被当作单独的任务进行 0-1 卸载。部分卸载本质上与 0-1 卸载没有区别。

然而，由完全相互独立的子任务所组成的应用程序非常稀少。更普遍的是组成应用程序的不同子任务之间具有依赖关系。这些子任务之间的依赖关系显著影响了整体任务的执行与计算卸载，这主要是因为：

- 子任务间的执行顺序是固定的，某些子任务的输出会成为另一些子任务的输入，还是以人脸识别举例，特征提取这一任务的输出就是分类器这一任务的输入。
- 一般来说，边缘服务器中只要部署了相应的服务，应用程序中相关的功能或子任务都是可以卸载到边缘进行计算的。然而由于硬件或软件的限制，某些功能只能在本地终端设备执行，如图像显示功能等。

通常意义上，部分卸载被默认是由具有依赖关系的子任务组成的应用程序的卸载。这些具有依赖关系的子任务之间构成了一个复杂的拓扑图，该图通常是一个有向无环图。该拓扑

图可表示为 $G(V, E)$，其中 V 是顶点集，用来表示应用程序中的不同子任务；E 是边集，用来指示各个子任务之间的执行顺序关系。如果图中有一条由点 A 到点 B 的有向边，这就意味着子任务 A 必须在子任务 B 之前完成，同时子任务 A 的输出会成为子任务 B 的输入。需要注意的是，子任务也是具有各自的属性的，如子任务工作量、子任务之间的数据传输量等，可用 DAG 图中点和边的权重来表示。我们可根据子任务的特点、子任务之间的依赖关系以及网络环境对整个应用程序进行更加细粒度的卸载。在后续小节中，我们会给出一个 DAG 型任务图的建模过程。一般来说，对于本地终端设备发起的应用程序，第一个子任务和最后一个子任务都需要在本地执行，例如，收集 I/O 数据并将最终结果显示在屏幕上。

对于部分卸载而言，更细粒度的应用程序分割带来了更灵活的卸载方案，原本边缘设备的资源可能不足以支撑整个应用程序的计算卸载，但若只是卸载部分的程序或功能则完全可以满足。诚然，部分卸载因为存在内部子任务依赖性的原因，极大地提高了决策的复杂度，但带来挑战的同时也让我们能以更合理高效的方式进行卸载。如何在给定的边缘环境中利用好这些依赖关系是解决部分卸载的关键。

8.1.3　卸载性能指标

在边缘任务卸载的研究中，有许多不同的性能指标，其中时延和能耗是两大关键的指标，大多数的研究在进行任务卸载时都会以它们为优化目标。此外，成本、收益、用户体验质量（quality of experience）以及资源联合优化等也是重要的指标，如图 8-4 所示。这些指标在多目标任务卸载时或独立或联合进行优化。在下文中，我们将简要介绍任务卸载领域中的这些基本指标。由于不同的论文在设计这些指标时并不是完全统一的，或多或少都有一些细微的差异，因此在本章中，我们会避免提出一种形式上的规范定义。相反，我们会在这部分总结上述指标的一些本质内涵，以便读者更容易理解。

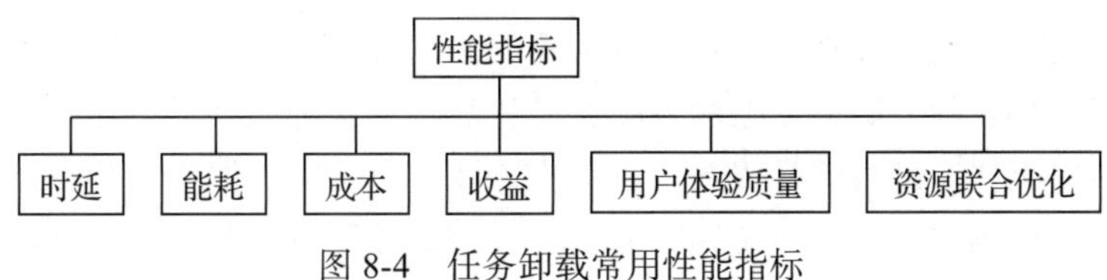

图 8-4　任务卸载常用性能指标

1. 时延

时延是任务卸载中被使用最多的一个指标，因为现在大部分的应用都属于时延敏感型，于是以降低时延为优化目标的研究也是边缘任务卸载的热点问题之一。在边缘卸载中，计算时延（时延）被描述为三部分：

- 任务从终端设备到边缘服务器的传输时间。
- 任务在服务器中的执行时间（包含排队时间）。
- 将计算结果返回到终端设备的时间。

被卸载的任务大小、通信带宽的大小、边缘服务器的资源、任务的工作量等都对时延有着不可忽视的影响。尤其是在多个任务同时对边缘服务器发起任务卸载请求时，不仅需要满足任务的时延要求，还需要在有限的服务器计算资源与通信带宽之间进行权衡，这种带有多维度限制的优化问题是相对复杂且难解的。

2. 能耗

终端设备进行任务卸载的一个重要原因就是终端设备的电量是有限且相对较珍贵的，特别是对小型智能设备而言，本身可能无法支撑较大任务的长时间运行。所以，降低能耗也是边缘任务卸载中的重要研究目标。通常，卸载所消耗的能量也由三部分组成：①任务从终端设备到边缘设备的传输能耗；②任务在边缘服务器中执行所消耗的能耗；③将计算结果传输回终端设备所消耗的能耗。每个 CPU 周期的功耗、任务每 bit 所需要消耗的 CPU 周期数、任务的工作量、传输功率、信道增益与传输途径等都对能耗有着重要的影响。同样，针对降低能耗这一优化目标，往往也有着多维的限制条件。此外，在一些研究中，还考虑了对设备进行无线充电，这进一步增加了问题的复杂度与卸载策略的多样性。

3. 成本

在边缘任务卸载中，不同的研究人员会用不同的方法来计算成本或开销。通常，成本是指利用通信信道传输任务，在服务器上执行任务所产生的费用。这些费用取决于任务的卸载决策、服务器的运行能耗，传输的信道介质等。由于能耗与时延是计算总成本的关键因素，因此在这两个指标之间进行权衡是非常重要的。当前的研究一般都会建立自己独特的与具体场景相关的成本模型，并在满足用户服务质量的前提下，以最小化成本为优化目标。在一些研究中，成本与其他指标同时考虑，在给定成本的条件下尝试优化目标指标。

4. 收益

边缘任务卸载的收益一般是站在服务提供商的角度进行权衡的。边缘服务器一般都是服务提供商进行研发部署的，服务器上的各项服务当然也不会免费提供。通常，用户都需要付费后才能使用。对于任务卸载这种服务，自然也需要支付一定的费用。各个运营商收费的标准以及方式都是不同的，有些按照使用时间收费，有些按照资源收费。但是总体来说都与任务的工作量、服务器的性能有比较大的关联。这一性能指标在优化问题中一般会从服务提供商角度出发，在一定资源限制的前提下，通过满足所有或者一部分用户的任务卸载请求，最大化服务提供商的收益。一般使用拍卖、博弈论、竞价等方法来解决这类问题。

5. 用户体验质量

在边缘任务卸载中，有很大一部分的应用是与用户相关的，对这些应用的评价也一般会从用户的角度出发，如在评价视频流传输的相关应用时，视频的播放体验就是很关键的作为衡量边缘任务卸载优劣的指标。在边缘任务卸载中，研究人员会根据不同的实际因素运用不同的技术手段，如平均意见评分（MOS）、意见评分标准差（SOS）和净推荐值（NPS）来对用户体验质量进行描述。此外，用户对于边缘任务卸载中所要支付的费用也是很关注的，或者说收费问题影响着绝大多数用户的体验质量。虽然现在边缘计算的发展已经为用户提供了足量的资源，但是在提升用户体验方面，仍然有许多需要解决的问题，如提高吞吐量、降低网络拥塞、提高系统的安全性和可靠性等。

6. 资源联合优化

读者可以发现，上述提到的几个指标之间往往是相互矛盾的，使得任务卸载成了一个非常具有挑战性的问题。举例来说，将终端设备上的任务完全卸载到边缘服务器执行可能会使延迟降到最低，但是这一决策也会使边缘服务器的能耗大大增加。在最小化任务卸载成本时，最后很有可能使多个任务都卸载到同一个服务器上执行，但是这往往会在边缘服务器处造成严重拥塞，从而导致极高的通信时延和极大的排队时延。因此，使用多目标的卸载决策可以权衡各个指标。最常见的多目标优化往往会考虑联合最小化延迟和能耗。

8.1.4 用户移动性

当边缘任务卸载涉及用户的移动性时，无疑提高了卸载问题的复杂度。原因在于服务的迁移被引入任务卸载优化的过程中。在一些研究中，研究者会假定用户任务在用户离开当前边缘服务器（或基站）的覆盖范围之前处理完成。通过这样的假设可以不考虑服务的迁移，然而这并不是一个很好的解决方案，在很多情况下，用户的移动往往都伴随着服务的迁移。

在移动边缘场景下，一个关键的问题是如何高效地在边缘服务器上部署相关的用户服务。与基于云计算的场景不同，移动边缘计算中的边缘服务器资源都是有限的，且分布式地部署在不同的地理位置，同时整个边缘环境都是动态变化的。如图 8-5 所示，在某段时间内，用户可以从一个地点漫游至另一个地点，对于云计算来说，用户与云之间的服务时延并不会发生变化。但是对于边缘节点来说，地理位置的改变也带来了通信时延的改变。这时，移动边缘计算需要考虑是否需要将服务从原来的服务器迁移至新的服务器运行。这里的矛盾之处在于，虽然迁移服务可能会带来更低的时延，但是却会不可避免地带来较大的迁移开销，这里的迁移开销包括销毁和重新创建虚拟机、迁移虚拟机状态的带宽占用以及迁移失败的失败开销等。同时，选择哪个服务器进行迁移也对整体开销有着很大的影响。选择开销较小的服务器迁移可能会在当前时间节点有着较小的开销，但是可能会增加后续的迁移开销。通常，根据用户设备在未来位置是否已知，可以将用户的移动性划分为三种不同的类型[5-9]：①用户随机移动；②用户的移动短期内可预测；③用户的移动完全已知。不考虑用户移动的场景也可以纳入进来，即用户的移动很缓慢，所以用

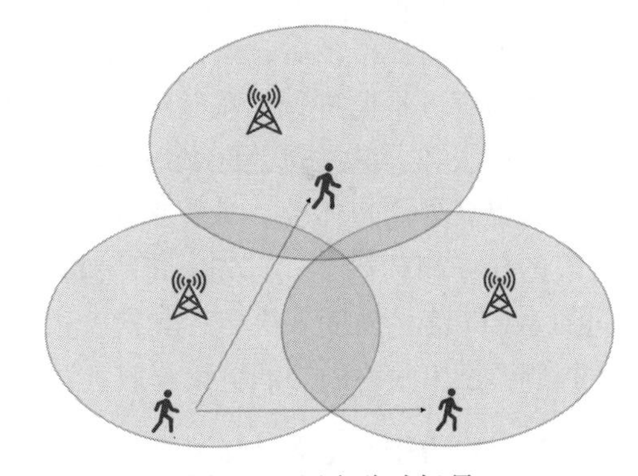

图 8-5 用户移动场景

户的任务总能够在用户转移到另一个基站前完成。

在本节中，我们只考虑用户发生移动的场景，并对用户未来位置发生改变的三种情况下的边缘任务卸载分别进行介绍。

1. 用户随机移动

用户随机移动也就意味着用户的未来位置是完全不可知的，在这种情况下，一般会使用随机路点（Random Way Point，RWP）模型进行建模。在这个模型中，用户可以从基站开始，沿着任何方向进行自由移动。该模型在理论上是可分析且易于实现的。文献 [8] 中提出了一种基于 RWP 的稳定框架，该框架考虑了任务卸载期间的用户位置。然而，上述模型无法提供最佳的解决方案，因为它们无法根据用户的实际信息与环境信息对用户的位置做出预测。同时，随机路点也增加了时间复杂度、功耗以及执行时间。随机路点模型一般都相对比较简单，无法对真实的情况做出较为准确的模拟。

2. 用户的移动短期内可预测

在真实的场景中，用户的移动往往会具有一定的规律性。通过对用户运动特征的持续分析，即用户的轨迹、持续时间和速度等，并将这些特征运用到特定的平移运动模型，就有可能对下一次边缘服务切换的时间与位置进行预测。同时，在持续追踪用户信息的过程中，处理器还会定期收集记录到用户的带有时间戳的地理位置更新信息，从而生成可用于轨迹预测的路线实时信息。

在预测用户路径后，就可以提前将用户的卸载任务路由至下一个服务器上，将用来处理该任务的服务提前进行加载并将任务的中间状态信息传输到新的服务器上。这样，当用户移动到新的服务器基站覆盖区域时，用户就几乎不会感受到切换服务器而带来的额外时延，这也大大提高了用户体验。举例来说，智能旅游服务就利用预测的用户位置与密度信息进行两阶段的任务卸载 [10-11]。首先，每个移动终端设备根据航位推算技术，结合自身与附近基站之间的 Wi-Fi 信号强度来决定；其次，边缘端会使用卡尔曼滤波器对用户的数量进行预测，并由控制器做出最终的卸载决策与服务器的资源分配方案。

3. 用户的移动完全已知

用户的移动完全已知也就意味着所有的信息都可以提前获得，用户在任意时刻的位置都被提前确定了。这种情况下，与用户处于静态场景下相比，除了要考虑服务迁移外，卸载策略与静态场景的研究方法并没有本质上的区别。在用户的移动完全已知时，一般会假定用户所有可能的移动地点已知，但是用户具体移动到哪个地点还需要做进一步的分析。

如今，在用户移动终端设备上运行的服务，例如谷歌的定位服务，会不断追踪和记录用户的历史移动行为。而在边缘端的一些计算设备也会允许记录用户移动终端接入以及断开边缘接入点的时间，这使得提取用户的周期性移动模式成为可能 [12,13]。基于这些用户数据，可以估计出用户的移动信息并且能估计出用户在任意给定时间的具体位置。具体来说，可以通过马尔可夫链（MC）将用户的周期性移动的历史数据建模成一个离散随机过程，并以概率方式对移动信息进行提取 [6,14]。通过这种建模方式，用户移动到特定位置的估计就只取决于用户之前访问的位置以及不同位置之间相互转移的概率分布。进一步地，通过训练每个用户的移动模型，每个用户近期访问某些边缘接入点的概率取决于当前关联的接入点、每个接入点的预期网络质量以及每个接入点下的预期停留时间。利用这些训练好的模型，针对不同的用户，可以将用户将要使用或者最常使用的服务安装在位于他们最有可能访问的边缘服务器中，这样就能提升用户体验并减少任务卸载期间的网络延迟。

8.2 任务卸载场景

8.2.1 任务卸载和服务缓存

在“部分卸载”一节中，我们提到过，处理不同的任务需要用到不同的应用程序或者功能，为了方便叙述，这里将处理任务所用到的程序或功能统一称为服务。在边缘计算中，为了能够处理终端移动设备卸载到服务器的任务，服务器中也必须部署相应的服务才可以。通常，服务提供商在部署边缘服务器时，会在服务器上预先缓存一些常用的服务，这样当一些常见的任务到来时，就可以迅速得到处理。对于不太常见的服务，服务器则需要先向云端申请，在下载相应服务并缓存部署之后，卸载的任务才能进行处理。可以看出，服务缓存和任务卸载是相辅相成、高度耦合的决策过程 [15-19]。在考虑服务缓存的任务卸载中，除了边缘服务器之外，云端作为计算节点也需要被考虑在内。云端一般被认为是极其强大的，不仅具有大量的计算资源和内存资源，还缓存了所有的服务，这意味着终端设备的任务卸载到云端，就可以在很短的时间内得到执行。然而，相比于边缘服务器，云端距离终端设备很远，虽然对任务处理很快，但是要将任务传输到云端却需要消耗较多的带宽，并且需要的时间也相对较长。虽然服务器可能需要从云端下载部署服务，但是对于数据量庞大的任务而言，下载服务所消耗的成本（带宽和时间）相比于将任务传输至云端处理的成本会小很多。任务是卸载到边缘服务器处理，或是上传到云端处理，或是放在本地处理，就构成了一个复杂的优化问题，需要在时延、带宽、计算资源之间进行权衡。

服务缓存本身是一个经典的问题，它与之前的内容缓存有很多相似的地方，都需要考虑用户的位置与内容的受欢迎程度，但又与内容缓存之间存在着诸多差异，如图 8-6 所示。

首先，服务是异构的，不同的服务（如虚拟现实、在线 Matlab 等）所需要的资源，诸如内存、CPU 等都是不同的。对于用户而言，请求不同服务的频次也是不同的。虽然部署服务的资源可以提前知道，但用户在时间和空间上处于变化的状态，使得预部署存在一定的难度。因此，为了服务器资源能够得到有效利用，服务缓存必须根据预测到的服务受欢迎程度或者服务的请求频率，在资源有限的边缘服务器上进行自适应的更新缓存。

其次，为了更贴近真实环境，边缘计算系统一般考虑用户请求随机到达的场景，且边缘服务器部署后通常不会有很频繁的变动。因此边缘计算系统的长时间系统性能比短期系统性能更值得关注。然而，正如之前所提到的，长期的资源约束（例如能量消耗等）必然是与服务的缓存决策高度耦合的，但是在做出服务的缓存决策时，面对的却是未知的未来请求到来情况，这加大了有效的服务缓存的难度。

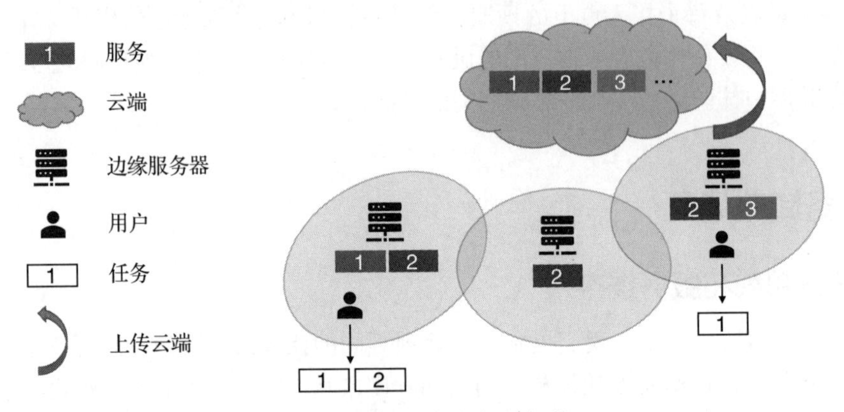

图 8-6　服务缓存与任务卸载

最后，在互联网络高速发展的现在，用户数量不断增加，用户产生的数据与计算需求都呈指数级增长，从蜂窝网络的诞生到如今正在部署的 5G 网络，基站的数量与密度都在不断增长。在 5G 时代，预计基站的密度将达到 40 ～ 50 个每平方公里。密集的蜂窝网络加上移动的用户群体创造了一个复杂的多单元（multi-cell）环境，其中需求和资源在时间域和空间域都高度耦合。有效的服务缓存和任务卸载需要所有基站之间的深度协调配合，如何在多基站之间进行高效的通信与资源协调，是一个重要的难题。为了降低复杂度，通常研究者都更倾向于使用分布式算法。

8.2.2　在线卸载和离线卸载

当讨论任务卸载时，如果没有加前缀或者特殊说明，一般都是指被卸载的任务信息已知的情况，即被卸载的任务集合已知，且每个任务的各项信息也已知。然而，在真实环境中，任务并不会同时到达，在到达之前也不会告知基站所有的信息让基站提前做好卸载决策[20-24]。虽然我们可以将时间分割成等长的一些时间段，并在每个时间段的开头为之前到来的任务做统一决策，但是划分时间段这个方式本身存在一些问题。时间段的划分如果太短，会使得每次做卸载的任务数量太少，而且任务在一个时间段内无法完成，导致会挤占下一个时间段的边缘资源；时间段的划分如果太长，虽然使得任务能够在一个时间段内完成，但是对于一些到达比较早的任务，则会等待较长的时间，很有可能无法满足任务的时延要求。因此，划分时间段将任务请求的到来建模成离线卸载的方法并不能适用于真实场景。

于是，研究者提出了在线卸载。在线卸载与离线卸载最大的不同就是将任务看作随机到来的，而且在任务到来之前任务的各项信息是无法知晓的。对于离线卸载而言，需要在拥有完整的全局信息的情况下，给出满足特定需求的卸载决策。对于在线卸载而言，需要在仅拥有现在到来的任务信息（任务的大小、时延能耗要求等）以及当前边缘服务器状态（已经分配出去的资源、服务的缓存情况等）的情况下，对已到来的任务做出卸载决策：①是否接受或拒绝此任务的卸载；②如果此任务被接受，那么将其卸载到哪个边缘服务器上执行。在线卸载是一个长期的过程，而且边缘计算系统较为关注长期的效率或收益。因此，在进行在线卸载时，如何能够既满足当前任务的性能要求，又使得边缘系统在长期取得较高的资源利用率和更高的收益，是一个很复杂的难题。值得注意的是，在线卸载可以动态地适应系统环境变化，但是却难以提供最佳的全局任务卸载决策。

在线卸载最大的挑战在于需要在当前信息的情况下做出决策，而且做出的决策需要能够在长期维度上是接近最优的。在未来信息完全未知的情况下，在线卸载十分困难。因此，在解决此类问题时，研究者们通常会引入一些合理且符合实际的假设，比如在同一个区域中到来的任务差异不会很大，任务的执行时间不会很长等。

Chen[25] 等人考虑随机任务到达场景以及由多个移动用户和无线信道组成的移动边缘系统环境，他们的目标旨在从功耗和延迟方面最小化长期平均计算成本。他们研究了一种基于深度强化学习（DRL）的分散动态计算卸载策略，以构建具有优先反馈的可扩展移动边缘计算系统。他们使用基于连续动作空间的深度确定性策略梯度来独立地学习每个移动用户的有效任务卸载策略。Li[26] 等人在可接受的低延迟的约束下以最小化成本为目标，通过联合利用贝叶斯优化和深度强化学习来自适应地挖掘（几乎）最优的服务放置策略，从而能够实时自动化地对 DNN 模型进行云部署。

动态卸载是在线卸载中较为特殊的一类，其前提假设更符合现实场景，即用户的任务卸载请求总是动态变化且不可预测的。Wang[20] 等人研究了 Livelab 真实世界的移动应用程序使用情况的数据集。该数据集收集了 13 个月内 34 位不同用户的 1.4×10^6 个应用程序请求。他们发现，用户的请求数具有不同的均值以及方差，请求数的波动和高方差说明了用户任务卸载请求在现实生活中是高度动态且不可预测的。Wang 等人通过联合调度无线接入网络中的网络资源以及移动边缘计算中的计算资源来最大化移动服务提供商的利润。由于标准的李雅普诺夫技术严格假设任务请求具有固定的长度，且可以在每个决策间隔内完成，因此不适用于移动任务请求长度可变的动态情况。为了解决这个问题，他们扩展了标准李雅普诺夫技术，并设计了 VariedLen 算法，可以在连续的时间内为可变长度的任务请求做出决策。Eshraghi[23] 等人考虑了一种更一般的情况，即任务所需的计算周期在它被完成之前是不确定的。他们的目标是共同优化卸载决策以及计算和通信等资源的分配，以最小化平均成本和成本变化的加权和。由于该问题被规约成了混合整数规划问题，因此他们最终提出了一个有效的算法来解决。该算法能够收敛到任意接近原始问题的近似问题的 KKT 点。动态卸载的任务到来情况如图 8-7 所示。

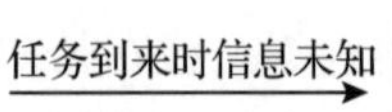

图 8-7　动态卸载的任务到来情况

8.2.3　无线能量传输和任务卸载

移动边缘计算和无线能量传输是两种被认为很有前途的技术。移动边缘计算可以满足安装在移动设备上的延迟敏感和计算密集型应用程序的算力要求，而无线能量传输则可以在一定程度上缓解移动终端设备能量短缺的问题。二者的结合引入了一种名为无线供电移动边缘计算的新范式，一般可以用 WP-MEC 或者 EH-MEC 表示 [27-33]，WP-MEC 场景如图 8-8 所示。

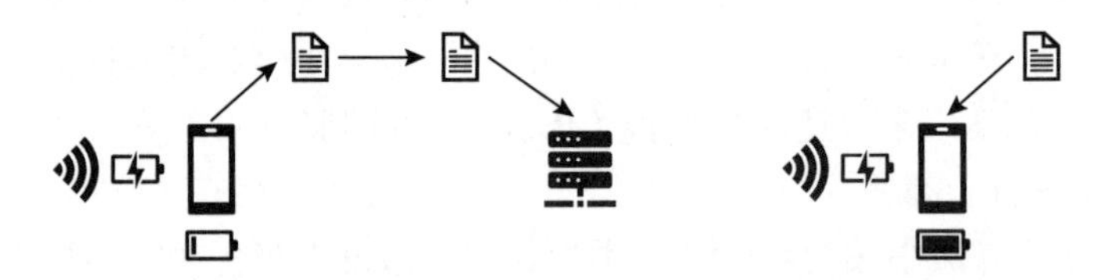

图 8-8　WP-MEC 场景

在 WP-MEC 网络中，位于无线接入网络边缘的边缘设备（如接入点和基站）传输射频信号为移动设备供电，移动设备可以将其密集的计算工作负载卸载到边缘设备。由于终端设备的半双工传输机制，无线能量传输和任务卸载不能同时进行，这就将 WP-MEC 中的时间分成了两部分，即充电时间和卸载时间。显然，WP-MEC 网络中充电时间和卸载时间的分配会影响每个移动设备收集到的能量，并相应地影响每个用户的任务卸载决策。充电时间分配过长可能会使得终端设备在充满电后处于无意义的继续充电状态，而充电时间太短可能会使得终端设备没有足够的能量去处理任务。所以在 WP-MEC 网络中做任务卸载决策时需要同时考虑充电时间的分配以及任务的调度方案。

Zhu[28] 等人研究了在多个终端设备和多个边缘服务器的 WP-MEC 环境中如何最大化任务卸载的完成率。Chen[29] 等人考虑在一组无线设备（WD）上对移动终端设备进行任务卸载，其中每个 WD 都有一个能量收集设备来从环境中收集可再生能源。他们使用李雅普诺夫优化方法来确定 WD 的能量收集策略与任务卸载计划。Huang[30] 等人考虑 WP-MEC 环境中的 0-1

卸载问题，他们的目标是获得一种在线算法，使卸载决策和无线信道资源分配能够最佳地适应随时间变化的无线信道条件。这需要在通道相干时间内快速解决一个组合优化问题，很明显，这是传统方法难以实现的。为此，他们提出了一个基于深度强化学习的在线卸载框架，该框架能够自适应地调整算法的各项参数，既大大降低了计算的复杂度，又可以动态适应信道条件的变化。实验表明，即使在快速衰落的环境中，该框架也能够实时运算并得到接近最优的性能。Mao[31] 等人研究了一个带有能量收集设备的绿色 MEC 系统。他们将执行时延和任务失败的执行成本当作性能指标，基于李雅普诺夫优化理论，提出了一种低复杂度的在线卸载算法，能够共同决定卸载决策、执行时的 CPU 频率以及计算卸载时的发射功率。该算法的决策只取决于当前的系统状态，而不需要计算任务的请求分布、无线信道和能量收集进程等信息。经过证明，他们所提出的算法是渐进最优的。Min[32] 等人则将目光聚焦在物联网中，物联网设备可以通过应用 MEC 和能量收集为计算密集型应用程序提供更优质的服务和更好的用户体验，同时也能够延长设备的使用寿命。他们针对具有能量收集装置的物联网设备，提出了一种基于强化学习的卸载方案，该方案可以根据物联网设备当前的电池电量、设备到各个边缘服务器的无线传输的历史速率信息来选择边缘服务器以及能量的获取方式。该方案能够帮助物联网设备在不了解能耗模型和计算延迟模型的情况下优化卸载策略。该方案有效提高了物联网设备在动态的 MEC 环境中的使用效用。

8.2.4 完全分布式的卸载策略

边缘计算系统中，除了存在中心化的控制节点来调度所有的边缘服务器的场景之外，分布式的边缘系统也是很重要的一大类别。在去中心化的边缘系统中，每个服务器都会自主做出决策。这类系统可用性高，有较强的容错能力，不会出现单点故障。分布式的系统通常有两种运行方式：

- 所有的服务器为同一批用户任务服务，最终使得用户的体验质量最高。
- 每个服务器都有自己的终端用户，不同的服务器之间需要共享资源和通信信道，最终使得系统的可用性最高。

为了更好地利用边缘服务器的计算能力，需要对任务的卸载决策和无线信道的带宽分配进行联合考虑。多个终端设备与单个边缘接入点如图 8-9 所示。

Chen[25] 等人提出了一种基于博弈论的分布式卸载算法，然而该算法需要在边缘服务器和移动终端设备之间进行多次的通信迭代。同时，该算法属于离线算法，并不适用于具有时变环境的 MEC 系统下的实时任务卸载。Huang[34] 等人考虑了时变的 MEC 系统，其中任务是动态到达每个移动终端设备的，且在任务到达设备时，每个设备就需要实时决定是在本地处理该任务还是上传到边缘服务器处理。Huang 等人提出了一种用于 MEC 系统的基于深度学习的分布式卸载算法，该算法同时使用多个并行的 DNN 来生成卸载决策。他们还采用共享内存来存储新生成的卸载决策，来进一步对 DNN 进行训练和改进。大量的数值实验证明，他们所提出的算法能够在不到 1s 的时间内生成接近最优的卸载决策。Qin[35] 等人也针对时变的

MEC 系统，提出了完全分布式的任务卸载决策。他们开发了一种基于阈值的分布式任务卸载算法。对于移动边缘环境中的每个移动设备，该算法会维护自身的任务排队数量这一参数，如果排队的任务数量超过阈值的话，设备就会将计算任务上传到云端处理，否则就直接在本地进行处理。对于每个设备而言，阈值会根据本身的计算负载和使用云服务器的成本进行迭代更新。Qin 等人将这一问题描述为一个对称博弈，并且在假设服务时间为指数的情况下，描述了边缘计算系统的纳什均衡（NE）存在性和唯一性的充分必要条件。之后他们对提出的基于阈值的分布式算法进行了理论分析和实验验证，表明该分布式算法的收敛效率较高。

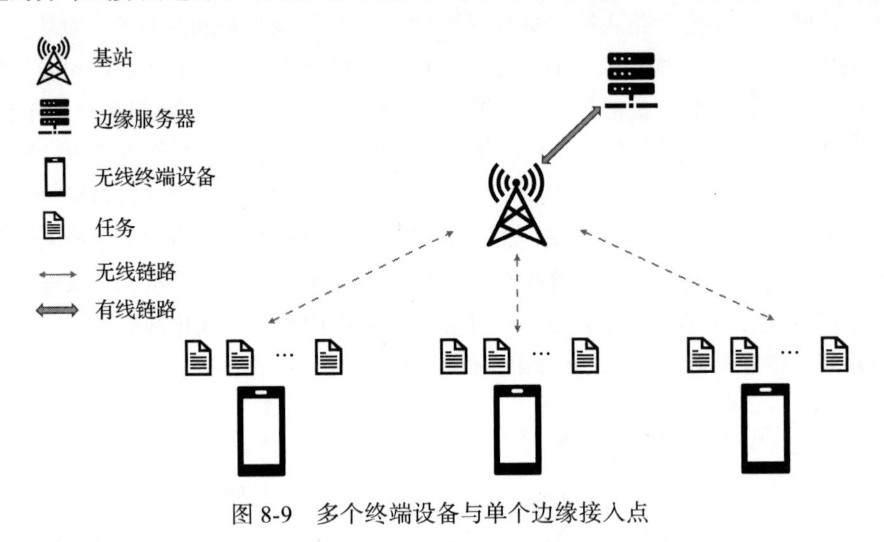

图 8-9　多个终端设备与单个边缘接入点

8.3　应用案例分析

本节挑选任务卸载领域一些典型的工作做细节介绍，主要包括如何获取未知的 MEC 环境信息和如何对任务部分卸载进行建模和算法搭建等。

8.3.1　MEC 环境信息获取

在大多数任务卸载的研究中，研究者往往都隐藏了一个假设条件，即边缘系统环境是完全已知的。在系统建模部分，边缘服务器的存储资源、计算资源、处理能力等，以及网络环境的带宽都是已知信息，可以直接形式化成常量。然而，MEC 是处于时变环境中的系统，网络的好坏在各个时间都是不同的。同时，由于用户移动的不稳定性，即用户可能在连续服务期间漫游在不同边缘服务器服务的覆盖区域中，这使得未来信息是不可知且动态变化的。为了保持令人满意的性能，当用户从一个服务区域移动到另一个服务区域时，需要考虑动态服务迁移，决定是否继续在原来的边缘服务器上通过边缘连接进行数据中继运行服务，还是将服务迁移到另一台边缘服务器以跟随用户的移动性。显然，前者会因为网络距离的扩大而导致通信延迟较长，而后者会降低服务延迟但会产生额外的迁移成本，如带宽使用不足、潜在的服务中断甚至切换失败。

我们在这里介绍一篇来自 2019 年 INFOCOM 的工作 [19]。Ouyang 等人考虑了一个复杂的 MEC 系统，该 MEC 是由多个网络和边缘 / 云服务组成，并由不同的运营商进行管理。跨越多个运营商的系统级高效协同服务管理通常是难以实现的。于是，从用户侧的角度来考虑任务卸载策略就成了更合适的选择。同时，当用户的需求高度差异化时，用户管理的任务卸载和服务布局可以实现更好的针对用户特定偏好的个性化服务支持。

一般来说，当用户漫游过程中，当需要处理关键任务应用程序时，为了争取低感知延迟，用户更愿意通过 4G/5G/Wi-Fi 将其服务放在最近的边缘服务器上接入网络。此后，需要处理一个延迟容忍但计算密集的应用程序，用户更愿意在远程云上运行其任务，以避免频繁的服务迁移并缩短计算延迟。虽然从用户的角度进行卸载决策和服务管理具有其独特的优势，然而，未知的用户未来信息和时变的系统环境，使得在长期的用户任务卸载问题上没有一劳永逸的解决方案。此外，用户侧缺少准确的系统信息，这也使得服务放置和任务卸载的问题复杂化。从用户层面来看，收集系统层面的信息，如网络状况和资源可用性，需要极其昂贵的通信成本。于是，为了从用户侧以较低的成本对 MEC 系统进行探索，Ouyang 等人将用户管理的服务放置问题看作上下文多臂赌博机问题。

1. 系统建模

如图 8-10 所示，MEC 系统中存在多个基站，用 $M=\{1, 2, \cdots, M\}$ 表示。每个基站都配备有一个边缘服务器。同时，假设所有的基站都可以通过局域网进行连接。于是，当用户漫游到另一个基站覆盖区域时，就可以在不直接连接原始基站的情况下，继续从原始基站的边缘服务器接受服务。

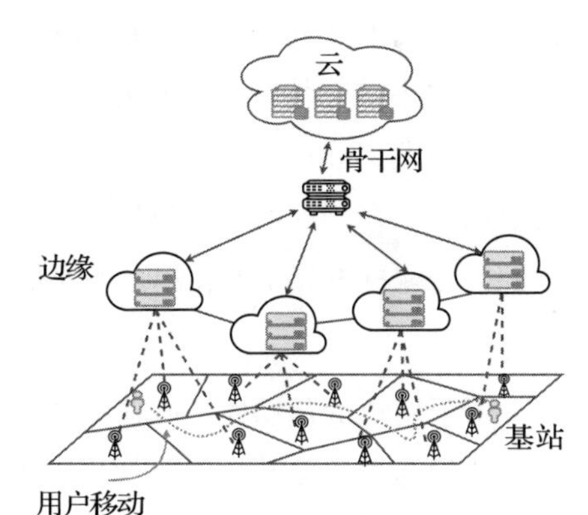

图 8-10　当用户在 MEC 中漫游整个网络时动态任务卸载的示例 [20]

Ouyang 等人考虑了用户管理的服务模型，即用户只能观察其本地信息（如实时位置、计算需求），无法观察系统级别的信息。为了更好地描述用户移动，Ouyang 等人将时间离散成一系列的时间间隙 $T=\{0, 1, 2, \cdots, T\}$，并假设连续的服务放置决策是在一个时隙结构内做出的。在每个时隙的开始，移动用户就会确定一个合适的计算节点来运行他的任务。文中还假设在一个时隙内，用户始终停留在最初的服务覆盖范围且网络环境是保持不变的。同时，用户的任务是可以随时间而发生改变的。

为了保持令人满意的体验质量，服务应该跨多个服务器动态迁移以适应用户行为，如用户不确定的移动性和动态改变的服务请求等。文中使用 $x^t = [\ x_1^t, x_2^t, \cdots, x_M^t, x_r^t, x_d^t\ ]$ 来表示在时间间隙 t 内任务卸载的动态决策，其中 $x_i^t=1$ 表示在时隙 t 时，用户的任务是在第 i 个服务器执行的。x_r^t 和 x_d^t 分别用来指代云端和本地执行。为了简化，文中用 $\bar{M}=M\cup\{r,d\}$ 来表示所有可以进行计算卸载的服务器。由于在给定的时间段，用户有且只能有一个计算节点服务，就有以下决策约束：

$$\sum\nolimits_{i\in\bar{M}} x_i^t=1,\ \forall t \tag{8-1}$$

$$x_i^t\in\{0,1\},\ \forall i,t \tag{8-2}$$

在每个时隙 t，用户的任务既可以在本地执行，也可以卸载到外部计算节点执行。由于用户的移动性以及边缘环境的时变影响，文中用时变变量 λ^t 来表示时隙 t 内用户任务的计算需求量（CPU 周期为单位）。此外，文中用 c_i^t 来表示时隙 t 内计算节点 i 的计算资源（每秒 CPU 周期数）。于是，任务的处理时延就被表示为

$$d_{\mathrm{cp}}^t=\frac{\lambda^t}{\sum\nolimits_{i\in\bar{M}} c_i^t x_i^t} \tag{8-3}$$

通信延迟包括访问延迟和传输延迟。一方面，一旦用户将其任务卸载到任何外部计算节点处理，就会产生对本地基站的访问延迟。此访问延迟可由无线环境和终端设备确定。另一方面，如果服务不在本地基站的边缘服务器上执行，则需要考虑服务器之间的传输延迟。具体而言，存在两种类型的传输延迟。一种是通过跨边缘连接（LAN）实现的边缘到边缘延迟，这主要取决于最短通信路径上的跳跃距离。另一种是通过核心网络（WAN）的云到边缘延迟，其中可用于数据传输的带宽相对较低。需要注意的是，当用户在本地设备上执行其任务时，则不需要考虑通信延迟。文中使用 g_{i,l^t}^t 来表示用户的通信延迟，其中 l^t 表示当前连接的基站，这取决于用户当前所处的位置。显然，g_{i,l^t}^t 包含了用户到基站 l^t 的访问延迟以及服务器 i 和 l^t 之间的传输延迟。于是，用户的通信延迟可以进一步表示为

$$d_{\mathrm{cm}}^t=\sum\nolimits_{i\in\bar{M}} g_{i,l^t}^t x_i^t \tag{8-4}$$

由于用户的移动性，所连接的基站可能会频繁变化，这可能会触发频繁的服务迁移。但是，跨边缘服务迁移会产生许多额外的运营开销。具体地说，当通过核心网络传输服务配置文件时，会使用大量稀缺且昂贵的广域网带宽。此外，跨边缘的服务迁移也会使用到路由器、交换机等网络设备，从而造成不可避免的能量消耗。总之，频繁地切换服务器会导致一定概率的切换失败和用户服务中断延迟以及不可避免的资源消耗。为了避免频繁的服务迁移，服务的迁移成本也需要考虑在内。为了便于建模，文中使用 $f_{j,i}^t$ 来表示服务从 j 节点迁移到 i 节点的迁移代价。于是在时隙 t 内的迁移代价就可以表示为

$$s^t=\sum\nolimits_{j\in\bar{M}}\sum\nolimits_{i\in\bar{M}} f_{j,i}^t x_j^{t-1} x_i^t \tag{8-5}$$

很明显，积极地最小化用户感知延迟不可避免地会产生很大的切换成本。那么一个自然

的问题是如何以具有成本效益的方式平衡这种延迟成本权衡。文中为了以平衡的方式优化相互冲突的目标（即感知延迟和服务迁移成本），为不同目标分配不同的权重，然后最小化它们的加权和。在给定一个有限的时间范围 T 以后，优化问题表述如下：

$$\min\sum_{t=1}^{T}\omega_1^t d_{\mathrm{cp}}^t+\omega_2^t d_{\mathrm{cm}}^t+\omega_3^t s^t \tag{8-6}$$

式中，ω_1^t，ω_2^t，ω_3^t 分别是计算延迟、通信延迟和迁移代价的动态时变权重。用户可根据自身喜爱偏好以及应用程序的需求来设置这些权重。解决该问题需要整个系统的完整信息，包括用户移动性、请求模式、所有计算节点的可用资源等。正如之前提到的，这些信息是很难提前获取的。

为了能够从用户侧获得系统层面的信息，文中首先将信息受限的任务卸载问题转化为上下文多臂赌博机（MAB）问题。然后，文中利用 Thompson 抽样技术提出了一种在线学习辅助方法。在这种方法的指导下，用户可以从广泛的探索中自发地学习系统动态，并自适应地确定当前的服务放置以适应系统动态。

2. 算法简介

我们这里对论文 [19] 中算法的关键思想做出介绍与分析，对于算法的细节不做详细的描述，感兴趣的读者可以参照其具体论文阅读。文中算法使用了 MAB 中常用的探索利用思想，即通过用户多次的节点选择，通过记录选择该节点的历史成本来对 MEC 环境做出探索。具体而言，在每个时隙通过将任务卸载到选定节点后，用户就将在时隙结束时收到该计算节点的服务成本。注意，其他未选择计算节点的服务成本是未知的。为了更好地学习网络的不确定性与资源的可用性，文中还使用了特征向量来表征每个计算节点的成本（即计算延迟、通信延迟和服务切换成本）。同时，为了解耦连续放置决策的时间依赖性，文中设计了一个二进制向量来记录上一个时隙所选择的计算节点，这样做，就可以使用前一个时隙的上下文来辅助转换成本的计算。需要注意的是，由于本地设备的状态信息很容易获取，如果用户直接使用本地设备运行应用程序，可以准确估计计算延迟。在每个时间间隙 t，用户将首先获取当前上下文向量，然后根据历史结果和用户侧状态信息估计每个计算节点的成本。接下来，用户选择具有最小成本的最优计算节点来卸载其任务。在时隙 t 结束时，用户利用接收到的实际成本来更新所选计算节点的特征向量和相应上下文信息的经验均值的方差。因此，在不断增加的探索探测的指导下，可以进一步提高每个计算节点的估计精度。算法的关键思想是适当地构建一个分布似然函数来估计用户在一段时间内选择不同动作的表现。经过这样的表示变换，当用户需要确定当前哪个计算节点最优时，可以利用上下文特征向量和历史观察值分析每个计算节点。随着时间的推移，用户可以收集到大量关于特征向量与所选计算节点的任务成本之间的潜在关系的信息，从而可以通过查看特征向量来确定哪个计算节点可能给出最小成本。最后的数值结果表明，基于上下文的在线任务卸载算法的性能优于现有的基于线性上置信界（LinUCB）的 MAB 学习算法，性能提升高达 25%。

8.3.2 部分任务卸载

接下来我们介绍一篇针对 DAG 类型的任务卸载的经典工作 Hermes 的论文，该研究提出了多项式时间的算法，且该算法能够提供具有性能保证的近乎最优的解决方案[36]。正如这一节中提到的，将任务卸载到边缘执行能够节省终端设备的本地资源使用且减少任务处理的延迟，但是同时也会带来使用边缘服务器的成本与通信延迟。在 Hermes 中，论文作者聚焦于在满足规定的资源成本的约束下，最小化应用程序（即任务）的完成时延。

论文作者考虑了一个网状网络，边缘服务器之间是可以通过直接链接互相通信。在任务开始之前，存在一个领导节点收集每个服务器上的可用资源，如每秒可使用的 CPU 周期数、上传带宽和下载带宽等。同时，领导节点还会根据任务的复杂度和可用的 CPU 周期数来估计每个服务器上执行任务的执行延迟和通信开销。最后，领导节点会使用 Hermes 进行最优分配。

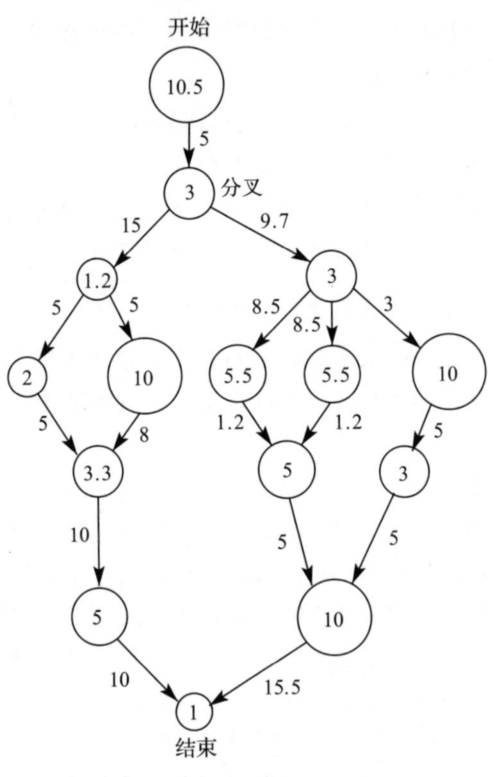

图 8-11 应用程序任务图[40]，边表示用数据传输量标记的数据依赖关系

1. 系统建模

正如之前在部分卸载章节所介绍的，文中将应用程序建模成有向无环图（DAG），如图 8-11 所示。其中节点代表任务，有向边代表数据的依赖关系，同时也表示了任务的优先约束关系。边（m,n）存在就表示任务 n 依赖于任务 m 的结果。也就是说，任务 n 必须在任务 m 完成之后才能开始。每个点上的权重则表明了该任务的工作量，而边上的权重显示了两个任务之间的数据通信量。文中使用 N 来表示任务的数量，用 M 来表示网络中可用的服务器数量。对于每个任务图而言，都存在一个启动应用程序的初始任务（任务 1）和一个终止应用程序的最终任务（任务 N）。从初始任务到最终任务的路径可以用一系列节点来描述，其中每对连续节点由有向边连接。文中使用 l 来表示路径中的最大节点数，用 d_{in} 来表示任务图中的最大入度。以图 8-11 为例，$l=7$，$d_{\text{in}}=2$。

文中使用 $C_i^{(j)}$ 来表示任务 i 在服务器 j 上的执行代价，用 $C_{mn}^{(jk)}$ 来表示任务 m 到任务 n 通过服务器 j 到服务器 k 的链路传输时的通信代价。类似地，使用 $T_i^{(j)}$ 和 $T_{mn}^{(jk)}$ 来分别表示执行时延和传输时延。在给定一种任务的卸载决策 $x=\{1,2,\cdots,M\}^N$，其中第 i 个元素 x_i 表示第 i 个任务所卸载到的服务器。于是，总的代价可以表示为

$$\text{Cost} = \sum\nolimits_{i\in[N]} C_i^{(x_i)} + \sum\nolimits_{(m,n)\in E} C_{mn}^{(x_m x_n)} \tag{8-7}$$

对于树形结构的任务图，到任务 i 的累积时延取决于其前面的任务。使用 $D(i,x)$ 来表示在卸载决策 x 时，完成任务 i 时的累积时延，于是，累积时延可以递归定义为

$$D(i,x) = \max_{m\in C(i)} \left\{ D(m,x) + T_{mi}^{(x_m x_i)} \right\} + T_i^{(x_i)} \tag{8-8}$$

式中，$C(i)$ 表示节点 i 的前驱节点。

综上，部分卸载问题可以形式化如下：

$$\min_{x\in[M]^N} D(N,x) \tag{8-9}$$

$$\text{s.t.}\text{Cost} < B \tag{8-10}$$

$$x_N = 1 \tag{8-11}$$

式中，常数 B 代表着成本约束，而最终任务通常都是负责收集其他任务和服务器的执行结果，因此，最终任务总是在本地执行（$x_N = 1$）。

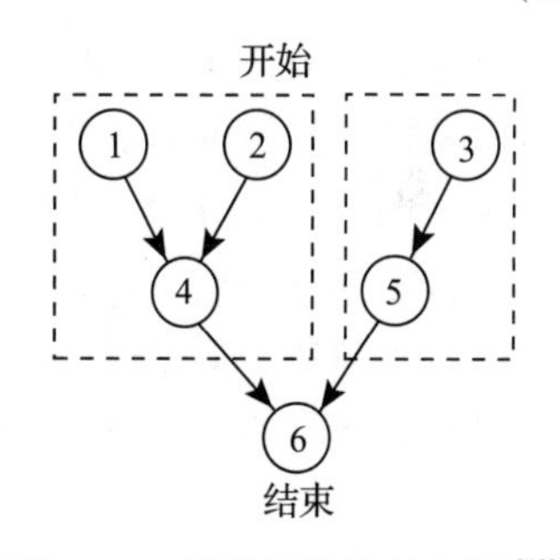

图 8-12　树状结构的任务图 [40]

2. 算法简介

在 Hermes 中，论文作者提出了一种动态规划方法来解决上述问题。例如，在图 8-12 中，完成任务 6 时的最小延迟取决于完成任务 4 和任务 5 的时延和服务器。因此，在解决任务 6 的最小延迟问题之前，需要先解决任务 4 和任务 5 的最小时延问题。文章发现了以任务 4 和任务 5 为根的子树是相互独立的这一事实。也就是说，任务 1、2、4 的任务卸载策略不会对任务 3、5 的任务卸载策略造成影响。因此，在考虑任务 6 的卸载决策时，可以独立解决以任务 4、5 为根的子问题并进行结合。

子问题定义如下，让 $C[i,j,t]$ 表示在时延 t 内在设备 j 上完成任务 i 时的最小成本。则当 T 足够大时，通过求解 $i\in[N]$，$j\in[M]$，$t\in[0,T]$ 的所有子问题，就可以通过组合这些子问题的解来获取最佳卸载策略。算法的示意图如图 8-13 所示。

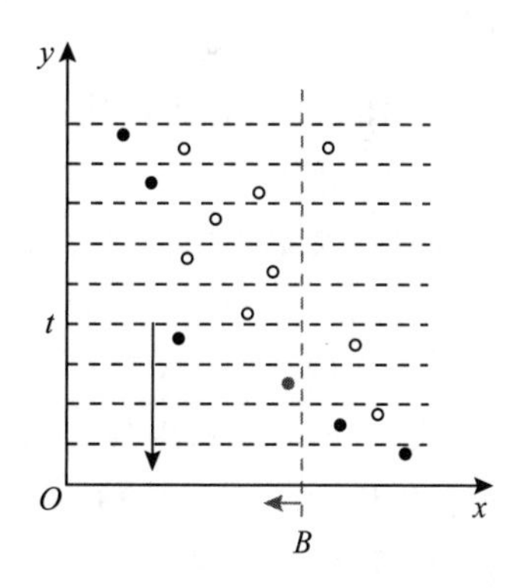

图 8-13　Hermes 在小于 t 的延迟时以最小成本解决每个子问题 [40]，实心圆圈是每个子问题的最优值。最后，它在成本小于 B 的所有实心圆上寻找最小延迟（见彩插）

其中，图上的每个圆圈都表示一种卸载策略的性能。其中 x 轴表示成本，y 轴表示时延。算法 Hermes

的目标是找出图中的红色圆圈，这代表着在成本小于 B 且时延小于 t 时的最小时延。首先，对于每条 $y=t$ 的水平线下，实心的圆圈代表着延迟最多为 t 的卸载决策中成本最低的策略。之后，算法再从这些实心的圆圈中选择成本小于 B（即在 $x=B$ 这条线左边的实心圆圈）且时延最小的圆，即是最终的答案（红色的圆圈）。

值得注意的是，t 是处于 $[0,T]$ 之间的任意实数，理论上是无限的，于是论文作者使用了量化函数对时域进行离散化。通过离散化，论文作者将 $[0,T]$ 的时域分成了 K 个值，并证明了通过这种量化方式，算法的时间复杂度是 $O\left(d_{\text{in}} NM^2 \frac{1}{\epsilon}\log_2 T\right)$ 且具有 $(1+\epsilon)$ 的近似度，其中，$K = O(1/\epsilon)$。

8.4 本章小结

本章针对边缘计算中的任务卸载进行了综合介绍。首先进行了研究背景、卸载流程、卸载方式以及性能指标的全面概述；然后对用户移动性、不同场景下的任务卸载的研究工作进行了相关文献介绍与总结。随后，针对 MEC 环境探索以及部分任务卸载选择了两个典型研究工作进行了详细介绍。综上，任务卸载是边缘计算领域重要且有意义的研究主题。虽然任务卸载看上去简单，但是深入研究却还是存在着诸多的挑战，大量的理论研究也还未在边缘系统中得到落地应用，期待未来能出现更多有价值的研究。

思考题

1. 在 MEC 环境探索的应用案例中，文章的算法是使用了基于汤普森采样的在线学习算法来探索动态系统环境，是否可以使用基于李雅普诺夫优化理论和吉布斯采样进行替换呢？其次，为什么文章中用作对比算法的基于线性上置信界（LinUCB）MAB 学习算法不如文中所提出的算法？

2. 对于有内部依赖关系的任务而言，你觉得还有哪些建模方式？如果对于不可再分割的任务而言，工作量是可以分割的，那就意味着可以同时使用多个服务器对同一个原子任务进行处理，你认为这种方式会更有效吗？

3. 你觉得任务卸载在未来还会有哪些新的机遇与挑战？

参考文献

[1] SATYANARAYANAN M, BAHL P, CACERES R, et al. The case for vm-based cloudlets in mobile computing[J]. IEEE Pervasive Computing, 2009, 8(4): 14-23.
[2] ZHANG Z, HAO W. Development of a new cloudlet content caching algorithm based on web

mining[C]//2018 IEEE 8th Annual Computing and Communication Workshop and Conference (CCWC). New York: IEEE, 2018: 329-335.

[3] SHI W, CAO J, ZHANG Q, et al. Edge computing: Vision and challenges[J]. IEEE internet of things journal, 2016, 3(5): 637-646.

[4] MAO Y, YOU C, ZHANG J, et al. A survey on mobile edge computing: The communication perspective[J]. IEEE communications surveys & tutorials, 2017, 19(4): 2322-2358.

[5] JEHANGIRI A I, MAQSOOD T, AHMAD Z, et al. Mobility-aware computational offloading in mobile edge networks: a survey[J]. Cluster Computing, 2021, 24(4): 2735-2756.

[6] MALEKI E F, MASHAYEKHY L, NABAVINEJAD S M. Mobility-aware computation offloading in edge computing using machine learning[J]. IEEE Transactions on Mobile Computing, 2021, 22(1): 328-340.

[7] SHAHZAMAL M, PERVEZ M F, ZAMAN M A U, et al. Mobility models for delay tolerant network: A survey[J]. International Journal of Wireless & Mobile Networks (IJWMN), 2014, 6(4): 121.

[8] DENG S, HUANG L, TAHERI J, et al. Computation offloading for service workflow in mobile cloud computing[J]. IEEE transactions on parallel and distributed systems, 2014, 26(12): 3317-3329.

[9] OU S, WU Y, YANG K, et al. Performance analysis of fault-tolerant offloading systems for pervasive services in mobile wireless environments[C]//2008 IEEE international conference on communications. New York: IEEE, 2008: 1856-1860.

[10] SPATHARAKIS D, DIMOLITSAS I, DECHOUNIOTIS D, et al. A scalable edge computing architecture enabling smart offloading for location based services[J]. Pervasive and Mobile Computing, 2020, 67: 101217.

[11] PAPATHANAIL G, FOTOGLOU I, DEMERTZIS C, et al. COSMOS: An orchestration framework for smart computation offloading in edge clouds[C]//Network Operations and Management Symposium. New York: IEEE, 2020: 1-6.

[12] DENG S, HUANG L, HU D, et al. Mobility-enabled service selection for composite services[J]. IEEE Transactions on Services Computing, 2016, 9(3): 394-407.

[13] DENG S, HUANG L, TAHERI J, et al. Mobility-aware service composition in mobile communities[J]. IEEE Transactions on Systems, Man, and Cybernetics: Systems, 2016, 47(3): 555-568.

[14] SUN X, ANSARI N. Adaptive avatar handoff in the cloudlet network[J]. IEEE transactions on cloud computing, 2017, 7(3): 664-676.

[15] MA X, ZHOU A, ZHANG S, et al. Cooperative service caching and workload scheduling in mobile edge computing[C]// IEEE Conference on Computer Communications. New York: IEEE, 2020: 2076-2085.

[16] TRAN T X, CHAN K, POMPILI D. Costa: Cost-aware service caching and task offloading assignment in mobile-edge computing[C]//International Conference on Sensing, Communication, and Networking. New York: IEEE, 2019: 1-9.

[17] WANG L, JIAO L, HE T, et al. Service entity placement for social virtual reality applications in edge computing[C]// International Conference on Computer Communications. New York: IEEE, 2018: 468-476.

[18] ZHAO G, XU H, ZHAO Y, et al. Offloading dependent tasks in mobile edge computing with service caching[C]// International Conference on Computer Communications. New York: IEEE, 2020: 1997-2006.

[19] OUYANG T, LI R, CHEN X, et al. Adaptive user-managed service placement for mobile edge computing: An online learning approach[C]// International Conference on Computer Communications. New York: IEEE, 2019: 1468-1476.

[20] WANG X, WANG K, WU S, et al. Dynamic resource scheduling in mobile edge cloud with cloud radio access network[J]. IEEE Transactions on Parallel and Distributed Systems, 2018, 29(11): 2429-2445.

[21] MA Z, ZHANG S, CHEN Z, et al. Towards revenue-driven multi-user online task offloading in edge computing[J]. IEEE Transactions on Parallel and Distributed Systems, 2021, 33(5): 1185-1198.

[22] CHEN Y, ZHANG N, ZHANG Y, et al. Dynamic computation offloading in edge computing for internet of things[J]. IEEE Internet of Things Journal, 2018, 6(3): 4242-4251.

[23] ESHRAGHI N, LIANG B. Joint offloading decision and resource allocation with uncertain task computing requirement[C]//International Conference on Computer Communications. New York: IEEE, 2019: 1414-1422.

[24] QIAO G, LENG S, ZHANG Y. Online learning and optimization for computation offloading in D2D edge computing and networks[J]. Mobile networks and applications, 2022, 27(3), 1111-1122.

[25] CHEN Z, WANG X. Decentralized computation offloading for multi-user mobile edge computing: A deep reinforcement learning approach[EB/OL]. [2023-06-05]. https://arxiv.org/abs/1812.07394.

[26] LI Y, HAN Z, ZHANG Q, et al. Automating cloud deployment for deep learning inference of real-time online services[C]//International Conference on Computer Communications. New York: IEEE, 2020: 1668-1677.

[27] MUSTAFA E, SHUJA J, JEHANGIRI A I, et al. Joint wireless power transfer and task offloading in mobile edge computing: a survey[J]. Cluster Computing, 2022, 25(4): 2429-2448.

[28] ZHU T, LI J, CAI Z, et al. Computation scheduling for wireless powered mobile edge computing networks[C]//International Conference on Computer Communications. New York: IEEE, 2020: 596-605.

[29] CHEN W, WANG D, LI K. Multi-user multi-task computation offloading in green mobile edge cloud computing[J]. IEEE Transactions on Services Computing, 2018, 12(5): 726-738.

[30] HUANG L, BI S, ZHANG Y J A. Deep reinforcement learning for online computation offloading in wireless powered mobile-edge computing networks[J]. IEEE Transactions on Mobile Computing, 2019, 19(11): 2581-2593.

[31] MAO Y, ZHANG J, LETAIEF K B. Dynamic computation offloading for mobile-edge computing with energy harvesting devices[J]. IEEE Journal on Selected Areas in Communications, 2016, 34(12): 3590-3605.

[32] MIN M, XIAO L, CHEN Y, et al. Learning-based computation offloading for IoT devices with energy harvesting[J]. IEEE Transactions on Vehicular Technology, 2019, 68(2): 1930-1941.

[33] ZHANG D, TAN L, REN J, et al. Near-optimal and truthful online auction for computation offloading in

green edge-computing systems[J]. IEEE Transactions on Mobile Computing, 2019, 19(4): 880-893.

[34] HUANG L, FENG X, FENG A, et al. Distributed deep learning-based offloading for mobile edge computing networks[J]. Mobile networks and applications, 2022,27(3): 1123-1130.

[35] QIN X, LI B, YING L. Distributed Threshold-based Offloading for Large-Scale Mobile Cloud Computing[C]//International Conference on Computer Communications. New York: IEEE, 2021: 1-10.

[36] KAO Y H, KRISHNAMACHARI B, RA M R, et al. Hermes: Latency optimal task assignment for resource-constrained mobile computing[J]. IEEE Transactions on Mobile Computing, 2017, 16(11): 3056-3069.

第 9 章 · CHAPTER 9

边缘服务部署技术研究

本章将为读者介绍边缘服务部署技术的一些基础概念，比如边缘服务部署的基础架构模型、应用模型、部署模式、部署方案、优化策略等。此外还有部署方案中集中式和分布式、离线式和在线式、静态型和动态型等区别，优化策略中不同的优化目标和指标以及由此带来的不同的建模优化方式和解决方案等。介绍完这些基本概念后，将为读者提供具体的案例分析。

9.1 概述

边缘计算中的服务部署问题[1]（Service Placement Problem，SPP）是目前较为热门的一类研究。由于边缘设备本身的大规模、广分布、多异构的特点，服务部署成为一类非常值得挑战的问题。在本章节中，我们将重点讨论和分析该类问题现有的解决方案和未来的技术挑战。

在过去的十年中，物联网技术快速发展，各种可穿戴设备、虚拟现实、智能摄像头等应用层出不穷。思科在 2020 年的报告显示[2]，有超过五百亿的设备连接到网络上，若这些设备皆为物联网设备且每时每刻产生新的数据，显然目前的网络架构难以承担如此大规模的数据传输任务。通过将这些产生和消耗大量数据的服务部署在边缘侧，可极大地缓解这个问题。将服务从云端部署到边缘听起来很简单，但事实上，如何高效地将服务部署在有限的边缘设备上，提高整体系统性能的问题构成了较大的挑战。与传统的云计算数据中心面临的状况不同的是，边缘设备都是地理上分散分布的，且相比于云节点资源往往都是有限的，边缘网络状态也往往是高度动态的，这些因素使得该服务部署问题变得棘手且充满挑战。而从最终解决目标来看，需要考虑一系列的方面：资源利用率[3]、服务质量[4]、体验质量[5]。目前已有许多工作针对这些指标进行优化和研究。这些工作的假设、特点和策略各不相同，但都关心如何找到一种高效的服务部署策略。本章节将从服务部署方案和优化策略两个方面介绍相关工作，然后结合具体应用案例进行分析。

服务部署问题的目标是，在有限的边缘服务器资源条件下，通过确定用户服务的部署位置和资源分配情况，为用户提供最优的低时延、高可靠的服务体验。服务部署问题的描述通常会涉及如下几个方面：基础架构模型、应用模型、部署模式、部署方案、优化策略、评估工具。

9.2 基础架构模型

基础架构模型描述了一个边缘计算系统的物理基础架构。通常分为三类设备：云计算设备、用户设备、边缘计算设备。

- **云计算设备**：云计算设备的计算资源通常假设不受限制，任何任务被提交到云端后，都能被高速的计算能力处理，但是不足是将本地数据上传到云端的通信成本很高。代表性的公共云服务国外有 AWS、Google Cloud、Microsoft Azure，国内有阿里云等。
- **用户设备**：用户设备是指人们手持的智能移动电话、智能车载系统、嵌入式物联网设备等。这些设备可以视为数据的发源地或者本身靠近发源地，因此其几乎没有数据通信成本，但是考虑到设备硬件成本和长时间续航，用户设备通常不会配备很高的计算性能。
- **边缘计算设备**：边缘计算设备可以视为上述两者的折中，有一定的计算处理能力，而且数据通信成本在可以接受的范围内。这些节点往往部署在移动网络接入点（Access Point，AP），可对 AP 覆盖范围内的移动设备提供边缘计算服务。其可以看作云计算设备的延伸，但是受制于服务器的性能和成本考虑，边缘计算设备只提供受限的计算资源。在面对多个服务时，我们假设边缘计算设备可以通过调配 CPU 计算资源比例，不同的服务占用不同的 CPU 比例而产生一定的服务计算时延。

整个边缘计算系统物理基础架构网络能够被抽象为一个图（graph），其中图上的节点（vertex）代表云计算设备、边缘计算设备、用户设备，而图上的边（edge）代表这些节点之间的网络连接。这些物理基础架构中的设备都有一些的公共资源类型和特性，用于描述其基本的计算能力、通信能力、存储能力以及其他能力，见表 9-1。

表 9-1　物理基础架构设备资源

资源类型	资源名称	资源指标
计算资源	云服务器、边缘服务器、用户设备	CPU 主频、CPU 核心数、消耗能量
通信资源	网关、路由器、交换机、基站	连接方式（有线 / 无线）、时延、带宽、丢包率
存储资源	内存、磁盘	存储空间大小
其他资源	虚拟机 VM、容器、GPU、FPGA、NVMe	略

9.3　应用模型与部署模式

边缘计算环境中提供的应用服务运行在上述的基础架构设备上，这些应用会产生大量的设备数据，并且通过物联网络上传给边缘服务器和云服务器做进一步的处理。目前主流研究中将这些应用大致分为三类：单服务应用、多服务无依赖应用和多服务有依赖应用。

单服务应用只会被部署在单一基础架构设备上，其计算、通信和存储都由同一个物理节点承载。比如说，一个图像处理应用被部署在某一服务器上提供服务。

多服务无依赖应用可以视为单服务应用被拆分为多个服务组件，这些服务组件会提供应用的部分功能，但这些功能之间并不存在依赖关系。

多服务有依赖应用视为多个服务组件之间存在处理和通信依赖关系，依赖关系定义为只有当上游服务组件处理完成后，下游服务组件才能继续处理。与基础设施模型中的图模型类似，多服务有依赖应用也可以视为图，其中节点表示某一个计算或处理服务组件，而边表示节点之间的依赖关系。根据图的分类，不同的多服务有依赖应用可进一步分类为线型服务、树型服务、DAG 型服务。其中 DAG 型服务在现实应用中最广泛，典型的 DAG 型服务有视频处理应用、分布式神经网络应用、虚拟现实应用等。这些应用服务会产生不同种类的需求，从计算需求考虑如 CPU 频率、CPU 核心数、内存占用大小；从通信需求考虑如带宽大小、最低时延、丢包率；从任务需求考虑如任务完成 DDL；从地理需求考虑如应用必须在某特定位置（指定的边缘服务器）运行。认知辅助应用部署到边缘网络上如图 9-1 所示。

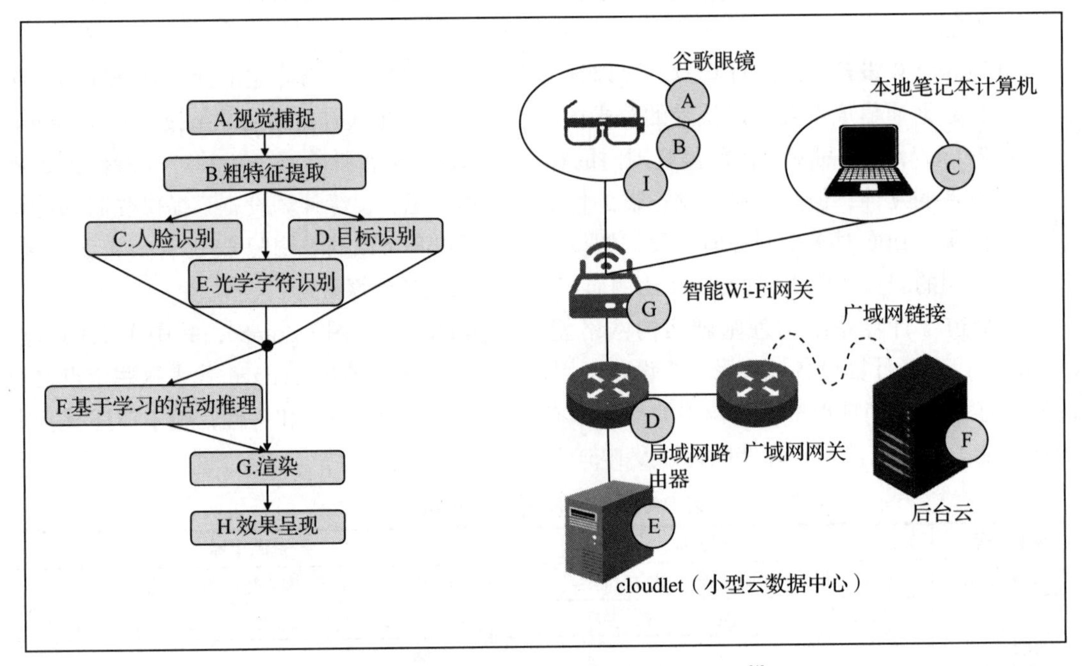

图 9-1　认知辅助应用部署到边缘网络上[1]

从通用的角度来看，应用部署问题描述了如何将应用服务的组件映射到基础架构上，也就是可以视为某种拓扑映射关系。一个合理的部署模式应该尽可能去满足应用服务的需求，如不超过其资源容量、满足位置等约束，然后尽量去优化最终目标如时延目标或者能量目标。在受限的搜索空间中找到最优或者某个次优的解，是这类问题的通用求解过程。常见的部署限制有：部署在某一个服务器上的应用占用资源之和不能超过该服务器所能提供的最大资源量；应用之间占用的带宽资源之和不能超过当前带宽的最大值；某些类型的服务只能部署在有限的服务器集合中；某些应用是时延敏感的，需确保这些应用的完成时延不会超过最大时延。在一些常见的部署决策建模中，还会有额外的决策相关约束确保最终解在可行解范围之内。

9.4　服务部署方案

表 9-2 给出了服务部署方案分类，我们接下来分别详细介绍。

表 9-2　服务部署方案分类

方案	部署机制	系统动态性	移动支持
集中式	在线式	静态型	无移动支持
分布式	离线式	动态型	移动支持

9.4.1　集中式和分布式方案

从部署的协调方案上来细分，服务部署方案有两种常见的方式，分别为集中式和分布式。

集中式部署方案要求有关应用服务的需求和服务器资源的全局信息，以便做出和下发全局部署决策指令。该方案算法的优势在于能较容易地找到全局最优解，然而它们往往有可伸缩性较差、计算复杂性较高等问题。目前已有很多工作基于集中式部署方案进行研究。

在文献 [6] 中，以社交虚拟现实的特定应用场景为例，文献作者考虑了四种类型的成本（激活成本、放置成本、接近成本和托管成本），以迭代的方式寻找全局最优解。在文献 [7] 中，文献作者考虑了联合优化服务缓存和任务卸载的分配方案。该问题本质上是一个混合整数规划问题，并通过规约到容量有限设施选址问题（Capacitated Facility Location Problem，CFLP），证明了它是 NP 难问题，然后文献作者提出了基于局部搜索的 COSTA 算法来搜索局部最优解，证明其与最优解相差一个常数级别的近似比。

与集中式部署方案不同，分布式部署方案考虑多个协调器去中心化地控制服务部署过程，这些协调器通常基于局部资源和计算信息进行部署。这种方案有助于解决可伸缩性和位置敏感性问题，但是对计算出的解是否有全局最优性却没有提供任何理论保证。

在文献 [8] 中，文献作者主要考虑以下三个问题：细粒度的 IoT 任务，子任务之间具有拓扑 / 时间依赖关系，可以被描述为 DAG 图；边缘服务器的资源异构性；多路访问的边缘网络中存在无线干扰。为了解决以上问题，文献作者首先针对单用户 MEC 系统提出了 EFO 算法，然后将 EFO 算法扩展到多用户多服务器环境下。该文献还设计了一个分布式的计算卸载算法来达到用户之间的纳什均衡。在文献 [9] 中，文献作者考虑了边缘计算系统中每个用户设备的决策过程，并将该问题视为施塔克尔贝格（Stackelberg）博弈过程，以决定是否将计算任务卸载到边缘计算设备、运营商如何分配带宽和计算资源以减小总计算时间。分布式方案的例子如图 9-2 所示。

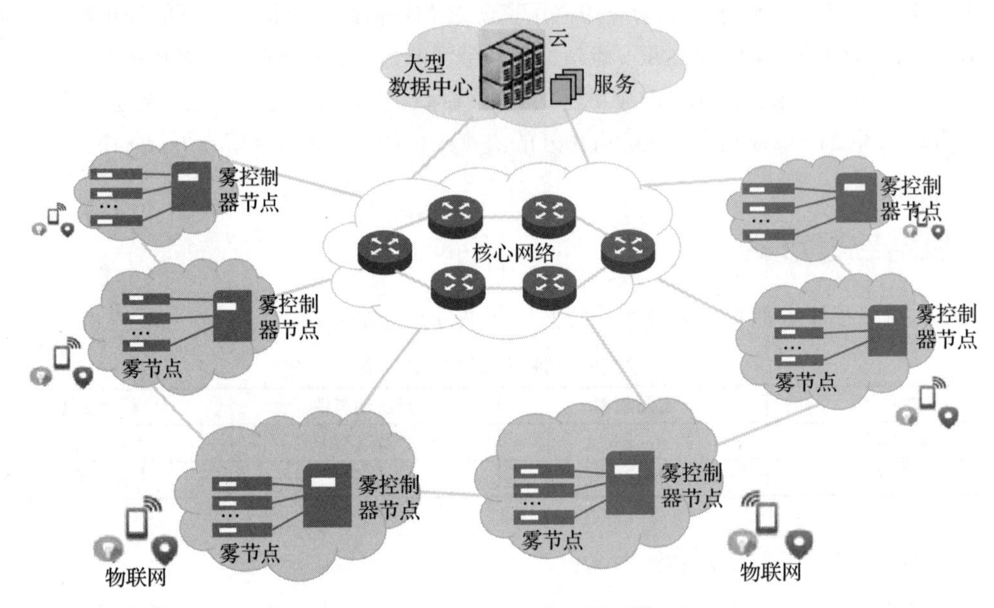

图 9-2　分布式方案的例子 [1]

9.4.2　离线式和在线式方案

服务部署问题也可以分为离线式和在线式两种方案。对于离线部署场景，通常在部署前期已有所有的必需信息，在拥有完整的全局系统信息的前提下，给出满足特定需求的部署方案。而对于在线部署场景，部署决策是在系统运行期间做出的，该类算法必须考虑当服务到达时的部署方案，而不能提前预知。可以注意到，相比离线方案，在线方案可以动态的适应系统变化，但是难以提供最佳的全局部署决策。

在文献 [10] 中，文献作者研究了在考虑可共享资源（如存储资源）和不可共享资源（如通信资源、计算资源）时，通过离线的方式联合优化服务放置和请求调度的问题。在文献 [11,12] 中，文献作者假设了系统已提前知道了边缘计算环境的全部信息，并做出相应的离线部署决策。

在文献 [13] 中，文献作者综合考虑了网络带宽和计算资源，最大化截止时间前任务完成数量，提出了一个在线算法 Dedas，其贪心地处理安排新到达的任务以及替换已有任务，以使新到达任务的 deadline 被尽量满足。在文献 [14] 中，文献作者提出了一个自适应用户服务部署装置，其主要优化目标是降低感知时延和服务迁移开销。文献作者将这个问题形式化表述为一个多臂老虎机（Multi-Armed Bandit，MAB）问题，并提出了一个基于汤普森采样的在线学习算法来探索动态的 MEC 环境，从而帮助用户进行自适应的服务部署决策。在文献 [15] 中，文献作者以在线的方式联合优化了服务放置和网络选择问题，考虑了访问延迟、切换延迟和通信延迟，以提高边缘侧应用的用户服务质量 QoS。

9.4.3　静态型和动态型方案

静态型的方案通常会假设整个网络以及应用服务是固定的，其资源消耗以及请求都是提前输入的数据，当服务部署决策下达以后，不再需要考虑服务的动态调整，该部署方案会一直保持直到整个系统重新部署运行。

与之相对的是动态性方案，当我们使用动态性去描述服务部署方案时，通常会细分为两个方面：一种是描述基础架构的动态性，另一种是描述应用服务的动态性。从前者角度来看，边缘网络呈现高度动态的特征，服务器、网关等网络设备会随着网络的动态变化而不断加入和离开，而且网络资源会随着时间的推移而不断变化。从后者角度来看，应用服务的结构图随着时间也会变化，比如现有的数据源或者应用节点被动态加入到当前网络中，或者被动态移除（比如需要在某一个应用中添加一个新的摄像头、某些应用组件发生了故障、用户请求服务的偏好发生了改变）。为处理这种基础架构和应用服务的动态性，整个服务部署问题需要考虑何时自适应地去动态调整以应对这些动态性，以提供透明机制并给出令人满意的服务 QoS 质量。因此，如果最终系统所提供的部署策略能够通过部署新服务（或替换、释放已部署的服务）以满足 QoS 约束并优化给定目标，则称该方法是动态的。

9.4.4　移动支持和非移动支持的方案

移动性的管理是边缘计算中的一大重要挑战。如何为用户和边缘设备提供设备移动性的解决方案，确保用户在始终不中断当前服务的情况下请求和运行相关服务，是边缘计算中的一个复杂问题。从面临的问题角度来说，边缘节点（智能手机、智能汽车）位置的频繁变化可能会导致过度的延迟或者数据包的丢失。一个好的移动支持的方案应该能够将服务透明地从原有的设备位置移动到新的设备位置。在文献 [16] 中，文献作者尝试通过提供动态部署的方法来解决用户移动性问题。在文献 [17] 中，Saurez 等人提出通过提供基于以下决策的策略来处理最终用户的移动性：基于延迟参数考虑“何时迁移”的问题；基于 FN 与移动设备和当前处理节点的接近度考虑“迁移到哪里”的问题。

9.5　优化策略

边缘计算中的服务部署问题可以从不同的优化目标和指标、不同的建模优化方式以及不同的解决方案进行分类，本节对此进行介绍。

9.5.1 优化目标和指标

我们首先对各种文献中提出的优化策略进行了全局分类。一方面，根据优化目标的不同，可分为单目标优化和多目标优化。单目标优化意味着优化过程中只优化一个目标函数，而多目标优化建议同时优化一组目标函数，这些目标之间可能相关联程度不大，甚至难以同一度量。另一方面，我们讨论了优化过程中最常考虑的一些典型指标。

- **时延**：以时延为优化目标通常针对时延敏感型应用，如物体检测、实时虚拟现实识别等，目前已有的工作旨在最大限度地减少部署的服务时延，同时满足一组服务部署的需求与约束条件。例如，在文献 [18,19] 中，文献作者提出可以尽量减少在物联网云 - 边框架上部署物联网应用程序的服务延迟。
- **资源利用率**：边缘计算中一个关键问题是如何优化资源利用率，同时在恰当的边缘节点上部署尽可能多的服务。在研究这一类工作中，比较有代表性的有 Hong 等人的工作[20]，该工作提供了良好的部署决策，同时最大限度地提高了物联网分析请求的数量。Skarlat 等人[21]还提出，可以通过对最接近截止日期的应用程序进行优先级排序，最大限度地提高满足应用程序请求的数量。
- **开销**：无论是从服务提供商的角度还是从用户的角度来看，与开销相关的因素对边缘服务的管理都会产生很大的影响。一般而言，我们主要考虑两种类型的开销：用于数据传输的通信开销，以及与服务执行有关的计算开销。另外，我们还可以考虑其他类型的开销：存储、部署、安全保障、迁移等相关的成本开销。在文献 [22] 中，文献作者建议最小化的总成本包括在云和边缘中处理和存储的成本、边缘和云之间以及边缘节点之间的通信成本，以及从边缘服务控制器到边缘服务部署的通信成本。
- **能量消耗**：在物联网中，能量消耗也是主要的关注点之一，也是在边缘计算环境下一类重要的性能指标。能量消耗一般会考虑两个方面：要处理的服务类型以及服务级别的能量消耗。Sarkar 等人[23,24]和 Nishio 等人[25]通过考虑网络和设备侧的能量消耗来研究边缘环境中的能量消耗问题。
- **其他指标**：在考虑服务部署问题时，还可以考虑其他一些指标，如用户体验质量、拥塞率、阻塞率、请求失败率等。其中，用户体验质量是以用户为中心的一种服务质量度量方式，会综合考虑部署服务时用户的需求、感受以及意图，从而为用户提供更好的服务。举一个具体的例子，Mahmud 等人[26]所做的工作提供了一种面向用户体验质量的应用部署策略，在该种策略下会优先考虑用户的期望。以拥塞率为例，Yu 等人[27]建议考虑流量和容量之间的最小比率链接以解决物联网中实时处理应用的服务部署和数据路由问题。

9.5.2 建模优化方式

SPP 问题通常使用整数规划或约束优化来进行数学建模，进一步细分有如下的类别。

- **整数规划**（Integer Programming，LP）：数学优化问题的一大类问题，其中一些或所有变量都是整数。

- **整数线性规划**（Integer Linear Programming，ILP）：这类问题考虑在整数变量上受一组线性约束的线性函数的优化。
- **整数非线性规划**（Integer Non-Linear Programming，INLP）：整数非线性规划表示非线性约束的 ILP。
- **混合整数线性规划**（Mixed Integer Linear Programming，MILP）/ **混合整数非线性规划**（Mixed Integer Non-Linear Programming，MINLP）：被称为混合整数规划问题的这类问题中，某些决策变量是离散的，而某些则不是。
- **混合整数二次规划**（Mixed Integer Quadratic Programming，MIQP）：该问题是指具有整数和连续变量的二次目标函数，以及这两类变量的线性约束的优化问题。
- **约束优化**：约束优化通常用于存在某些限制（约束）的情况下找出某些变量（即优化过程）的最佳可能值。
- **其他建模**：除以上的形式化方式，还可以用匹配博弈、马尔可夫决策过程（Markov Decision Process，MDP）、随机优化、佩特里网、潜在博弈、二次分配问题和一般凸优化等对 SPP 问题进行建模。

9.5.3　解决方案

一般认为，在边缘计算环境下计算最佳服务部署问题是一个 NP 难问题。事实上在这种情况下，有几大原因使得服务部署的计算变得复杂：首先，边缘节点存在异构性，并且这些节点的容量有限（资源受限）；其次，由于边缘环境的动态性，服务资源随时可能出现、消失或者移动，另外基础架构和应用服务也可能会随着时间的推移而变化（工作负载的变化）；第三，需要考虑在大型基础设施中边缘设备的地理分布。由于边缘环境中 SPP 问题的这些特殊性和限制，解决该类问题是一项具有挑战性的任务。在大多数文献中，用于解决此类问题的方法主要有四种：精确求解、近似求解、启发式策略和元启发式策略。

- **精确求解**：精确求解通常通过使用 ILP 求解器或者以一定的策略穷举所有解来找到最优值。但是，精确求解的方案普遍需要很长的处理时间才能达到最佳解决方案，并且只能用于小规模问题。事实上找到一个精确的解可能非常耗时，不适用于边缘环境这种大规模问题场景。因此，普遍研究的工作重点是提供一种有效的近似、启发式或者元启发式方法，从而可以在短时间内计算出次优解。
- **近似求解**：近似求解技术可以计算出可行和可接受的次优解，这些次优解与最优解之间的距离是具有严格保证的，该类方法可以应用于求解 NP 难问题。
- **启发式策略**：启发式策略是为了在合理的时间范围内获得解决方案而设计的一组规则和方法，旨在为给定问题找到可行的解决方案。然而，基于启发式的解决方案通常没有提供性能保证。
- **元启发式策略**：元启发式解决方案通常受到大自然的启发，旨在通过迭代提高结果的质量，帮助搜索过程在合理的时间内逃离局部最优（不同于容易陷入局部最优的启发式）。目前成熟的启发式算法，有遗传算法、蚁群优化算法、粒子群优化算法和禁忌搜索算法。这些算法基于种群进化的思想，在每次进化中，最佳基础种群（解决方案）将保留到下一次进化中，以在最后定义关于给定目标（度量）的最佳解决方案。例如，利用遗传算法模拟染色体的自然进化过程，假设染色体上的每个基因都表示一个服务安置决策，根据基于激励原则的适应度函数，对布局进行迭代改进，最终得到一个良好的可行解。

9.6 应用案例分析

9.6.1 动态服务部署

1. 问题描述

随着云计算中心计算能力的下沉，用户的移动性[28]在移动边缘计算环境下带来了新的挑战：由于终端用户会经常随机的在基站之间移动，因此应在多个边缘服务器之间进行动态服务迁移来维持服务质量，更确切地说是用户感知时延。但是解决该问题并非易事，频繁的动态服务部署会带来额外的迁移开销，导致系统性能下降。如何处理和平衡好服务过程中的时延和开销，成为了解决动态服务部署问题的关键，另外用户移动的不可预知性也给该问题带来了额外的挑战。基本示意图如图 9-3 所示。

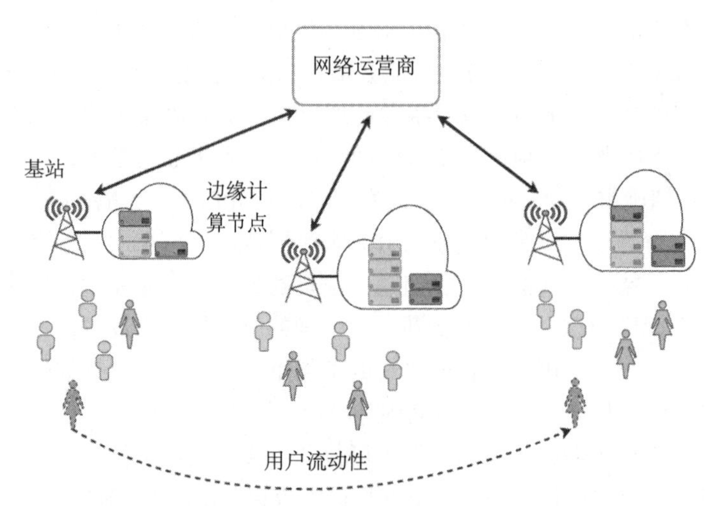

图 9-3 移动边缘计算环境下由用户移动性带来的动态服务部署问题示意图[29]

2. 解决方案

在文献 [29] 中，为了解决用户移动带来的不可预知性，文献作者提出使用李雅普诺夫优化，将长期优化问题分解为一系列实时优化问题，并且不需要预知用户的未来移动轨迹。由于该分解过程本身属于NP难问题，因此文献作者首先设计了基于马尔可夫近似的近似算法来寻找近似最优解，考虑到未来5G应用场景下大量用户设备的场景，文献作者进一步提出了分布式的近似算法，最后的结果证明了上述集中式和分布式方案的有效性。

在时间片 t，用户 k 被部署到边缘计算节点 i 上时，令 $x_i^k(t)=1$，否则为0，则有服务部署本身的约束：

$$\sum_{i=1}^{M} x_i^k(t)=1, \forall k,t \tag{9-1}$$

$$x_i^k(t) \in 0,1, \forall i,k,t \tag{9-2}$$

用户感知时延由计算时延和传输时延两部分构成：

$$T^k(t)=D^k(t)+L^k(t) \tag{9-3}$$

为了解决性能和成本冲突的问题，常用的方法是为冲突目标分配不同的权重，然后优化它们的加权和，但是本问题中如何在实际环境中定义性能和成本的权重却很困难，因此文献作者考虑到网络提供商通常长期在一定的成本内运营的事实，提出在预定义的长期成本内优化长期性能。因此引入长期平均成本 E_{avg}，如式（9-4）所示。

$$\lim_{T\to\infty}\frac{1}{T}\sum_{t=1}^{T}E(t)\leqslant E_{\mathrm{avg}} \tag{9-4}$$

最终，在长期成本约束下最小化长期时间平均服务延迟的问题可以表述为以下随机优化问题P1：

$$\min_{c(t)}\frac{1}{T}\lim_{T\to\infty}\sum_{t=1}^{T}\sum_{k=1}^{N}T^k(t) \tag{9-5}$$

$$\text{s.t.}\ \sum_{i=1}^{M} x_i^k(t)=1, \forall k,t$$

$$x_i^k(t) \in 0,1, \forall i,k,t$$

$$T^k(t)=D^k(t)+L^k(t)$$

$$\lim_{T\to\infty}\frac{1}{T}\sum_{t=1}^{T}E(t)\leqslant E_{\mathrm{avg}}$$

为了解决问题P1，文献作者基于李雅普诺夫优化将原始问题转换为队列稳定性控制问题，但转化之后的每个时间片内的实时优化问题依然是NP难的。为了克服组合爆炸带来的困难，可以使用马尔可夫近似方法来获得一个近似最优解。进一步，为减少部署决策算法的运行时间，文献作者又考虑了一种基于最优反应更新机制的分布式决策搜索算法。与基于马尔可夫近似算法不同，马尔可夫近似算法的近似最优解是通过中心化的概率化策略搜索，然后分发给所有用户；而在分布式决策搜索算法中，每个用户都是贪心的，并且通常采用最优反应部署策略来达到自身最优。换句话说，最优反应更新机制更加强调每个用户自身决策的有效性，而不是通过随机搜索的方式来减少算法运行时间。

9.6.2 DAG 图嵌入问题

1. 问题描述

在物联网背景下，IoT 系统通常需要满足更多的计算敏感和时延敏感的任务需求。边缘计算使得 IoT 设备能够将它们的任务卸载到边缘服务器上，但是这些任务之间往往存在某种前后的拓扑顺序。这种前后的拓扑关系能够被表述为 DAG。另外考虑到边缘服务器的资源和性能具有异构性，并且基于无线技术的多路访问边缘网络会存在互相之间的无线干扰，因此需要针对多用户的边缘网络系统提供一种轻量且有效的任务卸载机制，将合适的任务部署到合适的边缘设备上，以最小化任务的期望运行时间。基本示意图如图 9-4 所示。

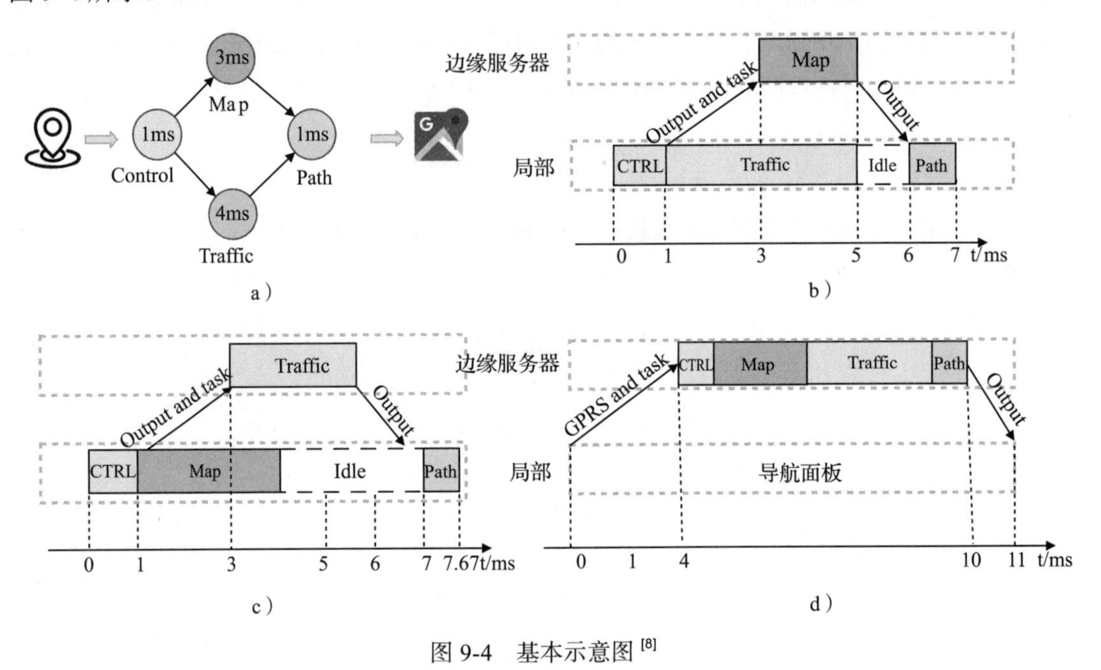

图 9-4 基本示意图 [8]

2. 解决方案

在文献 [8] 中，文献作者首先针对单用户 MEC 系统提出了 EFO 算法，该算法以任务的最早完成时间作为该任务卸载方案的指标。然后文献作者考虑到边缘服务器的异构性，将 EFO 算法扩展到多用户多服务器系统，从而在多用户之间调节通讯和计算的完成时间。考虑到集中式算法的可扩展性存在不足，文献作者另外设计了一个分布式任务卸载算法，以达到多用户之间的纳什均衡。

在该方案中，文献作者主要考虑两个问题，第一个问题为子任务部署问题，决策子任务是否应该本地处理还是根据子任务之间的依赖性质将其卸载到边缘服务器上。第二个问题为资源调度问题[30]，对不同应用的不同子任务进行重排列来降低整体系统的处理时延。为了解决上述两个问题，文献作者分别针对单用户单服务器和多用户多服务器系统提出了相关算法。

由于采用集中计算的方式，随着用户和服务器的数量增加，会导致在高密度的物联网中难以计算；而且集中式的方式也很容易遭遇单点失效的问题，如控制器发生了某种硬件故障。另外 IoT 设备通常由不同设备厂商制造和管理，针对不同设备将其统一成一种管理标准也是很困难的。为了克服这些问题，文献作者又提出了基于博弈论的分布式算法 DEFO，在分布式版本的算法中，每个 IoT 设备基于其收集到的局部信息进行决策，如边缘服务器广播的信道状态。

在 DEFO 的初始阶段，所有设备都在本地运行自己的任务。在每次迭代过程中，基于上次迭代的卸载结果，每个用户设备分别计算其 AFT 并将任务卸载到不同的服务器上，然后通知对应的边缘服务器它们的期望卸载方案和增益。边缘服务器接受所有卸载请求中增益最大的一个用户的请求，然后将这轮迭代中卸载请求的结果广播给所有的用户。上述迭代过程不断运行，直到整个系统达到纳什均衡状态，最终获得真正的任务卸载方案。

9.6.3　服务缓存和任务卸载

1. 问题描述

在边缘计算环境中，当基站启用了 MEC 功能时，它们可以承担从资源受限[10]的移动用户卸载来的任务，并执行与应用程序服务相对应的计算任务。这其中涉及两个关键的问题：服务缓存和任务卸载，服务缓存主要考虑应用程序服务和在 MBS 上与这些服务相关的数据库，而任务卸载考虑在一个节点密集分布的网络中，移动设备受限于资源考虑将计算任务卸载到多个临近的 MBS 上。基本示意图如图 9-5 所示。

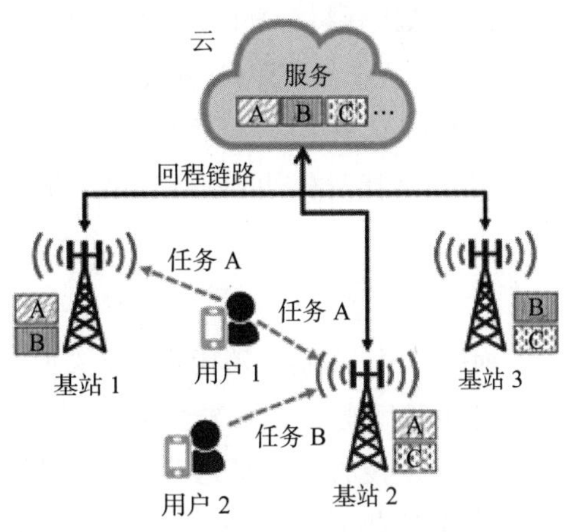

图 9-5　服务缓存和任务卸载示意图[31]

2. 解决方案

在文献 [31] 中，文献作者考虑将服务缓存和任务卸载问题进行联合优化，首先引入卸载成本模型来表示用户能耗、服务缓存成本和云服务使用成本，然后将该问题表述为某种混合整数线性规划问题，事实上该问题是 NP 难的。为此文献作者基于局部搜索技术设计了一种 COSTA 的多项式迭代算法来解决该问题，并证明其与最优解相差一个常数近似比。

文献作者定义的服务缓存成本是指将服务从云服务器上下载到移动基站（Mobile Base Station，MBS）作为缓存时所产生的回传网络占用和时延，此外该成本也可以指MBS针对服务需要的存储成本，因此系统的总体缓存成本可以表述为

$$C_{\text{cache}}(X)=\sum_{s\in S}\sum_{m\in M}x_{m,s}c_{m,s} \tag{9-6}$$

式中，$x_{m,s}$表示将服务m缓存在MBS系统s上的部署决策，而$c_{m,s}$表示该部署决策所产生的服务缓存成本。当某个关于服务m的请求到达MBS系统时，如果MBS系统已经缓存了服务m，且有足够的计算存储资源，那么MBS可以自身处理该请求并返回处理结果；否则，MBS系统有两种解决方案，要么转发该请求（包括输入数据）到云端进行处理，要么从云端下载服务m并缓存好，然后MBS本地处理该请求。

另外，考虑MBS系统受限的计算资源，文献作者认为每个MBS系统最大的计算能力用F_s [CPU cycle/s] 表示。因此计算资源约束可以表述为

$$\sum_{i\in N}y_{i,s}f_i\leqslant F_s,\forall s\in S \tag{9-7}$$

式中，$y_{i,s}$表示来自用户i的任务被卸载到MBS系统s的比例，这里我们假设任务都是连续可分的，故需要满足约束$\sum_{s\in S}y_{i,s}=1$；另外f_i表示用户i需要的计算量 [CPU cycle/s]。

从用户的角度来看，将任务卸载到MBS系统可以节省任务执行的能量，但这会导致额外的传输能量消耗，因为任务输入数据必须通过上行链路无线信道发送。此外如果MBS没有执行卸载任务所需的资源（计算资源不够或没有缓存该任务对应的服务），那么它可能会将此任务转发到云端，从而导致额外的延迟和回程带宽消耗。首先考虑能量消耗成本，为了在物理层无线信道上保持合理的复杂度，论文作者认为MBS和用户使用单个天线进行上行链路传输，并且认为在任务卸载的时隙期间，用户i和MBS系统s之间的上行链路信道增益$h_{i,s}$是恒定的；而用$e_{i,s}$表示用户i将他的任务$y_{i,s}$部分卸载到MBS系统s所产生的能量消耗，$a(i)\in S$表示用户i所能搜索到的最高上行链路带宽的MBS系统，所以用户i的整体能量消耗为

$$E_i=y_{i,0}e_{i,a(i)}+\sum_{s\in S}y_{i,s}e_{i,s},\forall i\in N \tag{9-8}$$

而所有用户的能量消耗可以定义为$C_{\text{energy}}(Y)=\sum_{i\in N}E_i$。

当处理负载从MBS转发到云时，云使用成本被定义为考虑云服务提供商收取的费用以及回程连接的往返延迟和带宽消耗。论文作者将云使用的单位成本定义为$c_0>0$，即将一个单位数据转发到云的成本。因此对于某个任务分配策略Y的总体云使用成本为$C_{\text{cloud}}(Y)=c_0\sum_{i\in N}Y_{i,0}b_i$。而总体的任务转发成本$C_{tf}$，可以使用整体能量消耗成本以及总体云使用成本表示：

$$C_{tf}(Y) = C_{\text{energy}}(Y) + C_{\text{cloud}}(Y)$$

最终联合形式的服务缓存和任务卸载问题形式化表述如下，其以最小化总体卸载成本为目标：

$$\begin{aligned}
&\min_{X,Y} C(X,Y) \\
&\text{s.t.} \sum_{s \in S \cup \{0\}} y_{i,s} = 1，\ \forall i \in N \\
&\sum_{i \in N} y_{i,s} f_i \leqslant F_s，\ \forall s \in S
\end{aligned}$$

$$\begin{aligned}
&y_{i,s} \leqslant x_{m,s}，\ \forall i \in N_m， \\
&y_{i,0} \geqslant 0，\ y_{i,s} \geqslant 0，\ \forall i \in N，\ s \in S， \\
&x_{m,s} \in \{0,1\}，\ \forall m \in M，\ s \in S
\end{aligned}$$

在形式化问题中，第一个约束保证来自每个用户的整个工作负载由 MBS 和云共同处理；第二个约束确保每个 MBS 的累积处理负载不超过其计算容量；第三个约束确保 MBS 上请求服务的可用性；第四个约束和第五个约束分别对任务分配和服务缓存变量施加可行条件。而通过证明发现该问题是 NP 难问题。

考虑到搜索 NP 难问题最优解通常需要指数级的时间，因此设计了一种低复杂度的算法，该算法能在多项式时间内提供次优解，其利用局部搜索技术，提出了一种迭代算法，通过反复执行一个局部搜索操作，从而在收敛之前降低当前解的总成本。该算法中有三种重要的操作：

- add 操作：此操作包括将一个缓存项添加到当前服务缓存决策 X，并查找最佳的服务缓存决策。事实上该操作等同于解一个线性规划问题，并且可以在多项式时间内得出最优解。
- open 操作：此操作涉及打开一个缓存项并删除一些其他缓存项。open 缓存项的操作与 add 缓存项的定义稍有不同，后者可能已缓存了要 open 的缓存项。
- remove 操作：此操作从一个 MBS 中删除一个服务 m，并在其他的 MBS 集合中打开同一个服务；然后可将卸载请求从已删除的缓存项重新分配给已打开的缓存项。

基于上述三种操作可以构造局部搜索算法，只要可以在每个步骤中有效降低成本，那么算法就可以重复执行上面定义的三个局部搜索操作之一。

9.7　本章小结

本章讨论了边缘计算中的服务部署问题。介绍了动态服务部署、DAG 图嵌入、服务缓存和计算卸载等热点问题，并探讨了其中一些好的解决方案。总体来说，主要有集中式和分布式两大类算法，集中式算法将边缘计算环境中的信息进行汇总并利用集中式算法进一步决策，考虑到物联网大规模设备接入的扩展性问题，可以利用贪心算法、近似算法进行快速计算；分布式算法由多个分散的决策者，甚至每个用户设备自身基于局部环境信息进行优化决策，有基于博弈论和经济学模型的算法。由于边缘计算环境本身可承载多种多样的任务，所以针对边缘计算环境的问题模型也往往千变万化，进而针对不同问题有不同的优化算法。理解这些优化算法的关键在于理解算法背后的问题模型。充分理解问题本身，才有可能进而提出更好的优化算法，这一点值得进一步思考。

思考题

1. 服务部署与计算卸载有什么关系？

2. 在边缘环境下部署微服务与本章中考虑的服务部署有什么区别？

3. 分布交互式应用越来越流行，请尝试描述一个在边缘环境部署交互式服务的问题，并尝试给出解决方案。

参考文献

[1] SALAHT F A, DESPREZ F, LEBRE A. An overview of service placement problem in fog and edge computing[J]. ACM Computing Surveys (CSUR), 2020, 53(3): 1-35.

[2] MANOJ M, TILAK A, CHARLES C T. Fog Computing and the Internet of Things (IoT): Review[C]//2021 8th IEEE International Conference on Cyber Security and Cloud Computing (CSCloud). New York: IEEE, 2021: 10-12.

[3] TANEJA M, DAVY A. Resource aware placement of IoT application modules in Fog-Cloud Computing Paradigm[C]//2017 IFIP/IEEE Symposium on Integrated Network and Service Management (IM). New York: IEEE, 2017: 1222-1228.

[4] SKARLAT O, NARDELLI M, SCHULTE S, et al. Towards qos-aware fog service placement[C]//2017 IEEE 1st international conference on Fog and Edge Computing (ICFEC). New York: IEEE, 2017: 89-96.

[5] MAHMUD R, SRIRAMA S N, RAMAMOHANARAO K, et al. Quality of Experience (QoE)-aware placement of applications in Fog computing environments[J]. Journal of Parallel and Distributed Computing, 2019, 132: 190-203.

[6] WANG L, JIAO L, HE T, et al. Service entity placement for social virtual reality applications in edge computing[C]//IEEE INFOCOM 2018-IEEE Conference on Computer Communications . New York: IEEE, 2018: 468-476.

[7] TRAN T X, CHAN K, POMPILI D. COSTA: Cost-aware Service Caching and Task Offloading Assignment in Mobile-Edge Computing[C]//2019 16th Annual IEEE International Conference on Sensing,

Communication, and Networking (SECON). New York: IEEE, 2019: 1-9.

[8] SHU C, ZHAO Z, HAN Y, et al. Dependency-Aware and Latency-Optimal Computation Offloading for Multi-User Edge Computing Networks[C]//2019 16th Annual IEEE International Conference on Sensing, Communication, and Networking (SECON). New York: IEEE, 2019: 1-9.

[9] JOŠILO S, DÁN G. Wireless and Computing Resource Allocation for Selfish Computation Offloading in Edge Computing[C]//IEEE INFOCOM 2019-IEEE Conference on Computer Communications. New York: IEEE, 2019: 2467-2475.

[10] HE T, KHAMFROUSH H, WANG S, et al. It's hard to share: joint service placement and request scheduling in edge clouds with sharable and non-sharable resources[C]//2018 IEEE 38th International Conference on Distributed Computing Systems (ICDCS). New York: IEEE, 2018: 365-375.

[11] SOUZA V B C, RAMÍREZ W, MASIP-BRUIN X, et al. Handling service allocation in combined fog-cloud scenarios[C]//2016 IEEE international conference on communications (ICC). New York: IEEE, 2016: 1-5.

[12] NISHIO T, SHINKUMA R, TAKAHASHI T, et al. Service-oriented heterogeneous resource sharing for optimizing service latency in mobile cloud[C]//Proceedings of the first international workshop on Mobile cloud computing & networking. [S.l.]: MobileCloud, 2013: 19-26.

[13] MENG J, TAN H, XU C, et al. Dedas: Online task dispatching and scheduling with bandwidth constraint in edge computing[C]//IEEE INFOCOM 2019-IEEE Conference on Computer Communications. New York: IEEE, 2019: 2287-2295.

[14] OUYANG T, LI R, CHEN X, et al. Adaptive User-managed Service Placement for Mobile Edge Computing: An Online Learning Approach[C]//IEEE INFOCOM 2019-IEEE Conference on Computer Communications. New York: IEEE, 2019:1468-1476.

[15] GAO B, ZHOU Z, LIU F, et al. Winning at the starting line: Joint network selection and service placement for mobile edge computing[C]//IEEE INFOCOM 2019-IEEE Conference on Computer Communications. New York: IEEE, 2019: 1459-1467.

[16] WANG P, LIU S, YE F, et al. A fog-based architecture and programming model for IoT applications in the smart grid[EB/OL]. [2022-06-05].https: // arXiv. org/abs/1804.01239.

[17] SAUREZ E, HONG K, LILLETHUN D, et al. Incremental deployment and migration of geo-distributed situation awareness applications in the fog[C]//Proceedings of the 10th ACM International Conference on Distributed and Event-based Systems. [S.l.]DEBS, 2016: 258-269.

[18] YOUSEFPOUR A, ISHIGAKI G, GOUR R, et al. On reducing IoT service delay via fog offloading[J]. IEEE Internet of things Journal, 2018, 5(2): 998-1010.

[19] YOUSEFPOUR A, ISHIGAKI G, JUE J P. Fog computing: Towards minimizing delay in the internet of things[C]//2017 IEEE international conference on edge computing (EDGE).New York: IEEE, 2017: 17-24.

[20] HONG H J, TSAI P H, CHENG A C, et al. Supporting internet-of-things analytics in a fog computing platform[C]//2017 IEEE International Conference on Cloud Computing Technology and Science (CloudCom). New York: IEEE, 2017: 138-145.

[21] SKARLAT O, NARDELLI M, SCHULTE S, et al. Optimized IoT service placement in the fog[J]. Service Oriented Computing and Applications, 2017, 11(4): 427-443.

[22] YOUSEFPOUR A, PATIL A, ISHIGAKI G, et al. Qos-aware dynamic fog service provisioning[EB/OL]. [2022-06-05].https://. arXiv. org/abs/1802.00800.

[23] SARKAR S, CHATTERJEE S, MISRA S. Assessment of the suitability of fog computing in the context of internet of things[J]. IEEE Transactions on Cloud Computing, 2015, 6(1): 46-59.

[24] SARKAR S, MISRA S. Theoretical modelling of fog computing: a green computing paradigm to support IoT applications[J]. IET Networks, 2016, 5(2): 23-29.

[25] NISHIO T, SHINKUMA R, TAKAHASHI T, et al. Service-oriented heterogeneous resource sharing for optimizing service latency in mobile cloud[C]//Proceedings of the first international workshop on Mobile cloud computing & networking. [S.l.]: Mobile Cloud, 2013: 19-26.

[26] MAHMUD R, SRIRAMA S N, RAMAMOHANARAO K, et al. Quality of Experience (QoE)-aware placement of applications in Fog computing environments[J]. Journal of Parallel and Distributed Computing, 2019, 132: 190-203.

[27] YU R, XUE G, ZHANG X. Application provisioning in fog computing-enabled internet-of-things: A network perspective[C]//IEEE INFOCOM 2018-IEEE Conference on Computer Communications. New York: IEEE, 2018: 783-791.

[28] MA Y, LIANG W, GUO S. Mobility-Aware Delay-Sensitive Service Provisioning for Mobile Edge Computing[C]//IEEE INFOCOM 2019 - IEEE Conference on Computer Communications Workshops (INFOCOM WKSHPS). New York: IEEE, 2019: 270-276.

[29] OUYANG T, ZHOU Z, CHEN X. Follow Me at the Edge: Mobility-Aware Dynamic Service Placement for Mobile Edge Computing[J]. IEEE Journal on Selected Areas in Communications, 2018, 36(10): 2333-2345.

[30] MENG J, TAN H, XU C, et al. Dedas: Online Task Dispatching and Scheduling with Bandwidth Constraint in Edge Computing[C]//IEEE INFOCOM 2019 - IEEE Conference on Computer Communications. New York: IEEE, 2019: 2287-2295.

[31] TRAN T X, CHAN K, POMPILI D. COSTA: Cost-aware Service Caching and Task Offloading Assignment in Mobile-Edge Computing[C]//2019 16th Annual IEEE International Conference on Sensing, Communication, and Networking (SECON). New York: IEEE, 2019: 1-9.

CHAPTER 10 · **第 10 章**

面向视频分析的边缘资源分配技术研究

本章针对面向视频分析的边缘调度问题，首先简要说明视频分析产生的原因和典型应用场景，然后介绍基于边缘计算的视频分析系统的流程及性能分析，最后给出若干应用案例分析。

10.1 概述

随着计算机视觉技术的快速发展，越来越多的监控摄像头被部署在城市中的各个角落，成了安防、监控的有力手段，也产生了大量的分析需求。随着智能手机的普及，全球范围内的视频数量呈现出指数增长的趋势[1]。思科的预测指出[2]，到 2023 年，全球范围内将有超过 70% 的人口拥有移动互联网设备，其中包括大量可产生视频的设备。随着视频分辨率逐渐提高，这些设备带来了巨大的流量，如今视频流量已经占到整个互联网总流量的 80% 左右。随着高清电视的普及，互联网高清电视三个小时的内容，可以产生平均一个家庭一天所产生的互联网流量。

在视频流量大量产生的同时，也带来了越来越多待分析的数据。大部分监控摄像头 24h 工作，仅靠人力对产生的视频数据进行统计和分析是不现实的，但如果能借助计算机视觉技术，就可以自动化地从视频中提取出有效信息，如画面中的人、物及其大小、位置、状态、运动轨迹等。因此，视频分析技术成为了新的研究热点，且为智慧城市、智慧交通、安防监控等领域带来了巨大的应用价值。

然而，高分辨率视频所含有的信息量是巨大的。以每秒 30 帧的 1080P 视频为例，仅一秒钟的视频就能包含 $30 \times 1920 \times 1080 = 62208000$ 个像素点的信息。如果所有分析任务都在云端处理，则需要将所有视频数据上传到云端，然而在现实中摄像头数量众多，若每个视频流都需要相当的带宽，即使利用视频编码手段对其进行压缩，仍会带来巨大的带宽消耗。此外，部分视频分析应用场景对分析的实时性要求较高，视频分析速度必须不低于摄像头的拍摄帧率，才能应对不断产生的视频流。例如，在自动驾驶应用场景需要对视频流进行实时分析来辅助驾驶决策，若分析延迟太高，则当结果返回时，实际车辆和行人的位置很可能已经发生了改变，因此，延迟过高的分析结果不具有参考价值。若将视频全部上传到云端处理，由于无线网络带宽可能存在波动，当发生突发性事故时，云端的分析结果可能无法及时反馈从而造成严重后果。因此，随着边缘设备计算能力逐渐增强、边缘服务器部署逐渐完善，越来越多的视频分析任务被下沉到边缘端进行计算，在保证分析结果可靠的情况下，能够尽可能满足实时性需求。

计算机视觉技术中往往需要使用神经网络模型对目标进行识别，使用的网络通常为 CNN 或 DNN，其网络结构复杂，需要强大的算力支持。然而，边缘设备上的资源有限，视频分析的高精度和低延迟很难两全其美。因此，如何充分利用有限的边缘资源，进行准确、高效的视频分析，成了在边缘场景中进行视频分析的主要难点。围绕着这个问题，国内外已有不少学者开展了大量的创新性研究，本章将对视频分析技术及面向视频分析的边缘资源分配技术进行介绍。

10.2 视频分析应用

视频分析技术的应用非常广泛，也为其带来了巨大的商业和社会价值。在这些应用实例化的同时，视频分析技术在发展中的挑战和机遇也在不断显现。下面将介绍视频分析技术在不同领域中的应用，包括智慧工业、交通分析、安防监控、自动驾驶等。通过这些应用也可以看出视频分析在万物互联背景下广泛的应用前景。

10.2.1 智慧工业

智慧工业是我国未来的工业发展方向，致力于通过将新一代计算机技术与工业流水线渗透融合，形成新的基础设施和工业生态，深入改变各行业的发展理念和生产工具。边缘服务器的部署为工业生产提供了网络通信架构、计算处理平台等通用基础设施，通过高效、及时的数据处理和分析，优化生产流程。智慧工业的发展正在改变各行业的生产方式、影响各行业的发展理念、促进工业生产体系和服务体系的进化[3]。

视频分析在智慧工业中展现出巨大的应用潜力，在保障工地安全和识别人类活动等方面展现出了新的技术可能性，带来了新的信息交互模式。其中的一个代表性例子是人类活动识别（Human Activity Recognition，HAR）系统，用于确保工人在危险区域进行安全活动，目前已在智慧工业领域被广泛应用。HAR 系统通过监测工人在区域内的活动，确保工人遵守施工规范、在安全区域中活动，其典型技术包括智能安全帽识别、智能安全带识别等，如

图 10-1 所示。

安全带识别

安全帽识别

工人位置检测

管道异常检测

图 10-1　视频分析在智慧工业中的应用案例

在传统的施工管理中，人员管理虽然有规范约束，但因为施工人员数量庞大、种类繁杂，这对施工人员信息记录带来了很大的困难。而通过人脸识别、目标检测、路径追踪等技术，可以自动化地对人员活动、人员状态进行识别，从而保障施工人员的安全。HAR 系统中包含安装在施工现场的监控摄像头，以辅助构建智能监控和防范体系。首先，通过前端的监控摄像头进行视频数据采集，并通过无线或有线网络传输给边缘服务器。然后，边缘服务器通过部署的视频分析模型，对视频中的工人位置、状态进行检测，如是否在安全区域内活动、是否佩戴安全帽等。最后，利用边缘服务器中得到的视频分析结果，自动检测出环境中的不安全行为，并将检测信息、工人数据同步到监控中心，对不安全行为进行实时提醒，实现数据联动、业务协同，从而提高工地的安全性。

此外，学术界也在致力推动智慧工业的相关研究。Yang 等 [4] 研究了通过监控摄像头识别起重机的运动状态，并成功判断起重机是否在进行混凝土浇筑。Wang 等 [5] 利用图像纹理特征和光流法提出了一种火灾探测方法，达到了 89.1% 的检测成功率和低误检率。

10.2.2　交通分析

随着汽车制造行业的发展、生产消费水平的提高，城市中的车辆越来越多，且由于城市通勤人口出行时间往往具有一致性，造成车流量高峰、低谷时段区分明显，交通拥堵常常发生。如何让如此多的车辆有序、高效、安全行驶，成了城市发展规划的一大难题。交通分析通过安装在道路中或十字路口的监控摄像头拍摄道路上的车流状况，并进行实时分析和监控，辅助交通部门进行交通管控或规划，保障城市交通安全、畅通。通过分析监控视频数据，不仅可以感知车流量大小、交通是否拥塞，还可以进行车牌识别、车辆追踪等，实现对交通决策、管控的多方面支持。通过分析监控视频数据进行交通分析的典型应用如下：

- 停车场车辆管理。通过车牌识别技术，可以在车辆照片中准确提取出车牌号。即使对于运动的汽车也可以通过对监控视频的每一帧进行分析，找到相对清楚的帧成功完成识别。同时，还可以记录车辆经过的时间、具体位置和行驶方向，或刻画其颜色、大小等基础特征。目前车牌识别技术已较为成熟，在停车场出入管理记录、停车区域引导、反向寻车、自动缴费等场景都有应用。通过自动化地进行车辆管理，可以提高停车场运营效率和用户体验。停车场自动化运营不仅让停车缴费更加便捷，而且可以通过部署摄像头来实时监控每个车位上是否有车及其具体牌号，并告知用户，解决了停车场停车不便、寻车不便的难题。
- 超速、违法驾驶行为检测。通过道路上的监控摄像头，可以利用目标检测技术检测车辆位置，并根据两次检测之间的时间间隔和车辆的移动距离判断车辆的行驶速度。同时，通过目标识别、车牌识别和目标重匹配技术，还可以进行跨摄像头的视频分析，在车辆离开某一摄像头的监控范围后，若在其他摄像头监控范围内重新出现，可以重新识别到该车辆，并持续进行追踪。通过跨摄像头的视频分析，可以持续捕获每辆车的移动方向和运动轨迹，还可以实现车辆定位，便于捕获交通违法行为和确认违法车辆的具体位置，从而进行实时警告与拦截。
- 城市道路规划。前面的两个案例均为根据实时数据进行交通分析，适用于注重时效性的应用场景。在更注重准确性而非时效性的场景，也可以根据静态数据进行分析，即在所有数据产生完毕后，对其进行汇总并统一分析。如收集三个月的全市主要路口道路交通数据，在边缘平台上离线地进行高质量分析，通过判断城市的综合交通运行情况来辅助进行城市道路规划调整。例如，检测行人经常乱穿马路的区域可以辅助确定在哪里加设人行横道；检测人们经常并列停车的道路可以帮助确定需要缓解拥堵规划的区域；检测汽车、行人和自行车的交通量有助于调整信号灯时长。

10.2.3　安防监控

安防监控是实时视频分析应用中最重要、最广泛的场景之一，关系到公共场所的安全性。如今全球范围内部署的摄像头已超过 10 亿个[6]，根据 ABI Research 的报告[7]，到 2025 年，全球有超过 3.5 亿个智能摄像头将使用人工智能芯片，且超过 65% 的摄像头将至少配备一个 AI 芯片组。通过在边缘服务器上部署安防监控系统，不仅可以根据实时的视频流数据，完成区域状态感知、特定目标监测；还可以通过已经产生的视频数据，进行区域档案管理、搜索和检查等。通过分析监控视频数据，进行安防监控的典型应用[8]如下：

- 智慧警务。将视频分析与警务平台相结合，可以提高执法效率。人脸识别技术大大推动了身份标识和重识别应用的发展，在打击犯罪等公共安全领域发挥了重要作用。通过视频监控系统、视频分析系统、电子警察系统等多系统联合，可以整合不同来源的视频图像资源，实现视频图像信息结构化描述，从而做到快速发现、准确定位目标。通过数据分析，可以寻找犯罪线索、追踪活动轨迹、锁定嫌疑目标等，为案件侦查提供帮助。

- 入侵检测。公共场所如办公楼、商场等大多都安装了摄像头，用于实时监控是否存在不安全因素，如可疑分子或嫌疑犯。通过将摄像头产生的视频流与边缘计算资源相连接，利用人脸识别技术，可以实时监测画面中行人的面部特征，并通过模式识别将面部特征与数据库中的特征相匹配，以提供及时告警，如防止犯罪分子进入人员密集的公共区域等。此外，摄像监控同样可提高私人场所的安全性，如在住宅门前安装监控摄像头，可以通过目标识别，判断是否有不明身份的人靠近并进行提醒。

10.2.4 自动驾驶

随着感知技术、人工智能技术的发展，自动驾驶成了未来机动车的发展方向。德国于 2017 年 6 月率先发布了德国自动驾驶法，成为全球首个落地的自动驾驶法案 [9]。我国也不断出台政策鼓励智能驾驶行业健康发展，如 2021 年《国家综合立体交通网规划纲要》[10] 提出，2035 年将实现智能列车、智能联网汽车（智能汽车、自动驾驶、车路协同）技术达到世界先进水平的目标。

自动驾驶系统中，车辆部署了各类传感器，用于收集车辆信息；并对信息进行可靠、即时的分析；最后根据分析结果做出决策。各种传感器共同构成一个感知系统，使得车辆能够感知周围的环境，赋予车辆视觉感知和速度感知，如图 10-2 所示。根据传感器提供的反馈信息，车辆通过人工智能、计算机视觉等技术进行进一步决策，如加减速、跟车、变道、急刹车等。其中，视觉感知是感知系统的重要组成部分，具体方式为通过摄像头捕获视频数据，并对其中的目标进行实时分析，实现车辆、行人、道路等的检测。通过车辆、行人感知，可以使车辆自动进行避让，或在辅助驾驶中提醒驾驶员注意避让。由于自动驾驶对视频分析的实时性要求高，传统的将分析任务卸载到云服务器的方案受网络传输能力限制，会产生较大时延，很难满足实时的分析需求，更无法满足突然性事故的即时感知需求。因此在车辆上安装小型边缘计算设备，利用车载设备的计算能力进行实时处理和分析，成了新的解决方案。

图 10-2 自动驾驶中的车辆和行人识别

10.3 视频分析系统介绍及性能分析

10.3.1 视频分析流程

视频分析的需求较为多样，往往需要多个模块相互组合连接，形成一条视频处理流水线，将视频中的每一帧分离为独立的图片，依次进行处理。视频分析的基础需求为目标检测与追踪，即划定一系列物体类别，如人、车、猫、狗等，最终成功识别出每一帧中是否存在对应物体，并标记每个物体在每一时刻的位置，以及对应的移动轨迹。通过目标检测与追踪，可以进行数量统计、密度统计、物体空间分布感知、物体速度感知等，可以满足现实中大部分视频监控场景的分析需求。这里以目标检测与追踪为例，展示一般的视频分析流程，如图 10-3 所示。

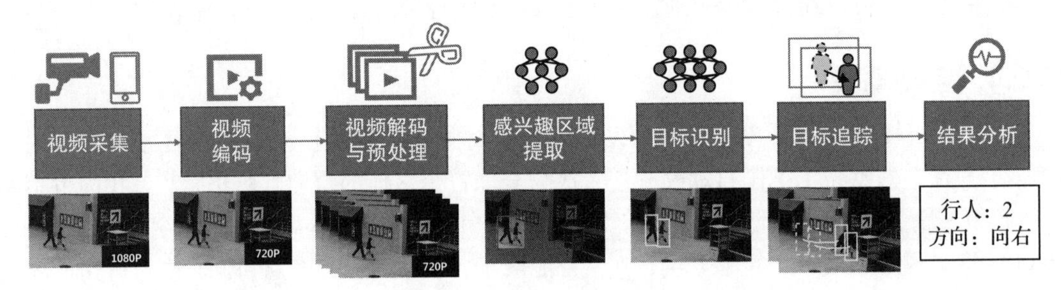

图 10-3　视频分析流程（以目标检测与追踪为例）

1. 准备阶段

- 视频采集和编码：摄像头端通过摄像头元件和编码器进行视频采集和编码，并进行适度压缩以去除视频中的冗余信息，降低其占用的空间。当今的常用编码包括 H.264 和 H.265 等。由于视频的连贯性，它在时间和空间上都包含大量冗余信息。在时间上，相邻两帧的时间差距往往只有几十毫秒，因此像素信息高度相似。现有编码技术通过设定参考帧，并记录其他帧与参考帧之间的偏移，利用时序相似性进行压缩。在空间上，相邻的像素点的颜色往往具有相似性，这也为压缩提供了空间。
- 视频解码与预处理：编码后的视频成了一个整体，无法直接提取出每一帧的完整信息。每个编码器都带有对应的解码器，在进行视频分析前，需要进行解码才能还原出每一帧的完整信息，即捕获到的原始图片。在通过神经网络进行目标检测之前，常常还需要进行视频预处理。为排除天气影响、镜头畸变等因素，使视频尽可能清晰、完整地还原现场情况，可以进行亮度、对比度调节以及畸变还原等。此外，由于目标检测网络往往需要大量计算，为了减少所需的计算量，还可以进行视频背景去除和区域裁剪等，我们将在 10.3.2 节中进一步介绍这些技术。

2. 处理阶段

- 感兴趣区域提取：大部分精度较高的目标检测网络分为感兴趣区域提取和目标识别两

阶段来完成检测，如 Faster R–CNN[11]、Mask R–CNN[12] 等，即先将整张图片输入区域提取网络进行特征提取。通过卷积、全连接层等计算，训练好的 CNN 网络可以判断图片中每个小区域是否存在较明显的物体特征，从而提取出一系列很可能存在目标的区域，又称感兴趣区域（Region of Interest，RoI）。

- 目标识别：在提取出 RoI 后，还需要将其输入分类器网络中，将输入区域中的物体识别为一系列已知类别中的某一类，并输出物体边界框（bounding box）和分类置信度。若置信度高于阈值，则认为成功识别到了该区域中的物体。

通过这样两阶段的目标识别，区域提取网络和分类器网络各司其职，达到了更高的准确率。

也有一些单阶段的目标检测算法，如 YOLO[13] 系列，通过将目标区域提取与目标识别两个步骤融合在一个神经网络中，以减少计算量，实现更快速的目标识别。

3. 分析阶段

- 目标追踪：通过目标追踪技术，可以利用物体的特征点来刻画其边缘特征，并利用追踪器快速获取新位置。例如，光流法 [14] 通过上一帧中物体的特征点信息，找到特征点在新一帧中所对应的位置，从而得到物体在新一帧中的位置。通过目标追踪技术，可以在前后两帧变化不大的情况下避免对每一帧都进行目标检测，从而节省了计算量。
- 结果分析：最终，我们可以对每一帧中的物体边界框和对应类别进行统计分析，以适用于具体的应用场景，如人数统计、目标分布统计、轨迹分析等。在跨摄像头的多目标跟踪场景中，可能还需要用到目标重识别技术来识别在不同帧或不同摄像头中的同一目标，并将具体信息与之进行对应。

10.3.2　典型视频分析系统及边缘资源分配技术

由于目标检测往往是视频分析任务中最常用、最典型的技术，我们以目标检测为例，介绍几种典型的视频分析系统架构。根据视频分析系统的部署位置不同，可以分为设备、设备 - 边缘、设备 – 边缘 – 云三种情况。下面我们对这三种情况下的典型视频分析系统进行介绍，分析其优劣势，并介绍对应场景下常用的资源分配或资源节约技术。

1. 部署于设备的视频分析系统

智能摄像头终端自身可以配置一定的计算单元，或通过特殊接口和外部的移动计算设备相连而获得计算能力。因此，将视频分析系统部署在设备上是最简单直接的部署方式。部署在设备的视频分析系统的优势在于不需要和其他计算节点通过网络进行协同，也无须进行视频传输，不会受到网络环境波动的干扰。然而，由于边缘计算设备的计算和存储资源相对有限，在设备上无法使用大模型执行高精度的实时视频分析。因此，一些资源分配与节约手段应运而生。

- 模型压缩：由于应用于目标检测的神经网络通常比较复杂，不少工作尝试使用更简化的模型，通过减少参数量、简化模型结构来节约计算代价和计算时延，并尽量保证精度下降在可接受范围内。一系列适用于移动计算设备等资源稀缺设备的神经网络由此产生，如 MobileNets[15]、YOLO–LITE[16]、SSDLite[17]、YOLOv5n[13] 等。不同网络的参数量和结构不同，计算所需的耗时也不同，如 Faster R–CNN 网络的大小可达到 497MB，而 YOLOv5n 的大小只有 1.9MB。通过牺牲一定的精度，这些神经网络可以将每帧的分析时间从上百毫秒缩短到几十毫秒，大大减少了时延。此外，还有一些模型专门用于检测某一类或几类目标，通过牺牲检测的类别广度，降低了检测延迟。如 MCDNN[18] 利用视频中目标种类分布的不均匀性，通过模型压缩技术训练了专门检测某些常见类别的小模型，利用这些特殊化的小模型在保持精度基本不变的同时降低分析延迟。
- 背景去除：在目标检测任务中，视频可以分为前景和背景，需要分析的目标构成前景，其他较远的或不存在目标的区域构成背景。由于背景中不存在目标，对它的分析实际上是一种无效计算。因此，边缘视频分析系统中常常对背景信息进行压缩或删除，如降低背景区域的编码质量，或通过图片剪裁，将背景部分去除，再送入神经网络模型进行分析。为了排除杂乱背景的影响，还可以使用背景消除算法 [19]。如运行在边缘设备的目标检测系统 REMIX[20] 将视频分割为几个区域，并对目标出现的区域进行了统计。对于没有目标出现的区域，在分析时将使用轻量级的模型或直接跳过，减少了每帧的目标检测耗时。
- 视频压缩：通过压缩编码来降低视频分辨率也是一种常见的节约计算资源的手段。通过降低分辨率，减少了每一帧中像素点的个数，大大加快了分析的速度。一些神经网络能接受的输入大小是固定的，因此在进行分析前，会将每帧图像的分辨率重新调整（resize）到默认大小，如 EfficientDet-D0 模型 [21] 会将输入限制为 512 × 512 的正方形。对于较大物体来说，在分辨率降低的情况下，仍可以占据不小的像素区域，对分析的精度几乎不会产生影响。但对于较小的目标，这种方式不再适用，因为分辨率下降会使得对小目标的成功检测概率大大降低。因此，也有部分工作研究了 RoI 编码，即只对感兴趣区域进行高质量编码，对其他区域采用低质量编码，在降低视频大小的同时保证重要目标可以被成功识别。EAAR[22] 使用了 RoI 编码，对上一次检测中存在目标的区域进行高质量的编码，而不存在目标的背景区域使用低质量编码，降低了视频大小，且不影响分析精度。Du 等 [23] 提出了一种新的视频编码系统 AccMPEG，实现了在摄像头端的高效编码，并根据视频内容来动态调节编码质量。实验表明 AccMPEG 相较于最先进的系统，在精度不变的情况下，可以减少 10% ～ 43% 的端到端推断延迟。

2. 设备 – 边缘协同的视频分析系统

为了解决设备端计算能力不足的问题，不少工作考虑利用边缘服务器辅助设备端进行视频分析。即设备端负责采集视频数据并承担简单的计算，如使用轻量级的模型进行初步分析，或进行轻量级的目标追踪；边缘服务器端负责使用更强的模型进行高精度视频分析，以保证结果的准确性。设备端和边缘服务器端通过网络进行连接通信，并传输必要的信息，如视频帧或分析结果等。本节将讨论单个边缘服务器的简单系统，复杂系统中涉及多个边缘服务器的情况将在本节第三部分中进行探讨。这种设备 – 边缘协同的模式保证了设备端可以进行快速的目标检测，保证时延不会过高，同时边缘服务器可以给予算力支持，用来校准设备端的结果，保证了较高的精度；但引入了网络传输代价，也会受到带宽波动的影响。图 10-4 展示了常见的设备 – 边缘协同的典型视频分析系统架构。设备端进行视频采集并编码，并向边缘服务器发送待检测的视频流或视频帧。边缘服务器部署了多种目标检测模型，从中选择合适的模型执行推断。服务器根据检测精度或网络环境调整视频流配置策略，如编码的分辨率、码率等，并将配置文件和检测结果回传给设备端。设备端以服务器的检测结果为基准，通过目标追踪器对其他未传给服务器的帧进行轻量级目标追踪。设备 – 边缘协同的视频分析系统中，也存在着更多的配置选择和资源分配技术。

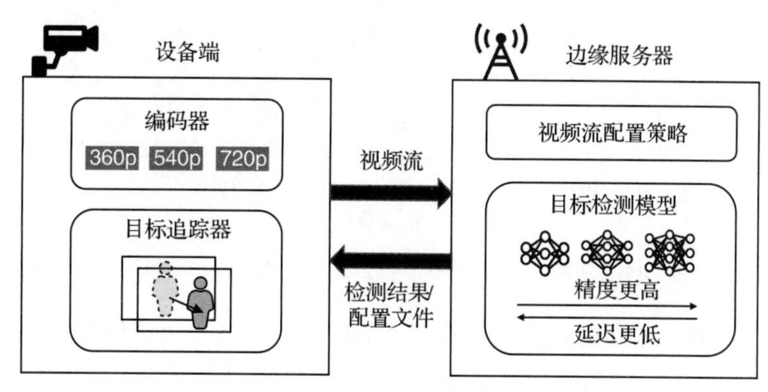

图 10-4　设备 – 边缘协同的典型视频分析系统架构

- 模型选择：不同目标检测网络的设计、结构不同，所需要耗费的时间也不同，在视频分析中往往可以选择不同的模型来进行精度与资源消耗之间的平衡。此外，即使是同一设计的网络，也会存在不同等级的模型。例如，在 EfficientDet 系列中，根据参数量从小到大分为 EfficientDet-D0 到 EfficientDet-D7 八种不同的模型，其设计思想相似，但具体结构和参数量不同。图 10-5 展示了 EfficientDet 系列及其他神经网络的计算量与精度对比。可以看出在 EfficientDet 系列中，随着计算量的增大，模型精度也不断提高。对于其他不同结构的模型，其计算量和精度也各有不同。

  因此，许多工作采用轻量级模型与重量级模型相结合的方法来进行目标检测。首先使用轻量级模型进行初步检测，再使用重量级模型对个别目标进行精确检测。如 Ran 等提出的 DeepDecision[24] 中，文献作者在设备端部署轻量级 CNN 模型，在服务器端部署重量级模型，根据离线测得的设备的模型精度、传输延迟、能量消耗和对应的约束，通过在线调度器来决定使用哪一种模型以及视频配置，以达到最大化视频分析的帧率和精度的目的。如面向目标查询的 Focus 系统[25]，该系统先使用某些只含有少数类的特定数据集来训练特定的轻量级 CNN 模型，以进行快速的初步目标检测和筛选，并将分类结果进行索引并保存。当用户查询某一类目标时，系统通过索引查找对应目标的像素区域，并使用重量级的 CNN 网络进行检测，以保证最终结果的准确性。

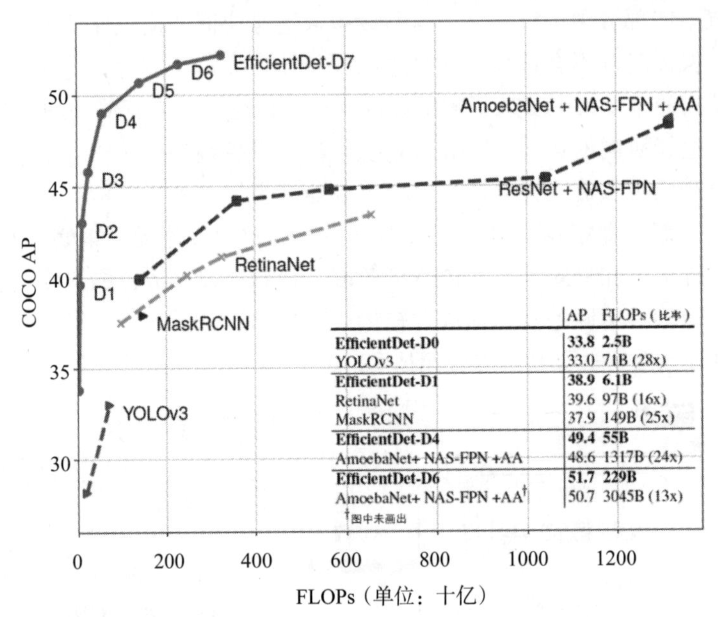

图 10-5　EfficientDet 系列及其他神经网络的计算量（FLOPs）与精度 (AP) 对比（在 COCO 数据集测试）[21]

- 结果缓存：由于边缘设备上的计算能力有限，在设备 – 边缘协同的视频分析系统中，设备端往往将上一帧的分析结果进行缓存，并使用轻量级的追踪器，根据当前帧相对上一帧的像素偏移进行追踪。这样的追踪复用了之前的检测结果，无须重新进行检测即可获得新的目标位置。常用的追踪器包括光流法[14]、KCF 算法[26]等。Glimpse[27]提出使用“检测 + 追踪”的视频分析框架，通过本地追踪和服务器检测构成视频分析流水线，大大提高了系统的实时性，该框架逐渐成为设备与服务器协同的实时视频分析的主流解决方案。Glimpse 在服务器端使用目标检测模型，在本地则使用光流法进行追踪，并以服务器的检测结果为基准，通过计算相邻两帧之间的光流获取目标的新位置，首次在手机端实现了 30fps 的实时目标检测。EAAR[22]通过直接复用视频编码中的运动向量，无须使用额外的追踪器而在设备端完成目标追踪，并将推断任务卸载到服务器端进行，利用流水线实现了实时视频分析并支持本地 AR 渲染。EdgeDuet[28]根据目标移动的速度为其设置优先级，优先追踪移动更快的目标，以提高追踪的准确性。DDS[29]虽然选择将模型推断卸载到服务器端，但仍在摄像头端提供了追踪算法，以在网络不稳定时通过本地追踪保证系统的持续运行。

3. 设备 – 边缘 – 云协同的视频分析系统

由于可能存在多个用户同时请求视频分析服务，需要多个设备和边缘服务器共同协作交互，因此在提供大规模视频分析服务的场景下，通常需要云服务器加入进行协调。此外，由于边缘服务器的性能仍然有限，如果能够提供性能更强的云服务器作为任务卸载选项，可以用更高的时延换取精度的进一步提升。因此，不少工作选择使用设备 – 边缘 – 云协同的视频分析系统，以实现更加灵活的任务卸载与资源分配，满足更加多样化的分析需求。使用设备 – 边缘 – 云架构，可以进一步增强计算能力，将更复杂的计算任务交给资源更充足的计算设备，从而降低延迟、提高精度。还有一些工作选择使用多设备和多边缘进行协同，和设备 – 边缘 – 云架构类似，同样涉及任务卸载问题。图 10-6 展示了典型的设备 – 边缘 – 云协同的典型视频分析系统架构，终端设备、边缘服务器和云服务器层层相连，形成三层结构。用户向系统提交涉及某几个终端设备的视频查询请求，系统利用异构的计算设备、有限的链路带宽进行合理的资源配置，完成分析任务并将结果反馈给用户。然而，由于多个设备和多层级之间通过网络连接进行协作，因此会产生更大的通信代价，同时也更容易受到网络波动的影响，进而引发通信不确定性，可能会影响到实时性的要求。因此，为了满足延迟、精度、带宽等需求或限制，往往需要进行高效的任务卸载和云 – 边 – 端协同。

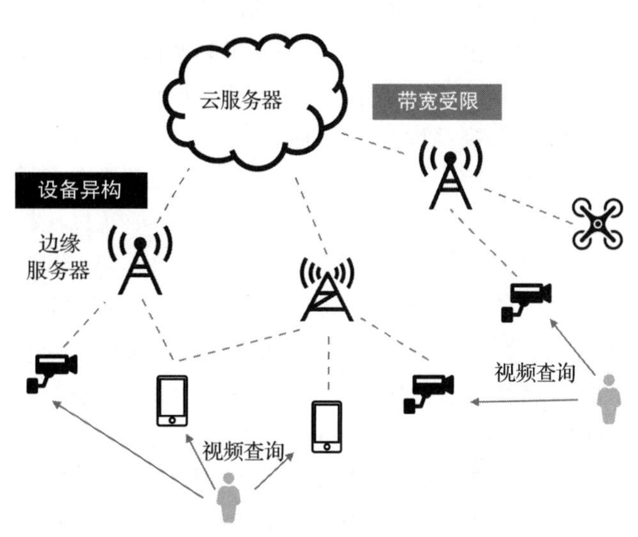

图 10-6　设备 – 边缘 – 云协同的典型视频分析系统架构

- 任务卸载：视频分析任务中，由于深度神经网络模型需要大量计算资源，常常需要将任务从终端设备卸载到不同边缘服务器或云端进行，如何进行细粒度的任务卸载成为资源分配、保证计算能力的关键。任务卸载可以是向上卸载，即将任务交给计算能力更强的服务器，如边缘服务器或云；也可以是平级间卸载，即将任务进行拆分，卸载到计算能力相近的计算设备，如其他边缘节点。VideoEdge[30] 系统考虑了多摄像头、多边缘和一个公有的云共同提供视频分析服务的场景，将视频任务分解在三个平台进行。VideoEdge 的目标是最大化总分析精度，并同时考虑了计算资源和网络资源约束，将其建模为一个二元整数规划问题，使用启发式算法求解，并在所有任务卸载方案中找到满足帕累托最优的配置。Elf [31] 将视频帧分块且并行地卸载到不同的边缘服务器上，以降低分析延迟。Elf 使用了基于注意力的 LSTM 网络，根据之前帧中物体的位置，对下一时刻的物体位置进行预测，并根据物体分布对帧进行切块。此外，Elf 会对服务器的资源和每个块的计算代价进行估计，并按照每个边缘服务器的资源多少为其分配合理大小的块，以实现各边缘间负载均衡。

- 云–边–端协同：由于任务卸载带来了终端设备与边缘节点之间的大量通信传输，如何进行云、边、端之间的高效协同，减轻传输压力，成了影响资源配置和系统性能的重要因素。一些工作采用**视频帧过滤**的方式来减少带宽消耗。具体而言，在进行目标检测任务卸载时，不传输所有视频帧，而是有选择地向服务器传输部分帧，用反馈得到的高精度结果来辅助本地分析。另外，还可通过调整**视频流配置**，如分辨率、帧率、比特率等参数，来实现分析精度和传输代价之间的平衡。

在采用视频帧过滤的工作中，Glimpse 通过比较相邻两帧间的像素差异来衡量帧之间的变化情况，只有当变化超过阈值时，才将其卸载到服务器中进行分析。Han 等 [32] 进一步探究了最佳阈值的选择，将问题建模为非线性的时序依赖问题，以最大化所有时刻的总精度，并通过在线算法求解出每个时刻近似最优的阈值。Reducto[33] 考虑了像素、区域、边缘三种不同的图像特征来进行视频帧过滤，并指出根据视频内容和具体查询需求不同，最具有区分度的图像特征也不同。Reducto 通过提前对视频进行离线分析，得到最佳过滤阈值的哈希表，摄像头端可以根据视频内容变化情况查询哈希表获取过滤阈值。

还有一部分工作选择优先上传部分帧，如 Vigil[34] 系统包含一系列带摄像头的边缘计算节点，利用云服务器接收用户查询请求，并协调各边缘节点来回答查询。每个边缘节点将包含目标多的视频帧优先上传到云，并为含有更多目标的边缘节点分配更多的带宽，以保证在带宽限制的情况下，云端尽快收到尽可能多的目标。DIVA[35] 是一个零流（zero-streaming）查询系统，即只有当查询到来时，系统才将视频传输到云端进行卸载，否则不传输视频流。在捕获视频时，摄像头端上传一部分稀疏的帧给服务器进行分析，形成准确的标志（landmark）帧，并利用标志帧得到筛选器，将其反馈给摄像头。在查询到来时，摄像头端使用筛选器对帧进行筛选，优先传输更可能含有对象的帧以加速查询并节约带宽。

进行视频流配置的工作中，AWStream[36] 先通过离线测试获取不同帧率、比特率、编码质量下的一系列分析精度和带宽消耗，并从中选择出满足帕累托最优的配置集合。在运行时，通过传输队列长度和延迟对带宽进行估计，并不断在线地对测试结果进行修正，自适应地调整视频配置。此外，更多使用了视频流配置的案例将在 10.4 节进行介绍。

4. 小结

三种典型视频分析系统根据其部署位置不同而存在各自的优势。部署于终端设备的系统运行最稳定，不会受到网络传输的影响；部署于设备–边缘的系统既可以满足实时性，又可以保证较高的精度；部署于设备–边缘–云端的系统可以通过灵活的资源分配，满足更多样的精度、时延的要求，但也要承担更多的传输代价和网络不确定性。

此外，上述介绍的资源分配方式本质上是在视频分析的不同环节节约了不同类型的资源，见表 10-1。因此，每种资源分配方式并非只能应用于对应类型的系统中，实际应用中，其应用方式、应用位置可以根据现实情况灵活调整。比如，模型压缩技术实际上也可以应用在边缘服务器端，对于易于检测的视频片段，使用压缩后的模型，进一步降低服务器的计算压力。此外，不同的资源分配方式可能是正交的，可以结合使用而互不影响，比如将区域选择和视频帧过滤相结合，在空间和时间维度上共同减少计算代价，最大限度地节约计算资源；模型压缩和模型选择技术可以共同使用，先通过压缩创造出一系列可选模型，再从中进行灵活选择。

表 10-1　视频分析各环节常用的资源分配方式

视频分析环节	资源分配方式	节约计算资源	节约网络资源
视频编码	视频压缩	√	√
视频解码与预处理	背景去除	√	√
目标识别	模型压缩	√	
	模型选择	√	
目标追踪	结果缓存	√	
视频传输	任务卸载		√
	视频帧过滤	√	√
	视频流配置	√	√

10.3.3　视频分析系统性能衡量

视频分析服务存在多方面需求，包括准确性、时效性、高吞吐量、低能耗等，无法单独依靠某一指标来衡量视频分析系统的优劣。一般用来评价视频分析系统的指标包括：精度、时延、带宽消耗、能量消耗等，下面对这些指标进行简要介绍。

- 精度：精度是衡量视频分析效果最直接的指标。根据分析的需求不同，其精度的衡量方式也不同。对于最常见的目标检测任务，最终目的是准确标识出所有目标的边界框，因此需要判断分析得到的边界框是否和真实位置匹配。一般通过计算边界框与人工标记的真实物体框之间的交并比（Intersection over Union，IoU）来获得其重叠区域占比，若超过一定阈值则认为两者高度重合，即该物体检测成功。此外，目标检测与识别的本质是一个分类任务，即将视频中存在的目标分为正确的类。因此，分类任务常用的性能指标如错误（error）率、精确（accuracy）度、查准（precision）率、查全（recall）率、F1 分数（F1 score）等也同样适用。对于带有多标签的目标检测任务，其评价还需要用到 mAP（mean average precision）指标，来衡量在所有类别上的综合精度。
- 时延：视频分析任务和其他边缘计算任务相比，对实时性的要求较高，如自动驾驶、实时监控、实时视频渲染等场景下，都要求视频分析尽快给出结果，以进行后续处理。因此，端到端时延成了对视频分析系统性能的重要衡量标准。由于视频分析的步骤繁多，如何满足实时性要求成了视频分析系统的一大挑战。实时视频流分析要求视频的分析速度不低于视频的帧率，假如摄像设备的帧率为 30fps，则每帧的分析时间不能超过 33ms。此外，在实时性要求高的场景下，时延过高还会导致分析结果落后于当前视频内容，间接地影响精度。

- 带宽消耗：带宽消耗出现在设备 – 边缘协同或设备 – 边缘 – 云协同的视频分析系统中，通常用不同设备之间每秒传输的数据量来衡量。由于视频具有数据量大、占用空间大的特点，一旦需要在多设备间进行视频数据传输，往往需要占用大量带宽资源。首先，对带宽的消耗直接关系到系统是否容易受网络波动的影响，从而影响系统的稳定性和可靠性。其次，大量的带宽消耗会带来巨大的通信费用，可能导致巨大开销，直接关系到系统能否投入使用。因此，带宽消耗是视频分析系统可用性的重要衡量标准之一。
- 能量消耗：能量消耗一般指单位时间内整个视频分析系统所消耗的能量。越来越多不需要外接电源的边缘计算设备上都可以执行视频分析任务，如智能手机、无人机、智能汽车等，因此视频分析系统的能量消耗直接影响到设备的续航能力，即能持续进行分析的时间。减少计算代价、传输代价和计算耗时均有助于节约能量消耗。

10.4 应用案例分析

视频分析流水线中往往需要使用计算代价高的 CNN 模型，并进行大量的网络传输，且以高精度、低延迟作为目标。由于边缘设备和服务器的计算资源、网络资源有限，设备之间往往具有异构性，视频流配置成了进行边缘资源分配的常用方案。通过调节视频流的帧率、码率等配置，可以降低计算和传输代价，但也面临着精度的下降，因此有不少工作尝试通过视频流配置进行资源调度，在资源消耗和分析质量之间取得平衡，下面我们将选取 4 个案例进行分析。

10.4.1 VideoStorm

视频分析过程中，可以进行配置的“旋钮”非常多，比如帧率、分辨率、算法参数等，配置空间的大小随着旋钮增加呈指数级增长。同时，不同视频分析任务的精度要求、时延要求往往是多样化的。面对如此多维度的配置选择，如何利用有限的资源和视频具体需求来选择合适的配置呢？ VideoStorm[37] 通过对不同配置进行性能测试，提出了一个视频流配置系统。

VideoStorm 系统中包含一个集群来应对视频分析查询，其系统架构如图 10-7 所示。集群由一个集中式的管理器和一组执行查询工作的计算机构成，每个提交的查询可以拆分为由几个步骤组成的流水线，如解码、背景去除、目标检测、目标分类四步。VideoStorm 的核心部件是管理器中的调度器和分析器，通过这两个组件实时决策每个任务的资源分配。为了应对众多旋钮产生的配置选择空间，VideoStorm 将资源分配分为离线和在线两个阶段，其工作流程如图 10-8 所示。

离线阶段的目标有两点：①通过离线分析得到满足帕累托最优的配置集合，大大减少需要考虑的配置空间，即调度器的决策空间。②为每个查询任务计算出配置文件，对使用不同配置分析该视频所产生的计算资源需求和分析质量分别进行估计。性能分析器首先使用帧率、分辨率、模型压缩程度、追踪算法参数作为可调节旋钮，产生了 414 种不同的配置。通过使用这些配置对提前标注好的数据集进行分析，VideoStorm 发现很多配置使用的计算资源相近，但最终产生的分析质量却相差很大。最终，大多数配置都被其他配置严格占优（即使用同样或更少的资源，可以达到更高精度），只有处于帕累托边界上的配置选项构成一个很小的可选配置集合。当每个查询任务到来时，利用配置集合里的配置和视频的开头片段进行测试，计算出对应的配置文件，并记录每种配置方式对应的资源消耗和精度。

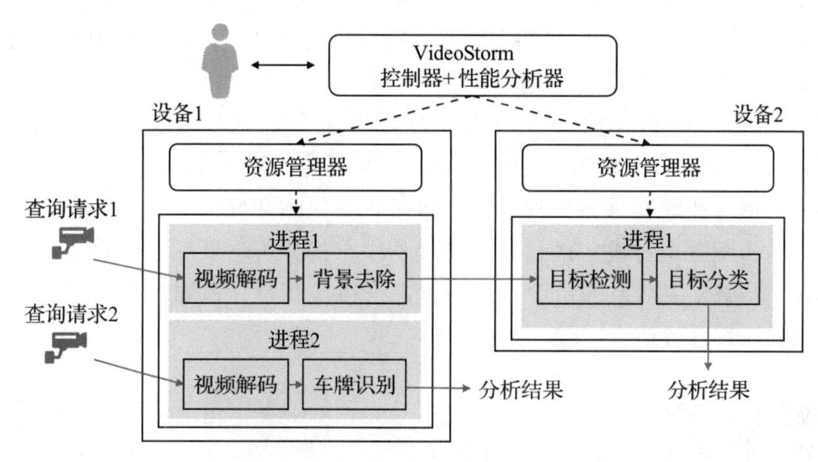

图 10-7　VideoStorm 系统架构

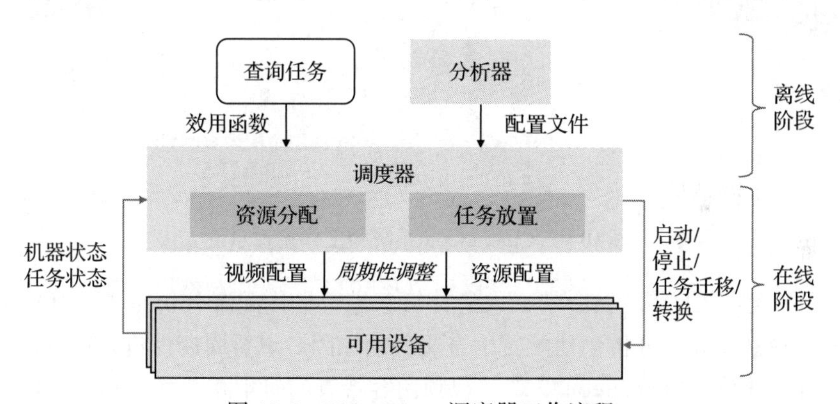

图 10-8　VideoStorm 调度器工作流程

在线阶段中，每隔一段时间，调度器会根据当前所有正在运行的查询任务，全局性地对每个任务的资源分配、任务放置和视频配置进行调整。在调整视频配置时，只会从离线阶段获取好的配置集合中选择，确保每个查询任务的配置一定满足帕累托最优。VideoStorm 通过质量和延迟的加权线性组合来衡量效用，将超出延迟限制的部分作为惩罚，并利用惩罚因子来区分不同任务的优先级。调度器的目标是在集群的总资源约束下，通过启发式算法为每个查询进行资源分配和配置决策，以最大化所有任务的总效用或最低效用。最后，调度器综合考虑机器的资源利用率、负载状况和已有任务延迟，依次将每个任务放入最空闲的机器，完成资源分配和任务调度。

10.4.2 Chameleon

VideoStorm 的方案已经是一种不错的视频流配置方法，但仍存在着一些不足。Chameleon[38] 提出，在视频分析过程中，最佳配置可能会随着视频内容的变动而变动。比如，当道路上的车移动速度变快时，若仍然使用低帧率，则很可能会漏掉快速行进的目标，从而影响分析精度。在 VideoStorm 的框架下，随着视频内容变动，离线分析中得到的不同配置下的资源 - 精度对应关系可能已经偏离真实情况，而调度器对此毫无察觉。因此，Chameleon 提出，应该在运行时周期性地进行最优配置分析并不断更新，以应对视频内容的变化。图 10-9 展示了 Chameleon 系统的工作流程示例：配置选择包含分辨率、帧率、目标识别模型选择三个部分。摄像头端在采集到视频后，进行视频压缩和帧选择，以符合当前配置的分辨率和帧率，并送入配置文件设定的目标识别模型中，将分析结果反馈给 Chameleon 配置控制器。Chameleon 根据反馈结果的精度，对配置进行在线调整并告知摄像头端，通过周期性的配置调整对视频内容进行动态适应。

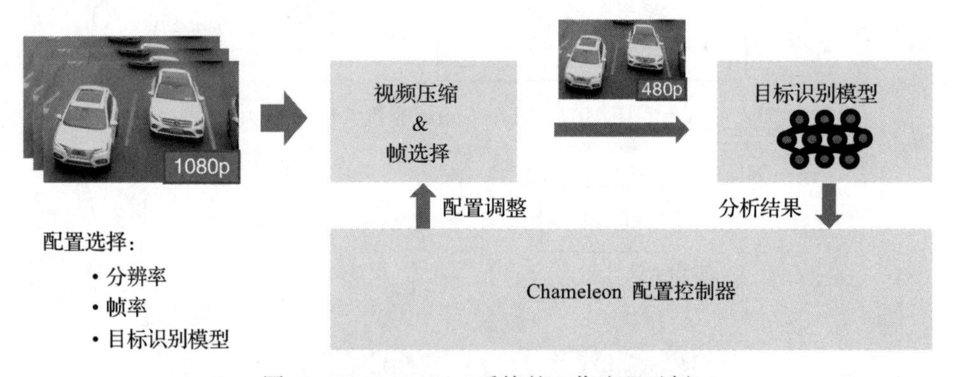

图 10-9 Chameleon 系统的工作流程示例

然而，由于运行 CNN 模型会带来大量计算，进行最优配置分析是十分耗时的，这也是 VideoStorm 选择利用离线分析创建配置信息文件的原因。想要周期性进行最优配置分析，必须先降低其分析代价。Chameleon 发现了视频内容特有的时空相关性，利用对应的三点观察巧妙地解决了这个挑战。

首先，视频信息具有时序相似性。虽然视频内容可能变化，但固定摄像头下视频对象的基本特征（如大小、种类、视角）往往会在短期内保持稳定。其结果是，即使最佳配置可能会频繁更改，但最好的 k 个（top-k）配置组成的集合往往会在一段连续时间内保持稳定，这给在时间维度上重用配置带来了希望。其次，不同摄像头之间相关性可能很强，如部署在同一条公路上的摄像头的视频信息可能是相关的，为相同目的而部署的相机之间也很可能有相似之处，即不同摄像头之间具有空间相似性。同样，相似的视频往往具有相似的 top-k 配置分布，这为 Chameleon 在不同的摄像头之间重用配置打下基础。最后，Chameleon 发现不同的配置旋钮对分析结果的影响几乎是独立的，因此最优配置的搜索空间完全可以从旋钮数量的指数级别降到线性级别。

因此，Chameleon 结合了上述三点观察，提出了自己的视频配置解决方案，如图 10-10 所示。首先，将视频分割为一系列配置窗口，每个窗口再分为 w 个更小的视频段，每个视频段包括一小段连续的视频。利用视频的时序相似性，在每个配置窗口中，只需要对第一个视频段进行最优配置分析。此外，Chameleon 对所有摄像头进行初步的配置测试，并使用 k-means 算法对结果进行聚类，一个簇（cluster）可视作一组具有空间相似性的摄像头。将其中的一个视频作为“领导者”视频，其他视频作为跟随者，只需要对领导者视频进行最优配置分析，选出 top-k 个最优配置，其他跟随者即可重用这些配置，充分利用了空间相似性。在每次最优配置分析中，使用贪心的爬山（hill climbing）算法，以将搜索时间降到线性级别。通过时空相似性和贪心搜索，Chameleon 实现了周期性的、动态的视频配置调整，以时刻保持最优资源配置。

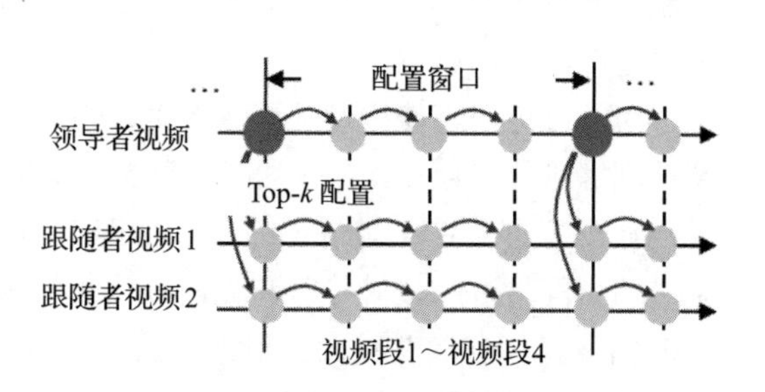

图 10-10　Chameleon 的视频配置流程

10.4.3　Cuttlefish

VideoStorm 和 Chameleon 都对视频流配置进行了研究，但都依赖于对视频进行离线的性能分析，以获取一些先验信息。在摄像头众多的情况下，大量的离线分析会耗费额外的时间和计算资源。Cuttlefish[39] 提出了一种不依赖于先验信息进行移动设备视频流配置的方案，并能够根据过去的配置得到的分析效果好坏进行学习，以实时适应视频内容的变化，并为 AR 应用提供支持。同时，VideoStorm 和 Chameleon 的视频分析系统都建立在稳定的通信基础上，由于不考虑通信带宽限制，对部署环境提出了很高的要求。Cuttlefish 考虑了带宽限制和波动对视频配置的影响，进一步贴合了现实环境状况。

Cuttlefish 提出了两点观察：首先，移动设备环境下的带宽限制了视频传输的帧率和分辨率，且带宽具有波动性。通过对 ATT-LTE 网络的历史带宽数据进行观察，Cuttlefish 发现带宽长期时间中在特定范围内波动，但在较小的时间间隔中变化较小，这为带宽估计提供可能。第二，目标对象的移动速度可能会变化，当移动速度变快时，需要提高帧率以保证精度，但显然也需要消耗更多资源。由于视频内容的变化和带宽的变化往往具有一定的连续性，过去的配置效果反馈可以指导未来的决策。因此，Cuttlefish 提出了基于深度强化学习的视频流配置方案。

利用深度强化学习，算法能够从环境中观察当前状态，根据当前策略输出所有视频流配置的概率分布，视频编码器从中选择最佳配置，以最大化累积奖励。策略往往由神经网络结构承载，算法在运行时还需要根据环境的反馈（即奖励）不断更新策略。为了充分考虑多种因素对视频的影响，Cuttlefish 将四个指标纳入状态空间，包括历史决策、预计带宽、平均移动速度和上一帧的特征图（feature map），其中预计带宽通过前几个时刻的带宽信息估计得到。

奖励函数的设置同时考虑了检测精度、延迟和流畅性三个指标，其中流畅性受到帧率和物体移动速度的共同影响。

为了保持一直使用最优配置方案，Cuttlefish 采用了“离线训练 + 在线检测”的方案。在离线训练阶段，通过使用一段已有数据对策略网络进行训练，避免了系统出现“冷启动”，保证初始配置即可产生较好的效果。如图 10-11 所示，策略网络将环境中的当前状态（包括带宽、历史配置和移动速度）和先前帧作为输入，然后生成配置决策，并根据决策对应的视频 QoE 衡量指标获取奖励，并根据奖励多少对网络权重进行调整。调整完毕后，策略网络根据已有数据中的新状态，组成新样本对网络进行训练。在在线检测阶段，如图 10-12 所示，AR 设备在对下一个时隙的视频进行编码之前，它首先收集当前状态，对带宽进行估计，检测物体的移动速度，并提取过去的几个配置。然后，策略网络将当前状态作为输入，并输出所有

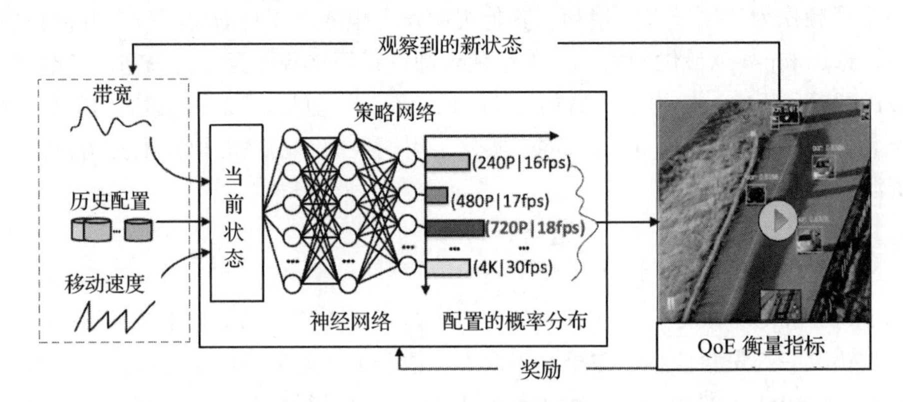

图 10-11 Cuttlefish 的离线训练过程

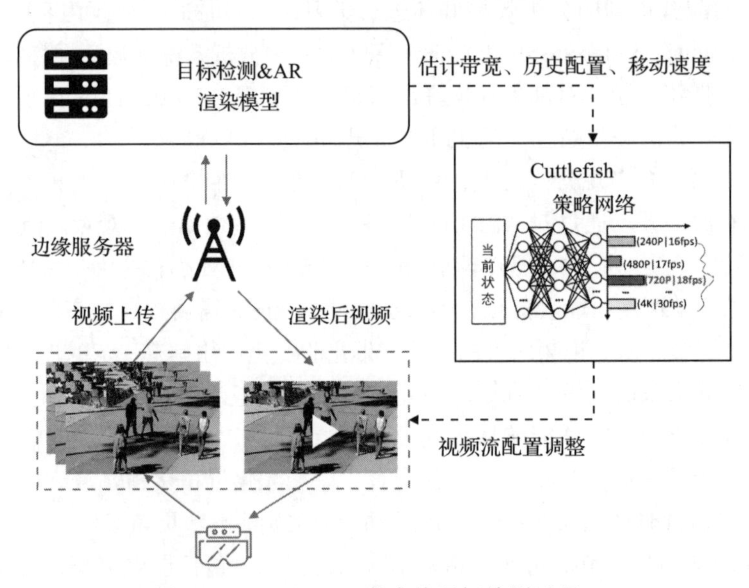

图 10-12 Cuttlefish 的在线目标检测过程

可选配置的概率分布，AR 设备据此进行配置决策，对视频进行编码后上传到边缘服务器进行检测和渲染，并下载结果。这样的一组状态、配置、奖励和下一个状态的四元组构成一个新样本，用于定期重新训练 Cuttlefish 的策略网络，实现受限带宽下自适应的配置选择。

10.4.4 JCAB

Cuttlefish 在进行视频流配置过程中，虽然考虑了精度、延迟、带宽的限制，但未考虑视频分析中的模型推断带来的大量计算和由此产生的高能耗。因此，JCAB[40] 考虑了多个边缘设备连接到同一个边缘服务器或多个边缘服务器上的场景，并随着视频内容和带宽情况的变化，进行动态的视频流配置和带宽分配，在分析精度、服务延迟和能耗之间进行权衡。另一方面，VideoStorm、Chameleon 和 Cuttlefish 的配置算法都是启发式或基于神经网络的，不能提供理论上的性能保证。JCAB 通过将问题建模为带有长期目标和长期约束的优化问题，通过李雅普诺夫框架将其转化为每个时刻的子问题进行求解，提供了近似最优的性能保证，并限制了延迟约束的潜在违背。

由于边缘设备到边缘服务器或多个边缘服务器之间的带宽通常是波动的，对其进行预测往往不能达到完美的效果。特别是，当有多个边缘设备共享同一上行链路信道时，视频配置和带宽分配就变得至关重要，否则可能导致极长的传输延迟。因此，JCAB 对该场景进行了细致的建模，为每个视频流动态决定帧率、分辨率和带宽份额，以最大限度地提高总体精度并降低能耗。

为了准确衡量帧率和分辨率对分析精度的影响，JCAB 使用 YOLOv3 模型在 NVIDIA Jetson TX2 上进行目标识别测试，测得了分析精度与分辨率、帧率之间的关系，并通过拟合给出了非多项式的精度函数，如图 10-13 所示。在能量消耗上，JCAB 将每个边缘设备的能量消耗分为传输能耗和计算能耗两部分。其中传输能耗与总传输量相关，是关于分辨率的函数；而计算能耗与总计算量相关，是每一帧的计算能耗与帧率的乘积。每帧产生的延迟同样由两部分决定，即传输延迟和计算延迟，与分辨率选择有关。

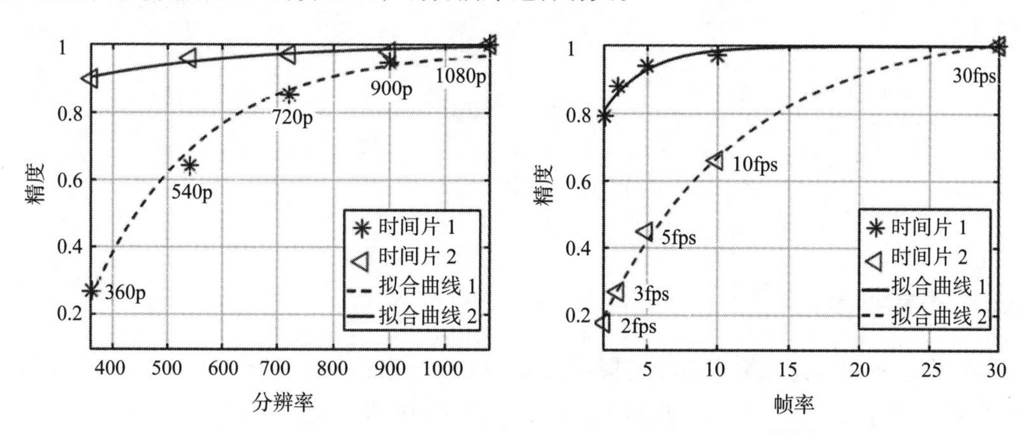

图 10-13　视频分析精度和分辨率及帧率之间的关系 [40]

JCAB 对总精度和能耗进行联合优化，其中能耗作为惩罚项，其惩罚权重决定了精度和能耗之间的平衡关系。JCAB 将时间分为一系列时隙，在每个时隙中重新进行视频配置和带宽分配决策。同时，对于每个时隙中的视频流，每个客户端可以选择在本地使用轻量级模型分析，或上传到边缘服务器进行分析。在约束中，JCAB 还限制了所有视频流的长期平均延迟不能超过设定的延迟上限，以保证在长期运行下，系统可以提供符合延迟需求的服务。

由于带宽信息无法提前获得，在每个时刻的决策前，模型中的参数并不都是可见的，这种问题的在线性为求解带来了额外的难度。JCAB 利用李雅普诺夫框架将原始问题转换为一系列单时隙优化问题，并使用队列来衡量当前延迟约束被违背的程度，将长期优化问题分解为每时刻的子问题，并将延迟约束放入子问题的优化目标中，用队列长度代表其权重。队列越长，求解时越倾向于降低时延，以满足长期时延约束。最终，通过马尔可夫近似和 KKT 条件对每时刻的子问题进行求解。通过严格的理论证明，JCAB 证明了最终得到的解是近似最优的，且延迟约束的违背是有限的。

JCAB 的运行模式如图 10-14 所示，视频从客户端中的摄像头产生，并通过任务卸载控制器，在使用本地的轻量级 CNN 模型和将任务卸载到服务器端之间进行选择。在服务器端，JCAB 设计了自适应配置控制器和带宽资源控制器。自适应配置控制器负责根据当前精度函数、带宽和延迟目标计算下一时隙的视频配置，并告知客户端；带宽资源控制器负责将带宽分配告知客户端。同时，服务器端对接收到的视频进行目标识别，并通过精度分析器对精度函数进行更新。

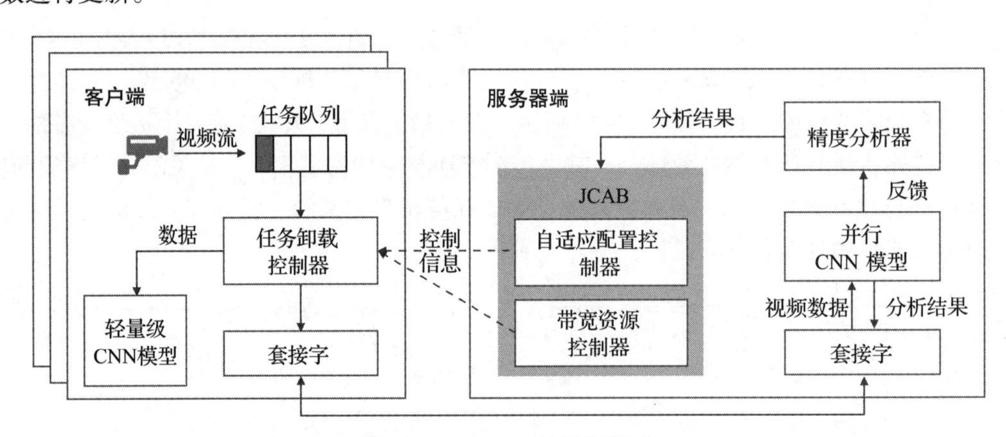

图 10-14 JCAB 的运行模式

10.5 本章小结

本章中，我们首先介绍了边缘场景下视频分析的概念，探讨了边缘计算技术为视频分析应用带来的优势与机遇。同时，我们也分析了当前面临的主要难点和挑战。随后，我们介绍了视频分析在现实生活中多场景下的应用，包括智慧工业、交通分析、安防监控和自动驾驶等领域。

我们接着介绍了视频分析在现实生活中应用的多个场景，以及在这些系统下常用的边缘资源分配技术。典型的视频分析系统部署位置包括：

- 设备：仅部署于设备的视频分析系统无须进行网络传输，其延迟相对更为稳定；然而也会受到更大的边缘设备计算能力限制，需要利用一些手段节约计算资源，常用方式如模型压缩、区域选择、视频压缩等。
- 设备 – 边缘：有边缘服务器支持的视频分析系统中，边缘可以将大部分计算任务卸载到边缘服务器，实现更高性能的视频分析；然而边缘服务器的引入也带来了网络波动和传输延迟问题。资源分配的常用方式包括模型选择、视频追踪技术等。
- 设备 – 边缘 – 云：部署在设备 – 边缘 – 云上的视频分析系统中，云服务器提供了更多计算资源并为多设备、多边缘进行资源调度，可以支持更大规模的服务请求；但也引入了更多的设备异构性和带宽分配问题，需要任务卸载、云 – 边 – 端协同等方式进行资源的合理配置。

最后，我们探讨了在边缘环境下进行视频流配置的一系列应用案例，起初 VideoStorm 提出在最优配置集合中进行调整；此后 Chameleon 提出配置应随视频内容不同而自适应调整；Cuttlefish 进一步提出考虑带宽限制的自适应视频流配置；JCAB 综合考虑了视频配置、带宽分配和设备能耗，并提出了有理论保证的综合配置方案。

思考题

1. 哪些面向视频分析的资源节约技术之间是互不影响的？哪些可能会互相产生影响？

2. 大部分面向视频分析的边缘资源分配研究都针对固定摄像头进行，这一现象的原因可能是什么？相较于固定摄像头，面对移动摄像头时，哪些资源节约技术依然适用？需要额外考虑哪些问题？

3. 视频分析系统的性能衡量指标如此多元，面对不同的视频分析系统，如何更好地比较它们的优劣？

参考文献

[1] 杨铮，贺晓武，吴家行，等．面向实时视频流分析的边缘计算技术 [J]. 中国科学：信息科学，2021, 52(1): 1-53.

[2] CISCO. Cisco Annual Internet Report (2018-2023) [R/OL]. [2022-10-29]. https://www.cisco.com/c/en/us/solutions/collateral/executive-perspectives/annual-internet-report/white-paper-c11-741490.pdf.

[3] 工业互联网产业联盟（AII）. 工业互联网体系架构（版本 2.0）[R/OL]. [2022-10-29]. http://www.aii-alliance.org/upload/202004/0430_162140_875.pdf.

[4] YANG J, VELA P A, TEIZER J, et al. Vision-Based Tower Crane Tracking for Understanding Construction Activity[J]. Journal of Computing in Civil Engineering, 2014, 28(1): 103-112.

[5] WANG Y, WU A, ZHANG J, et al. Fire smoke detection based on texture features and optical flow vector of contour[C]//2016 12th World Congress on Intelligent Control and Automation [S.l.]WCICA, 2016: 2879-2883.

[6] US News & World Report. The Most Surveilled Cities in the World[EB/OL]. [2022-10-29]. //www.usnews.com/news/cities/articles/2020-08-14/the-top-10-most-surveilled-cities-in-the-world.

[7] LILY HUANG. ABI report is bullish on the future of deep learning-based machine vision camera applications. | LinkedIn[EB/OL]. [2023-07-03]. https://www.linkedin.com/pulse/abi-report-bullish-future-deep-learning-based-machine-lily-huang/?trk=pulse-article_more-articles_related-content-card.

[8] ZHANG Q, SUN H, WU X, et al. Edge Video Analytics for Public Safety: A Review[J]. Proceedings of the IEEE, 2019, 107(8): 1675-1696.

[9] 中国信息通信研究院，人工智能与经济社会研究中心．全球自动驾驶战略与政策观察 [R/OL]. [2022-10-13]. http://www.caict.ac.cn/kxyj/qwfb/ztbg/202012/P020201229617023251890.pdf.

[10] 中华人民共和国中央人民政府．中共中央国务院印发国家综合立体交通网规划纲要 [EB/OL]. [2023-06-07]. http://www.gov.cn/zhengce/2021-02/24/content_5588654.htm.

[11] REN S, HE K, GIRSHICK R, et al. Faster R-CNN: Towards Real-Time Object Detection with Region Proposal Networks[C]//IEEE Trans Pattern Anal Mach Intell. New York: IEEE, 2017:1137-1149.

[12] HE K, GKIOXARI G, DOLLÁR P, et al. Mask R-CNN[C]//Proceedings of the IEEE international conference on computer vision. New York:IEEE, 2017: 2961-2969.

[13] JOCHER G, CHAURASIA A, STOKEN A, et al. ultralytics/yolov5: v6.2 - YOLOv5 Classification Models, Apple M1, Reproducibility, ClearML and Deci.ai integrations[Z]. 2022.

[14] LLG E, MAYER N, SAIKIA T, et al. FlowNet 2.0: Evolution of Optical Flow Estimation with Deep Networks[C]//2017 IEEE Conference on Computer Vision and Pattern Recognition (CVPR). New York: IEEE, 2017: 1647-1655.

[15] HOWARD A G, ZHU M, CHEN B, et al. MobileNets: Efficient Convolutional Neural Networks for Mobile Vision Applications[Z]. 2017.

[16] HUANG R, PEDOEEM J, CHEN C. YOLO-LITE: A Real-Time Object Detection Algorithm Optimized for Non-GPU Computers[C]//2018 IEEE International Conference on Big Data (Big Data). New York: IEEE, 2018: 2503-2510.

[17] SANDLER M, HOWARD A, ZHU M, et al. MobileNetV2: Inverted Residuals and Linear Bottlenecks[C]//2018 IEEE/CVF Conference on Computer Vision and Pattern Recognition. New York: IEEE, 2018: 4510-4520.

[18] HAN S, SHEN H, PHILIPOSE M, et al. MCDNN: An Approximation-Based Execution Framework for Deep Stream Processing Under Resource Constraints[C]//Proceedings of the 14th Annual International Conference on Mobile Systems, Applications, and Services. New York: ACM, 2016: 123-136.

[19] LEE D S. Effective Gaussian mixture learning for video background subtraction[J]. IEEE Transactions on Pattern Analysis and Machine Intelligence, 2005, 27(5): 827-832.

[20] JIANG S, LIN Z, LI Y, et al. Flexible high-resolution object detection on edge devices with tunable latency[C]//Proceedings of the 27th Annual International Conference on Mobile Computing and Networking. New York: Association for Computing Machinery, 2021: 559-572.

[21] TAN M, PANG R, LE Q V. EfficientDet: Scalable and Efficient Object Detection[C]//2020 IEEE/CVF Conference on Computer Vision and Pattern Recognition (CVPR). New York: IEEE, 2020: 10778-10787.

[22] LIU L, LI H, GRUTESER M. Edge Assisted Real-time Object Detection for Mobile Augmented Reality[C]//The 25th Annual International Conference on Mobile Computing and Networking. New York: ACM, 2019: 1-16.

[23] DU K, ZHANG Q, ARAPIN A. el al. AccMPEG: Optimizing video encoding for accurate video analytics [C]//MARCULESCUD. CHI Y, WU C. Proceedings of machine learning and systems: Vol. 4.2022: 450-466.

[24] RAN X, CHEN H, ZHU X, et al. DeepDecision: A Mobile Deep Learning Framework for Edge Video Analytics[C]//IEEE INFOCOM 2018 - IEEE Conference on Computer Communications. New York: IEEE, 2018: 1421-1429.

[25] HSIEH K, ANANTHANARAYANAN G, BODIK P, et al. Focus: Querying Large Video Datasets with Low Latency and Low Cost[C]//Proceedings of the 13th USENIX Symposium on Operating Systems Design and Implementation (OSDI). [S.l.]: arXiv, 2018: 269-286.

[26] HENRIQUES J F, CASEIRO R, MARTINS P, et al. High-Speed Tracking with Kernelized Correlation Filters[J]. IEEE Transactions on Pattern Analysis and Machine Intelligence, 2015, 37(3): 583-596.

[27] CHEN T Y H, RAVINDRANATH L, BAHL P, et al. Glimpse: Continuous, Real-Time Object Recognition on Mobile Devices[C]//Mobile Computing and Communications. Seoul South Korea: ACM, 2016: 26-29.

[28] WANG X, YANG Z, WU J, et al. EdgeDuet: Tiling Small Object Detection for Edge Assisted Autonomous Mobile Vision[C]//IEEE INFOCOM 2021 - IEEE Conference on Computer Communications. New York: IEEE, 2021: 1-10.

[29] DU K, PERVAIZ A, YUAN X, et al. Server-Driven Video Streaming for Deep Learning Inference[C]// Proceedings of the Annual conference of the ACM Special Interest Group on Data Communication on the applications, technologies, architectures, and protocols for computer communication. New York: ACM, 2020: 557-570.

[30] HUNG C C, ANANTHANARAYANAN G, BODIK P, et al. VideoEdge: Processing Camera Streams using Hierarchical Clusters[C]//2018 IEEE/ACM Symposium on Edge Computing (SEC). New York: IEEE, 2018: 115-131.

[31] ZHANG W, HE Z, LIU L, et al. Elf: accelerate high-resolution mobile deep vision with content-aware parallel offloading[C]//Proceedings of the 27th Annual International Conference on Mobile Computing and Networking. New York: ACM, 2021: 201-214.

[32] HANYAO M, JIN Y, QIAN Z, et al. Edge-assisted Online On-device Object Detection for Real-time Video Analytics[C]//IEEE INFOCOM 2021 - IEEE Conference on Computer Communications. New York: IEEE, 2021: 1-10.

[33] LI Y, PADMANABHAN A, ZHAO P, et al. Reducto: On-Camera Filtering for Resource-Efficient Real-Time Video Analytics[C]//Proceedings of the Annual conference of the ACM Special Interest Group on Data Communication on the applications, technologies, architectures, and protocols for computer communication. New York: ACM, 2020: 359-376.

[34] ZHANG T, CHOWDHERY A, BAHL P (Victor), et al. The Design and Implementation of a Wireless Video Surveillance System[C]//Proceedings of the 21st Annual International Conference on Mobile Computing and Networking. New York: ACM, 2015: 426-438.

[35] XU M, XU T, LIU Y, et al. Video Analytics with Zero-streaming Cameras[C]//USENIX Annual Technical Conferene. [S.l.]: USENIX, 2021: 459-472.

[36] ZHANG B, JIN X, RATNASAMY S, et al. AWStream: adaptive wide-area streaming analytics[C]// Proceedings of the 2018 Conference of the ACM Special Interest Group on Data Communication. New York: ACM, 2018: 236-252.

[37] ZHANG H, ANANTHANARAYANAN G, BODIK P, et al. Live Video Analytics at Scale with Approximation and Delay-Tolerance[C]//USENIX NSDI. [S.l.]: Microsoft, 2017: 17.

[38] JIANG J, ANANTHANARAYANAN G, BODIK P, et al. Chameleon: scalable adaptation of video analytics[C]//Proceedings of the 2018 Conference of the ACM Special Interest Group on Data Communication. New York: ACM, 2018: 253-266.

[39] CHEN N, QUAN S, ZHANG S, et al. Cuttlefish: Neural Configuration Adaptation for Video Analysis in Live Augmented Reality[J]. IEEE Transactions on Parallel and Distributed Systems, 2021, 32(4): 830-841.

[40] ZHANG S, WANG C, JIN Y, et al. Adaptive Configuration Selection and Bandwidth Allocation for Edge-Based Video Analytics[J]. IEEE/ACM Transactions on Networking, 2022, 30(1): 285-298.

CHAPTER 11 · 第 11 章

面向超分辨率的边缘调度技术研究

本章针对面向超分辨率的边缘调度问题，首先简要介绍超分辨率技术，然后分别介绍边缘设备和边缘服务器上的超分辨率应用，最后给出本章小结。

11.1 概述

由于某些因素（成像芯片或光学元件、网络带宽等），只有低分辨率的图像或视频可以获得，对应的高分辨率图像或视频不可获得。然而，低分辨率的图像或视频丢失了大量细节，导致用户观看体验或者计算机视觉分析性能的下降。超分辨率（Super Resolution，SR），是指将一张或者一系列低分辨率的图像重建为高分辨率的图像 [1]。使用超分辨率技术对低分辨率的图像或视频进行重建，能够补充在低分辨率图像或视频中遗漏的细节，提高用户观看体验，以及提升后续计算机视觉分析任务的性能。

在边缘环境中，多个边缘设备同时向一个服务器发送视频数据的现象十分普遍。例如，不同位置的多台摄像头同时向一个边缘服务器连续地传输高分辨率视频，那么网络带宽就有可能成为传输过程中的瓶颈。此时，如果摄像头先向服务器传输低分辨率视频，再由服务器将低分辨率视频重建成高分辨率视频，就能够在节省带宽的情况下在服务器上生成高分辨率的视频。类似地，如果由服务器向多台边缘设备分发视频，也可以先分发低分辨率视频，再在边缘设备上将其重建为高分辨率视频。综上所述，超分辨率通常是由图像或视频的消费端执行的。评价一个超分辨率技术的常见方法是比较超分辨率之后的图像和原始高清图像的相似度，常用衡量指标有峰值信噪比（Peak Signal-to-Noise Ratio，PSNR）和结构相似性（Structural Similarity，SSIM）[2]。

图像的超分辨率方法主要有两类，基于插值和基于学习。传统的插值方法有最近邻插值、双线性插值、双立方插值等，其优势是计算速度快，缺陷是效果一般。随着深度学习技术[3]的发展，基于深度学习的超分辨率方法往往能够取得远超传统方法的效果。但与此同时，深度学习带来的巨大计算开销也是边缘设备所不能承受的。

因此，在边缘环境中，如果将计算资源丰富的服务器作为接收端并对获得的低分辨率图像 / 视频进行超分辨率，那超分辨率过程优化的方向是使超分辨率性能尽可能优，使超分辨率后的图像尽可能接近原始高清图像；然而，若将边缘设备（客户端）作为接收端，考虑到边缘设备固有的计算能力差、电池容量有限等问题，超分辨过程的主要优化方向则是在边缘设备计算能力和电池容量允许的情况下取得尽可能好的超分辨率效果，必要时可以损失一些超分辨率性能。

11.2　超分辨率简介

20 世纪 70 年代以来，电荷耦合器件（Charge-Coupled Device，CCD）和互补金属氧化物半导体（Complementary Metal Oxide Semiconductor，CMOS）数字传感器被广泛应用于数字成像。然而在当时，高清摄像头的价格超出一般人承受水平；此外，在部分对图像质量要求极高的场合，已有成像质量仍然无法满足需求。提升成像芯片和光学元件需要大量的科研经费投入，而使用图像处理算法则有可能以一种相对低廉的方式超越原有的成像系统，因此超分辨率算法的研究开始成为一个活跃领域。

11.2.1　超分辨率问题

超分辨率问题本质上是一个反演问题（inverse problem）。反演问题是指从一组观察结果中计算产生它们的因果因素的过程，也就是说，源信息（高分辨率图像）是从观测到的数据（低分辨率图像）估测得到的[4]。首先，对于反演问题需要建立一个正向模型，对于超分辨率问题的正向模型一般如式 (11-1) 所示，

$$I_y = D(I_x;\delta) \tag{11-1}$$

式中，I_y 代表观测到的图像，D 代表一个退化映射函数，I_x 代表未知的高分辨率图像，δ 代表成像系统中的随机噪声。超分辨率问题作为反演问题，是在已知 I_y 的情况下求解 I_x，其问题可以建模为如式 (11-2) 所示，

$$\hat{I}_y = F(I_x;\theta) \tag{11-2}$$

式中，F 为从低分辨率图像重建高分辨率图像的模型，θ 为模型 F 的参数。为了评估模型的效果，即重建的高分辨率图像 $\hat{I}_y$ 和真实高分辨率图像 I_y 的差距，我们需要定义一个损失函数

$L(\hat{I}_y, I_y)$，这个损失函数可以根据具体的需求来设置，常见的可以定义为逐像素的均方误差（Mean Square Error，MSE），如式（11-3）所示，

$$\mathrm{MSE} = \frac{1}{N}\sum_{i=1}^{N}(I_y(i) - \hat{I}_y(i))^2 \tag{11-3}$$

式中，N 为 I_y 及 $\hat{I}_y$ 中像素点的数量。

对于超分辨率问题的求解，本质上就是求解模型 F 的参数 $\hat{\theta}$，使得重建后高分辨率图像和真实高分辨率图像差距尽可能小。其目标函数如式 (11-4) 所示，

$$\hat{\theta} = \underset{\theta}{\operatorname{argmin}}\, L(\hat{I}_y, I_y) + \lambda\Phi(\theta) \tag{11-4}$$

式中，$\lambda\Phi(\theta)$ 为正则化项。

11.2.2　超分辨率指标

评价超分辨率的性能指标可以分为主观和客观两种，其中又以客观指标使用最广，最常见的为 PSNR 和 SSIM。

1. PSNR

PSNR 是一种纯客观的评估指标，它的单位为分贝（dB），值越大，代表重建效果越好。假设每个像素点的最大取值为 L（例如，对于 8 位表示的 RGB 图像来说，L 为 255），则 PSNR 的定义如式 (11-5) 所示，其中 MSE 为式 (11-3) 定义的均方误差，

$$\mathrm{PSNR} = 10 \times \log_{10}\left(\frac{L^2}{\mathrm{MSE}}\right) \tag{11-5}$$

2. SSIM

SSIM 是一种更符合人类主观感受的客观指标，被定义为亮度相似度（l）、对比度相似度（c）、结构相似度（s）的加权乘积。对于来自不同图像的采样窗口 x 和 y，它们的亮度相似度被定义为

$$l(x,y) = \frac{2\mu_x\mu_y + c_1}{\mu_x^2 + \mu_y^2 + c_1} \tag{11-6}$$

对比度相似度被定义为

$$c(x,y) = \frac{2\sigma_x\sigma_y + c_2}{\sigma_x^2 + \sigma_y^2 + c_2} \tag{11-7}$$

结构相似度被定义为

$$s(x,y)=\frac{\sigma_{xy}+c_3}{\sigma_x\sigma_y+c_3} \tag{11-8}$$

式中，μ_x和μ_y分别为x和y中像素平均值，σ_x^2和σ_y^2分别为x和y中像素的方差，σ_{xy}为x和y的协方差。假设每个像素点的最大取值为L，则$c_1=(k_1L)^2$，$c_2=(k_2L)^2$，$c_3=c_2/2$均为常数，用于使除法计算稳定；则$\text{SSIM}(x,y)$可以被定义为

$$\text{SSIM}(x,y)=l(x,y)^{\alpha}\cdot c(x,y)^{\beta}\cdot s(x,y)^{\gamma} \tag{11-9}$$

式中，α,β,γ用于控制不同分量在最后结果中的权重，当α, β, γ均设为 1 的时候，式（11-9）可以被表示为

$$\text{SSIM}(x,y)=\frac{(2\mu_x\mu_y+c_1)(2\sigma_{xy}+c_2)}{(\mu_x^2+\mu_y^2+c_1)(\sigma_x^2+\sigma_y^2+c_2)} \tag{11-10}$$

对于两张完整的图像，它们的 SSIM 是所有采样窗口的加权平均值。SSIM 的取值范围在[0,1]，越接近 1，说明两张图像越相似。

3. 其他指标

除了 PSNR 和 SSIM 这两个最常用的指标之外，还有一些别的图像质量评估指标。

平均意见评分（Mean Opinion Score，MOS）是一种评价图像、音视频质量的主观指标，是所有受试者对分配给他的系统在预先定义的范围内打分的算术平均值，一般来说分数范围是 1（差）～ 5（好）。这种评分方式受非线性感知尺度、不同人评分标准偏差的影响。

视觉信息保真度（Visual Information Fidelity，VIF）是一种基于自然场景统计和人类视觉系统提取的图像信息概念的图像质量评估指标 [5]。

基于学习的感知评分是为了在减少人工干预的情况下获得符合人类主观的图像质量，一般来说，是通过在大型数据集上来学习的方法来达成这个效果，然后利用学习得到的模型在新图像上直接预测感知评分。不过，基于视觉感知的评分由于其不存在统一的标准，基于客观指标的评分依然被广泛应用。

此外，还可以根据任务的不同，具体确定任务相关的指标。例如，在目标检测、人脸检测等应用中，为了评估超分辨率对于计算机视觉任务的帮助，会将原始高清图像和超分辨率模型重建的图像分别用相同的计算机视觉模型处理，并比较计算机视觉模型在这两者之间的结果差异，从而评估超分辨率模型的效果。

11.3 已有超分辨率技术

目前，越来越多的超分辨技术被陆续提出。它们基于不同的思想实现、不同的数据需求和计算需求，得到的效果也有差异。本节将介绍多种已有超分辨率技术，从朴素的基于数学

插值的超分辨率开始，到最新的基于深度学习的超分辨率模型。

11.3.1　插值算法

插值是一种常见的超分辨率算法，其中最近邻插值是最简单的灰度值插值算法，又被称为零阶插值。其插值重建后得到的高分辨率图像中的每个像素点的灰度值，等于映射到低分辨率图像中距离它最近的像素值。最近邻插值的具体变换过程如图 11-1 所示。最近邻插值计算简单，但是计算结果不够精确，放大后的图像可能会产生锯齿、马赛克等情况。

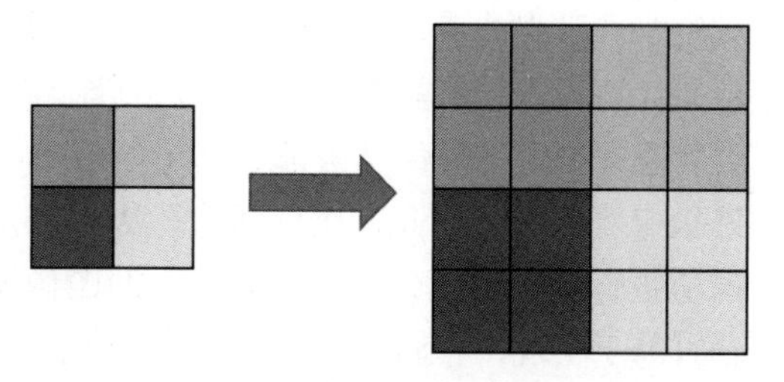

图 11-1　最近邻插值的具体变换过程

如图 11-1 所示，最近邻插值双线性插值是对最近邻插值算法的改进，也被称为一阶插值。相比最近邻插值目标图像中每个像素点的值仅取决于源图像中一个像素点的值，最近邻双线性插值利用了源图像中四个像素点的值，产生较大的计算量。

在超分辨率过程中，目标图像和源图像尺寸不一致，像素点数目不同，两者的像素之间不存在一一对应的关系。在将目标图像的一个像素映射到源图像的时候，选择源图像中距离它最近的四个像素点，x 轴和 y 轴上先后进行线性插值，插值的顺序不影响最终获得的结果。

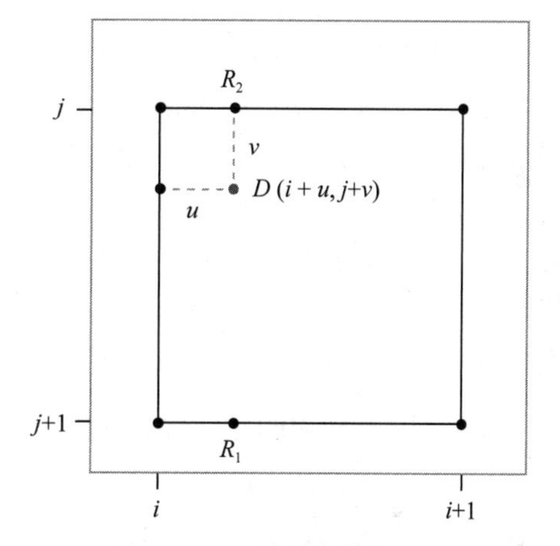

图 11-2　双线性插值的过程

双线性插值的过程如图 11-2 所示。假如目标图像中一个像素点映射到源图像上的结果为 $D(i+u,i+v)$，则距离其最近的四个像素坐标分别为 $(i,j),(i+1,j),(i,j+1),(i+1,j+1)$，为了求 D 点的值，首先在 x 轴上进行单线性插值，得到 R_1,R_2 这两个临时点的值，其计算过程见式（11-11）。

$$f(R_1)=(1-u)f(i,j)+uf(i+1,j) \quad (11\text{-}11a)$$

$$f(R_2)=(i-u)f(i,j+1)+uf(i+1,j+1) \quad (11\text{-}11b)$$

得到 R_1,R_2 的值之后，再在 y 轴上利用 R_1,R_2 的值做一次单线性插值，得到 D 的值，其计算过程见式（11-12）。

$$f(D)=(1-v)f(R_1)+vf(R_2) \quad (11\text{-}12)$$

由此，便可得到 D 的值。双线性插值对比最近邻插值来说，对于像素的灰度做了平滑，能够改善最近邻算法中马赛克、锯齿的现象，相较最近邻算法应用更为广泛。

更进一步的，还有利用待求像素点在源图像中相邻 16 个像素点值的双立方插值，为了得到待求像素点的值，需要对相邻的 16 个像素点取加权平均。由于利用了源图像中更多的像素信息，双立方插值能够保留更多的细节，但是计算成本也更高。

总的来说，插值算法都是基于区域平滑这个假设，但是这种假设在图像中的边缘和纹理处很有可能并不成立，而且插值算法每次参考的像素位置和权重固定，比较简单，因此使用插值进行超分辨率会导致较为严重的图像模糊、边缘失真等现象。此外，由于插值算法可解释且易于实现，它们还经常作为基于卷积神经网络的超分辨率算法模型的一部分。

11.3.2　基于学习的超分辨率算法

11.3.1 节提到的插值算法都基于区域平滑这个假设，也仅仅考虑了图像的局部信息，因此并不全面。基于学习的超分辨率算法能够根据训练集获得更加顶层的信息，对比仅仅依靠局部邻近像素的插值算法，能获得更好性能的空间。

所谓学习，就是指算法从训练用的数据集中获得经验，利用经验改善自身性能。具体到超分辨率领域，就是指模型从高分辨率的图像中学习从低分辨率图像到高分辨率图像的映射，以用于超分辨率未曾见过的低分辨率图像。我们首先介绍非深度学习的超分辨率方法，然后再介绍一些基于深度学习的超分辨率方法。

1. 早期基于学习的超分辨率算法

Freeman 等人于 2000 年提出了首个基于学习的超分辨率方法，这个方法基于他们提出的计算机视觉框架 VISTA[6]。VISTA 要解决的问题是：对于给定的图像，估算它的场景。为了解决这个问题，对于场景和图像之间的关系，VISTA 使用马尔可夫网络进行建模，并使用贝叶斯信念传播快速根据给定图像确定每个场景的后验概率。应用至超分辨率问题场景中，输入就是一张低分辨率的图像，需要估算的场景是相同图像的高分辨率版本。

直觉上来说，人类可以凭借经验，从低分辨率的图像中确认出高分辨率版本图像中仍应保持锋利的边缘部分，类似地，虽然低分辨率图像中高频细节的数据丢失，计算机仍有可能通过学习从低分辨率图像中推断出对应的高分辨率图像，VISTA 就是通过样例（高分辨率图像和对应的低分辨率版本）来学习低分辨率图像和高分辨率图像之间的关系，从而取得更好的结果。在进行学习时，VISTA 会将图像划分成合适大小的局部块（patch），获得训练集中低分辨率和高分辨率块的对应关系。每当新的图像到来时，它的每一个块作为马尔可夫网络中的一个节点。对于新图像中每一个块，在训练集中找和新的块最接近的若干块作为候选集，并结合其相邻节点的候选集评估每个组合的概率，最后确定每个块对应的高分辨率图像，从而得到整张图像的高分辨率版本。

Chang 等人于 2004 年提出了一种基于学习的超分辨率方法，这种方法受流形学习中的局部线性嵌入（Locally Linear Embedding，LLE）算法启发[7]。流形学习的目标是消除高维空间中数据的冗余，将高维空间中的数据映射至低维空间，同时保持数据在高维空间中的近邻关系，图 11-3 展示了一个流形学习降维样例，它将原本三维空间上的数据降至二维空间中。在超分辨率的场景下，Chang 等人基于以下假设：低分辨率图像和高分辨率图像中的块在两个不同的空间中形成具有相似局部几何关系的流形。因此，对于输入的低分辨率图像中一个块，该方法在训练集中寻找它的邻近值来重建这个块，计算重建权值使重建误差最小，并利用重建权值和训练集中邻近值的高分辨率版本重建出该块的高分辨率版本。同时，为了保证块之间的局部兼容性和光滑，该方法使用邻近块重叠部分取平均值的策略。

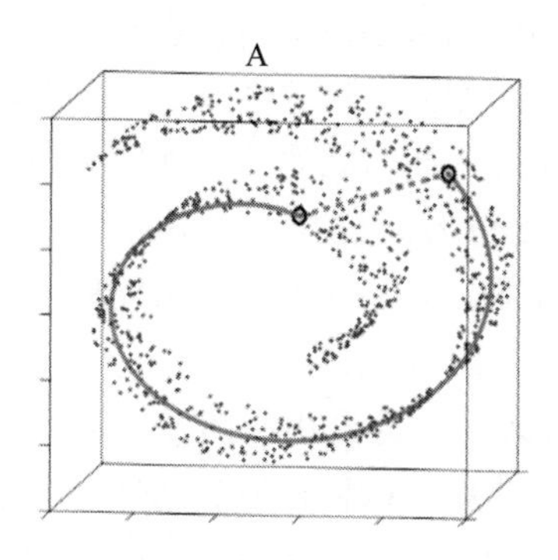

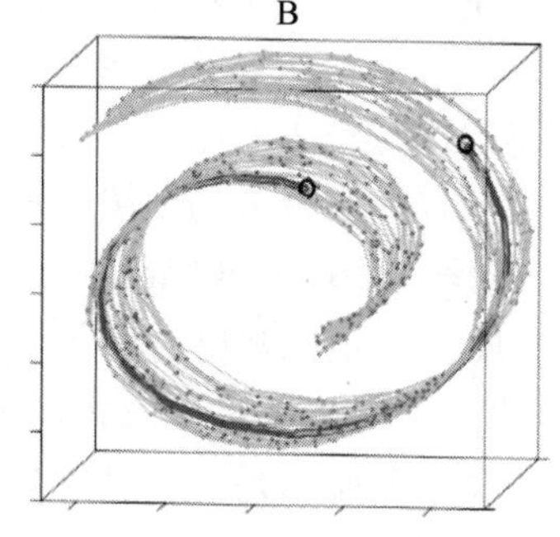

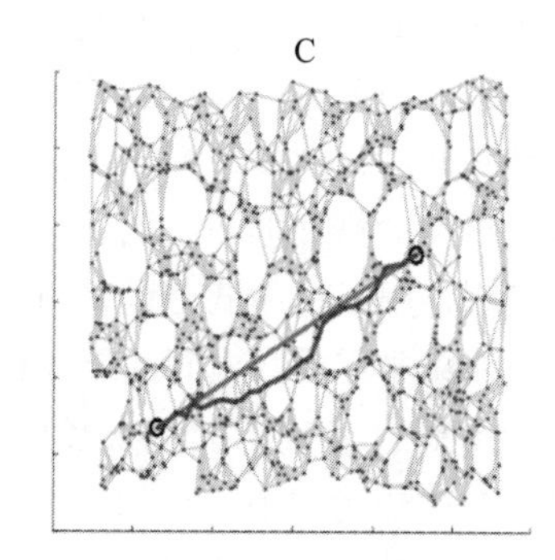

图 11-3　流形学习降维样例[42]

2. 基于稀疏表示的超分辨率算法

有一些超分辨率算法基于稀疏表示，所谓的稀疏表示，就是指在一个列数远大于行数的行满秩矩阵中，它的列向量可以用无数种线性组合方式表达列向量空间中的任意点，且由于列数远大于行数，所需的列向量占比很小，这个矩阵被称为过完备字典。这个矩阵需要大量的数据来训练，使得它对于训练集中的数据重建误差最小。设训练集为矩阵 $\boldsymbol{X}=(\boldsymbol{x}_1,\boldsymbol{x}_2,\cdots,\boldsymbol{x}_n)\in\mathbf{R}^{m\times n}$，过完备字典为 $\boldsymbol{A}\in\mathbf{R}^{m\times K}$，数据集中每个元素在字典中的权重为 $\boldsymbol{\alpha}=(\boldsymbol{\alpha}_1,\boldsymbol{\alpha}_2,\cdots,\boldsymbol{\alpha}_n)\in\mathbf{R}^{K\times n}$，则优化目标为式 (11-13)，它约束了重建误差，并趋向于更稀疏的表达形式：

$$\min_{\boldsymbol{A},\boldsymbol{\alpha}}\|\boldsymbol{\alpha}\|_0\ \text{s.t.}\|\boldsymbol{A\alpha}-\boldsymbol{X}\|_2^2\leqslant\epsilon \tag{11-13}$$

Yang 等人于 2010 年提出了一种基于稀疏表示的超分辨率方法[8]，该方法对于低分辨率训练集和高分辨率训练集分别训练两个过完备字典，使得低分辨率数据和高分辨率数据在两个字典中能够以相同的稀疏编码表示。当新的低分辨率图像到来时，首先获得图像在低分辨率字典中的稀疏表达，然后对应至高分辨率字典中，采取相同的权重组合高分辨率字典中的向量，重建出对应的高分辨率图像。

Dong 等人同样基于稀疏表示对于图像进行超分辨率[9]，但是相比于训练一个单独的字典，他们使用训练集中图像块高通滤波作为特征对图像块进行聚类，对每一个类都训练一个子字典，每个子字典都代表了训练集中一种不同的模式。为了减少计算开销，Dong 等人没有采取直接计算过完备字典的方法，而是使用主成分分析（Principal Component Analysis，PCA）对子字典进行近似估算，并选取其中的若干个特征向量组成字典。在处理新的图像时，该方法能够自适应地从这组子字典中选取最好表征局部稀疏区域的子字典，与此同时，该方法还在稀疏表示中加入了两个自适应的正则化项，一个用于更好地描述图像的局部相关性，另一个用于更好地还原自然图像中的重复模式，也就是非局部的相关性。

之前基于稀疏表示进行超分辨率的方法，往往基于一个假设，那就是低分辨率图像和高分辨率图像的稀疏表示之间是存在不变性的。然而，这个假设会带来两个问题，第一个就是为了保证低分辨率字典和高分辨率字典对齐，低分辨率字典中的列数必须和高分辨率字典中的一致，而低分辨率图像中的信息量远少于高分辨率图像，使用相同的列数会导致大量无用的计算开销；此外，对于低分辨率图像需要一个计算复杂度很高的高通滤波的预处理阶段来确保后期的恢复质量。为了克服不变性假设带来的缺陷，Peleg 等人于 2014 年提出了一个参数模型，用于描述低分辨率和高分辨率（Low and High Resolution，LHR）系数稀疏模式之间以及对应非零系数之间的统计相关性 [10]。他们提出的超分辨率方案如图 11-4 所示。

在图 11-4 表示的流水线中，第一步是以一种低开销的方式求出低分辨率图像的表示系数，在这个过程中，使用一个欠完备字典而不是一个过完备字典就足以稀疏地表达低分辨率块，从而减少了计算开销。之后的模块分别用于预测高分辨率表示系数、推测高分辨率块，并用高分辨率块重建出最后完整的高分辨率图像。在这个流程中，高分辨率块的预测是通过最小均方误差（Minimum Mean-Square Error，MMSE）估计获得的，整个方案可以被当成一个前馈神经网络。此外，为了进一步提高方案性能，Peleg 等人还使用了数据聚类以及级联多个层次基本算法的方法。

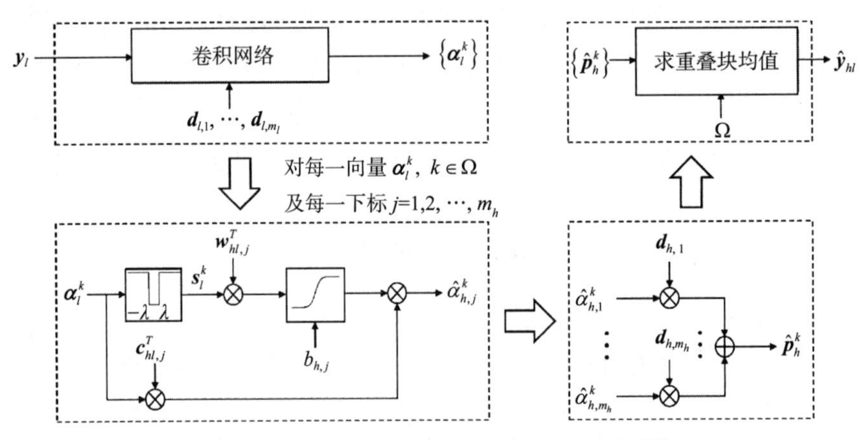

图 11-4 Peleg 等人提出的超分辨率方案 [10]

3. 基于自相似性的超分辨率算法

除了基于数据稀疏表示的方法外，还有一些超分辨率方法是基于自相似性的，Glasner 等人于 2009 年提出了第一个基于自相似性的超分辨率方法[11]。自相似性，顾名思义，就是不利用外部数据库，仅仅使用输入的低分辨率图像本身提供的信息进行学习，并将低分辨率图像重建为高分辨率图像。Glasner 等人提出了一个框架，这个框架整合了两种超分辨率方法：第一个方法是利用多张低分辨率图像来恢复单张高分辨率图像，也被 Glasner 等人称为经典的超分辨率方法；第二个方法就是之前提到的基于样例学习的方法，只不过其中的数据集仅仅是低分辨率图像本身而已。

Glasner 等人提出的基于自相似性的学习方法，主要是根据如下的观察：在一张自然图像中，多个图像块可能会重现很多次，而这些重现中，既有相似尺寸的重现，也有不同尺寸的重现；其中，对相似尺寸的重现就可以使用经典的超分辨率方法来处理，对于不同尺寸的重现就可以使用基于学习的超分辨率方法来处理，整体框架如图 11-5 所示。从图 11-5 我们可以看到，对于输入的低分辨率图像中的一个块（如图 11-5 中的深绿色的块和深红色的块），在它的下采样版本中搜索和它相似的块，在下采样版本中找到相似的块之后，再找到相似块在原始低分辨率图像中对应的父母块，并将这个父母块复制到待求高分辨率图像的恰当位置。

总的来说，该方法比较适合出现很多不同分辨率的重复模式的图像，而且要求图像中具有一定的纹理信息。2015 年，Huang 等人对于上述基于自样例的算法进行了拓展，以克服图像中内部信息不足，无法充分表达场景中纹理外观变化的缺陷[12]。通过图像块的几何变换方法，扩大了搜索局部块近邻的搜索空间；同时，嵌入了额外的仿射变换来适应局部形状的变化。Huang 等人提出同步地将这两种变换组合起来，并在城镇图像和自然图像中验证了模型的效果。结果表明，该方法较大地提升了城镇图像超分辨率效果，而在自然图像中，也能保持较好的超分辨率效果。

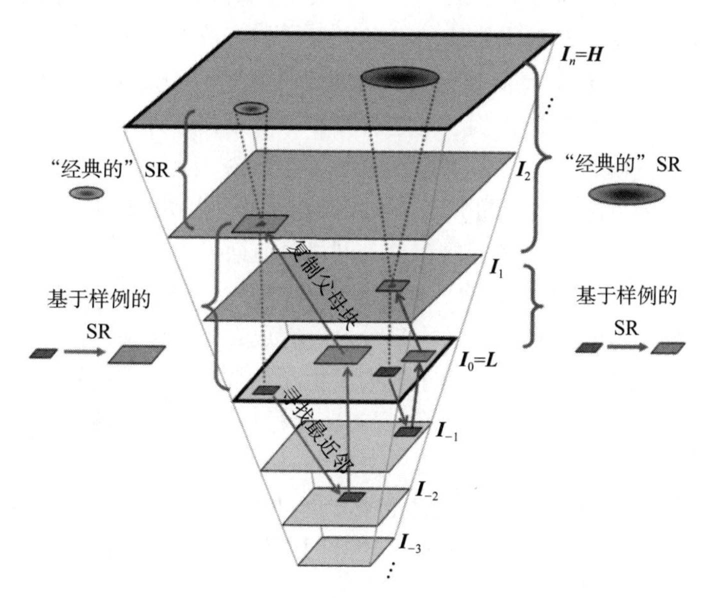

图 11-5　基于自样例的超分辨率框架[11]（见彩插）

4. 基于深度学习的超分辨率算法

除了上面介绍的超分辨率算法，超分辨率领域中另一个分支是基于深度学习的超分辨率方法。众多的基于深度学习的超分辨率方法之间的区别主要在于网络架构、损失函数、学习原理和策略[13]。本小节将分别介绍基于深度学习的有监督超分辨率方法和无监督超分辨率方法。

有监督的超分辨率深度学习架构，往往需要进行一个上采样（upsampling）操作。上采样，就是指把低分辨率的输入图像放大到目标高分辨率的尺寸。常用的上采样方法除了我们之前提到的各种插值（最近邻插值、双线性插值、双立方插值）以外，还有新兴的基于学习的上采样方法。

基于学习的上采样方法，是为了克服基于插值的上采样方法的副作用，如噪声放大、结果模糊等，以一种端到端的方式学习上采样的过程。常见基于学习的上采样方法有反卷积层（transposed convolution layer）、亚像素层（sub-pixel layer）或者元放大模块（meta upscale module）。

反卷积层通过补零的方式将低分辨率的图像分辨率放大，然后对放大后的图像中进行卷积操作[14]。由于反卷积操作保留了和原始卷积操作兼容的连接模式，因此被广泛应用于超分辨率模型的上采样部分。**亚像素层**是另一种端到端的基于学习的上采样层，其通过卷积操作生成大量通道，然后再将生成的多通道图像重塑（reshape）成放大后的图像[15]。比如说，如果要将低分辨率图像在长和宽上各放大 s 倍，则需要进行 s^2 次卷积生成 s^2 个通道，并将这 s^2 个通道展开到二维上去。对比反卷积层来说，这种方式一般有更大的感受野，因此能够获得更多信息，生成更加真实的细节，不过，其仍然存在图片边缘伪像的缺陷。反卷积层和亚像素层需要在学习之前确定放大倍数，针对每个放大倍数训练一个专门的网络，这不符合实际需求。为了解决这个问题，**元放大模块**被提了出来[16]。元放大模块是指在进行重建时，将目标高分辨率图像中的一个像素反向映射到低分辨率图像的一个块上，并预测卷积核的权值；通过这种方法，可以实现任意放大因子的超分辨率。但是，这种方法也存在不稳定和面对更大的放大倍数时低效的问题。

基于学习的上采样方法在整个超分辨率网络架构中，往往处于不同的位置。

有些网络架构会将上采样的过程放在整个网络最前面，也就是说，先将低分辨率图像用上述某种方法放大至目标分辨率，然后使用深度神经网络细化[17]，这种方法称为前置上采样。这种方法的好处在于，最困难的放大部分已经完成，神经网络部分只需要调整一些细节即可，因此训练难度会降低。但是，由于放大发生在整个架构的最前面，导致后续计算开销很高的操作（如卷积）都是在高维空间中进行的，计算开销和空间开销相当昂贵。

另外有些网络架构会将上采样的过程放在整个网络最后[18]，这样就将计算开销高的操作（卷积等）移到了低维空间中进行，对比将上采样的过程放在前面的网络，计算开销和时间开销会大大降低，这种方法称为后置上采样。这种网络架构的上采样层往往会采用一种端到端的可学习层作为最后的上采样方法。

前置上采样和后置上采样都是对低分辨率图像进行一次上采样。这种方法的问题在于在放大因子比较大的时候，学习难度大大提升，而且对于每一个放大因子，都需要训练一个专门的网络。为了解决这个问题，一种渐进式上采样方法被提出来[19]。这种方法是基于一系列卷积神经网络，渐进地重建出高分辨率的图像。低分辨率的图像会经过几个处理阶段，每个阶段都被放大成一个更高分辨率的图像，并被卷积神经网络细化。这种方法本质上是将一个困难的任务（将图像一下子放大很高的倍数）划分成若干个简单的任务（将图像分几次放大，每次放大比较小的倍数），这样能够降低学习难度，提高学习质量；此外，使用这种方法能够使用一个模型将图像按需放大不同的倍数，不需要针对每个放大因子训练一个专门的模型。

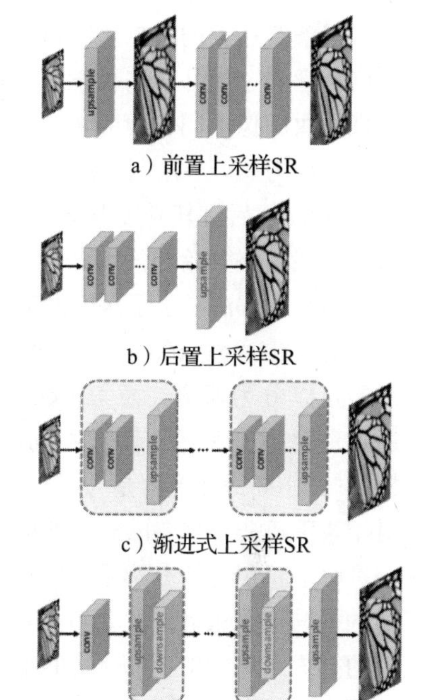

图 11-6　根据上采样方法划分的 SR 网络架构[13]

最后要介绍的上采样方法是迭代式上下采样。这种方法主要是为了捕获低分辨率–高分辨率图像对之间的依赖关系，将一个反向映射（back projection）的过程加入超分辨率的过程中[20]。这个反向映射的过程就是计算重建高分辨率图像的误差，并将这个误差反向传播来调整高分辨率图像的过程。这是一种比较新的上采样方法，需要更进一步的探索研究。上面提到的四种上采样层架构，可以参照图 11-6。一般来说，前置上采样网络架构会采用插值的方法放大，后置上采样架构会使用基于学习的方法。

在前面介绍的超分辨率网络架构之上，不同的超分辨率网络会有着不同的网络设计，在此，我们会介绍一些常见的超分辨率网络设计的基本概念和策略。

残差学习是一种超分辨率网络中非常常见的设计[21]。在超分辨率网络中的残差学习，又可以分为全局残差学习和局部残差学习。由于超分辨率网络是将一个低分辨率图像重建为一个高分辨率图像，这两者之间是强相关的，因此，与其学习一个从一张图像到另外一张图像的复杂变换关系，不如只学习从低分辨率到高分辨率的残差映射，只记录那些遗失的高频细节，可以大大降低学习难度，这就是全局残差学习[19]。而局部残差学习主要是为了缓解深层网络结构中梯度消失的问题[22]。超分辨率网络中的残差学习主要通过跳跃连接和像素级累加实现，区别在于全局残差学习直接将输入图像和输出图像相连，局部残差学习会在不同的网络层之间加入多个跳跃连接。

递归学习是另一种超分辨率网络中经常采用的策略。所谓的递归学习，就是为了避免参数数量爆炸，多次应用相同的模块，例如，Kim 等人就将单层卷积作为一个递归单元，扩大了感受野，同时没有引入过多的参数[23]。递归学习能够在不引入过多参数的情况下学习到图像更高级的特征，但是没有降低计算开销，也无法避免梯度爆炸和梯度消失的问题，因此，递归学习常常和残差学习结合起来使用 [24, 25]。

多路径学习是指将特征在多条路径上传播，在不同的路径上对特征进行不同的操作，最终将多条路径上的信息融合以获得更好的建模能力的学习方法；多路径学习也可以分为全局多路径学习、局部多路径学习、特定尺度的多路径学习。其中，全局多路径学习使用多条路径来提取图像不同方面的特征，这些路径之间可以在传播过程中互相交叉，因此可以大大增强学习能力 [26]。局部多路径学习是指同时在图像上获取不同尺度的特征（如采用不同大小的卷积核），然后将其拼接再统一进行下一步 [27]。特定尺度的多路径学习是指共享网络大部分的参数，在网络开始和结束处增加和放大因子相关的预处理层和上采样层，这种方式通过共享大量参数的方法减小了深度网络的大小 [28]。

引入注意力机制也是深度神经网络设计中常用的一种策略，超分辨率网络中的注意力机制可以分为通道注意力（channel attention）和非局部注意力（non-local attention）。其中，通道注意力是利用了图像不同通道之间的相互依赖关系，对于通道的相互依赖关系显式建模 [29]；非局部注意力是为了克服局部感受野的局限，捕捉长距离像素之间的依赖关系，获取对于块重建非常重要的非局部信息 [30]。

由于卷积是超分辨率网络中非常重要的一环，因此对卷积过程进行改进对于网络整体性能的提升也是很有好处。有一些对于卷积过程改进的技术，如膨胀卷积，能够通过扩大感受野的方式来重建出更加逼真的细节 [31]；此外，使用群卷积替代网络中的原始卷积 [32]，或者使用深度可分卷积 [33]，能够在损失轻微性能的情况下减少参数和计算量，加速模型推断过程。

除了上面提到的超分辨率网络设计策略之外，还有一些策略被用在超分辨率网络设计中，如密集连接、区域递归学习、金字塔池化、小波变换、去亚像素（desubpixel）、xUnit 等 [13]，这些方法基于不同的理论，在时空复杂度和重建效果之间做取舍，形成了百花齐放的超分辨率网络，关于超分辨率网络设计策略的图示，请参考图 11-7。

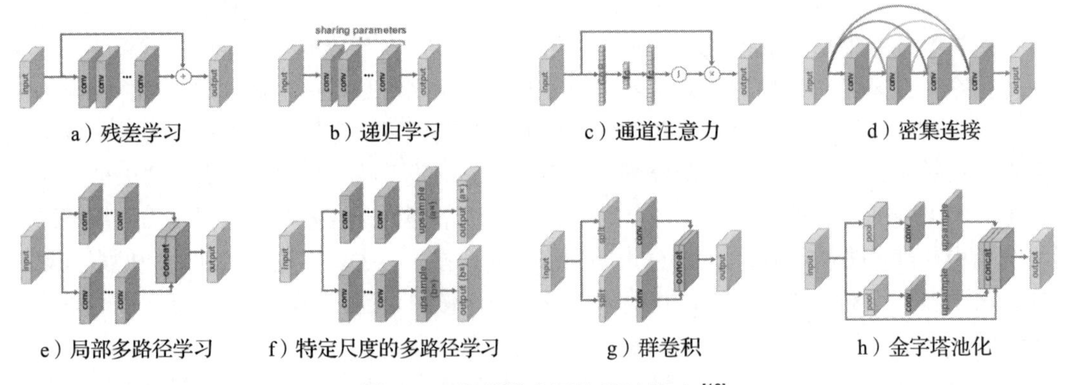

a）残差学习　b）递归学习　c）通道注意力　d）密集连接

e）局部多路径学习　f）特定尺度的多路径学习　g）群卷积　h）金字塔池化

图 11-7　超分辨率网络设计策略 [13]

上面主要介绍的是有监督的超分辨率网络设计，也就是说，我们的训练集是由配对好的低分辨率 - 高分辨率图像组成的。但是，数据集中那些低分辨率的图像，往往是通过某些预定好的操作（如双立方插值）从高分辨率图像中获得的，因此并不自然。为了获得真实世界中低分辨率图像和高分辨率图像之间的关系，无监督超分辨率网络会使用未配对的低分辨率 - 高分辨率图像作为数据集，捕捉一种更加自然的映射。

零样本超分辨率（Zero-Shot Super Resolution，ZSSR）是 Shocher 等人于 2018 年提出的一种无监督超分辨率网络 [34]，ZSSR 不借助外部的数据集进行训练，而是利用单张图像内部提供的数据，在测试的时候训练一个针对特定图像的超分辨率网络，而不是训练一个通用的模型。具体来说，ZSSR 会对输入的图像进行下采样，针对输入图像生成一个特定的小训练集，再使用这个训练集训练一个小型卷积神经网络再用于放大。采用这种方法，能够在非理想环境下（模糊、噪声、压缩伪像）大大提高超分辨率效果。但是这种方法是在每次测试的时候训练一个专用网络，所以它在测试时的推断开销很大。

此外，Bulat 等人提出一种使用两个生成对抗网络（Generative Adversarial Network，GAN）的无监督超分辨率学习方法，其中一个 GAN 用于学习从高分辨率图像到低分辨率图像的自然退化，另一个 GAN 利用上一个 GAN 生成的低分辨率 - 高分辨率图像对来学习从低分辨率图像到高分辨率图像的映射 [35]。将低分辨率空间和高分辨率空间看成两个域，并使用一个循环的架构学习两者之间的相互映射，是另一种无监督超分辨率网络设计策略，Yuan 等人就根据这个思想设计了循环超分辨率网络（Cycle-in-Cycle SR Network，CinCGAN），CinCGAN 由两个循环 GAN 构成，一个学习有噪声和无噪声的低分辨率图像之间的映射，另一个学习无噪声的低分辨率和高分辨率图像之间的相互映射关系 [36]。

另一种无监督超分辨率学习方法只使用卷积神经网络本身的信息，从一个随机向量开始重建出一个高分辨率图像，这个高分辨率图像的下采样结果是输入图像。这种方法效果比有监督超分辨率学习方法差，但是仍比传统的双立方插值效果好；更重要的是，这种方法给超分辨率网络设计提供了另一种视角 [37]。

11.3.3 小结

本小节主要介绍了已有的超分辨率技术，即传统的插值和基于学习的方法，目前主流的超分辨率做法是基于学习的。本小节旨在加深读者对超分辨率技术的认识，从而更好地理解该技术在边缘环境中能够发挥的效果。

11.4 边缘设备上的超分辨率应用

根据 11.3 节的介绍，超分辨率技术能够提高图像、视频的分辨率，在带宽、成像元件等硬件条件受限的情况下进行图像增强。然而，当前新兴的基于神经网络的超分辨率技术对计算和内存需求巨大，很难在资源（计算能力、内存、电池）受限的边缘设备（移动手机等）上部署并实时运行。因此，在边缘设备上对图像、视频进行超分辨率处理，往往需要在开销和重建效果之间进行权衡。如何在资源受限的边缘设备上合理运用超分辨率方法达到理想的效果，是一个值得深入研究的课题。本节将通过几个案例来具体阐述边缘设备上超分辨率技术的应用。

11.4.1 案例1：MobiSR

研究文献[38]提出了一个新型框架MobiSR，其能够在边缘设备上高效地进行超分辨率。研究作者发现，将图像卸载到云端进行超分辨率再回传的方法，可能会导致响应时间过长、用户隐私泄露等问题，因此一种原地在边缘设备上进行高效超分辨率处理是必不可少的。

研究作者的主要观察是：

- 输入图片不同，其重构难度也不同。图11-8a有着大面积的同色系色块，图像各区域间变化稳定、缓慢，而图11-8b中色彩跳跃频率很大，图像纹理细节丰富，因此直觉上放大图11-8b就比放大图11-8a更困难。因此，针对不同难度的图片，可执行定制化的重构策略。

a）0301.png
PSNR: 45.38/TV:0.2e7

b）0063.png
PSNR: 20.62/TV:2.9e7

图11-8 超分辨率数据集中不同的图像[38]

- 边缘移动设备上通常同时搭载多种异构的计算引擎，如CPU、GPU和DSP，它们的计算能力各异，充分利用这些异构的计算引擎能显著提升超分辨率性能。CPU、GPU、DSP在MobiSR中的主要区别在于存储和计算中浮点数的表示精度，其中DSP只用8个比特位来表示一个浮点数，计算性能高，时延低，但是相应的误差大，精度低。利用这些计算引擎的差异，我们可以将精度要求不同的任务按需分配到不同的计算引擎上去。

基于以上两个观察，研究作者提出了MobiSR，其系统架构如图11-9所示。MobiSR将输入图像划分为多个块，这些块被难度评估单元（Difficulty Evaluation Unit，DEU）按照重构难度分配到不同的计算引擎上进行推理计算。在不同的计算引擎上，部署的超分辨率模型也是不一样的，CPU和GPU上部署的模型m_1是一个更加准确、计算开销更大的超分辨率模型，DSP上部署的模型m_2是一个压缩率更高、计算开销小、但相对不准确的模型。

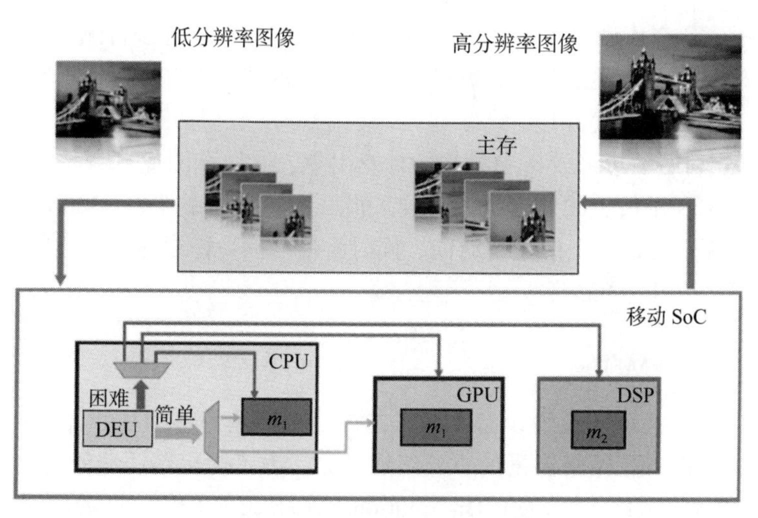

图 11-9　MobiSR 系统架构 [38]

更加具体来讲，DEU 根据图片的总变差（Total Variation，TV），衡量对应图片重构难度。TV 的定义如式（11-14）所示，一张图像的 TV 为图像中所有像素和其邻居像素差的绝对值之和，显然值越大，图像的重构难度越大。DEU 在进行决策的时候，会将图像块的 TV 和一个阈值 TV_{thres} 进行比较，如果大于这个阈值，就将其分配到比较简单的模型 m_2 上去，否则分配到复杂模型 m_1 上。

$$TV(p)=\sum_{i,j}|p_{i+1,j}-p_{i,j}|+|p_{i,j+1}-p_{i,j}| \tag{11-14}$$

需要注意的是，研究作者将难以重构的图像块分配到简单模型上，容易放大的图像块分配到准确模型上，这是基于如下观察：TV 越大，复杂模型和压缩模型之间的差距越小，并且 TV 很大的图像在复杂模型和压缩模型上的表现都很差，因此不如送到压缩模型中。

模型 m_2 是在模型 m_1 的基础上进行模型压缩的操作获得的。对一个模型进行压缩有很多种可行操作，对一个初始模型进行一个或者多个压缩操作，就能得到一个新的模型，对于所有可能的压缩模型，研究作者对它们进行了准确度评估和性能评估。准确度评估指在验证集上验证压缩模型的效果，性能评估指将这些模型部署在不同的计算引擎上运行若干次，得到计算时延。在确定模型和 TV_{thres} 的时候，我们可以将其看作一个优化问题，在满足性能要求的情况下，使得系统总的运算时间尽可能短。

为了求解这个优化问题，研究作者使用了暴力搜索找出所有可能的组合。为了提高搜索效率，研究作者对搜索空间进行了剪枝：对于模型选择，只保留帕累托最优边界上的模型，同时强制要求 m_2 比 m_1 精简，在实验中，模型数量能被剪枝到三个；对于 TV_{thres} 的确定，用户可以实现输入一个和测试集类似的校准集，以缩小 TV_{thres} 的搜索范围。对于输入图像，确认了模型和 TV_{thres} 之后，就可以将输入图像分块调度到不同的计算引擎上进行并行的超分辨率处理。

在实验阶段，研究作者在若干广泛认可的超分辨率数据集上进行测试，发现 MobiSR 对比不感知放大难度的并行超分辨率框架有平均 2.13 倍的速度提升，对比不利用多个计算引擎的框架有平均 4.79 倍的速度提升。

MobiSR 充分利用了边缘设备中异构的计算引擎，并结合图像自身是否容易被放大的特性，在边缘设备中利用最少的计算资源达到了最好的超分辨率效果。MobiSR 减少了超分辨率卷积神经网络在边缘设备上的运行时间，同时将精度损失控制在一定范围之内，提高了边缘设备上超分辨率技术的可行性。

11.4.2　案例 2：NEMO

NEMO[39] 主要关注移动边缘设备上视频流的超分辨率。移动视频流传输在过去十几年中经历了巨大的发展，是网络流量的重要组成部分。为了优化移动端的用户视频观看体验，一些方案如内容分发网络（Content Distribution Network，CDN）、自适应比特率（Adaptive Bitrate，ABR）被提出，但是总的来说，最后用户获得的视频质量还是受限于可用带宽。但是，如果能利用边缘设备的计算能力对获得的低分辨率视频进行处理，就能克服网络带宽带来的局限，为提高用户体验提供一种可能。因此，可以在边缘设备上对用户获得的视频流进行超分辨率处理。

MobiSR 关注的是边缘设备上以图像为中心的超分辨率，它虽然能够加快单张图像的超分辨率速度，但是在视频流上进行实时的逐帧超分辨率处理近乎不可能。一般来说，视频为了保证流畅度，其帧率都会在 30 以上，在一个移动边缘设备上用卷积神经网络超分辨率 1s 处理 30 张图像，不仅计算能力不允许，耗电量、发热量也远超用户承受范围。

为了实现移动边缘设备上实时的视频超分辨率，Yeo 等人提出了 NEMO 这个系统，其架构如图 11-10 所示。总的来说，该系统可以分为两个阶段：第一个阶段在服务器上进行，是离线准备阶段；第二个阶段在移动边缘设备上进行，是在线视频流传输和处理阶段。

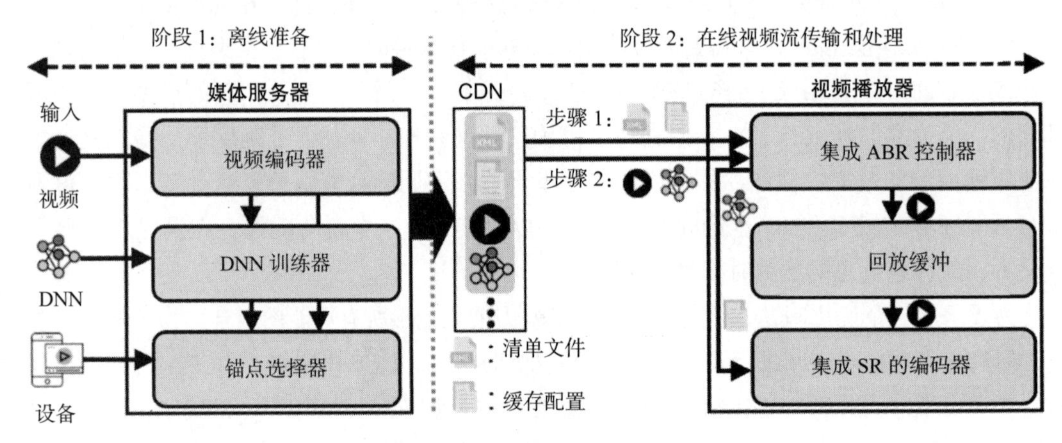

图 11-10　NEMO 系统架构 [39]

具体来说，当一个新的视频被上传到服务器时，服务器会将这个视频编码成多个分辨率的版本，对于每个版本，都训练一个超分辨率 DNN，让这些视频可以被恢复成高分辨率。与此同时，服务器还负责锚点（anchor points）的选择。由于移动边缘设备计算能力有限，不能在每一帧上都使用 DNN 进行恢复，但是如果选择出重要的那些帧，也就是锚点帧，只在锚点帧上使用 DNN 进行放大，非锚点帧上先使用简单快速的双线性插值放大，再参考锚点帧重建的结果，就能够在减少资源消耗的情况下最大化视频的超分辨率质量。锚点帧的选择是在服务器上进行的，服务器对于给定的质量损失上限，不断在锚点集中加入锚点直到视频重建质量符合要求。锚点选择结果会被记录在配置文件中，边缘设备向服务器请求视频时，还会同时获得 DNN 参数和配置文件，然后在本地进行超分辨率处理。

边缘设备对视频进行超分辨率的时候，锚点帧使用 DNN 进行重建，非锚点帧的重建要参考锚点帧。视频编码器在进行编码的时候，会消除帧之间的时间冗余来减小生成视频的尺寸大小，常见的技术有运动补偿、运动估计，这些信赖信息就被包含在编码过的视频中。非锚点帧在参考锚点帧的时候，依赖关系就可以通过视频编码信息获得，其具体流程如图 11-11 所示，对非锚点帧来说，去锚点帧中选择一个作为参考，并结合运动补偿和残差信息，获得最终的重建结果。

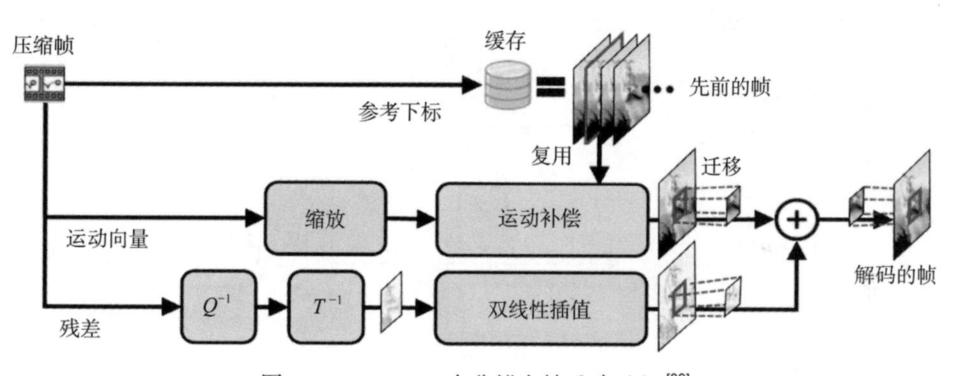

图 11-11　NEMO 中非锚点帧重建过程 [39]

NEMO 利用了视频编码中的依赖性，选择部分锚点帧用 DNN 进行重建，并将这些信息迁移到非锚点帧上去，在减少计算开销的同时保障整体视频的重建效果，在实验中，NEMO 的吞吐量远远超过 30 帧率（Frames Per Second，FPS），同时还降低了边缘设备的耗电量以及表面温度，使得边缘设备上实时的视频超分辨率处理成为可能。

11.5　边缘服务器上的超分辨率应用

11.4 节主要介绍了边缘设备上超分辨率的应用，这一类应用的主要研究方向是在减少边缘设备资源消耗的同时保障较好的超分辨率效果。但是，边缘服务器上一般有比较充足的计算能力，对于视频重建的质量要求也会更高，因为这影响到后续应用的效果，如视频转发、视频分析等。一般来说，边缘服务器本身不产生图像或视频，它的图像和视频来源于有需求处理这些数据的边缘设备。在边缘服务器上进行超分辨率，是为了在硬件的限制下（如上行带宽不足导致只能接收低分辨率的视频、负责捕获视频的设备硬件能力不足等），利用边缘服务器的计算能力提高视频质量，从而提高后续应用的性能。在本节中，我们将通过几个案例来具体阐述边缘服务器上超分辨率技术的应用。

11.5.1 案例 1：CloudSeg

CloudSeg[40] 关注云或边缘服务器上实时视频分析的性能提升。在边缘服务器上进行高性能的视频分析有两个要求，一个是强大的计算能力，另一个是高清的视频输入。但是，在边缘环境中，通过无线连接的视觉传感器和服务器之间的带宽可能并不稳定，因此高清的视频输入无法得到保证。然而，低分辨率的视频输入会导致后续视频分析准确度堪忧。为此，Wang 等人提出了 CloudSeg 这个框架，关键就是先以低分辨率传输视频，再使用超分辨率过程重建高分辨率的帧用于后续分析，这样能够同时满足低时延和高准确度两个要求，图 11-12 展示了 CloudSeg 架构。

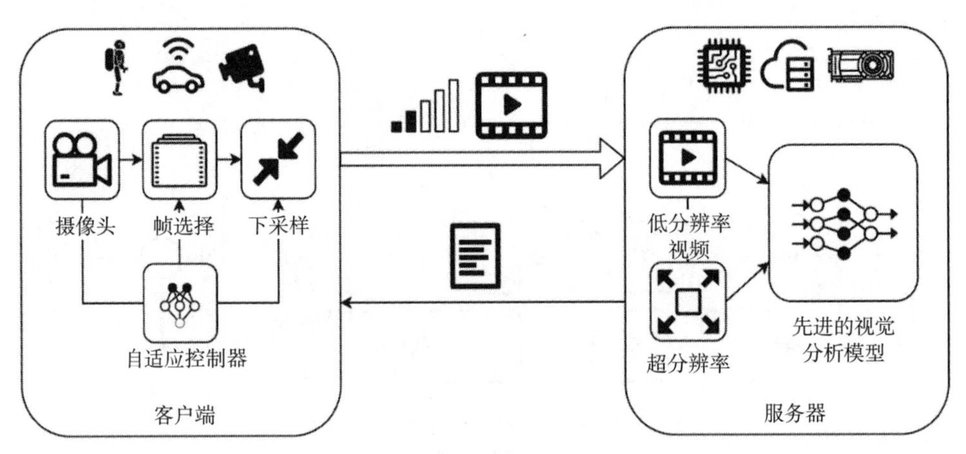

图 11-12 CloudSeg 架构 [40]

在边缘服务器上，对于低分辨率的视频需要首先进行超分辨率处理，然而，传统的超分辨率方法在当前环境中有一个问题是，它们的目标是为了均匀恢复低分辨率图像中的像素以达到目标图像质量，而对于小的检测目标来说，这种重建方案可能不足以恢复足够的细节，导致最终目标检测的准确率下降。为了解决这个问题，CloudSeg 采取了一种新型超分辨率模型训练方案，也就是说，CloudSeg 为一个给定的超分辨率模型增加一个额外训练阶段，在离线训练的超分辨率模型之外，通过最小化视觉模型在重建帧上的准确度损失来微调该超分辨率模型的参数，其过程如图 11-13 所示。使用这种方法训练得到的超分辨率模型会被首先应用于服务器接收到的低分辨率视频上，然后再使用高分辨率视频进行后续分析，这样就在节省带宽的情况下提高了后续分析的准确度。与此同时，边缘服务器上的视觉模型还采用图像的金字塔结构表示，使得该模型能够快速同时处理高分辨率和若干张低分辨率的图像输入，同时保持准确度。

而在捕获视频的边缘设备上，CloudSeg 也做了优化。在边缘设备上，CloudSeg 加入了一个自适应 2 级帧选择器，这个选择器可以自适应地根据网络情况和应用需求调整阈值，过滤出关键帧和有用帧。其中，有用帧就是指那些有必要传输的帧，关键帧是最高级的有用帧，通过过滤掉没用的帧，可以减少带宽消耗并减轻边缘服务器上的计算压力。除此之外，由于超分辨率毕竟是一个不适定问题，在极端情况下可能对于图像质量没有提升，导致后续分析准确度下降到难以接受的地步。为了应对这个问题，CloudSeg 还在边缘设备上加入了一个自适应比特率控制模块，能够收集带宽、网络延迟以及应用层的应用信息，通过离线和在线的信息收集和训练，得到一个能自适应调整下采样率、帧率以及帧选择器阈值的模型。

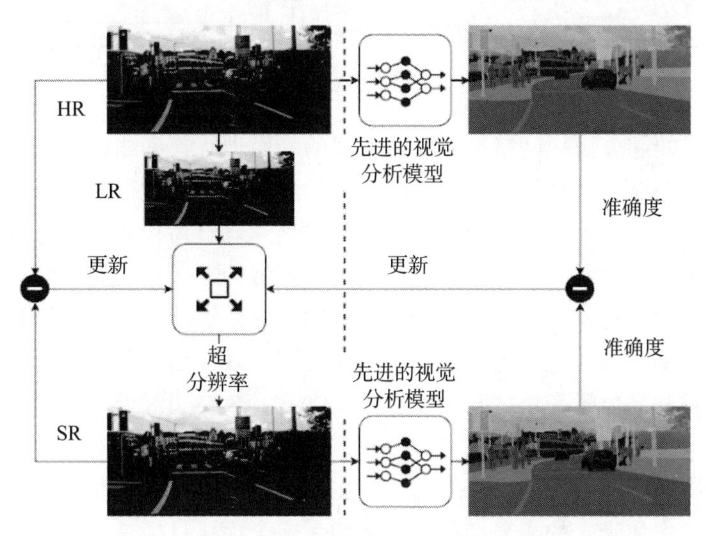

图 11-13 CloudSeg 采用的超分辨率模型训练策略 [40]

CloudSeg 利用了边缘服务器上的计算能力，通过引入超分辨率的过程增加了由于带宽限制导致视频缺失的信息量，这个超分辨率模型结合了后续视觉任务，因此对比单一地训练超分辨率模型准确度会有所提升。此外，为了减轻边缘服务器上的计算压力和进一步节省带宽，CloudSeg 在边缘设备上加入 2 级帧选择器，并在边缘服务器上使用了图像的金字塔结构表示。最后，为了应对准确率无法达到标准的极端情况，边缘设备上还有一个自适应比特率控制模块，能够通过传输较高分辨率视频的方法提升后续视觉分析的准确度。

11.5.2 案例 2：LiveNAS

LiveNAS [41] 关注直播背景下，服务器在获取视频时，如果出现上行带宽不足导致只能获取低分辨率视频的情况，如何对于这些视频实时应用超分辨率网络以提升视频视觉质量，从而提高下游直播用户观看体验的问题 [41]。LiveNAS 采用在线学习的方法，最大化视频质量提升，并动态地调整用于实时质量提升的资源，从而有效地提升了直播观众的观看体验。

LiveNAS 系统架构如图 11-14 所示。直播的工作流大体如下：直播者将自己的视频上传到服务器，服务器对于获得的视频按照不同的分辨率编码，并下放到不同的 CDN，CDN 再根据观众的网络情况传输不同编码规格的视频。但是，如果直播者的上行带宽受到限制，仅能传输低分辨率视频，那即使下游观众带宽非常充裕，也无法观看到高分辨率的视频，这显然是不合理的，而对获取的低分辨率视频在服务器处进行超分辨率处理则能缓解这个问题。

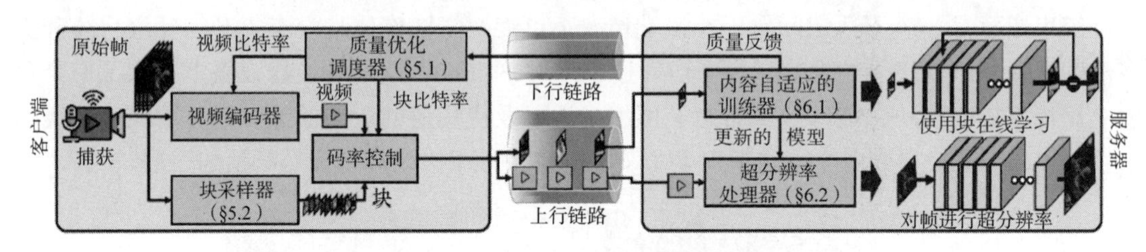

图 11-14　LiveNAS 系统架构 [41]

基于深度学习的超分辨率网络是需要训练集的，而训练集和测试集越相似，超分辨率网络的效果就越好。但是，直播是实时进行的，视频随着直播的进行而产生，因此无法事先获得该视频流的信息，从而无法离线地通过相似数据集为该直播视频流训练一个最好的超分辨率网络。为了解决这个问题，LiveNAS 使用了在线训练的方法，也就是说，LiveNAS 在传输低分辨率视频的同时，传输一部分高分辨率的块用于在线训练，不断更新超分辨率网络的参数。然而，高分辨率的块和低分辨率视频占用的是同一条传输链路，会竞争带宽，为了合理地在低分辨率视频和高分辨率块之间分配带宽，LiveNAS 在边缘设备处部署了一个质量优化调度模块。

这个调度模块解决的是一个优化问题，即在满足带宽限制的情况下，最大化低分辨率视频流质量与高分辨率块带来的未来增益质量之和，这个优化目标是一个凸函数，因此可以使用梯度上升的方法来求解最大值。为了估测质量在低分辨率视频流上的梯度，同时为了减轻这个估测在边缘设备上的开销，LiveNAS 通过统计视频流上的比特率 - 质量曲线，能够快速根据比特率推测出视频质量。为了估测高分辨率块带来的 DNN 增强上的梯度，LiveNAS 在服务器上保留两个最近的超分辨率网络，并计算它们之间的斜率，再将这些信息回传给边缘设备，用于调度优化。高分辨率块的选择会参考块的编码质量，LiveNAS 选择更难被编码的那些块用于训练，因为这些块包含的信息量会更大一些。

除了解决带宽在低分辨率视频流和高分辨率图像块之间的分配问题，LiveNAS 还解决了边缘服务器端的可扩展性问题，即服务器端应该同时支持尽可能多的视频流。我们知道，DNN 的训练是非常占用计算资源的，如果一个 GPU 持续地仅为一个视频流提供训练，那么服务器端的可扩展性将会变得非常差，因此，LiveNAS 采用了内容自适应的训练。Kim 等人发现只有在视频场景发生变化时，在线训练才比较有用；如果视频场景比较平稳，那么持续的在线训练会导致超分辨率网络效果饱和。因此，LiveNAS 会在训练饱和时暂停训练，只有当检测到场景或内容变化时才会重新开启训练，这样就提高了 GPU 在不同视频流之间的复用率，提高了服务器端的可扩展性。

LiveNAS 和 CloudSeg 的区别主要在于优化目标和训练方法。LiveNAS 本质上是为了提升用户的观看体验，因此使用 PSNR 作为衡量指标，CloudSeg 则是为了提高后续视觉分析的准确度，因此会在原始超分辨率网络训练的基础上额外结合视觉网络进行一次训练。在训练方法上，LiveNAS 采用了在线学习，会对超分辨率网络的参数不断进行更新，而 CloudSeg 则没有在线学习的过程。LiveNAS 利用了边缘服务器处的计算能力，克服了直播者上行带宽带来的瓶颈，提高了可能存在的许多下游观众的观看体验。

11.6　本章小结

首先，本章介绍了超分辨率方法的研究进程，这些工作主要分为基于插值和基于学习两个方向。其中，基于插值的方法计算开销低，但是效果差，一般作为基于深度学习的超分辨率方法的一部分使用。而基于学习的方法又可以根据是否基于深度学习进行分类，其中基于深度学习的超分辨率方法之间的区别在于网络架构。

随后，本章介绍了边缘环境下超分辨率技术的应用，在边缘环境中处理图像 / 视频数据时，可能会面临图像 / 视频分辨率不达标的情况，此时可以利用超分辨率技术对图像 / 视频进行增强，提升后续应用效果。

根据执行超分辨率的物理位置，将边缘环境下的超分辨率应用分成以下两类：

- 边缘设备端的超分辨率。考虑到用户隐私保护以及有限下行带宽导致的边缘设备仅能从服务器获得低分辨率的图像 / 视频问题，边缘设备端需要在本地对图像或视频进行超分辨率。考虑到边缘设备资源有限，这一类工作主要优化超分辨率的计算开销，提升超分辨率过程的速度，使边缘设备也能够利用超分辨率 DNN 提升图像或视频质量。
- 边缘服务器端的超分辨率。由于硬件限制（成像元件、带宽），服务器仅能获得低分辨率图像 / 视频，考虑到边缘服务器拥有相对丰富的计算资源，对图像 / 视频进行超分辨率时主要优化超分辨率效果，使服务器在所获信息受限的情况下尽可能好地重建高分辨率图像。

希望通过上述内容，读者对于超分辨率技术及其在边缘的应用有一个大致的了解。

思考题

1. 在边缘环境下应用超分辨率技术的相关研究中，绝大部分都是基于深度学习的，是否可以采用非深度学习方法来设计一个适合边缘环境的超分辨率重构系统？

2. LiveNAS 采用在线训练超分辨率模型的方法提升视频的感知质量，这种在线学习的策略是否可以应用到和视频分析任务相关的系统中去，以进一步提高视频分析任务的准确率？

3. 不同于云服务器，在边缘服务器上运行基于深度学习的超分辨率代价仍然不菲。是否可以参考边缘设备上的优化方法，进一步减少边缘服务器上的计算压力，提高系统的可扩展性？

参考文献

[1] FARSIU S, ROBINSON D, ELAD M, et al. Advances and challenges in super - resolution[J]. International Journal of Imaging Systems and Technology, 2004, 14(2): 47-57.

[2] HORE A, ZIOU D. Image quality metrics: PSNR vs. SSIM[C]//2010 20th international conference on pattern recognition. New York: IEEE, 2010: 2366-2369.

[3] LECUN Y, BENGIO Y, HINTON G. Deep learning[J]. Nature, 2015, 521(7553): 436-444.

[4] FARSIU S, ROBINSON D, ELAD M, et al. Advances and challenges in super - resolution[J]. International Journal of Imaging Systems and Technology, 2004, 14(2): 47-57.

[5] SHEIKH H R, BOVIK A C. Image information and visual quality[J]. IEEE Transactions on Image Processing, 2006, 15(2): 430-444.

[6] PASZTOR E C, CARMICHAEL O T, FREEMAN W T. Learning low-level vision[J]. International Journal of Computer Vision, 2000, 1(40): 25-47.

[7] CHANG H, YEUNG D Y, XIONG Y. Super-resolution through neighbor embedding[C]//Proceedings of the 2004 IEEE Computer Society Conference on Computer Vision and Pattern Recognition, 2004. CVPR 2004. New York: IEEE, 2004, 1: I.

[8] YANG J, WRIGHT J, HUANG T S, et al. Image super-resolution via sparse representation[J]. IEEE Transactions on Image Processing, 2010, 19(11): 2861-2873.

[9] DONG W, ZHANG L, SHI G, et al. Image deblurring and super-resolution by adaptive sparse domain selection and adaptive regularization[J]. IEEE Transactions on image processing, 2011, 20(7): 1838-1857.

[10] PELEG T, ELAD M. A statistical prediction model based on sparse representations for single image super-resolution[J]. IEEE transactions on image processing, 2014, 23(6): 2569-2582.

[11] GLASNER D, BAGON S, IRANI M. Super-resolution from a single image[C]//The IEEE 12th international conference on computer vision. New York: IEEE, 2009: 349-356.

[12] HUANG J B, SINGH A, AHUJA N. Single image super-resolution from transformed self-exemplars[C]//Proceedings of the IEEE conference on computer vision and pattern recognition. New York: IEEE, 2015: 5197-5206.

[13] WANG Z, CHEN J, HOI S C H. Deep learning for image super-resolution: A survey[J]. IEEE transactions on pattern analysis and machine intelligence, 2020, 43(10): 3365-3387.

[14] ZEILER M D, KRISHNAN D, TAYLOR G W, et al. Deconvolutional networks[C]//The IEEE Computer Society Conference on computer vision and pattern recognition. New York: IEEE, 2010: 2528-2535.

[15] SHI W, CABALLERO J, HUSZÁR F, et al. Real-time single image and video super-resolution using an efficient sub-pixel convolutional neural network[C]//Proceedings of the IEEE conference on computer

vision and pattern recognition(CVPR). New York: IEEE, 2016: 1874-1883.

[16] HU X, MU H, ZHANG X, et al. Meta-SR: A magnification-arbitrary network for super-resolution[C]// Proceedings of the IEEE/CVF conference on computer vision and pattern recognition. New York: IEEE, 2019: 1575-1584.

[17] DONG C, LOY C C, HE K, et al. Learning a deep convolutional network for image super-resolution[C]// Computer Vision–ECCV 2014: 13th European Conference, Zurich, Switzerland, September 6-12, 2014, Proceedings, Part IV 13. Berlin: Springer International Publishing, 2014: 184-199.

[18] DONG C, LOY C C, TANG X. Accelerating the super-resolution convolutional neural network[C]// Computer Vision–ECCV 2016: 14th European Conference, Amsterdam, The Netherlands, October 11-14, 2016, Proceedings, Part II 14. Berlin: Springer International Publishing, 2016: 391-407.

[19] KIM J, LEE J K, LEE K M. Accurate image super-resolution using very deep convolutional networks[C]// Proceedings of the IEEE Conference on Computer Vision and Pattern Recognition. New York: IEEE, 2016: 1646-1654.

[20] HARIS M, SHAKHNAROVICH G, UKITA N. Deep back-projection networks for super-resolution[C]// Proceedings of the IEEE Conference on Computer Vision and Pattern Recognition. New York: IEEE, 2018: 1664-1673.

[21] BEVILACQUA M, ROUMY A, GUILLEMOT C, et al. Low-complexity single-image super-resolution based on nonnegative neighbor embedding[C]//Electronic Proceeding of the British Machine Vision Conference 2012. [S.l.]: BMVC, 2012: 1-10.

[22] ZHANG Y, LI K, LI K, et al. Image super-resolution using very deep residual channel attention networks[C]//Proceedings of the European conference on computer vision [S.l.]: ECCV, 2018: 286-301.

[23] KIM J, LEE J K, LEE K M. Deeply-recursive convolutional network for image super-resolution[C]// Proceedings of the IEEE conference on computer vision and pattern recognition. New York: IEEE, 2016: 1637-1645.

[24] TAI Y, YANG J, LIU X, et al. Memnet: A persistent memory network for image restoration[C]//Proceedings of the IEEE International Conference on Computer Vision. New York: IEEE, 2017: 4539-4547.

[25] TAI Y, YANG J, LIU X. Image super-resolution via deep recursive residual network[C]//Proceedings of the IEEE Conference on Computer Vision and Pattern Recognition. New York: IEEE, 2017: 3147-3155.

[26] LAI W S, HUANG J B, AHUJA N, et al. Deep laplacian pyramid networks for fast and accurate super-resolution[C]//Proceedings of the IEEE Conference on Computer Vision and Pattern Recognition. New York: IEEE, 2017: 624-632.

[27] LI J, FANG F, MEI K, et al. Multi-scale residual network for image super-resolution[C]//Proceedings of the European conference on computer vision [S.l.]: ECCV, 2018: 517-532.

[28] LIM B, SON S, KIM H, et al. Enhanced deep residual networks for single image super-resolution[C]// Proceedings of the IEEE conference on computer vision and pattern recognition workshops. New York: IEEE, 2017: 136-144.

[29] HU J, SHEN L, SUN G. Squeeze-and-excitation networks[C]//Proceedings of the IEEE conference on computer vision and pattern recognition. New York: IEEE, 2018: 7132-7141.

[30] DAI T, CAI J, ZHANG Y, et al. Second-order attention network for single image super-resolution[C]// Proceedings of the IEEE/CVF Conference on Computer Vision and Pattern Recognition. New York: IEEE, 2019: 11065-11074.

[31] ZHANG K, ZUO W, GU S, et al. Learning deep CNN denoiser prior for image restoration[C]//Proceedings of the IEEE Conference on Computer Vision and Pattern Recognition. New York: IEEE, 2017: 3929-3938.

[32] AHN N, KANG B, SOHN K A. Fast, accurate, and lightweight super-resolution with cascading residual network[C]//Proceedings of the European Conference on Computer Vision [S.l.]: ECCV, 2018: 252-268.

[33] IGNATOV A, TIMOFTE R, VAN VU T, et al. Pirm challenge on perceptual image enhancement on smartphones: Report[C]//Proceedings of the European Conference on Computer Vision Workshops. [S.l.]: ECCV, 2018: 0-0.

[34] SHOCHER A, COHEN N, IRANI M. “ zero-shot ” super-resolution using deep internal learning[C]// Proceedings of the IEEE Conference on Computer Vision and Pattern Recognition. New York: IEEE, 2018: 3118-3126.

[35] BULAT A, YANG J, TZIMIROPOULOS G. To learn image super-resolution, use a gan to learn how to do image degradation first[C]//Proceedings of the European conference on computer vision (ECCV). Berlin: Springer, 2018: 185-200.

[36] YUAN Y, LIU S, ZHANG J, et al. Unsupervised image super-resolution using cycle-in-cycle generative adversarial networks[C]//Proceedings of the IEEE/CVF Conference on Computer Vision and Pattern Recognition Workshops. New York: IEEE, 2018: 701-710.

[37] ULYANOV D, VEDALDI A, LEMPITSKY V. Deep image prior[C]//Proceedings of the IEEE/CVF conference on computer vision and pattern recognition. New York: IEEE, 2018: 9446-9454.

[38] LEE R, VENIERIS S I, DUDZIAK L, et al. Mobisr: Efficient on-device super-resolution through heterogeneous mobile processors[C]//The 25th Annual International Conference on Mobile Computing and Networking. [S.l.]: MobiCom, 2019: 1-16.

[39] YEO H, CHONG C J, JUNG Y, et al. Nemo: enabling neural-enhanced video streaming on commodity mobile devices[C]//Proceedings of the 26th Annual International Conference on Mobile Computing and Networking. [S.l.]: MobiCom, 2020: 1-14.

[40] WANG Y, WANG W, ZHANG J, et al. Bridging the Edge-Cloud Barrier for Real-time Advanced Vision Analytics[C]//The 11th USENIX Workshop on Hot Topics in Cloud Computing. [S.l.]: HotCloud, 2019.

[41] KIM J, JUNG Y, YEO H, et al. Neural-enhanced live streaming: Improving live video ingest via online learning[C]//Proceedings of the Annual conference of the ACM Special Interest Group on Data Communication on the applications, technologies, architectures, and protocols for computer communication. [S.l.]: SIGCOMM, 2020: 107-125.

[42] TENENBAUM J B, SILVA V D, LANGFORD J C. A global geometric framework for nonlinear dimensionality reduction[J]. Science, 2000, 290(5500): 2319-2323.

CHAPTER 12 · 第 12 章

基于多边缘协同的卷积神经网络推断加速技术研究

近年来，深度学习在诸多领域都展现了出色的效果。2016 年由 DeepMind 开发、基于深度学习的人工智能程序 AlphaGo 战胜了围棋世界冠军李世石，引起了世界关注；此外，深度学习应用也存在于我们日常生活中的各个角落，比如 iPhone 内置的 Siri 语音助手就是通过 DNN 识别用户的语音指令，智能安防系统的摄像头可以通过 DNN 识别视频中的人物或行为。在诸多 DNN 技术中，卷积神经网络（Convolutional Neural Network，CNN）在处理计算机视觉相关的任务中表现出色，常用于图像分类、目标检测和视频分析等任务 [1]。此外，在软件工程和自然语言处理的某些问题上，它也表现出了很好的特性。

在得益于卷积神经网络出色表现的同时，我们也需要为其配备足够的计算资源。因为 CNN 处理的原始输入通常是多媒体数据（图像、视频等），所以 CNN 在推断过程中往往需要占据较多的内存和 CPU 算力。以牛津大学在 2015 年发布的 VGG16[11] 为例，它推断一张分辨率为 224 × 224 的图像时，需要 1.38 亿个参数和 155 亿次乘加操作 [2]。为了满足这样庞大的资源需求，传统的方法是把客户端产生的原始数据上传到云端，由高性能的云服务器进行计算，再把结果返回给用户。因为用户一般都在网络边缘，所以上述过程往往需要大量的广域网传输，导致应用时延显著增加。另一方面，原始数据中也可能包含用户自己的隐私数据（私人照片、生活视频等），将这些数据上传到云端也会引起用户对于数据用途方面的质疑。

我们知道，边缘计算的特点是缩短用户和服务器之间的物理距离，使计算贴近数据源，因此，边缘计算也可以对 CNN 处理进行加速。在边缘计算的帮助下，用户的数据不再需要上传到云端，而是在网络边缘的计算节点上完成计算。因为网络边缘的局域网带宽通常很高，所以整个过程中的传输时延可以大大减少。但是我们也需要注意，相比于数据中心的高性能云服务器，网络边缘的计算节点一般都是由各式各样的物联网设备（比如智能摄像头、智能网关、智能手机等）组合而成，配置参差不齐，接入方式五花八门，但有一个共同的特点：性能差。对比云服务器，边缘服务器就像是由七零八碎的“杂牌军”组成的虾兵蟹将，单独把谁拿出来可能都完不成深度学习推断这种高级的任务。但是俗话说，“三个臭皮匠，顶个诸葛亮”，边缘设备杂牌军虽然性能略差，但是胜在数量众多，所以协同使用多个边缘计算节点的方式，仍然可以达到 CNN 推断加速的效果。

在本章中，我们将首先介绍卷积神经网络推断任务的基本概念，然后依次介绍基于模型切割、数据切割、混合切割的多边缘协同方案，并介绍一些其他推断加速方法，最后对本章内容进行小结。

12.1 卷积神经网络推断任务

20 世纪 40 年代，人们在机器学习中为了模拟生物神经系统对外界刺激所做出的反应，设计了一些函数来模拟神经元。单个神经元接受多个输入，输出一个值。相应地，一组神经元就可以处理更加复杂的数据。多组神经元前后串联起来处理数据，就得到了人工神经网络（Artificial Neural Network，ANN）。这样的 ANN 并不能直接处理图像或者视频，只能用于普通的回归、预测等任务。之后，人们对于哺乳动物视觉系统的研究揭示了大脑皮层对光信号的处理过程，催生出卷积神经网络的基本设计思想。

12.1.1 前馈神经网络

在生物神经网络中，每个神经元都会从一系列前面的神经元接收信号，并且输出一个信号。根据接收到信号的不同，神经元可能给出“兴奋”或“抑制”的输出。人们将这样的情形抽象为了图 12-1 所示的“M-P 神经元模型”[3]。其中$x_1, x_2, \cdots, x_n$为神经元接收到的输入信号，$w_1, w_2, \cdots, w_n$为各个输入信号所对应的权重，神经元中存储一个值 θ，为该神经元的激活阈值。输入信号与权重对应相乘，结果减去阈值，然后送入激活函数f，就得到了该神经元的输出信号，如图 12-1 所示。

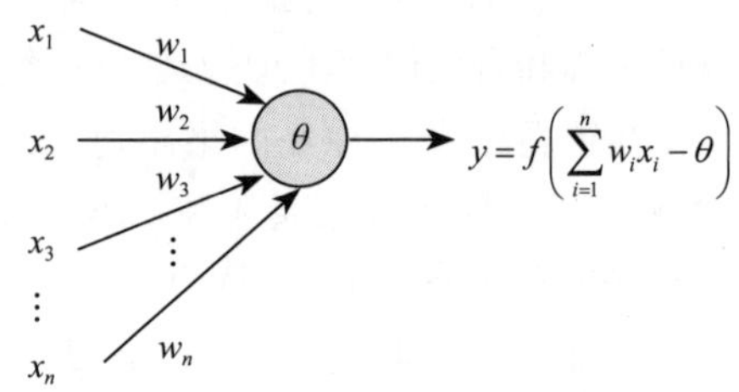

图 12-1 M-P 神经元模型

因为生物神经元的输出只有“兴奋”和“抑制”两种，所以激活函数往往是为了模拟这样的阶跃函数：$\mathrm{sgn}(x) = \begin{cases} 1, & x \geqslant 0, \\ 0, & x < 0。\end{cases}$ 其中 1 对应“兴奋”，0 对应“抑制”，如图 12-2 所示。

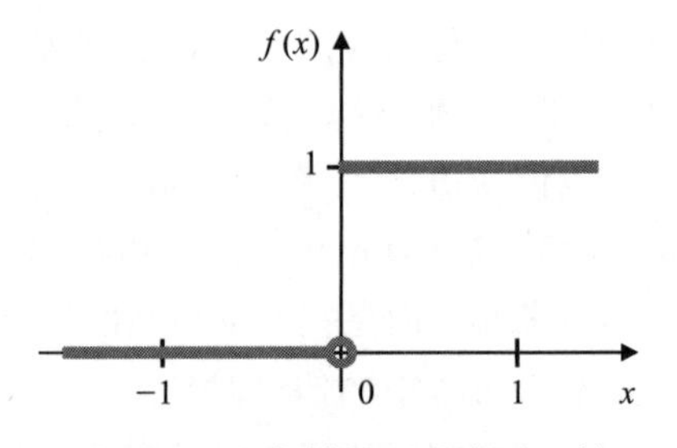

图 12-2 生物神经元的激活函数

但是阶跃函数存在不连续、不光滑的问题，所以人们使用 Sigmoid（又称 Logistic）函数来近似替代。从图 12-3 可以看到，Sigmoid 函数将输出区间限定在了 [0,1] 区间内。其中小于 −5 和大于 5 的输入对应的输出分别压缩到 0 和 1，这就导致了“梯度饱和”现象，即 [−5,5] 区间的梯度非常接近 0，这就导致误差反向传播时该区域的误差很难传递到前面层。因而，人们在此基础上提出了修正线性单元（Rectified Linear Unit，ReLU），它不仅可以消除梯度饱和现象，还可以简化计算过程 [4]。

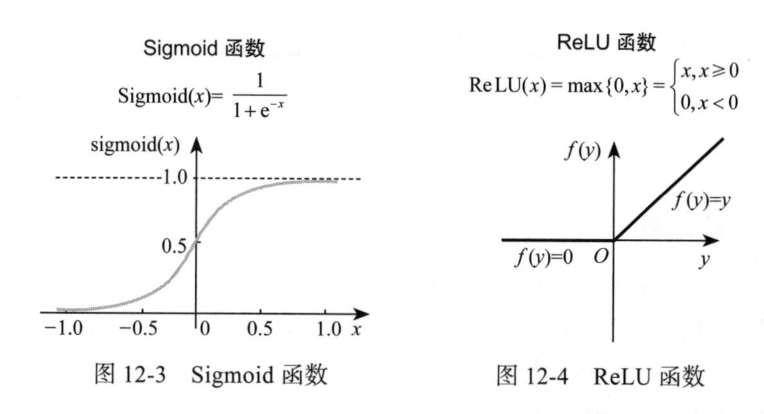

图 12-3　Sigmoid 函数　　图 12-4　ReLU 函数

有了基础的神经元，我们就可以构建起更复杂的多层感知机（multilayer perception），又称为前馈神经网络（feedforward neural network）。前馈神经网络的目标是近似某个函数 f^*。例如，对于预测任务，$y = f^*(x)$ 可以近似训练数据中所存在的 x 与 y 的关系。前馈神经网络定义了一个映射 $y = f(x;\theta)$，通过学习参数 θ 的值，来近似实际的函数规律。

前馈神经网络一般包含多个层，每个层由一组并行的神经元组成，表示一个函数关系。图 12-5 中的前馈神经网络由 5 个首尾相连的层组成，它的结构为 $f(x) = f_1(f_2(f_3(f_4(f_5(x)))))$。第一个层 f_1 为输入层，中间的 $f_2,\cdots,f_4$ 为隐含层，末尾的 f_5 为输出层。最左侧的数据以向量形式传入输入层，被输入层的神经元分别处理之后，各神经元的输出送给第一个隐含层的所有神经元，隐含层各神经元的输出再送给后面层，直到输出层。输出层将前面层的结果汇总，得到前馈神经网络的最终结果。前一层数据送给后一层计算的过程就称之为神经网络的**前馈**（feed-forward）**运算**，整个神经网络的前馈运算称为**推断**（inference）。一般而言，客户端所使用的 CNN 模型都是预先训练好的，所以都只需要对输入数据执行推断，就可以得到结果。

在部署应用 CNN 模型之前，我们需要先对其进行**训练**（training）。前馈神经网络的训练一般会需要庞大的数据集。首先，我们对数据集中的样本进行推断，然后将推断结果与样本中的实际值进行对比，得到当前的误差。然后，我们使用反向传播算法（Back-propagation，BP）[5] 将此误差逐层向前**反馈**（back-forward），借此对各层的参数进行更新。这样的过程不断重复，直到模型收敛，就完成了训练过程。在反向传播的过程中，取决于优化器的不同，相同网络结构和数据集的训练结果也会有很大的差别，目前比较流行的优化器包括随机梯度下降（Stochastic Gradient Descent，SGD）[6]、Adam[7] 等。这里我们的重点是推断，读者只需了解推断过程即可，所以反向传播的细节在此略过。

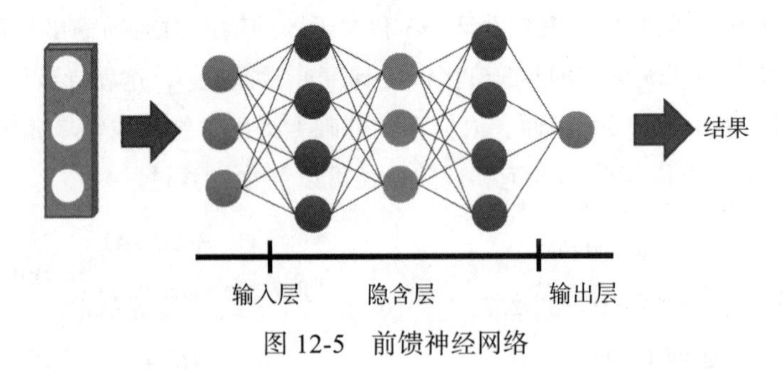

图 12-5　前馈神经网络

12.1.2　卷积神经网络

卷积神经网络属于前馈神经网络的一种，它接收原始的 RGB 图像或原始音频数据，通过卷积层、池化层、激活层、全连接层等类型层的堆叠，得到最终的处理结果。其中，卷积层、池化层、激活层分别进行卷积操作、池化操作和激活函数计算，全连接层的操作就是前面所述的一组神经元所对应的矩阵计算。

在计算机视觉应用中，卷积神经网络接收一个图像对应的三维矩阵作为输入，它的维度依次为通道、行号和列号，经过卷积层、池化层、激活层的处理，得到一个向量或矩阵，作为原始图像的特征（也就是 CNN 对此图像感知结果的内部表示），这个过程被称为特征提取（feature extraction），然后将提取出的特征送入全连接层进行分类，得到期望的结果，如图像中的动物是猫的概率（与 CNN 本身的视觉感知无关，具体取决于训练时指定的样本标签）。在 CNN 的处理中，各层的输出数据都是三维张量，被称为特征图（feature map），它包括通道、行号和列号这三个维度。这里的通道可能不止 3 个，很多时候会有 16、64、甚至 256 个通道。卷积神经网络整体流程如图 12-6 所示。

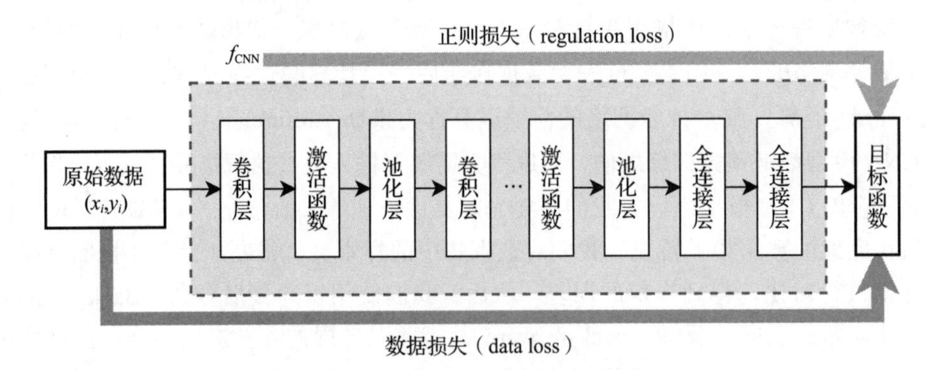

图 12-6　卷积神经网络整体流程

卷积（convolution）操作有连续和离散两种形式，在卷积神经网络里主要是离散形式的卷积运算，即参与运算的都是离散形式的矩阵，包括一个输入矩阵 $\boldsymbol{I}$ 和一个卷积核矩阵 $\boldsymbol{K}$（作为参数存储在卷积层中），一般输入矩阵的大小会大于卷积核矩阵。图 12-7 就是一个二维卷积的例子。输入数据为 5×5 的矩阵，卷积核为 3×3 的矩阵，在运算过程中，卷积核会放在输入数据上逐步滑动，并和覆盖到的输入数据子矩阵主元素相乘，然后将结果相加。卷积核每次滑动的元素数就称为步长（stride），包括行和列两个维度。这里假设行和列步长都为 1。

卷积核

1	0	1
0	1	0
1	0	1

输入数据

1	2	3	4	5
6	7	8	9	0
9	8	7	6	5
4	3	2	1	0
1	2	3	4	5

图 12-7　卷积核与输入数据

第一次卷积操作时，我们将卷积核矩阵 $\boldsymbol{K}$ 放在输入矩阵 $\boldsymbol{I}$ 的左上角，即 $\boldsymbol{I}[0,0]$ 与 $\boldsymbol{K}[0,0]$ 对齐。此时 $\boldsymbol{I}$ 覆盖了 $\boldsymbol{K}[0:3,0:3]$ 的子矩阵。我们进行如下计算 $\sum_{r=0}^{2}\sum_{r=0}^{2}\boldsymbol{I}_{r,c}\cdot\boldsymbol{K}_{r,c}$。

这样就得到了卷积结果中 (0,0) 位置上的值。然后，我们将卷积核向右移动一个单位，再次将卷积核与相应的子矩阵元素相乘并相加，得到 (0,1) 位置上的值。如此移动，直到最右侧无法右移时，我们再将卷积核下移一行，重新从左侧开始滑动计算，直到卷积核移动到右下角。此时两个矩阵的卷积就完成了。卷积操作如图 12-8 所示。

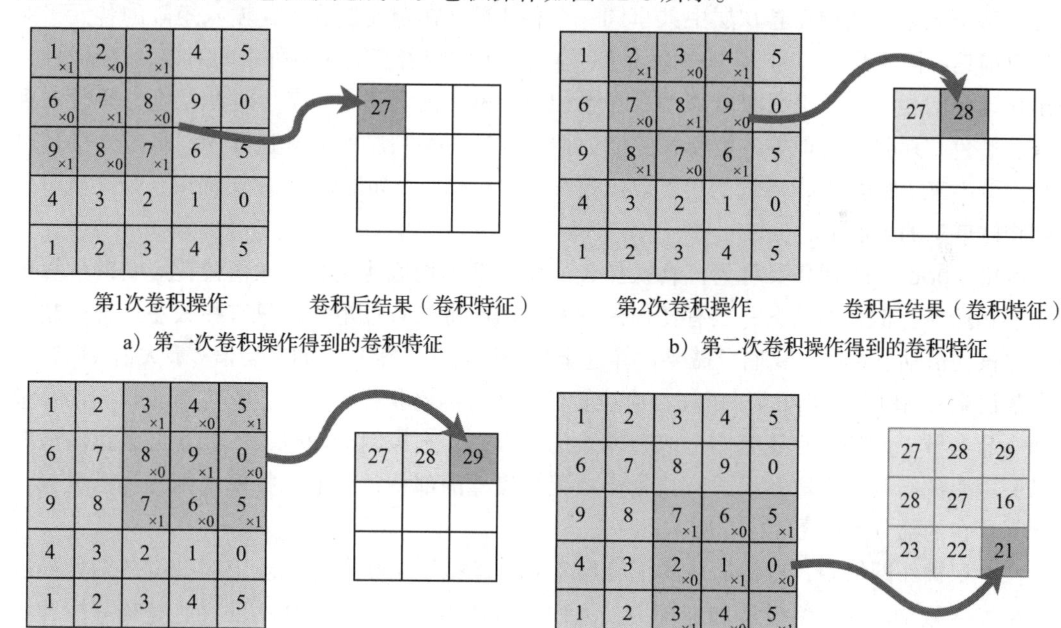

a）第一次卷积操作得到的卷积特征　b）第二次卷积操作得到的卷积特征

c）第三次卷积操作得到的卷积特征　d）第九次卷积操作得到的卷积特征

图 12-8　卷积操作

当我们的输入数据为三维数据时，卷积操作类似地拓展到了矩阵的通道维度上。卷积核也会是一个三维的矩阵，它会在输入数据的内部进行滑动。每次都会和一个三维子矩阵重叠并进行乘加运算。

卷积核大小和步长是设计卷积层时就预先设定好的超参数，它们对于卷积层的实际性能有着非常重要的作用。此外，卷积层还有一个对计算过程略有影响的超参数：增补量（padding）。它会在卷积计算前对输入数据进行预处理，即在输入数据的周围增补特定值（如零元素），以充分利用输入数据的边缘信息，如图 12-9 所示。

图 12-9　边缘增补

在卷积神经网络中，卷积层是最为重要的存在，它通常和其他层搭配使用。卷积层有三个关键的设计思想：稀疏交互（sparse interactions）、参数共享（parameter sharing）、等变表示（equivariant representations）。稀疏交互指的是，相比于普通的神经网络（即全连接层），它的参数只有远小于输入的核矩阵，从而减少了存储需求和计算量；参数共享指的是，对于输入矩阵的每个元素，它们在卷积层中共享同一个核矩阵（在全连接层中，输入矩阵的各元素对应参数都是不同的），减少了模型存储代价；等变表示意味着当输入矩阵中的对象发生移动时，输出矩阵中的相应表示也会跟着移动。在卷积神经网络的训练中，各个卷积层会分别学习到边缘、颜色、形状、纹理等各类模式的滤波器。在这一系列层的处理过程中，低层次的信息先被提取出来（如边缘），后续的层提取出更高层次的信息（如形状），逐层抽象，最终就可以得到物体信息的表示了。

池化（pooling）操作又称为汇合操作，一般包括平均值池化和最大值池化。它的计算过程与卷积操作类似，但是它并没有任何的参数，因此也没有核矩阵，只有核大小这样的超参数。在核的滑动过程中，我们只需要计算这个核所覆盖的子矩阵中的平均值 / 最大值（取决于超参数设定），就可以得到结果矩阵相应位置的值了。与卷积操作类似，它也有步长和增补量这两个超参数。此外，它还有一个取整模式的超参数，来控制滑动时核不能正好到达输入矩阵另一端时的行为，下取整模式直接丢弃核无法覆盖的部分，而上取整模式则允许核覆盖实际上不存在的部分。如图 12-10 所示。

在卷积神经网络中，看似简单的汇合层实际上模拟了生物视觉系统中对视觉感知信号进行降采样的效果。在网络设计和训练中，人们通常认为汇合层有特征不变性、特征降维和防止过拟合的特点。特征不变性可以让模型聚焦于特征本身而非其出现的位置；特征降维可以减少中间数据大小，降低计算量；防止过拟合可以提升模型的泛化性能。

激活层的计算过程很简单，它就是把输入矩阵的每一个元素分别送入激活函数，因此输出矩阵的形状和输入矩阵完全相同。**批规范化层**在推断阶段的计算也很简单，它内部存储了训练阶段学习到的数据均值、方差和其他参数，推断时对数据中的每个元素分别进行规范化，因此也不改变输入矩阵的形状。

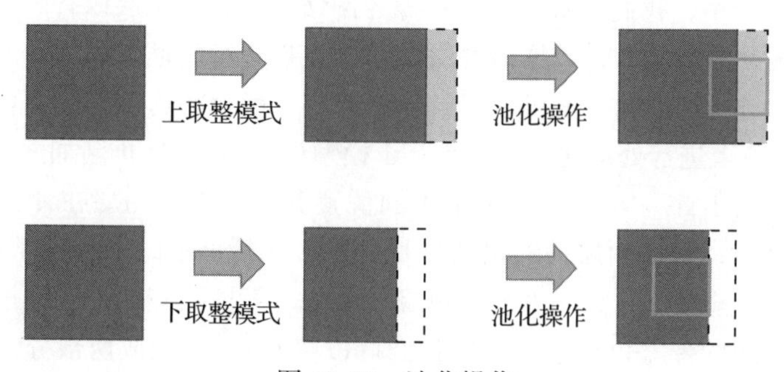

图 12-10　池化操作

全连接层就是传统的神经网络，它内部保存了一个权重矩阵 $\boldsymbol{W}$ 和一个偏置向量 $\boldsymbol{b}$（$\boldsymbol{W}$ 和 $\boldsymbol{b}$ 都是训练得到的），接收的输入一般为向量。对于输入向量 $\boldsymbol{x}$，它的输出向量为 $\boldsymbol{Wx}+\boldsymbol{b}$。因为全连接层接收向量，而前面的层输出的都是矩阵，所以各类 CNN 在把提取到的特征映射送入全连接层之前，都会先将其压平（flatten）成为一个向量。

接下来我们以经典卷积神经网络 AlexNet 为例，宏观地了解一下 CNN 的结构，如图 12-11 所示。可以看到，它前面的特征提取部分都是由卷积层、激活层（紧跟在卷积层之后，在图中略去了）和池化层组成，后面的分类部分为全连接层。输入数据为 3 通道的图像，在逐层处理过程中，它的行数、列数和通道数都会发生变化，但始终为三维矩阵的形式。特征提取部分得到的三维矩阵就是它给出的特征表示，此矩阵送入分类部分后会被处理为向量，以传统神经网络的形式进行处理，最终结果就是一个长度为 1000 的向量，每个元素表示此位置对应图像类别的概率。AlexNet 首次将卷积神经网络用于海量图像数据集 ImageNet[9]（包含 128 万张图像，1000 个类别），并使用 GPU 大大加快了训练过程。因为它在 2012 年的 ImageNet 竞赛中以超越第二名 10.9% 的优秀成绩夺冠，使得卷积神经网络在计算机视觉中受到了广泛关注，引来了卷积神经网络领域井喷式的研究成果。

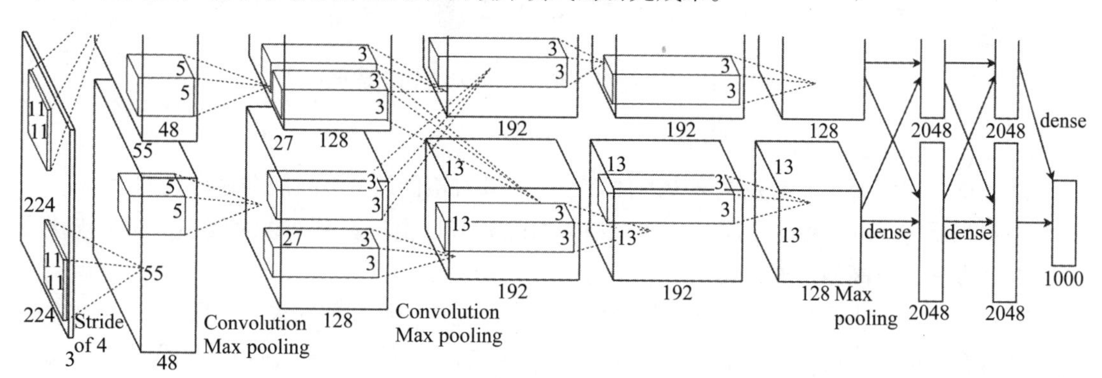

图 12-11　AlexNet 结构[8]

12.2 基于模型切割的多边缘协同

根据12.1节的介绍，我们了解到，卷积神经网络是由各类型层以有向无环图组成的，层与层之间的参数是互相独立的，数据沿着层之间的连接进行流动。那么，当我们希望以多边缘协同的方式对它进行加速时，就可以很自然地想到，能否将这个有向无环图切割成多个部分，放在不同的设备上进行处理呢？这就是基于模型切割的CNN推断加速。

模型切割方法指出：一方面，CNN中不同位置和不同类型的层在计算耗时和输出数据量上存在一定的规律，如前面层的输出数据量往往大于后面层，而后面某些层在GPU上的计算耗时又明显高于前面层；另一方面，边缘设备的计算能力较弱，云端设备的计算能力较强，边缘和云端之间的带宽也较小。如果我们可以将CNN切割成两部分，左侧在网络边缘的GPU上执行（边缘负责耗时较低的部分，并且避免原始数据传输），其输出结果传输到云端（传输数据量较少），然后由云端执行右侧的部分（耗时较多的部分在云端执行），那么就可以很好地结合边缘和云端各自的特性，并且减轻云-边低带宽带来的影响。此外，我们还可以使用流水线的方式实现多个任务之间的并行，从而更加充分地利用计算资源。

12.2.1 案例1：Neurosurgeon

Neurosurgeon[10]是模型切割的代表性工作，论文作者首次提出了通过切割DNN来进行云端和边缘端协同的思想，并使用计算机视觉和自然语言处理等领域的DNN进行了实验。

论文作者首先以经典的CNN模型AlexNet为例进行了实验，在移动设备上使用GPU运行模型并记录每一层的计算时延和输出数据大小，如图12-12所示。

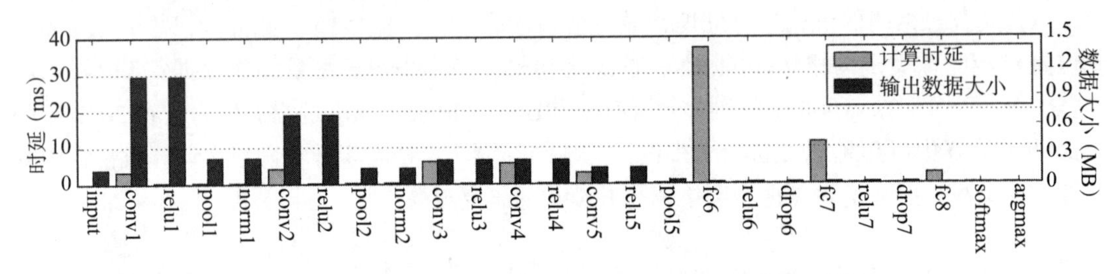

图12-12 AlexNet中各层的计算时延与输出数据量[10]

由此论文作者有如下观察：

- 根据各层所属类型和在网络中的位置，各层都有不同的计算时间和输出数据大小。
- 卷积层（conv）和池化层（pool）在移动设备GPU上运算时间相对较小，而全连接层会带来比较高的计算时延。
- 卷积层和池化层往往都在网络的前面几层，而全连接层往往在末尾几层。
- 沿着数据流动的方向，卷积层会使得数据量增加，而池化层会使得数据量减小，总体来看，数据量是在逐步减小的。

根据如上特点，随着 DNN 的执行，在前面几层数据量减小了而后面几层计算量增加了，这就为云端和边缘设备协同提供了机会。因为数据是在边缘产生的，而边缘计算能力有限，所以可以让边缘设备只运行前面几层，将已经减小后的数据传输给云端，由云端完成计算量较大的后面几层，从而发挥两者的优点。

基于这一思想，论文作者对链状 DNN 中最优切割点的选取进行了探索。因为链状 DNN 结构简单，所以所有可能的切割点是很有限的，可以通过直接遍历得到。论文作者对于时延和能耗这两个优化目标分别进行了实验，如图 12-13 所示。

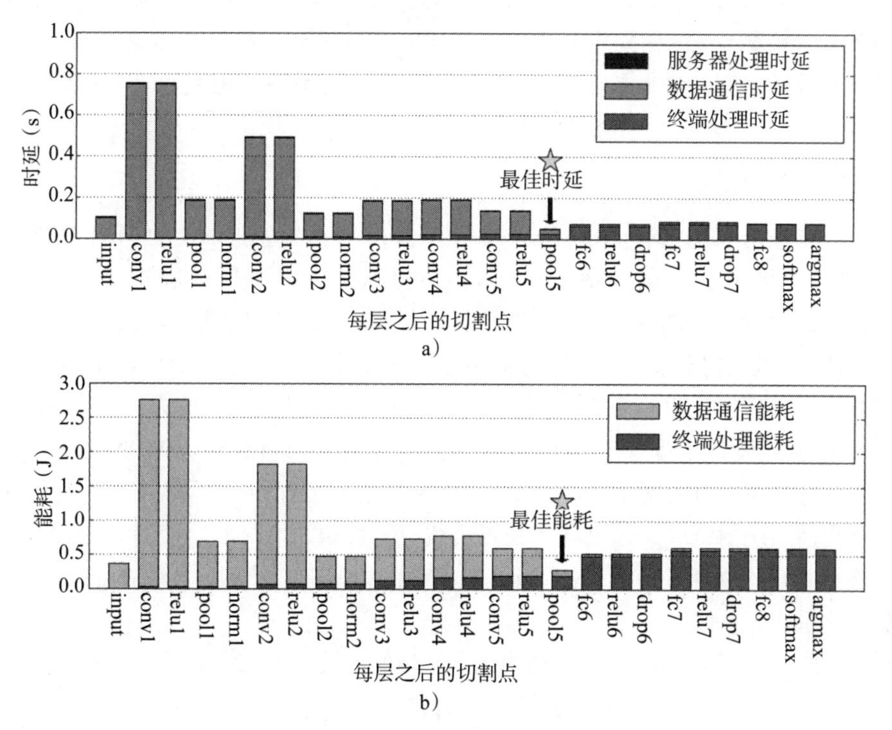

图 12-13　切割点与时延及能耗的关系 [10]

图 12-13a 展示了在每个层之后进行切割所得到的端到端时延。切割点之前的层将会在移动设备进行计算，计算得到的输出通过网络上传到云端，由云端完成后续计算，这一过程包括云端服务器处理时延、数据通信时延和移动设备处理时延，三者之和就是端到端时延。图 12-13a 最左侧的 input 表示 DNN 全部在云端计算，最右侧的 argmax 表示 DNN 全部在移动设备计算。可以看到，前面几层的数据通信时延都很高（因为前几层的输出数据较大），而后面几层的终端处理时延较高（因此应当放在云端），所以最优切割点应该在中间附近取得。从图中可以很容易看出，在 pool5 后切割就可以得到最小的端到端时延。

在考虑设备能耗时，我们需要关注终端处理能耗和数据通信能耗两部分。放在终端上的计算量多会导致终端处理能耗增加，而传输数据量大会导致通信能耗增加，因而我们要在两者之间取折中，也就是使得在终端上计算量较少的同时，不产生过多的数据通信。从图12-13中可以看到，在pool5后切割总能耗是最低的。

论文作者沿着这一思路对VGG[11]、DeepFace[12]、MNIST[13]等计算机视觉DNN和Kaldi[14]、SENNA[15]等自然语言处理DNN分别进行了切割，并找到了最优切割点。为了自动实现最优切割点寻找，论文作者设计了Neurosurgeon自动根据网络拓扑估计各层的计算量和数据量，然后根据硬件设备估计网络带宽，最后给出一个最优切割点。

注意　在这篇论文之前，鲜有学者关注到基于切割的DNN加速。该论文提出这个问题，并通过一系列实验揭示出DNN内部存在的规律，贡献颇大。尽管这篇论文只关注到了链状DNN，而且设计的切割算法也较为简单，但是不影响该工作在问题发现上创造的价值。

12.2.2　案例2：DADS

DADS[16]的核心关注点与Neurosurgeon类似，都是寻找DNN的最优切割方案。但是这篇文章关注到了更复杂的情况，比如一些DNN的结构并不是链状，而是DAG（如GoogLeNet），这会导致可能的DNN切割方案非常多，无法通过遍历找到最优解。另一方面，论文作者认为边缘服务器与云端之间的网络是动态变化的，因而在DNN切割时应该考虑到当前的网络条件，所以这里也不只是关注一次推断，而是以流水线的方式对请求进行持续处理。论文作者据此设计了动态自适应DNN切割（Dynamic Adaptive DNN Surgery，DADS）方案，该方案通过不断监视网络状况来得到DNN网络的最优切割。DADS会对网络状况进行分析，确定当前系统的负载是轻负载还是重负载。轻负载的情况下，使用DNN Surgery Light（DSL）方案来最小化处理一帧的整体时延；重负载的情况下，使用DNN Surgery Heavy（DSH）方案来最大化系统吞吐量。

图12-14展示了典型的复杂DNN结构到图结构的转换。图12-14a为Inception v4[17]的原始结构，这是一个结构为DAG的网络，论文作者将其首尾各添加一个虚拟结点（输入结点e和输出结点c）得到图12-14b。DNN切割的目标就是在这个DAG图中找一组切边V_P，切边左侧的结点V_E在边缘服务器运行，右侧的结点V_C在云服务器上运行，切边对应着相应结点输出数据上传到云服务器的过程，这个过程中包括了边缘处理时延T_e、传输时延T_t和云计算时延T_c。

如图12-15所示，在轻负载情况下，若下一帧到来之前当前帧就可以处理完成$\left(\max\{T_e,T_t,T_c\}<\frac{1}{Q},\text{其中Q为帧率}\right)$，则我们认为现在处于轻负载状态，此时目标是最小化当前帧的处理时延，即寻找割边集合，来使得$\min\{T_e+T_t+T_c\}$。由于边缘服务器处理时延、传输时延和云服务器处理时延都没有显式地在图结构表示中出现，所以论文作者使用了添加辅助线的方式来应用图论中的最小加权s-t割算法求最优解。如图12-15所示，图12-15b中右上角的ⓐ为DNN的原始结构，左下角的ⓑ为增加了辅助边后的图：中红色辅助边表示在边

缘服务器上执行的时延，蓝色辅助边表示在云服务器上执行的时延。此外，论文作者还在度数大于 1 的结点 v_1 之后添加了一个虚拟结点 v_1'，此结点的入边权重为 v_1 的传输时延，出边权重为 $+\infty$ 。这样就可以使用 Boykov 算法求解出最优切割方案。

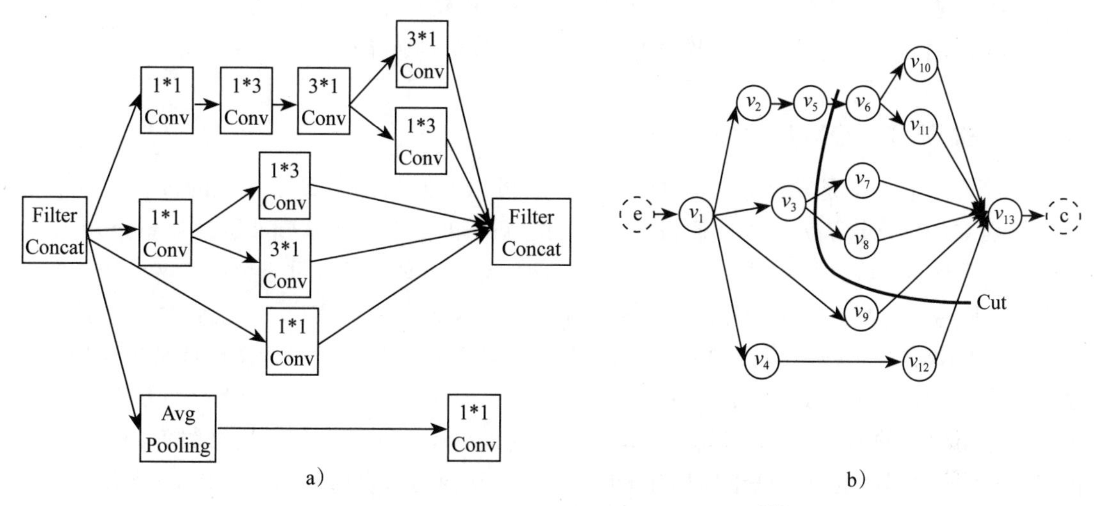

图 12-14　复杂 DNN 结构到图结构的转换 [16]

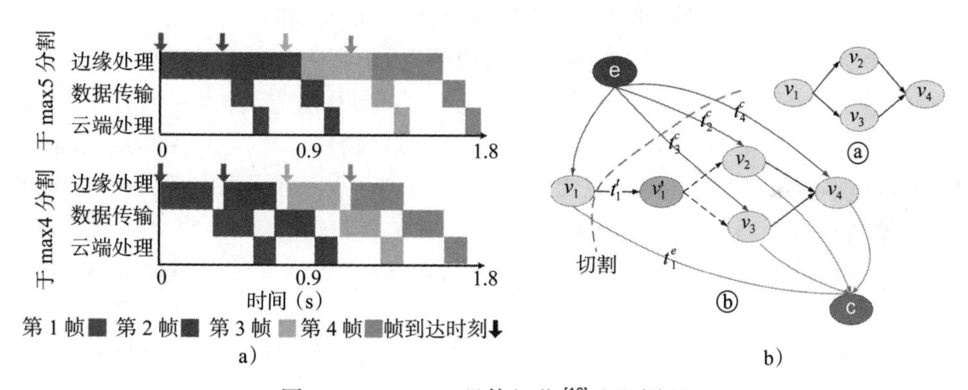

图 12-15　DADS 具体细节 [16]（见彩插）

在重负载情况下，当前帧完成之前下一帧就到来了，此时需要最小化最大瓶颈时间，即 $\min\max\{T_e+T_t+T_c\}$，论文作者设计了 DSH 算法来应对这一场景。DSH 首先将图 12-15 中各边权重分别乘以一个系数，然后对这些系数的取值通过近邻搜索和网格搜索的方式进行遍历。在近邻搜索过程中，每次迭代都会为这些系数确定上下界，然后对此区间内的系数取值按照特定步长进行网格化遍历。对于每一种系数取值，相应的有向图都会被送入 DSL 求得最优解，得到的结果再用于计算实际的最大瓶颈时间（即 $\max\{T_e+T_t+T_c\}$），若小于当前最优解则更新最优解。遍历完成之后，就可以得到重负载情况下的最优切割方法。此外，论文作者证明了 DSH 算法的近似比为 3。

注意 对于DAG结构的DNN进行切割是一个研究中必然会考虑到的问题，因此这篇论文提出这样的问题并没有很特别。特别的是论文作者在求解最优切割方案时所采用的辅助边的方法。论文作者借助于辅助边成功地把本不在DAG图中的因素（边缘/云服务器处理时延、传输时延）融入了要求解的DAG图中，这一点比较巧妙。此后，在精确解法DSL基础上设计的DSH通过近邻搜索和网格搜索实现了算法近似度的保证，也是一大亮点。

12.2.3 案例3：IONN

前面两篇论文都是默认在运行DNN之前就可以按照切割方案在相应的设备上部署好DNN，而IONN[18]却认为这样的假设并不适用于新兴的分散式云基础架构，如cloudlet、边缘计算和雾计算。在这样的基础架构中，客户端可能会将计算请求发送到位于网络边缘的任何附近的服务器。要在此类通用边缘服务器上执行DNN，客户端需要首先将DNN上传到服务器，但DNN模型通常较大，DNN上传会严重影响整体时延。于是论文作者基于模型切割提出了神经网络增量卸载（Incremental Offloading of Neural Network，IONN）的方法。IONN会首先将要执行的DNN模型切割成多块，并将它们一个一个地上传到边缘服务器，服务器在每个DNN块到达的时候增量地构建DNN模型，从而使得客户端在开始DNN上传之前就完成部分的DNN执行。

IONN使用了基于图的最短路径算法来确定最优的DNN切割方法和上传顺序。图12-16展示了由3个层组成的DNN（图12-16a）相对应的IONN执行图（图12-16b）。DNN的每个层各自对应图12-16b中的3个结点（层A对应1, 2, 3；层B对应4, 5, 6；层C对应7, 8, 9）。图12-16a的结点属于客户端，图12-16b的结点属于边缘服务器。客户端结点之间的边（如1→4）表示在本地执行，客户端结点之间的边（2→3）表示在云端执行，而客户端结点与服务器结点之间的边（如1→2, 3→4）表示输入或输出数据的传输。每条边都添加了相应的权重来表示相应的开销。有些边的权重为0（如0→1, 3→5），因为这个过程不涉及计算或者传输。

论文作者将整个DNN执行过程表示成了这个图中的路径。假设DNN推断从结点0开始（相应路径为0→1），如果层A直接在客户端处理，则执行流就直接到了层B（1→4）；若客户端将层A的执行卸载到了服务器上，则执行流就会先到2，然后到3。如果下一个层B也在服务器端执行，那么执行流就直接从3到5；反之，如果层B在客户端执行，执行流会直接到4。以此类推，我们就可以使用这个图中从输入结点到输出结点的路径表示整个DNN的执行过程。如路径0→1→4→5→6→7→10就表示DNN中的层A先在客户端执行，然后把层A的输出数据上传到服务器端，在服务器端执行完层B之后再把输出数据传给客户端，在客户端完成层C的计算，得到最终结果。最后，论文作者根据这一建模，提出了一个图最短路径的算法以找到最优的DNN传输和执行方案。

注意 这篇论文的创新点在于在DNN切割的背景下，提出了一个新问题：DNN的初始位置在哪里？一个很显然的答案是，因为客户端的应用不同，而且用户存在移动性，边缘服务器不可能存储所有可能的 DNN。那么，当用户借助边缘服务器的算力来加速 DNN 推断时，就会面临一个 DNN 的上传问题。此外，论文作者的解法与 DADS 也较为类似，即将这一过程放在有向无环图中，借助现有的图论算法工具来求解。

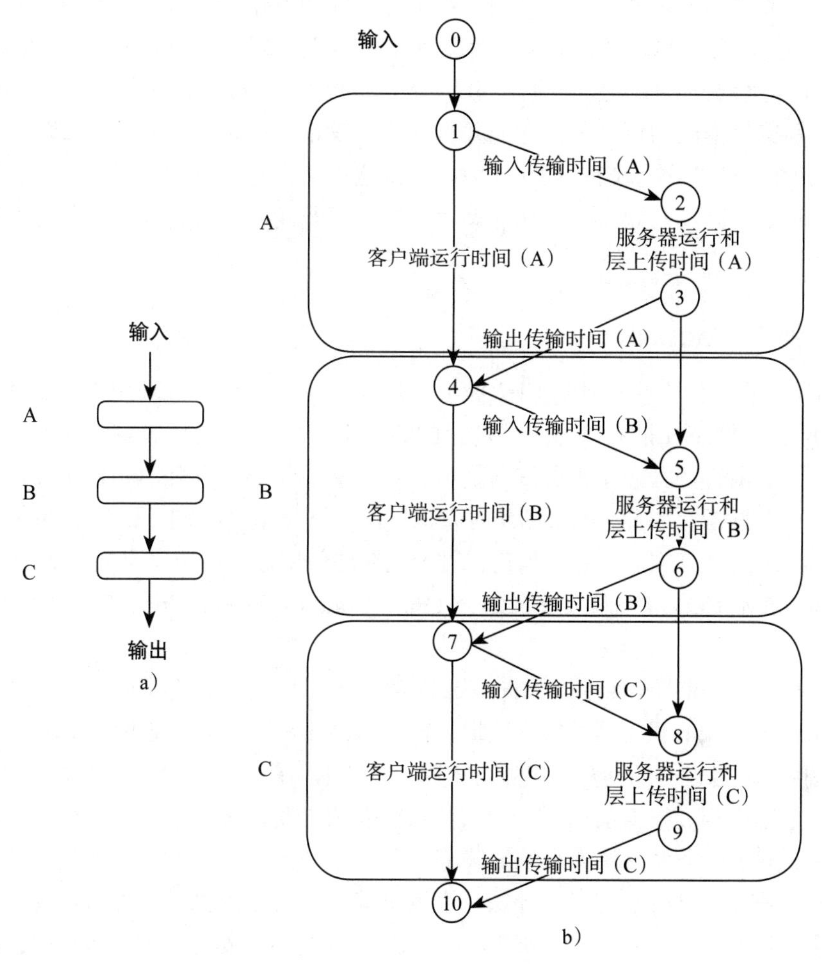

图 12-16　IONN 执行图示例 [18]

12.3　基于数据切割的多边缘协同

12.2 节讲到了基于模型切割的 CNN 推断加速方法，但是有的读者可能会发现，虽然这些方法使用云 – 边协同，提升了计算资源的利用率，但是对于单次推断来说，CNN 的执行过程仍然需要经过前面部分计算（用户侧）、网络传输、后面部分计算（服务侧）的串行过程。即使流水线的分布式架构可以实行并行处理，但是每次推断仍然是串行的。那么，如果我们希望也能对单次推断的时延进行提升的话，有什么办法呢？

在揭晓谜底之前，让我们再来回顾一下前面介绍过的 CNN 特性。CNN 一般都由特征提取器和分类器两部分组成。其中特征提取器主要包括卷积层、池化层、激活层，而这些层都有一个共同的特点——计算局部性。换句话说，计算输出矩阵中的一个元素并不需要整个输入矩阵，而只需要输入矩阵中的一部分。对于卷积层和池化层而言，它们只需要这个输出元素所对应的核矩阵覆盖的区域；对于激活层而言，它只需要输入矩阵中同一位置的元素。

这个时候再看本节的标题"数据切割"，或许你已经大概猜到了——把中间数据切割成多块，然后分别交给不同的设备，让它们并行计算？没错，就是这样。这不仅可以让单次推断并行化，还可以分摊边缘设备的内存压力。但是这也会带来一系列的问题：中间数据如何切割？设备之间如何同步？计算任务如何调度？这些问题我们都将会在这一节的案例分析中进行探讨。

12.3.1　案例 1：MoDNN

MoDNN 由匹兹堡大学的研究团队提出，是首个关注到纯边缘环境下（如 WLAN）利用异构的硬件设备对 CNN 推断进行并行加速的科研工作[19]。论文作者首先对卷积层和全连接层的特性进行了调研，发现卷积层占据了 86.5% ～ 97.8% 的计算耗时，而全连接层占据了超过 87.1% 的内存开销。因此，MoDNN 对卷积层使用有偏单维切割（Biased One-Dimensional Partition，BODP）的方式进行并行加速，对全连接层使用修正谱协同聚类（Modified Spectral Co-Clustering，MSCC）和细粒度交叉划分（Fine-Grain Cross Partition，FGCP）的方法减少内存开销。

对于卷积层，MoDNN 使用了 MapReduce 的并行计算模型来组织同一局域网下的异构设备。在 Map 阶段，中心调度器将输入数据进行切割并分发给各个设备并行计算；在 Reduce 阶段，中心调度器对各设备的计算结果进行合并。在数据切割时，MoDNN 考虑了两种切割方式：二维网格与单维切割。根据前面对卷积层特点的介绍，我们知道，计算输出数据中的一个元素需要输入数据中一个卷积核大小的区域（而不只是一个元素）。那么，当我们将输入和输出数据按照同样的方式进行切割时，计算一个输出区域所需要的输入区域将不仅包括输入数据中相同位置的区域，还包括这个区域周围的一部分（宽度一般接近于卷积核大小，不会太大）。

- 在二维网格切割方式下，4 个节点的二维网格神经元如图 12-17a 所示，设备 Node 3 要得到上面的绿色区域，不仅需要下面的绿色区域，还需要从 Node 0、Node 1、Node 2 分别获取一些数据。也就是说，在这种情况下，每个设备都有至少 3 个邻居，每次计算需要与至少 3 个其他设备进行同步。
- 但是在单维切割方式下，4 个节点的 BODP 如图 12-17b 所示，设备 Node 3 要得到上面的绿色区域，在获取下面绿色区域的数据以外，只需要从唯一的邻居 Node 2 获取一部分灰色区域的数据即可。此时每个设备的计算只需要与最多两个设备进行同步。

为了减少同步代价，MoDNN 选择了单维切割的方式。在运行前，BODP 会收集各个设备的计算能力信息，并且根据各设备计算能力比例相应地分配数据大小，使得各设备负载均衡。运行期间，BODP 每次的任务分发不仅包含当前卷积层，还包括其后紧邻的非重叠层（即不改变输入数据大小的层），如激活层、批规范化层等。

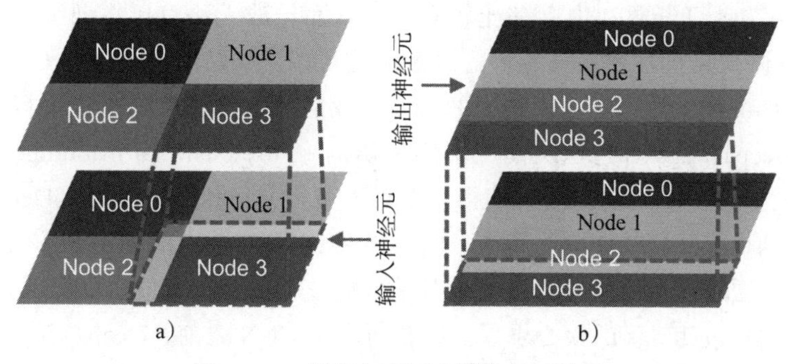

图 12-17 数据切割示例[19]（见彩插）

对于全连接层，论文作者发现其执行耗时较少，所以主要执行代价集中在数据传输上。所以论文作者使用了混合矩阵表示来降低数据量，稀疏程度高的采用链表保存，反之使用传统的数组保存。考虑到稀疏矩阵乘法效率低于普通的矩阵乘法，MoDNN 使用 MSCC 对送入全连接层的输入数据首先进行聚类，使得非零元素分布更加紧凑，从而得到下图 12-18c 中的多个密集矩阵。这里的密集矩阵数量与设备数据相同，它们分别由一个设备负责计算，如图中不同颜色的框所示。对于剩下的稀疏矩阵，MoDNN 使用 FGCP 首先按照行进行初始分配，然后迭代找出耗时最多的设备，并将它负责数据中最稀疏的部分传送给中心调度器，以实现整体的负载均衡并减少传输代价。因为在聚类时，MSCC 对原始矩阵中的向量顺序进行了调整，所以得到结果以后，MoDNN 会相应地调整输出中向量的顺序，将其恢复正常。

注意 MoDNN 是首个使用数据切割的方式对 CNN 进行并行推断的研究工作。相比于模型切割，它更深层次地挖掘了各类型层的计算过程，让人们关注到了卷积层可以使用数据切割分发给多个设备并行计算这一良好的特性。此外，它还研究了减少全连接层在数据存储方面的特性，使用聚类将原始矩阵分成稀疏和密集两种子矩阵的方法较为新颖。

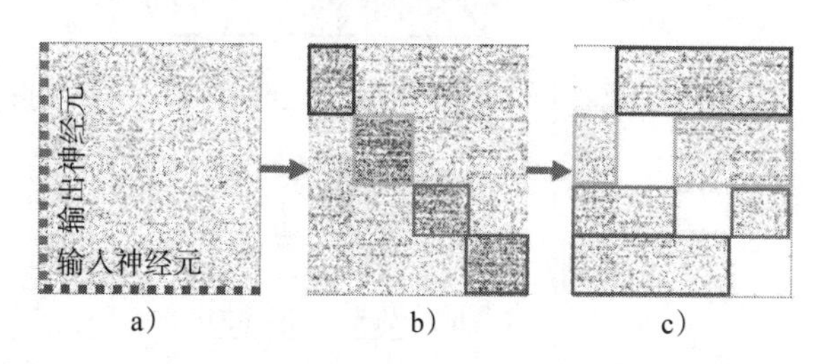

图 12-18 MoDNN 通过细粒度交叉划分减少传输代价[19]

12.3.2 案例 2：DeepThings

在 MoDNN 中，每遇到一个卷积层都要重新分配任务，又因为任务执行采用 MapReduce 并行模型，所以每个卷积层都涉及多设备的同步问题，这就带来了比较多的同步开销。此外，MoDNN 中都是根据预先获取的计算能力进行任务分配，这也导致无法应付动态负载变化的情况。因而就有了自适应任务负载的 DeepThings。

DeepThings[20] 的目标场景为物联网设备，这与 MoDNN 是基本契合的。物联网设备中往往资源限制严格，计算资源和内存都比较有限，从而导致无法直接将训练好的 CNN 模型部署上去，只有在降低准确性或者使用静态分配时才可以让物联网设备运行 CNN，所以论文作者设计了 DeepThings，用于在资源紧张的 IoT 边缘集群上自适应分布式执行基于 CNN 的推理应用程序。DeepThings 对卷积层使用了熔片切割（Fused Tile Partitioning，FTP）的方法，以最大限度地减少内存使用量，同时使得多个设备可以并行执行。此外，DeepThings 还实现了分布式工作窃取（work stealing）算法，以实现在 DNN 推断时的动态工作负载分配和平衡。最后 DeepThings 通过适当的任务调度，提升了数据重用性以减少总体执行延时。

FTP 方法是 DeepThings 的核心思想。在执行一个 CNN 之前，DeepThings 会将原始 CNN 模型的结构参数送入 FTP 中，然后 FTP 给出一个对原始数据的切割方案，之后将原始数据分发给各个设备并行执行。如图 12-19 所示，CNN 的架构往往是多个卷积层和池化层堆积在一起，然后从输入数据开始，原始数据被逐层处理并产生相应的中间数据。在一个具有 L 层的 DNN 中，对于输入维度为 $W_{l-1} \times H_{l-1}$ 的层 $l = 1, 2, \cdots, L$ 的每一个卷积操作，都有一组 D_l 个维度为 $F_l \times F_l \times D_{l-1}$ 的卷积核作用在 D_{l-1} 个特征映射，以 S_l 的步长滑动。在一层层的卷积操作中，中间产生的特征映射的通道数可能非常多，导致中间数据超出物联网设备的内存，但是因为每一个输出数据的元素都只依赖于输入数据的局部区域，所以每个卷积层都可以被切割为拥有较小输入区域的多个相互独立的任务来并行执行。

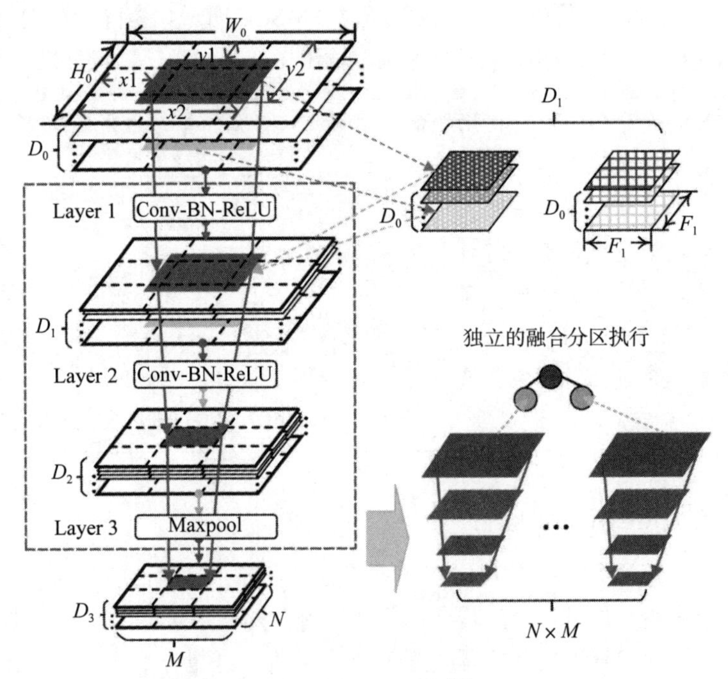

图 12-19　熔片切割的方法[20]（见彩插）

在图 12-19 中，每个层的数据都被切成了 9 块，Layer 3 输出数据 D_3 中的绿色区域只需要 D_2 中的绿色区域就可以得到，而 D_2 中绿色区域仅需要 D_1 中的橙色区域，D_1 中橙色区域仅需要 D_0 的蓝色区域。使用这种方法，FTP 将整体输出数据切割成 $N \times M$ 份，然后从后往前倒推出计算相应输出所需的输入数据部分，将这些块贯通起来，就是一个独立的任务，这 $N \times M$ 个堆就是 $N \times M$ 个任务，由网关设备交由物联网设备来完成。在运行过程中，每个设备都会维护一个任务队列，当队列为空时向网关设备查询，并从其他负载高的设备那里的队首取来任务，基于这样的任务窃取实现动态的负载均衡。

尽管 FTP 可以将一个大任务切割成多个相互独立的小任务，但是这些任务之间存在一些冗余计算，从图 12-20 中可以看到，相邻切片 A 和 B 中间的阴影区域同时被 MaxPool 输出数据中的两块绿色区域所需要。DeepThings 对此做了数据重用处理，如图 12-20 右侧两列计算过程所示，重叠的区域被直接分配给了分区 A，由分区 A 计算出下一层数据。虽然分区 B 少了一块区域，但是分区 A 帮分区 B 算好了重叠的部分，所以在下一层中直接从分区 A 取出自己需要的部分即可。

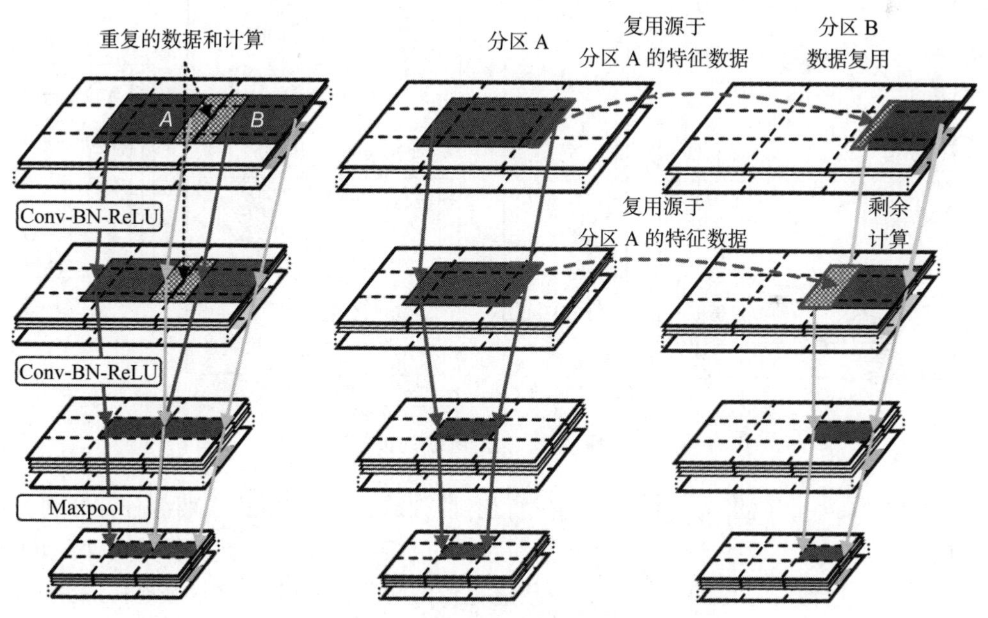

图 12-20 DeepThings 中的数据重用 [20]（见彩插）

注意 DeepThings 在 MoDNN 的基础上，对特征提取部分的层进行了深入挖掘。MoDNN 每次只考虑一个卷积层，而 DeepThings 则是一次性考虑 CNN 的整个特征提取部分，把特征提取部分的计算直接按照数据切割成多个独立的子任务，减少了 MoDNN 中的同步代价。此外，DeepThings 使用了工作窃取和数据重用，实现了动态负载均衡和冗余计算缩减。

12.3.3 案例 3：LOP 与 LIP

DeepThings 中只对 CNN 中前面的层进行了切割，CNN 最后的部分（主要是全连接层）仍然需要在网关设备上完成计算。LOP 与 LIP 方法 [21] 聚焦了全连接层的切割，使得多个边缘设备可以并行执行后面的全连接层，以实现完全分布式的推断。论文作者将处理与存储中间数据和权重数据的计算负载和内存负载均匀地分布在了所有设备上，这样 DNN 推断任务就可以按比例缩放到任何大小的 IoT 边缘设备。论文作者研究的关键问题在于各设备分别计算的输出数据需要在边缘设备之间互相传输，论文作者对此提供了一种方案，通过对连续多层之间的融合来最小化通信开销。

根据此前对神经网络的介绍，我们知道全连接层的单个输出元素需要完整的输入数据，而不能只通过部分输入数据计算得到。为了能够将这个计算过程实现分布式，论文作者对全连接层使用了两种切割方式：层输出切割（Layer Output Partitioning，LOP）和层输入切割（Layer Input Partitioning，LIP），如图 12-21 所示。

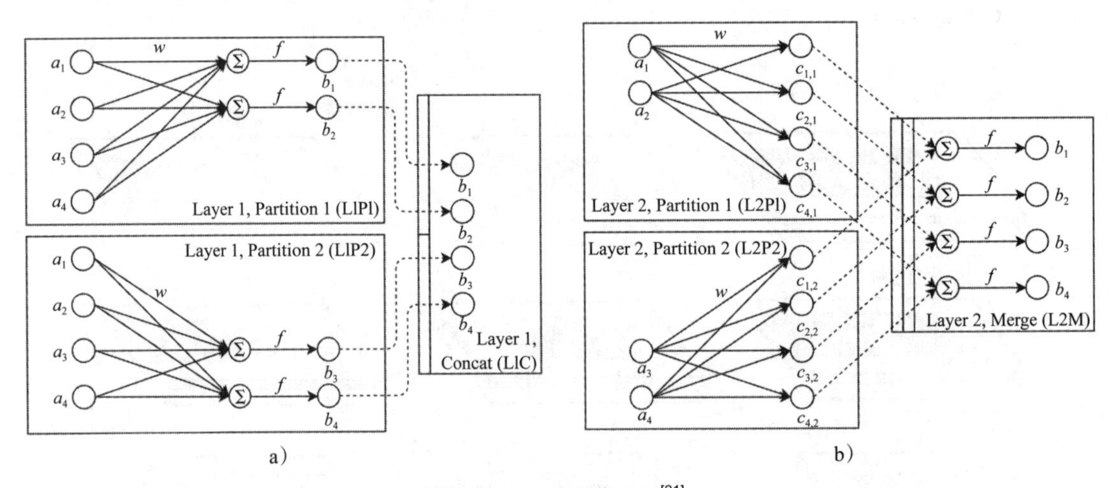

图 12-21 LOP 和 LIP[21]

在图 12-21a 中，LOP 为对输出数据进行切割，Layer1 被切割成了两部分，分别为 L1P1 和 L1P2，分别在两个设备上进行求和运算和后续的激活函数计算，然后将分别计算好的结果在一个设备上进行直接拼接汇总。由于拼接过程较为简单，所以 LOP 很好地将计算负载分摊在了两个设备上。在图 12-21b 中，LIP 将输入数据进行了切割，Layer2 被切割成两部分，分别为 L2P1 和 L2P2，分别在两个设备上进行求和运算，由于这个求和运算的结果并不是全连接层运算的最终结果，所以这两个设备上的结果数据还需要在汇总的设备上进行后续的求和和激活函数运算。考虑到后续运算需要的计算力并不少，所以此时汇总设备负载较高，容易成为计算的瓶颈。此外，LOP 和 LIP 都需要数据的汇总过程，这会带来通信开销，所以也存在一定的问题。

因此，论文作者延续了 DeepThings 中连续层融合的思想，将 LOP 和 LIP 融合成为一个操作，如图 12-22 所示。Layer1 首先用 LOP 切割，对输入数据计算出输出数据的两部分，然后把 Layer2 用 LIP 切割，输入数据正好就是 Layer1 的两个输出数据，然后分别完成 Layer2 的中间计算，最后再合并。使用这种方式，论文作者就可以减少一次数据合并所产生的通信开销。但这种方法需要首尾相邻的全连接层有偶数个，而实际上这并不一定可以满足，所以论文作者对卷积层按照通道进行了切割，从而得到了类似于全连接层的计算过程，来实现 LOP 和 LIP 的融合。

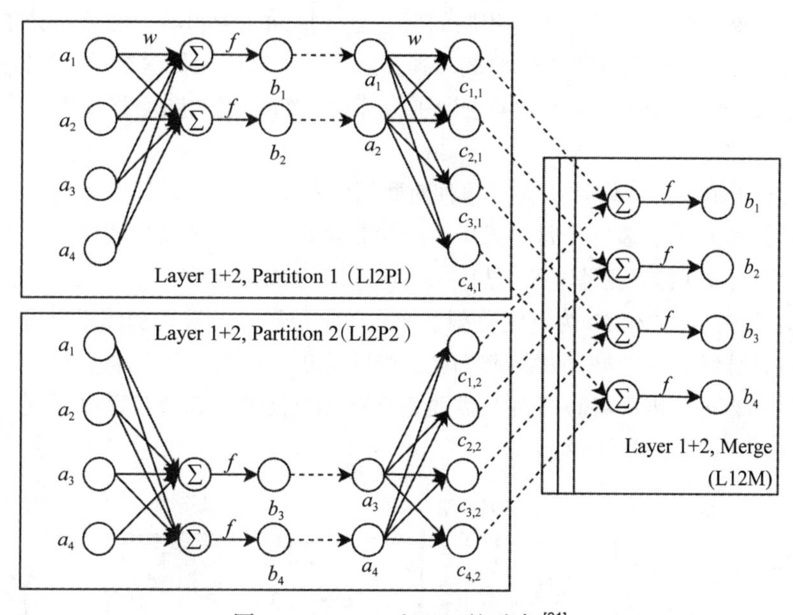

图 12-22　LOP 和 LIP 的融合 [21]

注意　之前基于数据切割的论文都只用到了卷积层数据局部性的特质，在特征提取部分对数据进行并行处理，得到的结果由一个设备收集起来再送入全连接层计算。但是这篇论文提出了新的问题——CNN 推断能不能完全分布式呢？经过对全连接层处理逻辑的研究，论文作者将其中的计算进行了切割，内部产生的中间数据也进行了切割，从而也实现了分布式处理。这一点是比较新颖的。对于由此带来的中间数据传输，论文作者再次使用了连续层融合的方法，把卷积层和全连接层放在一起进行调度，从而实现了兼顾额外代价的完全分布式。

12.4　基于混合切割的多边缘协同

得益于中间数据和计算量的分摊，数据切割已经可以在很大程度上利用网络边缘中弱性能设备的算力了。实际上，对于较早出现的简单 CNN，数据切割的方法确实可以起到不错的加速效果。那么为什么还有混合切割呢？很显然就是因为，随着计算机视觉领域的研究不断深入，CNN 的结构也不断推陈出新，随之而来的就是，CNN 结构也变得越来越复杂。这个时候，只是简单地将所有层的输入输出数据切割成多块已经不再能满足现有 CNN 的需求了。所以，在进行数据切割的同时，我们还需要考虑 CNN 结构的因素，从而进一步提升性能。

12.4.1　案例 1：AOFL

AOFL[22] 首先讨论了 CNN 的两种模型切割方式——按照通道切割和按照空间切割，经过对比认为按照空间切割会具有更好的效果（也就是 MoDNN 和 DeepThings 所采用的方法）。在此基础上，论文作者研究了前后卷积层的融合对计算性能的影响，然后设计了适用于异构物联网环境运行时自适应卷积神经网络的加速方法，即自适应最优融合层（Adaptive Optimal Fused-Layer，AOFL）方法。框架中考虑到了计算资源的可用性和网络条件，来动态地选择对数据切割的方式。

如图 12-23 所示，论文作者研究了两种对数据的切割方式。图 12-23a 为通道分割，输出数据按照通道被切割成了多份，每一份由一个设备负责计算，各设备的计算结果拼起来就是完整的 fmap（特征映射），但是这种切割方式需要每个设备都拥有一份输入数据，这意味着需要较多的通信开销。图 12-23b 为空间分割，输出数据按照空间被切割成了 4 份，每个设备负责一份，各自计算结果按照空间拼接起来就是最终输出，这种方式只需要输入数据中相对应空间位置的局部数据，因而各设备都只需要拥有输入数据的一部分就可以得到自己负责的输出数据，所以具有更好的并行性。

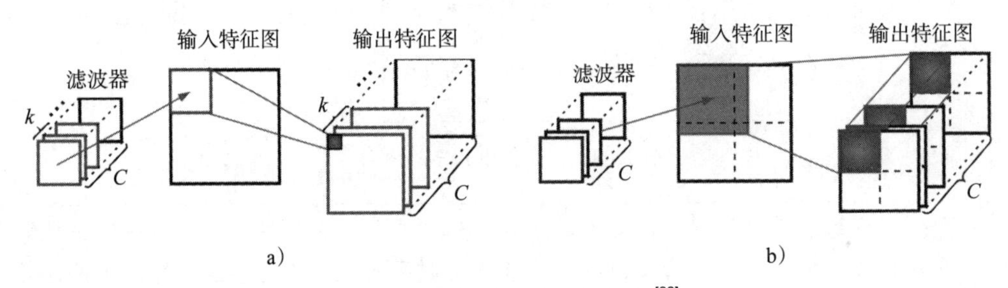

图 12-23　数据的两种切割方式 [22]

确定了按空间切割的方式，接下来的问题就是什么时候应该对数据进行切割。这里就体现出了混合切割的思想：论文作者提出了两种方式，一种是每层都切割一次（Layer Wise，LW），另一种是融合首尾相连的多层，每个这样的多层切割一次（Fused Layer，FL）。如图 12-24 所示，论文作者以 VGG–16 为例，图 12-24a 中紫色的两个层为每层切割 LW，图 12-24b 中绿色的两个层为融合切割 FL。

LW 的方法中，第一个层计算前会对其输出数据进行切割，各设备负责一块，第一个层计算完后，第二个层中会再次对其输出数据进行切割，让各设备负责一块。这可以很好地让各设备平摊计算量，且冗余计算较少，但是每隔一层都要同步一次，通信和同步开销较高。

FL 的方法中，前后两个层被融合成了一个。在运行第一个层前，FL 首先对第二个层的输出进行切割，倒推第一个层所需要的数据区域，各设备各负责一块第二层的输出，在第一层开始计算前就拥有了可以计算出第二层相应输出区域的输入数据。这样在计算完第一层之后，各设备不需要任何同步操作可以直接计算第二层。各设备在这个过程中是独立的，只有最后会产生通信开销，但是这个过程中由于各设备有冗余的数据，所以会产生一些冗余的计算。

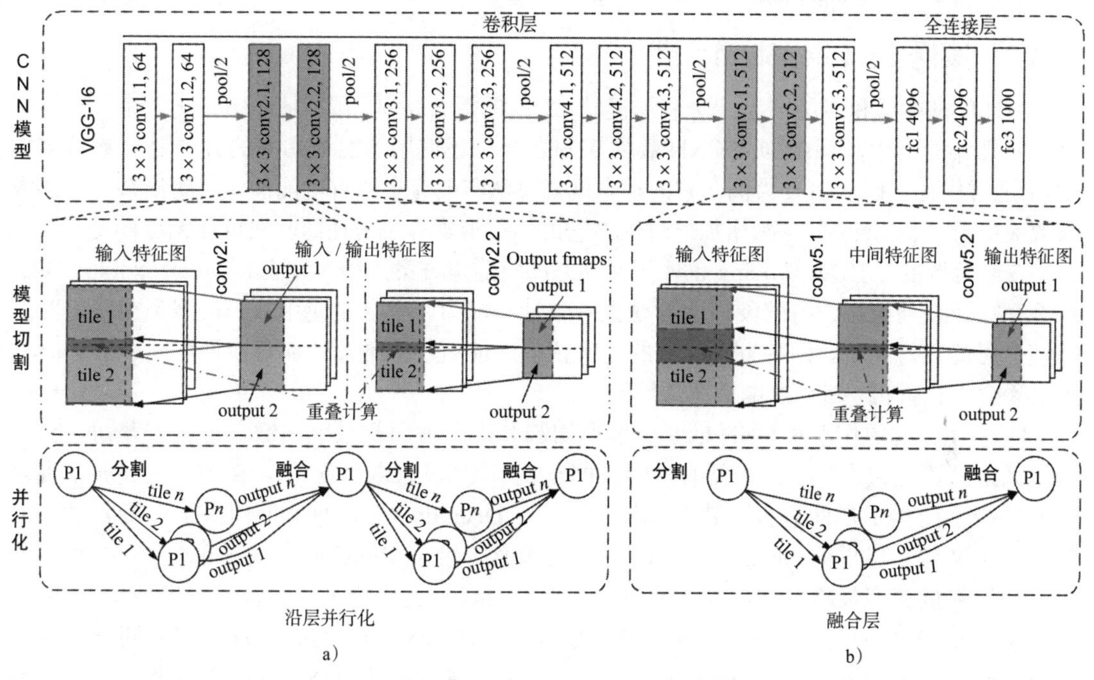

图 12-24　AOFL 中的混合切割 [22]（见彩插）

因此，这里要解决的问题就是，为对于一个特定的 CNN，如何使用 LW 和 FL 进行组合，得到最快的运行速度？ AOFL 算法通过动态规划来寻找最优解。因为每一层都可以选择是否融合，所以对于第 i 层到第 j 层的 CNN，最小耗时 $t_{\mathrm{o}}(i,j)$ 为

$$t_{\mathrm{o}}(i,j)=\begin{cases}0, & j=0,\\ t_{1}(i), & j=0,\\ \min\limits_{1\leqslant k\leqslant j}(t_{\mathrm{f}}(i,k)+t_{\mathrm{o}}(i+k,j-k)), & \text{otherwise}\end{cases} \tag{12-1}$$

式中，$t_{1}(i)$ 为第 i 层执行的耗时，$t_{\mathrm{f}}(i,k)$ 为第 i 到 k 层融合起来以后的执行耗时。相应地，整个 CNN 的最小耗时就是

$$t_{\mathrm{o}}(0,n)=\min\{t_{\mathrm{f}}(0,n),t_{\mathrm{o}}(0,1)+t_{\mathrm{o}}(1,n-1),t_{\mathrm{o}}(0,2)+t_{\mathrm{o}}(2,n-2),\cdots,t_{\mathrm{o}}(0,n-1)+t_{\mathrm{o}}(n-1,1)\} \tag{12-2}$$

AOFL 利用离线收集到的单层和融合多层的耗时数据，对上述子问题进行自底向上地求解，从而得到最优的切割方案。

注意 这篇论文的贡献点包括两方面。首先，它研究了为什么不按通道切割而要按空间切割（之前的研究工作都没有讨论），给出了一个比较好的解释。其次，它指出按单层分配任务和按多层分配任务可以同时存在，并且使用动态规划的方法给出了一个最优的分配方案。

12.4.2 案例 2：DeepSlicing

AOFL 将单层和多层结合，研究了链状 CNN 的混合切割，而 DeepSlicing[23] 除了支持更具一般性的有向无环图结构的 CNN 数据切割之外，还使用了混合切割的方法对层数较多的 CNN 进行优化。以 AOFL 为例，它的动态规划算法需要穷举所有可能性，时间复杂度随层数指数级增长。当 CNN 的层数增加的时候，它的切割搜索算法消耗的时间可能无法接受。

在运行调度上，DeepSlicing 也使用了动态的自适应方案。静态方案如 MoDNN 和 AOFL，要么是在运行前根据设备的硬件参数设置一个计算能力，要么是使用回归模型预测特定配置下各个层的运行耗时。两种方法本身的耗时预估可能就不够准确，而且在设备负载波动时估计效果会大打折扣，进而影响整体的性能。

DeepSlicing 的作者对 CNN 推断、数据切割和内存占用等系统关键点进行了调研，根据现有系统的不足，设计了一个低时延的协同自适应 CNN 推断系统 DeepSlicing，补齐了混合切割缺少系统类工作的短板。就系统设计而言，DeepSlicing 有两个特性：①支持各类型的 CNN，包括较早出现的 AlexNet、VGG，也包括最新的 ResNeXT101、RegNet 等；②支持自定义的细粒度调度策略，在任务调度中可以根据对任务完成情况的实时感知进行动态调整，而且可以精确到一个层的一个区间。就调度而言，DeepSlicing 也有内置的均衡同步调度器（Proportional Synchronized Scheduler，PSS），它使用同步点将 CNN 切割成多个块，并且以周期性同步的方式把这些块的任务分配给各个设备，借此实现了同步代价和冗余计算的折中。

在 DeepSlicing 中，首先对 CNN 中的特征提取器和分类器在 CPU 上的执行耗时分别进行了测试，发现特征提取器的耗时远远超过分类器，由此指出特征提取器才是优化的重点。然后，对常见的 CNN 进行了 roofline 分析，如图 12-25 所示。可以看到，各类 CNN 在边缘设备上都是计算密集型的，也就是说，它们性能提升瓶颈在于算力不足，而非内存速度。由此佐证了并行加速的有效性。

然后，DeepSlicing 的作者分析了现有数据切割方法存在的冗余计算问题，图 12-26a 为多层的数据依赖，图 12-26b 为 GoogLeNet，如图 12-26 所示。在连续多层进行数据切割时，两个设备之间的冗余计算会随着层数的增加而迅速增加。图 12-26b 展示了把 GoogLeNet 直接分配给 4 个设备并行执行所导致的冗余计算。可以看到冗余计算占据了相当大的部分。所以我们要使用灵活细粒度的切割方案，对数据进行切割的同时，也要对模型进行切割。

对于复杂 DAG 结构的 CNN，DeepSlicing 设计了跨层数据范围演绎（Layer Range Deduction，LRD）机制来计算数据之间的依赖关系。以单层数据范围推导为基础，对于多层 DAG 结构，LRD 分别使用任意输入范围（Arbitrary Input Range，AIR）算法和任意输出范围（Arbitrary Output Range，AOR）算法来计算。对于给定的输出范围，AIR 给出所需的最小输入数据范围；对于给定的输入范围，AOR 给出预期的输出范围。

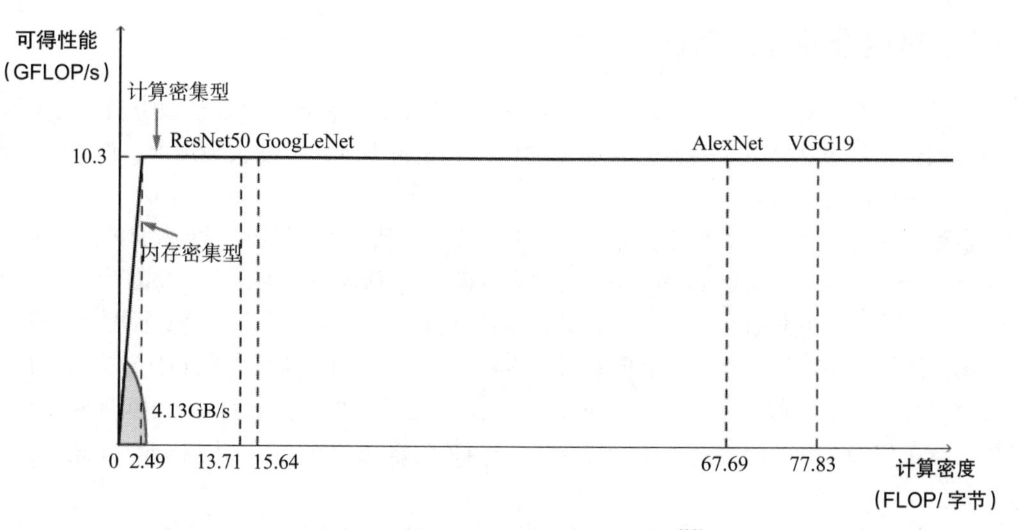

图 12-25　常见 CNN 的 roofline 分析 [23]

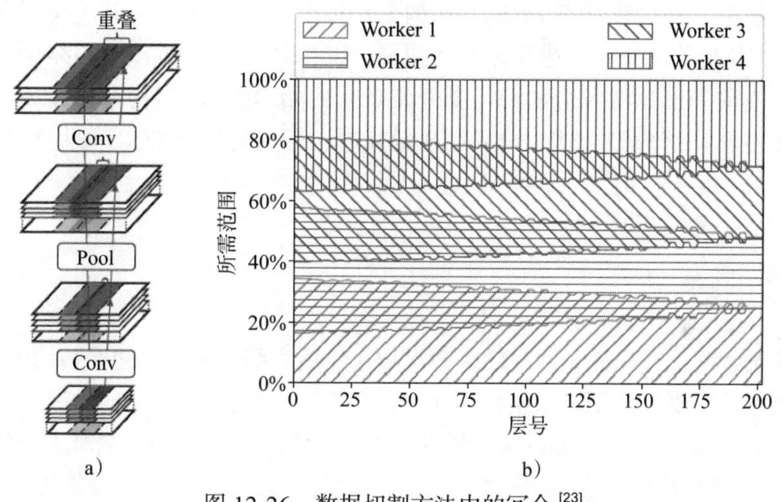

图 12-26　数据切割方法中的冗余 [23]

DeepSlicing 设计了 PSS 来实现模型和数据两个维度的混合切割。模型切割方面，PSS 将一个 CNN 切成多个相互独立的区块，在避免区块内部冗余计算的同时，减少区块之间的同步开销；数据切割方面，PSS 利用 DeepSlicing 的在线负载感知来估计 Worker 的实时计算性能，动态调整任务量，实现负载均衡。

注意　DeepSlicing 充分调研了 CNN 推断加速的现状，分析了它们所存在的不足，针对性地提出了一个通用的框架，既能支持有向无环图结构，又能支持细粒度的混合切割策略。在这个框架下，先前的工作都可以看作 DeepSlicing 的子集。DeepSlicing 所设计的 PSS 也将两种切割模式较好地结合了起来，并且用到了 DeepSlicing 在线调度的信息。此外，DeepSlicing 还关注到了 roofline 分析、内存占用、通信开销等细节，工作量很丰富。

12.5 其他推断加速方法

除了上述不需要修改预训练模型的方法，CNN 推断加速领域还存在模型定制、模型压缩、模型提前退出等方法。它们往往涉及模型的修改和重新训练，虽然较为烦琐，但是也值得一提，在这里做简要介绍。

模型定制指的是为弱性能设备单独设计参数数量较少的模型，以减少内存占用和推断时延，同时避免精度的过多损失。这样的模型包括 MobileNets[24]、SSD[25]、YOLO[26]、SqueezeNet[27] 等。它们都通过特殊的设计，以牺牲精度为代价，减少了模型所需的计算量。

模型压缩主要是将模型中不重要的部分移除，借此减少 DNN 的存储和计算需求。Han 等人使用了一个三阶段的方法来学习不重要的连接，对它们进行剪枝后再微调模型参数 [28]。他们的后续工作 Deep Compression 使用剪枝、带训练的量化和哈夫曼编码来进一步地减少存储开销 [29]。

模型提前退出的理念是，要得到最终结果，我们并不需要执行完整个 DNN。BranchyNet 实现了这样的框架，并且在现有 DNN 的结构上添加了退出分支 [30]。基于模型提前退出的方法，DeepIns[31] 实现了设备、边缘和云端的协同，其中边缘服务器和云端都存在退出点。模型压缩和模型提前退出这两种方法都需要开发者对原始 DNN 的结构和参数进行调研，然后再修改参数并重新训练模型。这个过程会比较耗时，因而会影响 DNN 应用在网络边缘的快速部署。

12.6 本章小结

这一章首先介绍了卷积神经网络的推断过程，然后介绍了基于多边缘协同的 CNN 推断加速方法，主要包括：模型切割、数据切割和混合切割。

- 模型切割主要用于云 – 边协同的场景，发挥边缘端带宽高和云端算力强的优势，提升整体吞吐量。其优点在于操作简单、异步协同，缺点就是对边缘算力的利用不充分，串行的设计导致单次推断时延降低较少。
- 数据切割主要用于纯边缘的场景，在同一个局域网下通过多边缘并行计算，对每一次推断都可以进行加速。其优点在于并行架构、充分发挥了边缘算力，缺点是在复杂 CNN 下存在较多的同步代价或冗余计算。
- 混合切割目前也主要用于纯边缘的场景，通过数据和模型两个维度的切割实现了更为灵活的协同策略。除了数据切割所拥有的优点以外，它还有同步代价和冗余计算较少等优点，但是它的缺点就是实现复杂。

除了上述基于切割的 CNN 推断加速方法外，我们还介绍了模型定制、模型压缩和模型提前退出等涉及模型结构修改的方法。

思考题

1. DADS 和 IONN 中都用了图论中已有的算法工具对问题进行求解，DADS 用的是最小割算法，IONN 用的是最短路径算法，但是我们可以发现它们的问题非常相似（同样涉及传输、执行耗时），那么有没有可能使用最短路径算法也可以求解 DADS 中的问题，或者用最小割算法也可以求解 IONN 中的问题呢？

2. MoDNN 中使用了单维切割，而 DeepThings 使用了二维网格切割。那么 DeepThings 中可以使用单维切割吗，如果使用单维切割，其性能会提升还是下降呢？ DeepThings 和 AOFL 都用了网格切割，而 MoDNN 和 DeepSlicing 都用了单维切割，为什么呢？

3. 有一个通用的混合切割框架以后，多边缘协同的 CNN 推断加速研究就到头了吗？还有什么 CNN 没有被研究？

参考文献

[1] LECUN Y, BENGIO Y, HINTON G. Deep learning[J]. nature, 2015, 521(7553): 436-444.

[2] ZHOU Z, CHEN X, LI E, et al. Edge intelligence: Paving the last mile of artificial intelligence with edge computing[J]. Proceedings of the IEEE, 2019, 107(8): 1738-1762.

[3] MCCULLOCH W S, PITTS W. A logical calculus of the ideas immanent in nervous activity[J]. Journal of Symbolic Logic, 1943, 9(2): 49-50.

[4] NAIR V, HINTON G E. Rectified linear units improve restricted boltzmann machines[C]//ICML. [S.l.]: DBLP, 2010.

[5] RUMELHART D E, HINTON G E, WILLIAMS R J. Learning representations by back-propagating errors[J]. Nature, 1986, 323(6088): 533-536.

[6] BOTTOU L. Large-scale machine learning with stochastic gradient descent[G] //Proceedings of COMPSTAT'2010. Berlin: Springer, 2010: 177-186.

[7] KINGMA D, BA J. Adam: A method for stochastic optimization[EB/OL].[2022-06-05]. https:// arXiv .org/abs/ 1412.6980.

[8] KRIZHEVSKY A, SUTSKEVER I, HINTON G E. Imagenet classification with deep convolutional neural networks[J]. Communications of the ACM, 2017, 60(6): 84-90.

[9] RUSSAKOVSKY O, DENG J, SU H, et al. Imagenet large scale visual recognition challenge[J]. International journal of computer vision, 2015, 115(3): 211-252.

[10] KANG Y, HAUSWALD J, GAO C, et al. Neurosurgeon: Collaborative intelligence between the cloud and mobile edge[J]. ACM SIGARCH Computer Architecture News, 2017, 45(1): 615-629.

[11] SIMONYAN K, ZISSERMAN A. Very deep convolutional networks for large-scale image recognition [EB/OL]. [2022-06-05]. https:// arXiv .org/abs/ 1409.1556.

[12] TAIGMAN Y, YANG M, RANZATO M A, et al. Deepface: Closing the gap to human-level performance in face verification[C]//Proceedings of the IEEE Conference on Computer Vision and Pattern Recognition. New York: IEEE, 2014: 1701-1708.

[13] LECUN Y, BOTTOU L, BENGIO Y, et al. Gradient-based learning applied to document recognition[J]. Proceedings of the IEEE, 1998, 86(11): 2278-2324.

[14] RAVANELLI M, PARCOLLET T, BENGIO Y. The pytorch-kaldi speech recognition toolkit[C]//ICASSP 2019-2019 IEEE International Conference on Acoustics, Speech and Signal Processing (ICASSP). New York: IEEE, 2019: 6465-6469.

[15] COLLOBERT R, WESTON J, BOTTOU L, et al. Natural language processing (almost) from scratch[J]. Journal of machine learning research, 2011, 12(76): 2493-2537.

[16] HU C, BAO W, WANG D, et al. Dynamic adaptive DNN surgery for inference acceleration on the edge[C]//IEEE INFOCOM 2019-IEEE Conference on Computer Communications. New York: IEEE, 2019: 1423-1431.

[17] SZEGEDY C, IOFFE S, VANHOUCKE V, et al. Inception-v4, inception-resnet and the impact of residual connections on learning[C]//Proceedings of the AAAI conference on artificial intelligence. [S.l.]: AAAI, 2017: 4278-4284.

[18] JEONG H J, LEE H J, SHIN C H, et al. IONN: Incremental offloading of neural network computations from mobile devices to edge servers[C]//Proceedings of the ACM Symposium on Cloud Computing.[S.l.]: SoCC, 2018: 401-411.

[19] MAO J, CHEN X, NIXON K W, et al. ModNN: Local distributed mobile computing system for deep neural network[C]//Design, Automation & Test in Europe Conference & Exhibition (DATE), 2017. New York: IEEE, 2017: 1396-1401.

[20] ZHAO Z, BARIJOUGH K M, GERSTLAUER A. Deepthings: Distributed adaptive deep learning inference on resource-constrained iot edge clusters[J]. IEEE Transactions on Computer-Aided Design of Integrated Circuits and Systems, 2018, 37(11): 2348-2359.

[21] STAHL R, ZHAO Z, MUELLER-GRITSCHNEDER D, et al. Fully distributed deep learning inference on resource-constrained edge devices[C]//International Conference on Embedded Computer Systems. Berlin: Springer 2019: 77-90.

[22] ZHOU L, SAMAVATIAN M H, BACHA A, et al. Adaptive parallel execution of deep neural networks on heterogeneous edge devices[C]//Proceedings of the 4th ACM/IEEE Symposium on Edge Computing. New York: ACM, 2019: 195-208.

[23] ZHANG S, ZHANG S, QIAN Z, et al. Deepslicing: Collaborative and adaptive cnn inference with low latency[J]. IEEE Transactions on Parallel and Distributed Systems, 2021, 32(9): 2175-2187.

[24] HOWARD A G, ZHU M, CHEN B, et al. Mobilenets: Efficient convolutional neural networks for mobile vision applications[EB/OL]. [2022-06-05]. https:// arXiv .org/abs/ 1704.04861.

[25] LIU W, ANGUELOV D, ERHAN D, et al. Ssd: Single shot multibox detector[C] //European conference on

computer vision. [S.l.]: ECCV, 2016: 21-37.

[26] REDMON J, FARHADI A. YOLO9000: Better, Faster, Stronger[C]//Proceedings of the IEEE Conference on Computer Vision and Pattern Recognition (CVPR). New York: IEEE, 2017: 7263-7271.

[27] IANDOLA F N, HAN S, MOSKEWICZ M W, et al. SqueezeNet: AlexNet-level accuracy with 50x fewer parameters and< 0.5 MB model size[EB/OL]. [2022-06-05]. https:// arXiv .org/abs/ 1602.07360.

[28] HAN S, POOL J, TRAN J, et al. Learning both weights and connections for efficient neural networks[C]// Proceedings of the Advances in Neural Information Processing Systems.[S.l.]: NIPS, 2015: 1135-1143.

[29] HAN S, MAO H, DALLY W J. Deep compression: Compressing deep neural networks with pruning, trained quantization and huffman coding[EB/OL]. [2022-06-05]. https:// arXiv .org/abs/ 1510.00149.

[30] TEERAPITTAYANON S, MCDANEL B, KUNG H T. Branchynet: Fast inference via early exiting from deep neural networks[C]//Proceedings of the 2016 23rd International Conference on Pattern Recognition. [S.l.]: ICPR, 2016: 2464-2469.

[31] LI L, OTA K, DONG M. Deep learning for smart industry: Efficient manufacture inspection system with fog computing[J]. IEEE Transactions on Industrial Informatics, 2018, 14(10): 4665-4673.

第 13 章 · CHAPTER 13

基于多臂赌博机的多边缘选择决策技术研究

本章针对多边缘选择问题，首先介绍了一般多臂赌博机、易变多臂赌博机、组合多臂赌博机和多智能体多臂赌博机的问题定义、方法设计以及性能分析。然后说明以上四种多臂赌博机方法在边缘计算环境下的应用场景，并分别结合相关的研究工作进行了阐述。最后简要总结本章内容。

13.1 概述

随着智能设备（例如，智能手机、平板计算机和物联网设备）的出现以及大量新应用程序的产生，网络流量正在快速增长。由于回程链路上的高传输延迟和重负载，传统的集中式网络架构无法满足用户的需求 [1-3]。边缘计算是一种新兴范例，它将存储和计算资源带到网络边缘 [4-6]。边缘计算允许终端设备产生的数据在网络的边缘进行处理，而不是沿着漫长的路径发送到云或数据中心。在过去的几年中，许多与边缘计算相关的工作 [7-9] 被研究，包括优化网络控制、多用户资源分配、系统和网络建模等。

在众多的研究工作中，有一部分工作针对多边缘选择问题进行了探究 [10-12]。对于用户而言，他们不再将计算任务上传到云端等待计算结果的返回。取而代之地，他们将任务直接卸载到距离较近的网络边缘，目的是为了加快服务速度、保护数据隐私和降低回程链路的带宽压力等。一般地，在网络边缘存在不止一个计算节点供选择，因此为了获得更高质量的边缘节点服务，需要设计有效且高效的多边缘选择策略，来指导用户将计算任务卸载到合适的边缘节点上。

但是，在确定多边缘选择决策的过程中，存在着一些挑战。首先，边缘计算场景下的边缘节点性能（包括计算性能、通信性能、能耗代价等）对用户而言是未知的，并且这些性能指标数据在时间维度上是随机变化的，因此需要一个有效的在线学习方法来获取各个边缘节点的性能情况。其次，边缘节点的可获得性也可能是动态的，由于一些边缘节点可能会出现能量殆尽或具有移动性的特点，它们可能会随时加入或退出节点候选集合，这给在线学习各个边缘节点的性能情况增加了难度。再者，边缘计算场景下部分应用需要同时选择多个边缘节点执行任务，针对单个学习对象的学习方法不能直接适用。最后，由于边缘计算场景下多用户的特性，多个用户同时选择多个边缘服务器的情况需要考虑，并且多用户对有限边缘资源的选择可能会发生冲突等问题。上述问题都对确定多边缘选择决策构成了挑战。

因此，对于上述边缘计算场景下多边缘选择决策的挑战，相关科研工作提出了基于多臂赌博机（Multi-Armed Bandit，MAB）的方法进行求解[13-15]。基于一般多臂赌博机的方法可以通过探索和利用的方式，学习边缘节点随着时间随机变化的性能情况。研究工作 E^2M^2[16] 不断观察、学习各个边缘服务器的服务时延和能量消耗，从而确定移动用户的边缘节点选择。基于易变多臂赌博机（Volatile Multi-Armed Bandit，VMAB）的方法可以应对边缘节点具有动态可获得性的情况。研究工作 LOL[17] 针对边缘节点可能由于能量殆尽以及移动性随时加入或退出候选集合的问题，设计了具有理论性能保证的方法以获得节点选择决策。基于组合多臂赌博机（Combinatorial Multi-Armed Bandit，CMAB）的方法可以应对需要同时选择多个边缘节点执行任务的场景。研究工作 TRAN[18] 针对推断任务备份的问题，给出了基于组合多臂赌博机的备份策略，降低了整体服务时延。基于多智能体多臂赌博机（Multi-Agent Multi-Armed Bandit，MAMAB）的方法可以处理多用户同时选择多个边缘服务器的情况。研究工作 DEBO[19] 设计了多个用户通过不断探索和利用的方式，确定多个边缘服务器的决策，并解决了多用户对有限边缘资源的选择可能会发生冲突等问题。

13.2 多臂赌博机

多臂赌博机问题[20]，如图 13-1 所示，它的名字来源于想象一个赌徒在一排单臂赌博机前，他必须决定玩哪台机器（或称为选哪个臂），每台机器玩多少次，并且以什么顺序玩它们，以及是继续使用当前机器还是尝试不同的机器。在这个问题中，每台机器根据它特定的概率分布提供随机奖励，该概率分布是先验未知的。赌徒的目标是通过一系列的赌博机摇臂操作来最大化获得的奖励总和[21,22]。赌徒在每次选择中面临着“利用”和“探索”之间的权衡：“利用”指选择具有最高收益估计的机器，“探索”指选择非最高收益估计的机器以获取更多机器的收益信息。

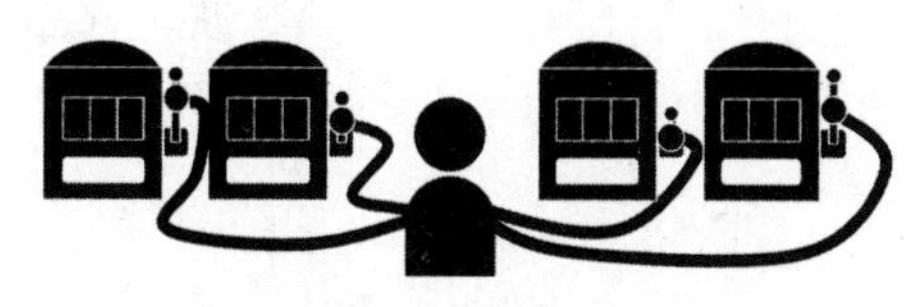

图 13-1 多臂赌博机问题

13.2.1 一般多臂赌博机问题

1. 问题定义及方法设计

一般多臂赌博机问题（如图 13-2 所示）包含 k 个提供奖励的赌博机臂，它们是 $\{1,2,\cdots,k\}$。它们的奖励分别服从一个各自的真实分布，并且令 $\boldsymbol{\mu}=\{\mu_1,\mu_2,\cdots,\mu_k\}$ 表示这些奖励分布的平均值。赌徒迭代地在第 t 轮摇臂 i 并观察相关的奖励 $X_{i,t}\in[0,1]$，目标是最大化总的累积奖励。多臂赌博机问题在形式上等价于单态的马尔可夫决策过程（Markov Decision Process，MDP），它是序列决策的数学模型，用于在系统状态具有马尔可夫性质的环境中模拟智能体可实现的随机性策略与回报。基于多臂赌博机选择策略，在第 t 轮摇臂之后，遗憾值 $R(t)$ 定义为最优策略累积的奖励总和与实际累积的奖励总和之间的期望差异，即

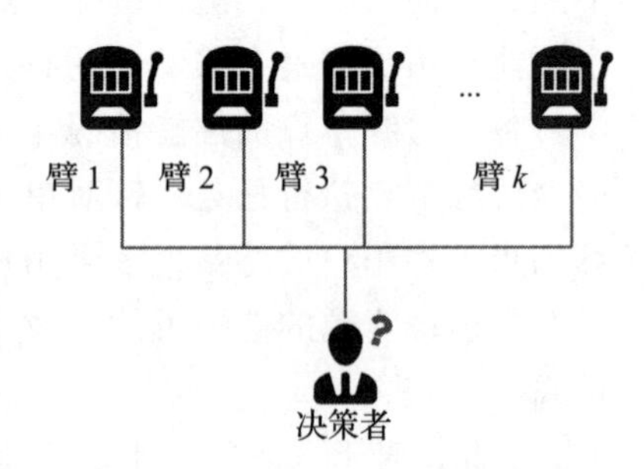

图 13-2 一般多臂赌博机问题

$$R(t)=t\mu^{*}-\sum_{i=1}^{k}T_i(t)\mu_i \tag{13-1}$$

式中，$\mu^{*}\overset{\text{def}}{=}\max_{1\leqslant i\leqslant k}\mu_i$ 是最大奖励的期望值，$T_i(t)$ 是臂 i 在前 t 轮中被选择的次数。

针对一般赌博机问题，比较经典的策略是置信区间上界（Upper Confidence Bound，UCB）算法[23,24]，它可以关于轮数 t 均匀地实现对数级遗憾，并且不需要任何有关奖励分布的先验知识（除奖励值选取自 [0,1] 的假设）。UCB 算法（如算法 13-1 所示）源自 Agrawal 基于指标的策略[25]，该策略的指标定义为两项的和。第一项是当前每个臂的平均奖励，第二项与轮数 t 、臂 j 已被选择的次数 t_j 有关。

算法 13-1：UCB 策略

Initialize:

　　每个臂 i 都选一次，获得相应奖励，并初始化 $\{\overline{x}_i\},\{t_i\}$；

　　令 $t\leftarrow k$；

Loop:

　　选择使得 $\overline{x}_j+\sqrt{\dfrac{2\ln t}{t_j}}$ 最大的臂 j；

　　基于臂 j 的奖励更新 $\overline{x}_j$，t_j；

　　更新轮数 t；

在算法 13-1 中，$\overline{x}_i$ 和 $\{\overline{x}_i\}$ 指每个臂的奖励平均值和它们的集合，t_i 和 $\{t_i\}$ 指每个臂被选择的次数和它们的集合。注意，其中的指标 $\overline{x}_j+\sqrt{\dfrac{2\ln t}{t_j}}$ 表达了“探索”和“利用”之间的权

衡：当某个臂 j 的 $\bar{x}_j$ 比较大，那么从利用的角度来说，该臂很有可能会被选择；但是如果臂 j 被利用次数过多，会导致它对应的 t_j 值变大，从而降低整体的 $\bar{x}_j+\sqrt{\frac{2\ln t}{t_j}}$ 值变小，因此会引起其他的臂被探索。所以，上述 UCB 算法是一个结合了探索和利用思想的启发式算法。进一步地，UCB 算法得到的遗憾值也可以在理论上被限制住。

2. 性能分析

以下给出 UCB 策略遗憾值的相关理论性质。

定理 13-1：对于任意 $k>1$，如果 UCB 策略在具有任意奖励分布 $\{P_1,P_2,\cdots,P_k\}$ 的 k 台赌博机上运行（奖励值选取自 $[0,1]$），那么它在 t 轮选择赌博机臂后的期望遗憾值满足

$$R(t)\leqslant\left[8\sum_{i:\mu_i<\mu^*}\left(\frac{\ln t}{\Delta_i}\right)\right]+\left(1+\frac{\pi^2}{3}\right)\left(\sum_{i=1}^{k}\Delta_i\right) \tag{13-2}$$

式中，μ^* 是集合 $\{\mu_1,\mu_2,\cdots,\mu_k\}$ 中最大的元素。此外，定义 $\Delta_i\overset{\text{def}}{=}\mu^*-\mu_i$。

证明：这里给出一个直观的证明思路，便于大家理解。具体证明细节见参考文献 [23]。大体思路是为了获得遗憾值，即实际选择的臂获得的累积奖励和最优的臂获得的累积奖励之间的差距，只需计算出所有实际选择的非最优臂 i 的次数乘上 Δ_i 的和即可。对于非最优臂 i 而言，在应用 UCB 策略时没有选择最优臂的原因主要包含以下两方面：一方面，对于臂 i 的平均值估计 $\bar{x}_i$ 距离真实期望值 μ_i 还不够接近，即 $|\bar{x}_i-\mu_i|\geqslant\varepsilon$，$\varepsilon$ 为足够小的正数。这里给出 Hoeffding 不等式：给定独立随机变量 $\{X_1,X_2,\cdots,X_m\}$，其中 $a_i\leqslant X_i\leqslant b_i$，有

$$\mathbb{P}\left(\frac{1}{m}\sum_{i=1}^{m}X_i-\frac{1}{m}\sum_{i=1}^{m}\mathbb{E}[X_i]\geqslant\varepsilon\right)\leqslant\exp\left(\frac{-2\varepsilon^2m^2}{\sum_{i=1}^{m}(b_i-a_i)^2}\right) \tag{13-3}$$

另一方面，臂 i 和最优臂的 UCB 指标没区分开，即 $\bar{x}_{i^*}+\sqrt{\frac{2\ln t}{t_{i^*}}}<\bar{x}_i+\sqrt{\frac{2\ln t}{t_i}}$。

综合上述两方面原因，可以得到每个非最优臂 i 被选择次数的上限 UpperBound(t_i) 满足 [23]

$$\text{UpperBound}(t_i)\leqslant 8\Delta_i^{-2}\ln t \tag{13-4}$$

因此，整体的遗憾值可以表示为

$$\sum_i \text{UpperBound}(t_i)*\Delta_i \tag{13-5}$$

具体的性质表达式如定理 13-1 中所示。证毕。

对于定理 13-1 中给出的关于一般多臂赌博机的遗憾值上限性质，它是一个具有突破性的

研究成果。在此之前，有相关工作 [26] 对一般多臂赌博机的遗憾值进行了分析，得出了遗憾值大小至少为轮数的对数级别的结论，但是该工作只提出了在无限时间的条件下，获得关于轮数的渐进对数级别遗憾值的方法。而以 UCB 策略 [23] 为代表的应对一般多臂赌博机的方法获得了对于有限轮数条件下的对数级别遗憾，具有里程碑式的意义。

13.2.2 易变多臂赌博机问题

1. 问题定义及方法设计

考虑了一般多臂赌博机问题之后，再考虑一种特殊的多臂赌博机问题，叫易变多臂赌博机问题。顾名思义，该类多臂赌博机问题的特点是原本固定不变的赌博机的臂集合会发生动态变化，即可能有新增和减少的情况（如图 13-3 所示）。对于该类特殊的情形，可以考虑在每次赌博机的臂集合发生变化时重新调用经典的 UCB 策略，即重新初始化每个臂的平均奖励值、被选次数等信息。尽管该种简单应用 UCB 策略的方法也可以获得理论上的遗憾值上限保证，但是它并没有充分利用每个臂已经学过的信息，而是在每次赌博机的臂集合发生变化时，重新初始化了相关信息。因此它浪费了每个臂已经学过的信息，不是一种高效的学习策略。

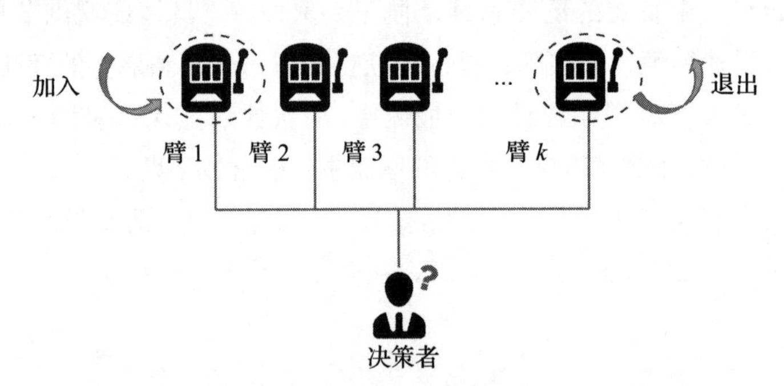

图 13-3 易变多臂赌博机问题

对此，易变置信区间上界（Volatile Upper Confidence Bound，VUCB）算法（如算法 13-2 所示）通过尽可能充分地利用已经学过的信息来提升学习效率。假设臂 i 存在的轮数区间为 $[t_{i,1},t_{i,2}]$，即臂 i 在第 $t_{i,1}$ 轮加入赌博机的臂集合，并在第 $t_{i,2}$ 轮退出赌博机的臂集合。此外，将每一段不发生臂的加入或退出的轮数区间称为周期（周期的开始可能会出现臂的加入或退出）。

算法 13-2：VUCB 策略

Loop:

　　If 轮数 t 是某个周期的开始：

　　　　每个新加入臂 i 都选一次，获得相应奖励，并初始化 $\{\overline{x}_i\},\{t_i\}$；

Else:

　　选择使得 $\overline{x}_j+\sqrt{\dfrac{2\ln(t-t_{j,1})}{t_j}}$ 最大的臂 j；

　　基于臂 j 的奖励更新 $\bar{x}_j, t_j$；
　更新轮数 t；

值得注意的是，VUCB 策略和 UCB 策略主要有两方面不同：

- 一方面，注意到当有新的臂加入或退出集合时，没有必要重新调用 UCB 策略，即没有必要对臂集合中每个臂 i 重新初始化 $\bar{x}_i$，t_i 的信息。只需要针对新加入的赌博机的臂进行初始化即可。
- 另一方面，在选择臂时，由于每个臂加入臂集合的时刻不同，因此直接采用 UCB 策略中的指标 $\bar{x}_j + \sqrt{\frac{2\ln t}{t_j}}$ 是不公平的。在 VUCB 策略中将指标改为 $\bar{x}_j + \sqrt{\frac{2\ln(t - t_{j,1})}{t_j}}$，它包含了每个臂加入赌博机的臂集合的时刻 $t_{j,1}$，传达了每个臂不同的信息。VUCB 策略应对的一种特殊情况是所有臂的加入时刻都是 0，此时 VUCB 策略退化为 UCB 策略，按照 UCB 策略的方式进行对臂的探索和利用。

此外，可以看到 VUCB 算法同样遵循着探索和利用的方式。VUCB 指标由 $\bar{x}_j$ 和 $\sqrt{\frac{2\ln(t - t_{j,1})}{t_j}}$ 两部分构成。$\bar{x}_j$ 指的是具有动态加入或退出特性的臂在当前轮数时的奖励平均值，它凸显了利用历史奖励数据的作用。而 $\sqrt{\frac{2\ln(t - t_{j,1})}{t_j}}$ 主要凸显了探索没有被经常选择的臂的作用，因为如果臂 j 被选择的次数较少，即 t_j 较小，那么 $\sqrt{\frac{2\ln(t - t_{j,1})}{t_j}}$ 的值就会相对变大，使得整个 VUCB 指标变大，从而有利于探索很少被选择的一些臂。

2. 性能分析

类似地，VUCB 也是一个兼顾了探索和利用的启发式算法。除此以外，通过进一步的理论分析，VUCB 策略获得的遗憾值也能够被关于轮数的对数级别上界限制住，如下述定理 13-2 所示。

定理 13-2：对于任意 $k > 1$，如果 VUCB 策略在具有任意奖励分布 $\{P_1, P_2, \cdots, P_k\}$ 的 k 台赌博机上运行，且每台赌博机 i 的存在时间范围为 $[t_{i,1}, t_{i,2}]$，那么在 t 次臂选择后的期望遗憾值满足

$$R(t) \leqslant \sum_{i:\mu_i < \mu^*} \left[\frac{8\ln(t_{i,2} - t_{i,1})}{\Delta_i} + \frac{8\Delta_i}{3} \right] \tag{13-6}$$

式中，μ^* 是集合 $\{\mu_1, \mu_2, \cdots, \mu_k\}$ 中最大的元素。此外，定义 $\Delta_i \overset{\text{def}}{=} \mu^* - \mu_i$。

证明：证明细节可参考相关工作 [17] 或 [27]。证毕。

注意到，如果简单地在每个周期的开端重新调用 UCB 策略，假设一共有 E 个周期，每个周期内部不发生臂的加入或退出。那么根据定理 13-2，遗憾值的上限可以表示为

$$R(t) \leqslant \sum_{\text{epoch}=1}^{E} \sum_{i:\mu_i<\mu^*} \left[\frac{8\ln(t)}{\Delta_i}+\frac{8\Delta_i}{3}\right] \quad (13\text{-}7)$$

可以发现，通过 VUCB 策略得到的遗憾值上界不大于 UCB 策略得到的遗憾值上界。因此，理论上来说，使用 VUCB 策略可以更高效地应对易变多臂赌博机问题。

13.2.3 组合多臂赌博机问题

1. 问题定义

日常生活中会遇到这样一类序列决策问题，即在每一次做选择的时候可以一次性选择多个选项，并且每个选项带来的收益是随机不确定的，这样一类序列决策问题一般可以建模为组合多臂赌博机问题。接下来，为了介绍组合多臂赌博机问题，先列举线上广告问题和推销传播问题两个例子。

- 线上广告问题（如图 13-4 所示）。假如有一个广告投放商需要在一些网站上投放广告，每个用户点击每个网站都有一个各自的概率 p（每个概率可能均不相同）。但是概率 p 是事先未知的，因此广告投放商只能通过多次选择网站，并收集用户点击广告的信息来学习每个用户点击每个网站的概率。

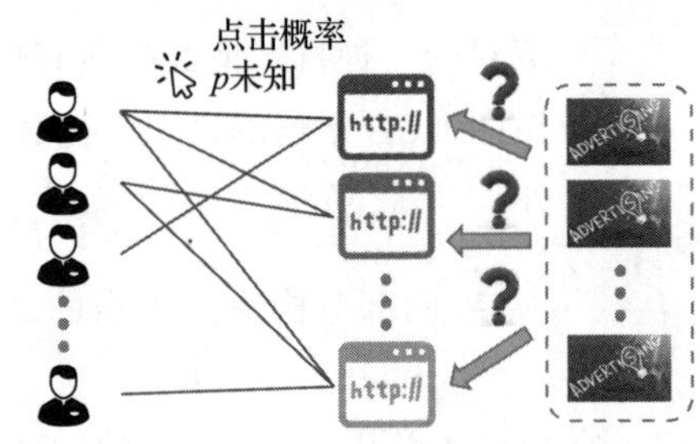

图 13-4 点击概率未知的线上广告问题

  总体地，广告投放商需要在每一轮确定选择哪些网站进行广告投放，从而来最大化点击广告的用户数。假设广告投放商每一轮最多选择 m 个网站。该问题的最大挑战在于每个用户点击每个网站的概率 p 是不确定的，因此解决线上广告问题存在一定的困难。

- 推销传播问题（如图 13-5 所示）。假如有一个市场推销者希望可以为自己的某个产品进行推销，他需要做的是一开始选取一些推销的“种子”传播节点。这些“种子”传播节点以各自的概率 p（每个概率可能均不相同）将该产品推荐给它的每个相邻节点，然后成功传播的相邻节点会继续以一定概率推荐给它自己未被传播到的相邻节点，不断迭代下去。值得注意的是，每个节点只有一次机会在某一轮迭代中，将产品传播给它的 0 个、1 个或多个相邻节点。直到整个传播过程结束，即没有传播节点继续推销。

  因此，市场推销者需要在每一轮确定最多 m 个“种子”传播节点，并且目的是最大化他的传播范围，即收到推销的节点数量。该问题的最大挑战在于每个节点将产品推荐给他的每个相邻节点的概率是不确定的，需要通过不断地选择 m 个“种子”传播节点来学习该概率，因此解决推销传播问题也存在着一些困难，需要一个基于在线学习的方法来求解。

注意到，上述的线上广告问题和推销传播问题都有一个共同点，在做决策时需要确定一组臂，而非单个臂。在线上广告问题中，每个臂对应着一个网站，一组臂对应着 m 个网站。类似地，在推销传播问题中，每个臂对应着一个“种子”传播节点，一组臂对应着 m 个“种子”传播节点。因此，像上述这样需要一次性选择多个臂，并且可选择数量为组合数量级的赌博机问题被称为组合多臂赌博机问题（如图 13-6 所示）。

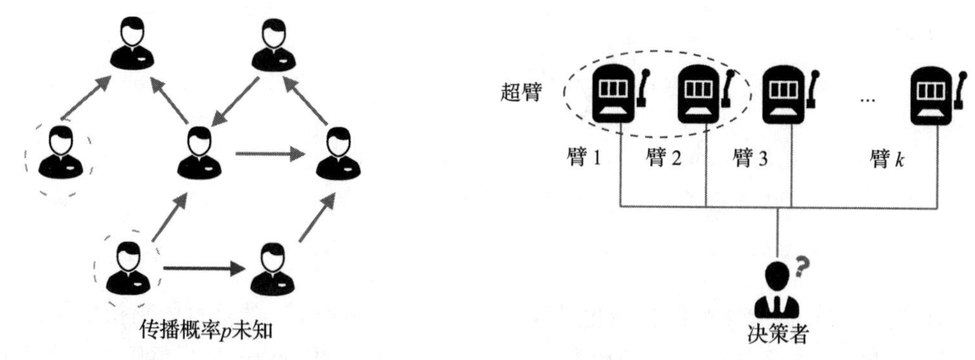

图 13-5　传播概率未知的推销传播问题

图 13-6　组合多臂赌博机问题

类似地，不妨先考虑是否能直接利用针对一般多臂赌博机问题的 UCB 策略来解决上述以线上广告问题和推销传播问题为例的组合多臂赌博机问题。如果需要基于一般多臂赌博机的 UCB 策略来解决组合多臂赌博机问题，那么自然而然地就可以考虑将每一个可能的赌博机臂组合，即“超臂”，视为一般赌博机问题里的“臂”，然后直接应用 UCB 策略。虽然上述思路可以实现，但是它依旧存在以下两方面的缺点：

- 组合爆炸。因为组合多臂赌博机问题中的超臂数量是指数级别的，采用针对一般多臂赌博机问题的 UCB 策略需要遍历指数级数量的超臂，存在指数爆炸的问题。
- 较低的效率。针对一般多臂赌博机问题的 UCB 策略只能用来获取超臂的信息，而忽略了构成超臂的每一个臂的信息，因此降低了对所有臂学习的效率。

2. 方法设计

为了解决上述问题，提出了针对组合多臂赌博机问题的组合置信区间上界（Combinatorial Upper Confidence Bound，CUCB）策略（如算法 13-3 所示）。假设可选超臂的集合为 $\mathcal{S} \subseteq 2^{[k]}$，其中 $2^{[k]}$ 指的是所有臂构成的所有可能的组合集合，但是根据具体问题的条件（比如线上广告问题中广告投放商最多只能选择 m 个网站，市场推销者最多只能选取 m 个“种子”传播者），$\mathcal{S}$ 可能是 $2^{[k]}$ 的一个子集。记每一个超臂为 $\boldsymbol{S} \in \mathcal{S}$，它其实也是臂的集合。进一步地，基于每一个超臂 $\boldsymbol{S}$，定义在第 t 轮时它的奖励是 $R_t(\boldsymbol{S})$，并且 $r_\mu(\boldsymbol{S}) = \mathbb{E}[R_t(\boldsymbol{S})]$，其中 $\boldsymbol{\mu} = \{\mu_1, \mu_2, \cdots, \mu_k\}$ 表示每个臂奖励分布的平均值。值得注意的是，$R_t(\boldsymbol{S})$ 的具体形式取决于不同的问题，可能是简单地将超臂内每个臂的奖励相加的形式，也可能是取超臂内最大的臂奖励，还可能是其他复杂形式。

算法 13-3：CUCB 策略

```
Initialize:
```
对于每个臂 i，任意选择超臂 $\boldsymbol{S} \in \boldsymbol{\mathcal{S}}$ 使得 $i \in \boldsymbol{S}$，获得相应奖励，并初始化 $\{\overline{x}_i\},\{t_i\}$；

令 $t \leftarrow k$；

```
Loop:
```
对于每个臂 i，令 $\hat{x}_i = \overline{x}_i + \sqrt{\dfrac{3\ln t}{2t_i}}$；

选择超臂 $\boldsymbol{S} = \text{Oracle}(\hat{x}_1, \hat{x}_2, \cdots \hat{x}_k,)$；

基于超臂 $\boldsymbol{S}$ 包含的每一个臂 j 的奖励更新 $\overline{x}_j$，t_j；

更新轮数 t；

注意到在 CUCB 策略的初始化过程中，为了让每一个臂 i 的信息得到初始化，因此可以任选包含臂 i 的一个超臂，获得相应的奖励。并且在初始化阶段的最后将轮数设置为 k，对应臂的总数。初始化阶段结束后，需要在每一轮确定选择哪一个超臂。在确定超臂 $\boldsymbol{S}$ 之前，和 UCB 策略类似，为每个臂 i 计算 CUCB 指标，即

$$\hat{x}_i = \overline{x}_i + \sqrt{\frac{3\ln t}{2t_i}} \tag{13-8}$$

然后将每个臂 i 的 CUCB 指标 $\hat{x}_i$ 作为参数输入一个子方法 Oracle，再输出得到超臂 $\boldsymbol{S}$ 的选择。

此时读者可能会好奇子方法 Oracle 的实现细节。为了方便说明 Oracle 的作用，回顾前面举的两个例子：

- 点击概率已知的线上广告问题。前面介绍过线上广告问题，它最大的挑战是每个用户点击每个网站的概率都是事先未知的，需要通过不断探索和利用来学习。但是也可以考虑点击概率已知的线上广告问题，即每个用户点击每个网站的概率都事先给定了。此时，点击概率已知的线上广告问题其实本质上就是 Probabilistic Maximum Coverage 问题[28]。大量先前的研究工作表明，该问题是 NP 难的，无法在多项式时间内得到最优解，但是它仍然存在近似比为 $1-1/\mathrm{e}$ 的解[28]。该种能在 100% 概率下获得近似比为 $1-1/\mathrm{e}$ 的解的方法称为 $(1-1/\mathrm{e},1)$ - 近似 Oracle。
- 传播概率已知的推销传播问题。这里讨论传播概率已知的推销传播问题，和之前的推销传播问题的区别是假定传播概率事先给定。在这样一个条件下，该问题本质上其实就是 Influence Maximization 问题[29]。同样地，先前也有相关工作对其进行研究，并提出了能在 $1-1/\mathrm{e}-\varepsilon$ 概率下获得近似比为 $1-1/|E|$ 的解的方法[14]，即 $(1-1/|E|,1-1/\mathrm{e}-\varepsilon)$ - 近似 Oracle，其中 $|E|$ 是传播者之间存在关系的数量，ε 是足够

小的正数。

可以看到，针对点击概率已知的线上广告问题和传播概率已知的推销传播问题，都存在着 (α,β) - 近似 Oracle 可以对它们进行解决。(α,β) - 近似 Oracle 的严格定义如下所示。

定义 13-1 [(α,β) - 近似 Oracle]：对于 $0\leqslant\alpha,\beta\leqslant 1,(\alpha,\beta)$ - 近似 Oracle 输出超臂 $\boldsymbol{S}\in\boldsymbol{\mathcal{S}}$ 使得

$$\Pr[r_{\mu}(\boldsymbol{S})\geqslant\alpha\cdot\text{opt}_{\mu}]\geqslant\beta \tag{13-9}$$

式中，opt_{μ} 是指在每个臂奖励分布平均值为 $\boldsymbol{\mu}=\{\hat{x}_1,\hat{x}_2,\cdots,\hat{x}_k\}$ 时通过选择最优超臂获得的奖励值。可以发现 (α,β) - 近似 Oracle 保证在 β 的概率下获得近似比为 α 的解。

CUCB 策略中在选择超臂时需要调用一个 Oracle 方法，并且它的输入是各个臂对应的 CUCB 指标。因此，Oracle 需要求解的是在各个臂的奖励（CUCB 指标）确定的情况下的最优臂组合，并且该 Oracle 需满足它是 (α,β) - 近似 Oracle 的条件。

3. 性能分析

此外，为了使得 CUCB 策略和前文提到的 UCB 策略、VUCB 策略一样获得遗憾值的理论上限保证，需要对奖赏函数 $r_{\mu}(\boldsymbol{S})$ 增添两个比较合理的假设，即单调性和受限的平滑性，如下所示。

假设 13-1[单调性]：给定两组奖励分布期望值 $\boldsymbol{\mu}=\{\mu_1,\mu_2,\cdots,\mu_k\}$ 和 $\boldsymbol{\mu}'=\{\mu_1',\mu_2',\cdots,\mu_k'\}$，对于 $i\in\{1,2,\cdots,k\}$，满足 $\mu_i\leqslant\mu_i'$。如果可以保证对于任意超臂 $\boldsymbol{S}\in\boldsymbol{\mathcal{S}}$，有

$$r_{\mu}(\boldsymbol{S})\leqslant r_{\mu'}(\boldsymbol{S}) \tag{13-10}$$

那么奖赏函数 $r_{\mu}(\boldsymbol{S})$ 被认为具有单调性。

假设 13-2[受限的平滑性]：如果存在一个严格递增函数 $f(\cdot)$，使得对于任意两组奖励分布期望值 $\boldsymbol{\mu}=\{\mu_1,\mu_2,\cdots,\mu_k\}$ 和 $\boldsymbol{\mu}'=\{\mu_1',\mu_2',\cdots,\mu_k'\}$，如果满足 $\max_{i\in\boldsymbol{S}}|\mu_i-\mu_i'|\leqslant\Lambda$，有

$$|r_{\mu}(\boldsymbol{S})-r_{\mu'}(\boldsymbol{S})|\leqslant f(\Lambda) \tag{13-11}$$

那么奖赏函数 $r_{\mu}(\boldsymbol{S})$ 被认为具有受限的平滑性，并且 $f(\cdot)$ 被称为受限平滑函数。

此外，由于上述 CUCB 策略需要调用 (α,β) - 近似 Oracle，而 (α,β) - 近似 Oracle 的特点是在 β 的概率下获得近似比为 α 的解。因此，为了比较合理地体现 CUCB 策略的性能效果，特别定义 (α,β) - 近似遗憾值表示：选择最优超臂得到的累积奖励的 $\alpha\beta$ 倍和基于 CUCB 策略选择超臂得到的累积奖励之间的偏差期望值。最终，CUCB 策略遗憾值的理论上限保证如定理 13-3 所示。

定理 13-3：调用 (α,β) - 近似 Oracle 的 CUCB 策略在第 t 轮时的 (α,β) - 近似遗憾值上限为

$$\sum_{i\in[m],\Delta_{\min}^{i}>0}\left(\frac{6\ln t\cdot\Delta_{\min}^{i}}{(f^{-1}(\Delta_{\min}^{i}))^{2}}+\int_{\Delta_{\min}^{i}}^{\Delta_{\max}^{i}}\frac{6\ln t}{(f^{-1}(x))^{2}}\mathrm{d}x\right)+\left(\frac{\pi^{2}}{3}+1\right)\cdot m\cdot\Delta_{\max} \tag{13-12}$$

式中，$f(\cdot)$ 是受限平滑函数。此外，记 opt_{μ} 表示在奖励分布期望值 $\boldsymbol{\mu}$ 下的最优超臂获得的奖励，

$$\boldsymbol{\mathcal{S}}_{\mathrm{B}}=\{\boldsymbol{S}\mid r_{\mu}(\boldsymbol{S})<\alpha\cdot\mathrm{opt}_{\mu}\}$$

表示坏的超臂的集合。对于每个臂 $i\in\{1,2,\cdots,k\}$，定义

$$\Delta_{\min}^{i}=\alpha\cdot\mathrm{opt}_{\mu}-\max\{r_{\mu}(\boldsymbol{S})|\ \boldsymbol{S}\in\boldsymbol{\mathcal{S}}_{\mathrm{B}},i\in\boldsymbol{S}\}$$

$$\Delta_{\max}^{i}=\alpha\cdot\mathrm{opt}_{\mu}-\min\{r_{\mu}(\boldsymbol{S})|\ \boldsymbol{S}\in\boldsymbol{\mathcal{S}}_{\mathrm{B}},i\in\boldsymbol{S}\}$$

$$\Delta_{\max}=\max_{i\in[m]}\Delta_{\max}^{i}$$

$$\Delta_{\min}=\min_{i\in[m]}\Delta_{\min}^{i}\text{。}$$

证明：证明细节可参见相关工作 [30]。证毕。

从定理 13-3 可以看出通过调用 (α,β) - 近似 Oracle 的 CUCB 策略得到的遗憾值是对数级别的。此外，比较定理 13-1 和定理 13-3 可以发现，关于 UCB 策略的定理 13-1 是关于 CUCB 策略的定理 13-3 的一种特殊情况，即超臂的大小为 1。对于 UCB 策略而言，假设定理 13-1 恒成立，假设定理 13-2 中受限平滑函数为 $f(x)=x$，并且相应的 (α,β) - 近似 Oracle 为取最大值函数 $\mathrm{argmax}(\cdot)$，它是 $(1,1)$ - 近似 Oracle。因此可以说，CUCB 策略也是 UCB 策略的一般推广情形。

13.2.4 多智能体多臂赌博机问题

前面考虑的一般多臂赌博机、易变多臂赌博机和组合多臂赌博机问题都有一个特点，就是只由一个玩家来进行臂的选择。接下来考虑有多个玩家进行臂的选择，这一类问题称为多智能体多臂赌博机问题（如图 13-7 所示）。由于有多个玩家选择多臂赌博机的臂，因此一般会对多个玩家的选择进行一些限制。比如每一轮只允许有限数量的玩家可以选择某一个臂，或者是每一个玩家 p 对应一个权重 w_p，因而选择某一个臂的玩家权重之和需要满足一个上限要求等。

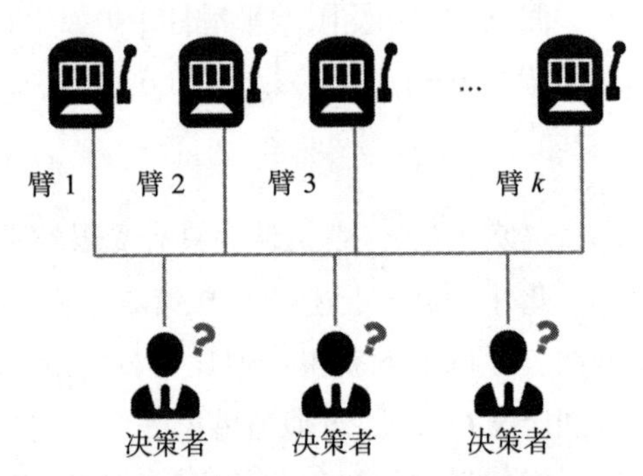

图 13-7　多智能体多臂赌博机问题

自然而然地，针对多智能体多臂赌博机问题，一般考虑没有一个全局的协调者能够获取所有玩家的信息，因而难以给出一个全局最优的解。因此，设计一个应对多智能体多臂赌博

机问题的策略具有一定的挑战。如算法 13-4 所示，给出一个针对多智能体多臂赌博机问题的 MATCH 策略框架。

算法 13-4：MATCH 策略

Loop:

　　// Exploration Phase

　　设计方法 A 使得每个玩家 p 选择每个臂 i 一次，并且保证每个玩家获得每个臂的奖励值；

　　// Matching Phase

　　设计方法 B 确定每个玩家 p 选择臂的配对关系 Π；

　　// Exploitation Phase

　　每个玩家根据配对关系 Π 选择相应的臂；

其中，方法 A 的目的是保证每个玩家可以实现对每个臂的探索，从而初始化每个臂的奖励值估计，比如可以通过简单的分组方式让所有玩家依次选择每个臂从而获得相应的奖励。方法 B 的目的是为之后的利用阶段做准备，每个玩家需要确定一个合适的臂选择，本质上是确定多玩家到多臂的映射关系，比如可以通过解多背包问题等方式来求解。综上，方法 A 和方法 B 都可以根据具体问题进行定制化设计，从而尽可能优化每个玩家对赌博机的臂选择，最小化所有玩家的整体遗憾值。此外，上述针对多智能体多臂赌博机问题的策略，一般也可以获得关于轮数的对数级遗憾值[19]。之后的案例分析部分会结合边缘计算场景中的具体案例，进一步说明 MATCH 策略框架。

13.3　基于多臂赌博机的多边缘选择决策案例分析

在边缘计算环境下，边缘计算设备通常具有资源有限性和性能异构性等特点，具体包括能量资源、内存容量资源、网络通信资源、计算能力等。此外，以上这些资源和性能由于其在现实世界中不稳定的特性，无法通过简单的测量来获得对它们的精确估计，因此不少研究工作都基于上述的资源或性能背后服从某个随机分布的假设，从而以在线学习的方式对它们进行不断地探索和利用，最终获得能够受到理论保证的多边缘选择决策。在这一节中，按照一般多臂赌博机、易变多臂赌博机、组合多臂赌博机和多智能体多臂赌博机的顺序分别简述其在边缘计算环境下的应用场景，并且借助相关的研究工作案例，阐述它们的应用情况。

13.3.1　基于一般多臂赌博机的多边缘选择决策

1. 应用场景

在边缘计算场景下，当需要做多边缘选择（边缘计算节点或移动计算节点等）决策时，如果对多边缘的性能情况（计算性能、通信性能、能耗代价等）了解比较有限，并且多边缘的性能情况处于不确定的状态且随时间变化，就可以考虑将多边缘选择问题建模为一般多臂赌博机问题。假设每个边缘的性能是随机的，即服从某个特定的随机分布，可以通过不断探索和利用的方式来学习。

2. 案例：E^2M^2

E^2M^2[16] 发表于 ICC'17，该篇论文考虑了将移动边缘计算与小型蜂窝基站的密集部署相结合（如图 13-8 所示），但该种结合带来了许多新的挑战，其中最重要的是移动性管理，这成了整个系统性能的关键瓶颈。由于用户附近多个基站的覆盖区域高度重叠，它们共同提供无线接入和计算服务，可能造成相互之间的影响，因此简单地应用现有解决方案会导致较差的性能。该篇论文提出了一种新的以用户为中心的移动性管理方案，利用李雅普诺夫优化和多臂赌博机理论，以最大限度地提高用户的边缘计算性能，同时将用户的通信能耗保持在一个约束之下。E^2M^2 所提出的方案有效地处理了系统中多个层次的不确定性，并提供了短期和长期的性能保证。仿真结果表明，与现有技术相比，提出的方案可以在满足通信和能量约束的同时，显著提高计算性能。

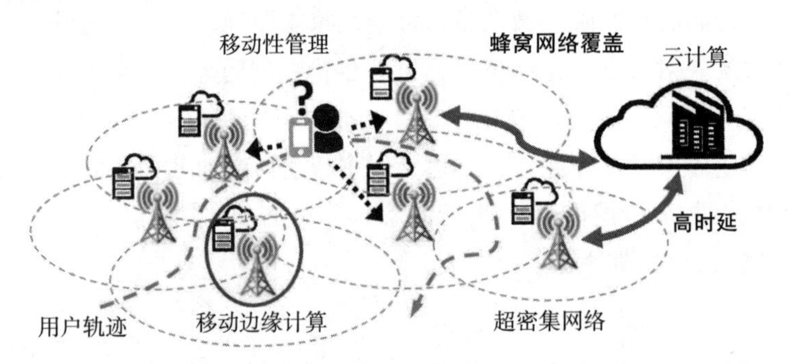

图 13-8　基于小型蜂窝基站的边缘计算移动性管理 [16]

具体地，合并移动边缘计算与小型蜂窝基站的密集部署使问题变得非常复杂，一个关键挑战是附近候选基站的准确信息不可用。如果系统先验地知道哪些基站提供了最佳性能（吞吐量、能耗或计算延迟），则移动性管理决策可以更容易，从而避免频繁切换导致能源效率低下。但是，在许多部署场景中，用户只知道用户侧信息，而不知道基站侧信息，这给精确求解最优的基站选择带来了很大的困难。对于用户而言，最优的基站可以表示为

$$a^* = \arg\min_n \{Z(n)\} \tag{13-13}$$

式中，$Z(n)$ 指选择基站 n 获得的收益。然而，影响收益 $Z(n)$ 的很多因素（吞吐量、能耗或计算延迟）是未知的，因此 $Z(n)$ 无法精确计算。

在这篇论文中，使用在线学习算法来为每个基站 n 估计 $Z(n)$，而不需要精确的基站侧信息。为了学习最优移动性管理决策，将时间划分为 T 个时隙。在每个时隙 t 中，学习算法将用

户与其中一个基站 n 连接起来。在时隙 t 结束时，用户观察服务时延和能量消耗，它们作为反馈信息来指导最优基站的学习。使用该学习算法获得的收益为 z_n，如果 z_n 即为基站 n 对应的确定收益 $Z(n)$，那么学习最优的基站策略很简单：轮流连接每一个基站，并获取各自的效益信息，并在之后的轮数中，稳定连接效益值最大的那个基站即可。然而，由于工作负载到达和信道状态的差异，z_n 只是基站 n 对应的确定收益 $Z(n)$ 的噪声版本。因此，上述简单的学习算法可能非常不理想，因为可能会陷入 z_n 很小而 $Z(n)$ 很大的基站选择中。

事实上，这个问题是一个经典的顺序决策问题，涉及探索和利用之间的权衡：学习算法需要探索不同的基站以学习 $Z(n)$ 的良好估计，同时尽可能多地尝试连接到最优基站。这一问题在多臂赌博机问题框架下得到了广泛研究，并且设计了许多具有性能保证的学习算法。本文使用广泛采用的 UCB 算法（如算法 13-5 所示）来学习不确定性条件下的最优基站。UCB 算法是一种基于 UCB 指标的算法，它在每个时隙选择具有最大指标的基站。基站 n 的指标是 $Z(n)$ 估计的置信上限：

$$n_k^* = \text{argmin}_n \bar{z}(n) - \sqrt{\frac{\alpha \ln k}{\theta(n)}} \tag{13-14}$$

式中，$\bar{z}(n)$ 是到第 k 轮为止 $Z(n)$ 的所有观测值的平均值，$\theta(n)$ 是基站 n 被选择过的次数，α 影响探索和利用的权衡关系。在基于 UCB 指标选择了基站 n_k^* 后，观测效益值 z_n，并更新相应的参数 $\bar{z}^t(n_k^*)$ 和 $\theta^t(n_k^*)$。最终通过理论分析，上述方法可以获得对数级别的遗憾值。

算法 13-5：E^2M^2-UCB 策略

Initialize:

　　连接到每个基站 n，并观测 z_n；

　　更新 $\bar{z}^t(n) \leftarrow z_n$，$\theta^t(n) \leftarrow 1$；

Loop:

　　选择连接到 $n_k^* = \text{argmin}_n \bar{z}(n) - \sqrt{\frac{\alpha \ln k}{\theta(n)}}$，并观测 z_n；

　　更新 $\bar{z}^t(n_k^*) \leftarrow \frac{\theta(n_k^*)\bar{z}^t(n_k^*) + z_n}{\theta^t(n_k^*)+1}$；

　　更新 $\theta^t(n_k^*) \leftarrow \theta^t(n_k^*)+1$；

注意　该篇论文是从移动边缘计算与小型蜂窝基站的密集部署相结合入手，明确了在以用户为中心的移动性管理方案中会出现的对基站侧信息不可获知的问题，从而导致无法准确求解最优的基站选择。基站状态包括吞吐量、能耗或计算延迟等信息，它随时间发生变化且随机，因此可以借助基于一般多臂赌博机的 UCB 策略学习基站的状态信息，从而解决上述问题。

13.3.2 基于易变多臂赌博机的多边缘选择决策

1. 应用场景

与一般多臂赌博机问题的应用场景类似，边缘计算场景具有多边缘性能（计算性能、通信性能、能耗代价等）随机不确定的特点，因此可以使用多臂赌博机的方法来应对。更进一步地，考虑的多边缘（包括边缘计算节点、移动计算节点等）可能由于能量存储不足、移动特性等原因，出现加入或退出候选集合的情况。因此，在这样一种情形下，可以将该问题建模为易变多臂赌博机问题，使用相应的多边缘选择策略进行求解。

2. 案例：LOL

LOL[17] 发表于 INFOCOM'22，它考虑了在边缘计算环境的众包场景下，利用移动边缘节点（或众包工人）进行视频分析任务的执行，奖励与结果质量相关（如图 13-9 所示）。现有调度方法无法捕捉视频分析的资源质量权衡，因为移动边缘节点支持的配置不同，可用性本质上是动态的。为了确定最适合视频分析的配置和移动边缘节点，建立了一个长期范围内的非线性混合模型，使众包整体效益最大化。进一步地，基于李雅普诺夫优化框架将原问题解耦合为一系列子问题，根据任务完成奖励的预测自适应地决定配置。这种预测是基于易变多臂赌博机来捕捉移动边缘节点的可用性和资源使用的随机变化。通过严格的证明，确定了李雅普诺夫优化和多臂赌博机的遗憾界，衡量了在线决策和离线最优之间的差距。实验表明，与其他算法相比，提出的算法将众包整体效益提高 37%。

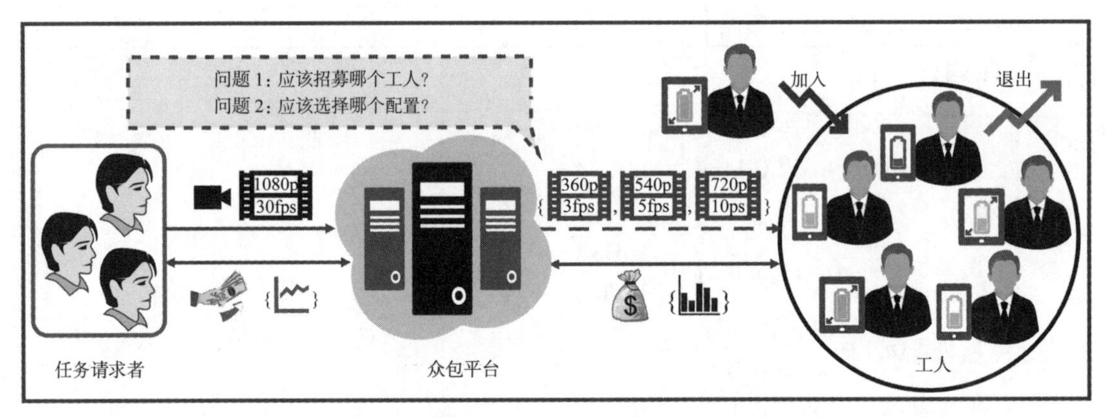

图 13-9 面向边缘场景视频分析众包任务的配置选择和移动边缘节点确定（或工人招募）[17]

在边缘计算场景下，众包利用移动边缘节点（或移动众包工人）的资源来进行各种众包工作，包括手工注释、图像标记和进一步的分析。对于具有手工注释或图像标记的视频分析，需要仔细确定配置，包括帧率、分辨率等，因为目标检测的准确性依赖于它们。因此，众包调度决策者需要选择合适的移动边缘节点，以及确定最合适的配置以获取最大效益。对于边缘节点而言，能量是需要重视的问题，因此在选择边缘节点时，需要考虑能量消耗，以及边缘节点是否会由于能量问题退出 / 加入节点候选集合。根据能量消耗的实验结果，如图 13-10 所示，发现移动边缘节点在传输和计算方面消耗的资源是不确定的。

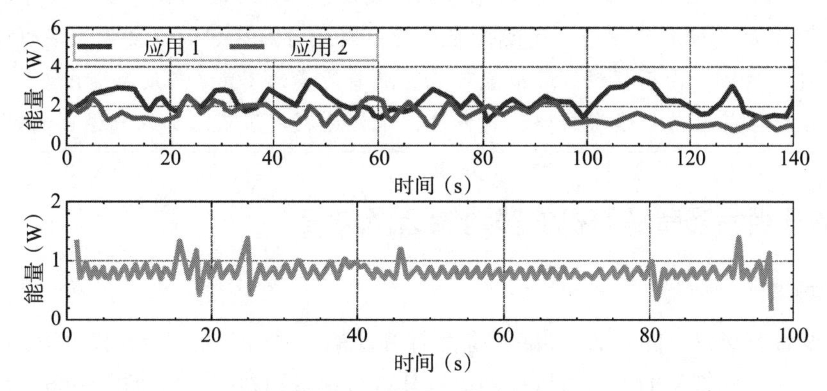

图 13-10　计算能量消耗（上图）和传输能量消耗（下图）[17]

尽管执行视频分析的所有设置都是固定的，但设备计算消耗的能量会随着时间而变化。同样，即使传输的所有设置都是固定的，消耗的能量也会随着时间而变化。这种资源消耗的随机变化阻碍了对移动边缘节点的奖励估计，也阻碍了决策者提前确定视频分析的配置和移动边缘节点的选择，因此难以获得最大的众包效益。尽管之前的可观察输入实际上有助于捕捉这些随机输入的变化，但边缘节点的可用性还会随着时间动态变化（如图 13-11 所示），即边缘节点可能会加入或退出候选节点集合，这进一步增加了估计它们资源消耗的难度。

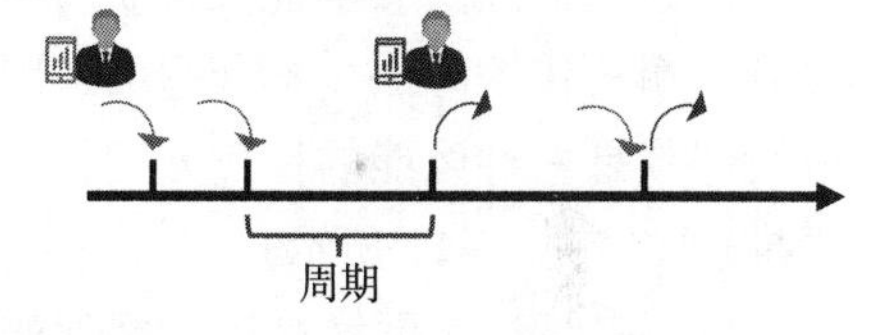

图 13-11　加入 / 退出的移动边缘节点

为了有效地学习变化的候选边缘计算节点集合中的最优计算节点，采用了易变多臂赌博机框架，其中边缘计算节点可能会突然地退出或加入。基于易变多臂赌博机方法，对每个移动边缘节点的经验估计值维护一个置信上限，然后进行视频子任务的调度。当向所有候选边缘计算节点分配了更多子任务时，它会更新所有候选计算节点的估计，然后将下个子任务分配给边缘计算节点

$$n \leftarrow \operatorname{argmax}\left\{H_{\bar{\gamma}} + \alpha\sqrt{\frac{\ln(t-t_{n,1})}{\theta_n}}\right\} \tag{13-15}$$

式中，$H_{\bar{\gamma}}$ 是和众包效益相关的优化目标，它与能量消耗 $\bar{\gamma}$ 有关，因此需要通过对能量消耗的不断学习来获知每个移动边缘节点的能量消耗情况，从而做出对移动边缘节点的最优选择，以最大化众包效益。t 是当前选择的轮数，$t_{n,1}$ 是移动边缘节点 n 的加入时间，θ_n 是移动边缘节点 n 已经被选择的次数。注意到这里的 $t_{n,1}$ 利用了每个移动边缘节点的加入时间，从而对所有节点的效益值进行评估。此外，α 是平衡探索和利用之间的参数，用来调整对探索或利用操作的倾向性。基于上述 VUCB 指标的边缘节点选择，在理论上可以保证优化目标值和最优

解之间的遗憾值最多是轮数的对数级别，论文 [17] 中也给出了相应的定理表述和证明过程。

注意　这篇论文主要考虑对移动边缘节点（或众包工人）的选择问题。鉴于移动边缘节点的能量消耗率是不确定且随着时间发生变化的，因此自然地想到需要基于多臂赌博机方法进行求解。进一步地，由于移动边缘节点可能会随着能量的不足 / 充足而退出 / 加入节点候选集合，因此设计了基于易变多臂赌博机的方法，很好地利用了节点加入或退出的时间。

13.3.3　基于组合多臂赌博机的多边缘选择决策

1. 应用场景

由于边缘计算场景下固有的多边缘性能（计算性能、通信性能、能耗代价等）随机不确定的特点，基于多臂赌博机的方法可以很好地对其进行探索和利用，从而指导多边缘选择决策。但是有一部分边缘计算应用的特点是需要同时选择多个边缘节点进行任务的执行（比如推断任务的多备份等），因此对于该类边缘计算应用，需要考虑同时对多个边缘节点的性能情况进行学习。基于组合多臂赌博机的方法可以有助于同时学习多个边缘计算节点或移动计算节点，从而做出决策。

2. 案例：TRAN

TRAN[18] 这篇论文发表于 JSA'22，它考虑模型推理任务很容易在网络边缘引起计算过载，因为它们通常会消耗大量资源并且通常通过使用 DNN 来实现。通过将这些推理任务卸载到云端的传统方法是不合适的，因为往返时间通常较长。因此，通过使用附近的空闲边缘进行卸载是一种可能的替代方案，它的主要思路是以额外的任务备份开销为代价，来加速边缘推理（如图 13-12 所示）。

然而由于边缘网络和边缘推理的随机变化，很难确定最适合备份的目标，特别是当这些 DNN 包含多个用于推理的计算核，备份决策涉及多个候选边缘作为目标，以及边缘是异构的情形。本书考虑随机变化的情况下优化边缘的推理备份，建立了相关问题的公式化表示，并基于组合多臂赌博机设计了一种在线算法，用于以最短响应时间进行推理，该算法根据部署后显示的反馈和离线配置文件同时决定多个备份目的地。通过严格的证明，保证了用来衡量在线决策与离线最优之间差距的次线性遗憾值，并通过实验验证了推理备份所获得的改进。

具体地，在网络边缘最优化推理任务的备份面临着以下一些挑战。首先，应该同时确定推理备份的多个目的地。传统上，可以一个接一个地在边缘进行试验，以寻找卸载的最佳目的地。然而，当有第一个任务备份计算结果返回时，不需要进一步等待其他任务备份计算结果。推理的任务备份实际上允许在多个边缘节点同时执行，以增加提前终止的机会。直观地说，卸载到具有足够资源的边缘的任务备份更有可能最早完成执行。但是，在实际执行之前，很难预测 DNN 的准确执行延迟，也很难根据可观察结果确定所有备份的最佳边缘节点。

其次，任务的总延迟包含传输和执行两部分，均具有随机变化的特点。如图 13-13 所示，边缘网络中测量的带宽随时间变化。由于共享边缘网络，带宽很容易受到连接、信道甚至噪声的干扰。因此，很难准确预测带宽。类似地，推理时延的变化也有类似的特点，推理本身由多个计算核组成，这些核在执行过程中表现出截然不同的特征。DNN 模型通常具有复杂的结构，由这些内核的组合来实现。因此，推理的执行延迟也会发生变化，这不利于进行准确的预测。

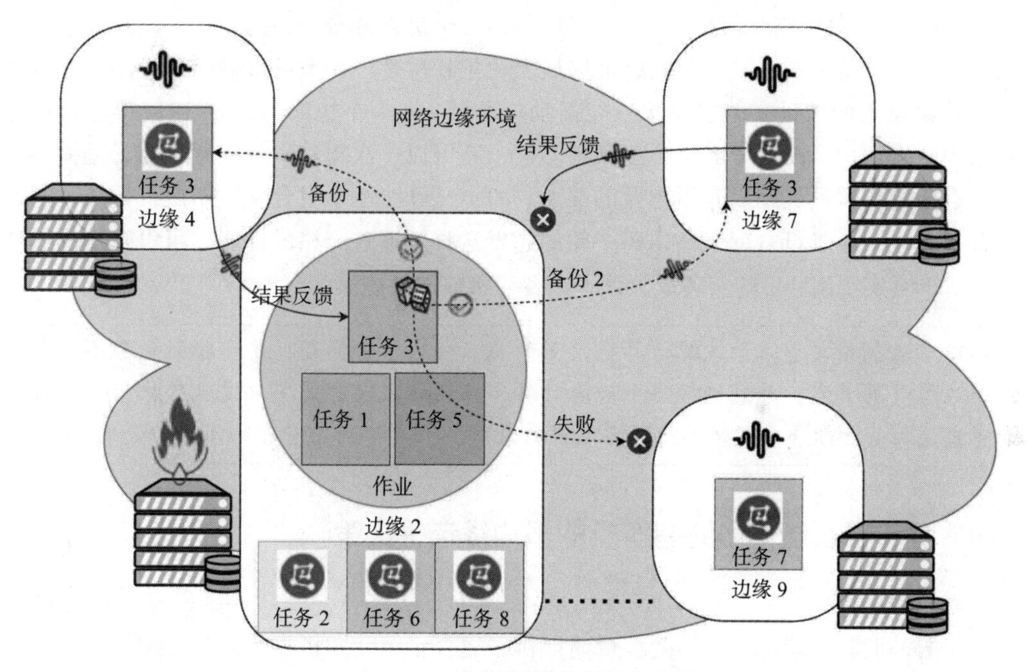

图 13-12　网络边缘的推理任务备份

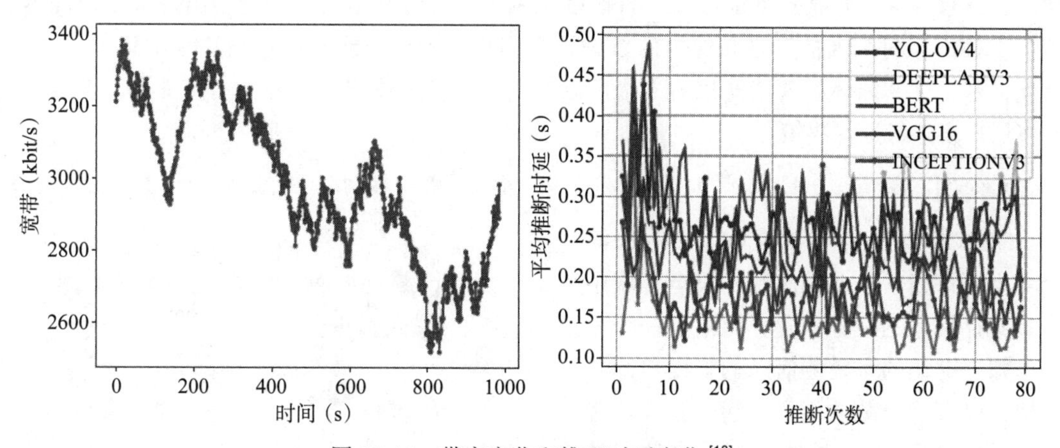

图 13-13　带宽变化和推理时延变化[18]

面对上述挑战，该篇论文提出了基于组合多臂赌博机的在线算法 TRAN，以解决提出的任务备份问题。由于对目标边缘节点的带宽和计算能力观察不足，该系统面临着探索和利用之间的权衡。一方面，为了精确估计任务到每个边缘节点的备份延迟，系统必须将任务分派到不同的边缘节点。另一方面，为了尽量减少遗憾值，系统倾向于将任务备份到延迟最小的边缘。对于该类随机过程，解决探索和利用之间权衡的典型算法是UCB算法。在该篇论文的场景中，核心思想是通过选择备份时延具有最小置信下限的多个边缘节点进行推理备份。

在一般的多臂赌博机问题中，玩家面临着很多个奖赏分布未知的臂，一次只能选择其中一个臂来学习奖赏分布，随着时间的推移最大化累积奖赏。一般的多臂赌博机问题可以表征计算和传输延迟的波动，但它每次只能摇动一个臂（即一个边缘节点），这使得它在任务备份场景中不太适用。因此考虑组合多臂赌博机，它可以一次摇动由一组臂组成的超臂。玩家观察所有选定的臂的奖励以获得超臂的奖励。TRAN算法基于组合多臂赌博机框架，它调用一个 $(1-1/e,1)$ – 近似Oracle来输出每一轮的超臂选择。通过严格的证明，可以获得次线性遗憾，并基于真实测试环境的实验，验证了该备份策略的性能。

注意　该篇论文着眼于边缘计算场景下的推断任务备份问题，鉴于推断任务备份需要选择多个边缘计算节点，并且选择每个边缘计算节点的推断时延是不确定且随机的，因此论文作者考虑使用基于组合多臂赌博机的方法进行求解，并且得到了有理论保证的效果。

13.3.4　基于多智能体多臂赌博机的多边缘选择决策

1. 应用场景

上述的一般多臂赌博机、易变多臂赌博机、组合多臂赌博机方法均只适用于边缘计算场景下单个用户进行多边缘选择决策，然而很自然地，存在着多个用户同时进行多边缘选择的情况，并且多个用户选择性能受限、资源受限的多边缘计算节点，可能会出现多用户冲突的情形。且出于对个人信息隐私保护的考虑，多用户之间未必能有信息交互，做到统一决策。对此，基于多智能体多臂赌博机的方法可以有利于求解上述问题，解决相应挑战，更好地指导多用户多边缘选择决策。

2. 案例：DEBO

DEBO[19] 发表于INFOCOM'22，这篇论文主要探讨了涉及动态和不确定环境中许多共存用户的任务放置，提出了一个考虑未知、随机的系统侧信息的多用户卸载框架，以实现分散的用户发起的服务放置（如图13-14所示）。具体而言，将动态任务放置描述为一个在线多用户多臂赌博机问题，并提出了一种基于离散时间的卸载策略DEBO来优化网络延迟下的用户奖励。理论分析表明，DEBO可以得到最佳的用户 – 服务器分配，从而实现接近最优的服务性能和对数级

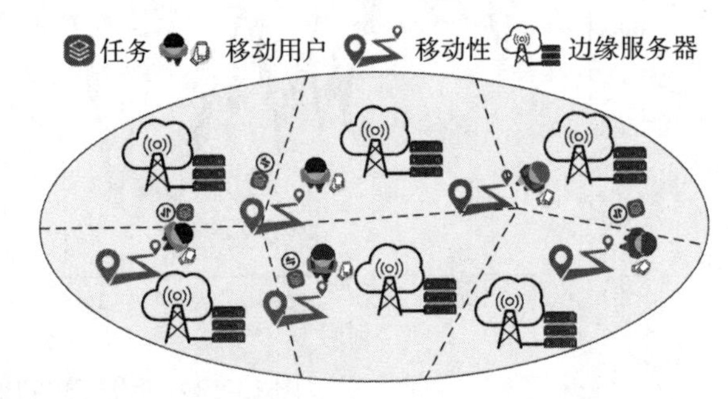

图13-14　具有分隔服务区域的移动边缘计算系统[19]

别的卸载遗憾。此外，该篇论文将DEBO推广到各种常见场景，如未知的奖励差距、用户存在动态进入或离开的情形以及奖励的公平分配，同时进一步探索用户的卸载任务需要异构计算资源的情况。特别地，对于每一种情况DEBO都获得了次线性遗憾。基于实际测量的评估证实了提出的卸载方案在优化延迟敏感奖励方面优于其他的方法。

具体地，随着边缘计算功能的可用性，移动边缘计算方式可以帮助移动用户将计算任务卸载到附近的边缘服务器，这些服务器通常与小型蜂窝基站和Wi-Fi接入点位于同一位置。在移动边缘计算方式下，用户需要确定其卸载任务的服务位置，以缩短计算延迟并提高服务性能。由于边缘服务器的无线覆盖，典型的移动边缘计算系统通常被划分为小型区域，这可能会导致用户在不同服务区域漫游造成性能差异。因此，核心问题之一是做出有效的卸载决策，以满足用户的严格延迟要求并增强服务器的计算服务质量。

与服务器管理的卸载方案相比，用户发起的任务放置能够根据其个人偏好提供更好的个性化服务支持，特别是当边缘服务器由不同的运营商管理时。然而，用户移动性以及随机的移动边缘计算环境将导致时变服务性能。更糟糕的是，系统侧信息（如服务器处理速度、传输数据速率、蜂窝带宽）通常未向移动用户公开，这迫使用户发起的卸载依赖于先前感知的结果。

该篇论文回答了“如何在不确定和随机的移动边缘计算环境中确定众多共存用户的去中心化卸载”的问题，其中面临着以下挑战。首先，未知的系统侧信息需要基于学习的自适应卸载。一般来说，自适应方法需要平衡探索和利用，但是为许多共存用户设计最优性能的卸载策略是更加复杂的。第二，当移动边缘计算系统扩展时，用户不知道彼此的存在，因此需要没有用户间通信的完全去中心化的放置方案。更糟糕的是，由于用户的移动性和移动边缘计算环境的随机性，只能感知到有噪声的观测结果，因此去中心化卸载方案的设计不得不依赖多臂赌博机的反馈结果。

针对上述挑战，提出了一种用于移动边缘计算环境的完全去中心化的多用户卸载方案，该方案不公开系统侧信息。由于不确定的移动边缘计算环境，将动态任务放置建模为在线多用户多臂赌博机问题，其中卸载到边缘服务器被视为选择臂的操作。具体地，设计了一种去中心化的卸载方案DEBO，以平衡卸载的探索和利用。因此，可以通过去中心化的方式，基于历史感知的观察，获得最优用户–服务器分配，实现对数级别遗憾值对应的奖励。具体的去中心化的多用户卸载方案基于多智能体多臂赌博机，分为多轮循环进行，每一轮循环τ主要分为三个阶段：

- 探索阶段：该阶段主要是保证每个用户都可以至少卸载一次任务至每一个边缘服务器，从而初始化每一个边缘服务器的信息。该篇论文中主要采取用户下标索引和边缘服务器下标索引依次对应的方式，同时保证每个边缘服务器的容量上限不被违反。
- 匹配阶段：该阶段是为后面的利用阶段做准备，需要输出用户–服务器分配的配对关系$\mathbf{\Pi}$。该篇论文中主要采取求解多背包问题的方式来确定用户–服务器分配的配对关系。具体地，对于每个用户，基于在探索阶段了解的每一个边缘服务器的信息，它依次遍历每个边缘服务器，在遍历的过程中，记录当前服务器相对之前边缘服务器的性能提升。

$$\Delta\mu_{ij}=\begin{cases}\mu_{ij}, & I_i=0,\\ \mu_{ij}-\mu_{ij'}, & I_i=j'\end{cases} \tag{13-16}$$

式中，μ_{ij}表示用户i卸载任务至边缘服务器j的历史平均收益信息。当用户i之前没有卸载任务，即$I_i=0$，令$\Delta\mu_{ij}$为μ_{ij}；当用户i之前卸载任务至边缘服务器j'，令$\Delta\mu_{ij}$为$\mu_{ij}-\mu_{ij'}$。基于所有用户记录的性能提升，以及每个边缘服务器的容量上限，求解关于每个边缘服务器的单背包问题，最终可以获得多背包问题的2-近似最优解。该多背包问题的解作为用户–服务器分配的配对关系$\mathbf{\Pi}$输出。

- 利用阶段：每个用户根据配对关系$\mathbf{\Pi}$选择相应的臂，反复选择共2^r次。

此外，上述的去中心化的多用户卸载方案根据理论分析，可以获得对数级别的遗憾值。

注意　该篇论文考虑了基于多智能体多臂赌博机求解多用户卸载任务至多个边缘服务器的问题，具有较强的创新性，并能获得理论保证。此外，该方法具有一定的推广性和普适性，同样可以适用于其他“多”对“多”的问题场景下，具有较强的启发意义。

13.4　本章小结

这一章首先介绍了多臂赌博机的概念，然后按照一般多臂赌博机、易变多臂赌博机、组合多臂赌博机和多智能体多臂赌博机的顺序分别介绍了它们的问题定义、方法设计以及性能分析。之后说明了以上四种多臂赌博机方法的边缘计算环境下的应用场景，并分别结合相关的研究工作进行了分析和阐述。

- 对于一般多臂赌博机问题，提出了基于UCB策略的方法。它针对多边缘的性能（计算性能、通信性能、能耗代价等）是随机不确定的情形，可以通过不断探索和利用的方式来学习，从而指导多边缘选择的决策。
- 关于易变多臂赌博机问题，给出了基于VUCB策略的方法。它针对多边缘（包括边缘计算节点，移动计算节点等）可能由于能量存储不足、移动特性等原因，存在着加入或退出候选集合的情况，进行多边缘选择策略的求解。
- 对于组合多臂赌博机问题，提出了基于CUCB策略的方法。它针对一部分边缘计算应用需要同时选择多个边缘节点进行任务的执行（比如推断任务的多备份等）的情形，同时学习多个边缘计算节点或移动计算节点，从而做出决策。
- 针对多智能体多臂赌博机问题，给出了MATCH策略。它主要解决多个用户同时进行多边缘选择的情形，在该种情形下多个用户选择性能受限、资源受限的多边缘计算节点，可能会出现多用户冲突的情况，MATCH策略可以求解上述问题。

思考题

1. 在了解了易变多臂赌博机和组合多臂赌博机的定义和相应的有理论性能保证的求解方法之后，是否能给出对“易变组合多臂赌博机”问题的定义？并相应地给出有理论性能保证的求解方法？

2. 使用基于多臂赌博机方法的一个前提条件是无法精准获知提供奖励的赌博机的“内部结构”。但是，在边缘计算场景下，有些边缘设备的性能或资源情况可能可以在某些情况下获得，请问可以举一些例子，并加以说明使用基于多臂赌博机方法的条件吗？

3. 分析的 TRAN 研究工作考虑了推断任务备份问题，应用了组合多臂赌博机方法，并且给出了相应的 $(1-1/e,1)$ – 近似 Oracle。在边缘计算场景下，还有其他具体问题也适用组合多臂赌博机方法吗？相应的 (α,β) – 近似 Oracle 是什么？

4. 在分析的 DEBO 研究工作中，使用了基于多智能体多臂赌博机的方法，针对多用户选择多服务器的问题进行求解。然而，关于多用户选择多边缘服务器也可以基于博弈论的方法进行考虑，即多个用户对多个边缘服务器的有限资源进行竞争。那么多智能体多臂赌博机方法是否和博弈论方法有一定的联系？是否可以将这两种方法进行结合？

5. 除了本书提到的一般多臂赌博机、易变多臂赌博机、组合多臂赌博机和多智能体多臂赌博机，是否还有其他的多臂赌博机方法可以适用于边缘计算场景？

参考文献

[1] QIAN L, LUO Z, DU Y, et al. Cloud computing: An overview[C]//IEEE international conference on cloud computing. Berlin: Springer, Heidelberg, 2009: 626-631.

[2] DILLON T, WU C, CHANG E. Cloud computing: issues and challenges[C]//2010 24th IEEE International Conference on Advanced Information Networking and Applications. New York: IEEE, 2010: 27-33.

[3] KIM W. Cloud computing: Today and tomorrow[J]. Journal of Object Technology, 2009, 8(1): 65-72.

[4] VARGHESE B, WANG N, BARBHUIYA S, et al. Challenges and opportunities in edge computing[C]//2016 IEEE International Conference on Smart Cloud (SmartCloud). New York: IEEE, 2016: 20-26.

[5] SATYANARAYANAN M. The emergence of edge computing[J]. Computer, 2017, 50(1): 30-39.

[6] SHI W, CAO J, ZHANG Q, et al. Edge computing: Vision and challenges[J]. IEEE Internet of Things Journal, 2016, 3(5): 637-646.

[7] CAO K, LIU Y, MENG G, et al. An overview on edge computing research[J]. IEEE Access, 2020, 8: 85714-85728.

[8] MAO Y, YOU C, ZHANG J, et al. A survey on mobile edge computing: The communication perspective[J]. IEEE Communications Surveys & Tutorials, 2017, 19(4): 2322-2358.

[9] ABBAS N, ZHANG Y, TAHERKORDI A, et al. Mobile edge computing: A survey[J]. IEEE Internet of

Things Journal, 2017, 5(1): 450-465.

[10] GAO B, ZHOU Z, LIU F, et al. Winning at the starting line: Joint network selection and service placement for mobile edge computing[C]//IEEE INFOCOM 2019-IEEE conference on computer communications. New York: IEEE, 2019: 1459-1467.

[11] XIA J, FAN L, YANG N, et al. Opportunistic access point selection for mobile edge computing networks[J]. IEEE Transactions on Wireless Communications, 2020, 20(1): 695-709.

[12] TRAN T X, POMPILI D. Joint task offloading and resource allocation for multi-server mobile-edge computing networks[J]. IEEE Transactions on Vehicular Technology, 2018, 68(1): 856-868.

[13] VERMOREL J, MOHRI M. Multi-armed bandit algorithms and empirical evaluation[C]//European Conference on Machine Learning. Berlin: Springer, 2005: 437-448.

[14] SLIVKINS A. Introduction to multi-armed bandits[J]. Now Foundations and Trends, 2019, 12(1-2): 1-286.

[15] KULESHOV V, PRECUP D. Algorithms for multi-armed bandit problems[EB/OL]. [2022-06-05].https://arXiv.org/abs / 1402.6028.

[16] XU J, SUN Y, CHEN L, et al. E2M2: Energy efficient mobility management in dense small cells with mobile edge computing[C]//2017 IEEE International Conference on Communications (ICC). New York: IEEE, 2017: 1-6.

[17] CHEN Y, ZHANG S, JIN Y, et al. Learning for crowdsourcing: Online dispatch for video analytics with guarantee[C]//IEEE INFOCOM 2022-IEEE Conference on Computer Communications. New York: IEEE, 2022: 1908-1917.

[18] ZHOU Y, SUN H, JIN Y, et al. Inference replication at edges via combinatorial multi-armed bandit[J]. Journal of Systems Architecture, 2022, 129: 102636.

[19] WANG X, YE J, LUI J C S. Decentralized task offloading in edge computing: a multi-user multi-armed bandit approach[C]//IEEE INFOCOM 2022-IEEE Conference on Computer Communications. New York: IEEE, 2022: 1199-1208.

[20] WEBER R. On the Gittins index for multiarmed bandits[J]. The Annals of Applied Probability, 1992, 2(4): 1024-1033.

[21] GITTINS J, GLAZEBROOK K, WEBER R. Multi-armed bandit allocation indices[M]. Hoboken: John Wiley & Sons, 2011.

[22] BERRY D A, FRISTEDT B. Bandit problems: sequential allocation of experiments (Monographs on statistics and applied probability)[J]. Journal of the Royal Statical Society. Series D (The Statistician), 1987, 36 (1): 67-67.

[23] AUER P, CESA-BIANCHI N, FISCHER P. Finite-time analysis of the multiarmed bandit problem[J]. Machine Learning, 2002, 47(2): 235-256.

[24] KATEHAKIS M N, VEINOTT A F. The multi-armed bandit problem: decomposition and computation[J]. Mathematics of Operations Research, 1987, 12(2): 262-268.

[25] AGRAWAL R. Sample mean based index policies by o (log n) regret for the multi-armed bandit problem[J].

Advances in Applied Probability, 1995, 27(4): 1054-1078.

[26] LAI T L, ROBBINS H. Asymptotically efficient adaptive allocation rules[J]. Advances in applied mathematics, 1985, 6(1): 4-22.

[27] SUN Y, ZHOU S, XU J. EMM: Energy-aware mobility management for mobile edge computing in ultra dense networks[J]. IEEE Journal on Selected Areas in Communications, 2017, 35(11): 2637-2646.

[28] NEMHAUSER G L, WOLSEY L A, FISHER M L. An analysis of approximations for maximizing submodular set functions—I[J]. Mathematical programming, 1978, 14(1): 265-294.

[29] KEMPE D, KLEINBERG J, TARDOS É. Maximizing the spread of influence through a social network[C]// Proceedings of the ninth ACM SIGKDD international conference on Knowledge discovery and data mining. [S.l.]: KDD, 2003: 137-146.

[30] CHEN W, WANG Y, YUAN Y. Combinatorial multi-armed bandit: General framework and applications[C]// International Conference on Machine Learning. New York: PMLR, 2013: 151-159.

第 14 章 · CHAPTER 14

面向联邦学习的边缘调度技术研究

本章针对面向联邦学习的边缘调度问题，首先简要介绍联邦学习的起因，然后介绍联邦学习范型、局部训练、梯度传递、全局汇聚等过程，接着给出面向边缘的联邦学习框架分析，最后给出一些应用案例分析。

14.1 概述

和贪心算法一样，联邦学习也是一种方法论，其约定了多协作实体之间进行的训练范型 [1]。多个训练实体之间，通过迭代式的（局部训练→梯度传递→全局汇聚）训练方式，以期达成既定的训练目标。在此过程中，具体所需的迭代轮数（全局汇聚的次数）、训练效果与理想结果之间的偏差等，都会随着联邦学习具体方案的不同而变化。特别是，既定训练目标的函数形式会直接影响训练效果。

一般认为，联邦学习所关注的是非可信场景下多实体间的协作训练 [2]。传统上，在数据中心内，因服务器规格的限制（如内存大小 64GB）而无法进行的大模型训练（如百 GB 参数规模），一般会采用诸如参数服务器 [3] 的形式进行。本质上，参数服务器就是在多个实体间进行的协作训练。也就是，一组服务器先充当参数的“数据库”，可供每个训练实体更新或是获取特定范围的参数；继而，每个训练实体不断通过（从“数据库”获取参数→局部训练更新→将参数推入“数据库”）的方式，完成“数据库”中参数被不断更新的效果。在此过程中，多个训练实体与参数服务器（也即参数“数据库”）的交互实际上是参数的真实数值。由于在数据中心内部，服务器与网络通常受管理者统一管辖，训练实体与参数服务器间真实参数数值的交互传递一般不会产生安全问题。然而，在广域网络 [4]、边缘网络 [5] 中，网络是开放的，各训练实体间进行原始数值的交互，就会引入各类安全性问题，诸如恶意攻击者窃取、反推训练样本等。因此，原始参数数值的传递交互不再是一个安全、可靠的协作方式。作为参数数值交互的“升级版”，联邦学习关注的，就是如何利用原始参数值的替代品（即训练过程中产生的梯度）作为协作训练过程中交互的信息，并不断通过梯度的更新与使用，最终完成训练。相比参数的原始数值，梯度信息在一定程度上已经算是脱敏后的信息，即攻击者难以直接通过梯度反推原始训练样本。

联邦学习发展出了一套完整的学习框架。虽然每个环节存在着一定的变化，但关注的无外乎精度与效率[6]。也就是，联邦学习产生的训练效果能否满足既定的训练目标，以及整个训练过程（包括局部训练、梯度传递和全局汇聚）产生的资源消耗是否可控。联邦学习框架与理论方向的研究者对能否达成既定训练目标以及其中产生的精度偏差展开了广泛的研究，并研究出了一系列的理论研究成果[7-9]，如迭代轮数与收敛的关系[10]等；而资源优化研究者对如何将联邦学习更好地应用于边缘网络、广域网络展开探索[11-13]，以求最小化训练资源使用[14]。

除了将原始参数数值替换为梯度进行训练外，联邦学习还衍生出一套在多个组织之间进行跨数据集的训练方案[15]。例如，在关联银行与税务信息进行的偷漏税识别场景中，可先将多个企业或组织的数据集进行脱敏、加密、映射后，再在其上进行联邦学习训练，既能达成既定的训练目标，又不会泄露多方参与者的敏感数据内容，起到了安全协作训练并应用的效果。

14.2 联邦学习

14.2.1 联邦学习范型

联邦学习范型包含三个主要步骤，分别是局部训练、梯度传递以及全局汇聚。这三个步骤不断迭代协作，如图 14-1 所示，最终完成联邦学习训练。也就是，联邦学习训练包含多轮迭代，每一次迭代都分别包含下述三个步骤：①各训练实体下载上一次迭代得到的全局汇聚模型，利用下载的全局汇聚模型和本地数据进行局部训练；②各训练实体将训练所得中间结果，也就是梯度，上传至指定服务器；③指定服务器在收集了所有训练实体中间结果的基础上进行全局汇聚。

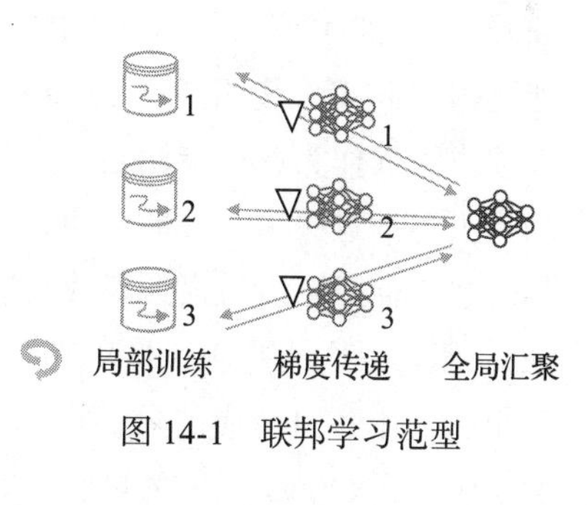

图 14-1　联邦学习范型

表 14-1 总结了不同类型局部训练和全局汇聚组合后，训练效果与迭代轮数之间的关系。这里记 $\boldsymbol{w}_{\mathrm{G}}^{t}$ 为第 t 轮迭代结束时，全局汇聚（G 代表 Global 的首字母）产生的模型。那么经过 T 轮迭代后，得到的模型是 $\boldsymbol{w}_{\mathrm{G}}^{T}$。这里的粗体描述了模型是一个高维向量（对于给定模型结构而言，所训练的就是其中的参数）。

表 14-1 联邦学习训练效果描述

局部训练（←表示迭代更新）	全局汇聚	训练效果与迭代轮数
$w_L^{t,i}=w_G^{t-1}$ $w_L^{t,i}\leftarrow w_L^{t,i}-\eta\nabla F^{t,i}(w_L^{t,i})$	$w_G^t=\sum_i a_i w_L^{t,i}$	$F(w_G^T)-F(w_G^*)=\mathcal{O}\left(\frac{1}{T}\right)$
$\rho^{t,i}\leftarrow\rho^{t,i}-\eta\nabla\mathcal{G}^{t,i}(F^{t,i},w_G^{t-1})$ $w_L^{t,i}=w_G^{t-1}+\rho^{t,i}$		$T=\mathcal{O}(\ln(\frac{1}{\varepsilon_0}))$

全局汇聚：每一轮迭代中，全局汇聚模型通过 $w_G^t=\sum_{i\in\mathcal{N}}a_i w_L^{t,i}$ 计算所得，其中$\mathcal{N}$为全部训练实体的集合，a_i作为权值参数加权平均了各个计算实体局部训练所得的结果$\{w_L^{t,i}\}$。$w_L^{t,i}$代表实体i在第t轮局部训练后产生的模型（L代表Local的首字母）。一般来说，$a_i=1/|\mathcal{N}|$，也就是各个训练实体之间是对等的，各训练实体经局部训练后产生的模型以对等的方式加权产生全局汇聚模型。这种方式直观上对局部训练所得模型进行了平均，所以这种方式也称作FedAvg（谷歌最初提出的形式[14]）。权值参数[16]可根据实际场景的不同而针对性地进行设计。这里需说明的是，虽然全局汇聚式子中是将局部训练所得模型直接进行加权平均，在实际操作过程中，仅需上传训练所得模型与上一轮所得全局汇聚模型的偏差，也即$w_L^{t,i}-w_G^{t-1}$。这就呼应了前文中提及的（本章概述第二段），用原始参数真实数值的替代品（$w_L^{t,i}$在局部训练中是由梯度计算获得），以避免在开放网络中直接暴露训练参数。

训练效果：联邦学习所关心的训练表现往往指收敛表现。也就是上述表格第三列中所展示的，在作用了训练所得模型w_G^T后，模型损失函数F距离其最优表现$F(w_G^*)$的偏差。这里，w_G^*代表了能通过联邦学习训练所得的最佳模型。那么，$F(w_G^T)-F(w_G^*)$实际上描述了从损失函数的角度出发，训练所得模型与最优模型之间的差距[10]，而这个差距会随着训练的进行不断减少（直观意义），且能通过$\mathcal{O}(1/T)$进行定界。也就意味着，随着训练轮数T的增加，w_G^T能逐渐趋向w_G^*。这里有两点需要说明。首先，$\mathcal{O}(1/T)$描述了训练所得模型与最优模型，在以损失函数作为评价指标之下，其偏差与轮数T有渐近关系。其次，并非任意的损失函数F均有上述渐进关系。一般来说，如果损失函数F具有一定良好的性质（通常指凸性、光滑性等。注：神经网络的损失函数一般不是凸的，甚至神经网络都不能用一个函数显式地表达出来），那么上述偏差渐进关系就能满足。第三列中还展示了一种类似的训练效果（这两种训练效果适用于各自对应的局部训练形式）。其描述了若想要$F(w_G^T)-F(w_G^*)\leqslant\varepsilon_0$，直观上训练轮数$T$应达到$\mathcal{O}(\ln(1/\varepsilon_0))$的量级。在实际分析上述偏差的过程中，并非直接获取这两个函数值进行比较（因为未训练前w_G^T未知且最佳模型w_G^*虽存在但难以直接获取）。在理论分析中一般用这两个函数值的上下定界作为替代进行分析。

局部训练：上述表格提及了两种局部训练方式。在第一种局部训练方式中，$w_L^{t,i}$首先赋值为w_G^{t-1}，接着$w_L^{t,i}$被不断地更新，具体的更新为$w_L^{t,i}=w_L^{t,i}-\eta\nabla F^{t,i}(w_L^{t,i})$，其中$\eta$为更新步

长，∇ 表示梯度计算，即在计算 $\nabla F^{t,i}(\cdot)$ 后将 $\boldsymbol{w}_{\mathrm{L}}^{t,i}$ 作为自变量带入得到计算结果。这里，$F^{t,i}$ 代表了训练实体 i 的损失函数。$F^{t,i}$ 源自损失函数 F，但这里需要说明的是，传统上损失函数 F 描述的是模型在一条样本上的表现，也就是 F 是关于模型 $\boldsymbol{w}$ 与一个特定样本 d 的函数。但是，对于训练实体 i 来说，其可包含多个样本。若训练实体 i 上的训练样本集合为 $\mathcal{D}^{t,i}$，那么 $F^{t,i}(\boldsymbol{w})=\sum_{d\in\mathcal{D}^{t,i}}F(\boldsymbol{w},d)$。当然，在一些工作中，$F^{t,i}(\boldsymbol{w})=\sum_{d\in\mathcal{D}^{t,i}}F(\boldsymbol{w},d)/|\mathcal{D}^{t,i}|$，即利用训练数据规模 $|\mathcal{D}^{t,i}|$ 进行损失函数的归一化。相比于第一种局部训练方式，第二种训练方式的不同之处在于，梯度计算函数并非直接源自于损失函数 $F^{t,i}$，而是一个精心构造的函数 $\mathcal{G}^{t,i}$，且更新的并非直接是模型 $\boldsymbol{w}_{\mathrm{L}}^{t,i}$，而是模型的增量 $\boldsymbol{\rho}^{t,i}$。之所以要有 $\mathcal{G}^{t,i}$，是可以按需进行局部训练的定制，增加对损失函数 $F^{t,i}$ 或是上一轮迭代产生全局汇聚模型 $\boldsymbol{w}_{G}^{t-1}$ 的偏好，或是在 $\mathcal{G}^{t,i}$ 构造过程中使 $\mathcal{G}^{t,i}$ 还具有一些良好的函数性质。这里还需要说明的是，无论是第一种局部训练方式中 $\boldsymbol{w}_{\mathrm{L}}^{t,i}$ 的更新，还是第二种局部训练方式中 $\boldsymbol{\rho}^{t,i}$ 的更新，更新都是迭代的。也就是，可以根据训练实体的计算能力，提前约定一个局部训练更新轮数，不断利用训练实体的样本进行反复训练。事实上，第一种局部训练方式更为直观，这种方式与传统训练中对数据集划分批次（batch），再不断地以批次为单位进行反复训练类似。

理论研究概述：分布式机器学习训练理论是一大类工作，这些工作的重心在于探讨全局训练轮数或局部计算模式对最终模型训练的影响，包含以下几个方面：函数性质、数据分布、数据内在复杂度、同步时间点，及神经网络泛化拓展。Smith 等人 [17] 研究了针对具有凸损失函数模型的分布式机器学习训练效果（函数性质）。Li 等人 [8] 分析了在不均匀分布数据集上进行分布式机器学习训练所产生的表现（数据分布）。Mohri 等人 [7] 分析了数据集内在的复杂度与最终训练所得模型之间的联系（数据内在复杂度）。Xie 等人 [18] 探索了异步的分布式训练（同步时间点）。Haddadpour 等人 [19] 研究了针对具有非凸损失函数模型的分布式机器学习训练效果，并分析其与最终训练所得模型精度的关系（神经网络拓展）。虽然这些工作探讨了各式分布式机器学习训练系统，即联邦学习的训练效果，但这些工作没有针对迭代式的训练过程进行有效的资源部署管理与优化。

14.2.2　联邦学习局部训练

在 14.2.1 节对局部训练解释的基础上，本小节用更具体的形式化，描述联邦学习的局部训练行为。

数据样本：首先对局部训练过程中涉及的运算与记号做出约定。对于某一个训练实体 i 来说，其所拥有的本地训练数据集为 $\mathcal{D}^{t,i}$。虽然这个集合带上标 t，但一般的联邦学习默认，本地训练数据集并不随时间推移而发生变化（后续在边缘场景中还将介绍一个面向流式数据的联邦学习）。训练数据集中包含的是一条条训练样本 d。训练样本 d 既包含样本特征，也包含样本标签。例如，对于输入法场景来说，训练样本 d 可为 $<x_1,x_2,\cdots,x_m,y_d>$，其中

$x_1,x_2,\cdots,x_m$ 是训练样本 d 的 m 个特征，y_d 是样本 d 的标签。$x_1,\cdots,x_m$ 可代表输入法过程中涉及的文字符号以及可能的目标单词，y_d 用于指示在输入法上下文环境 $x_1,\cdots,x_m$ 中，用户真正想要输入的目标单词。对于一般的训练来说，需要同时获取样本的特征与标签（监督学习 [20]），而一些标签在数据样本产生的同时即可获取。还是以输入法作为例子，用户在打完拼音字符 [21] 并选择完成目标词组后，目标词组就是标签。

训练精度： 对于一个样本，衡量模型训练效果的是损失函数 [22]，也即 $F(\boldsymbol{w},d)$。这里需要说明的是，损失函数是一个 < 模型，样本 > 到一段特定实数值区域的映射，其函数值并非普遍意义的准确率，但是其已经能够反映模型训练的效果。这里对损失函数与准确率的关系做一个补充。在有了损失函数（输出的是连续值）基础之上，可以进一步用该函数值生成离散的标签预测。例如，对于简单的二分类任务而言，损失函数 F 的值域是 [0,1]，若其函数值超过 0.5 即可认为是正类，反之可认为负类；又或者，对于多分类任务而言，损失函数 F 的函数值落在不同的实数区间就可认为该区间对应类别为最终识别出的标签。事实上，准确率就是在统计预测的离散标签与样本真实标签重合的占比。也即 $\sum_{d\in\mathcal{D}^{t,i}}\mathbb{I}[\mathcal{L}(F(\boldsymbol{w},d))=y_d]/|\mathcal{D}^{t,i}|$，其中函数 $\mathcal{L}(\cdot)$ 将单条样本的损失函数值映射成了预测标签；指示函数 $\mathbb{I}[\mathcal{L}(F(\boldsymbol{w},d))=y_d]$ 用于指示预测的标签是否与其真实的样本标签 y_d 一致，如果一致，指示函数 $\mathbb{I}[\cdot]$ 输出 1，否则输出 0。那么，在训练实体 i 上的训练数据集 $\mathcal{D}^{t,i}$，所有分类正确的样本占比为 $\sum_{d\in\mathcal{D}^{t,i}}\mathbb{I}[\mathcal{L}(F(\boldsymbol{w},d))=y_d]/|\mathcal{D}^{t,i}|$。事实上，在实际使用过程中（传统的训练），更需要关注哪一个才是真正的数据集合。这是由于传统的训练还会使用诸如留一法、十折法等方法，将整个训练数据集分成若干部分，用其中的一部分作为训练，另一部分作为测试，并进行一定程度的交替，以充分完成训练。

模型参数： 在有了训练数据集与单条样本评价函数的基础上，局部训练关注的是如何训练获得能使得评价指标更好的模型 $\boldsymbol{w}$。相比于离散统计获得的准确率，联邦学习更关注所有训练样本产生的损失（累和或是加权产生），也就是 $F^{t,i}(\boldsymbol{w})=\sum_{d\in\mathcal{D}^{t,i}}F(\boldsymbol{w},d)$。那么，对于给定的训练实体 i 来说，在任一迭代 t 内训练数据集给定，$F^{t,i}(\boldsymbol{w})$ 实际上是一个关于模型 $\boldsymbol{w}$ 的函数。这里，模型 $\boldsymbol{w}$ 指的是特定模型下的模型参数。因为对于给定的模型结构来说（在训练过程中一般不变），训练所要确定的是该模型结构中所关联的所有参数。这些参数就可以用一个高维向量表示，也就是 $\boldsymbol{w}$。在本章中，粗体符号描述的就是高维向量，而且一般默认为列向量。例如，对于 SVM 模型 [23] 来说，其模型结构为 $\boldsymbol{w}^{\mathrm{T}}\boldsymbol{x}+b$，$\boldsymbol{x}$ 就对应了之前单条样本 d 的 m 个特征 $x_1,\cdots,x_m$。那么，模型参数与样本特征的乘积结果 $\boldsymbol{w}^{\mathrm{T}}\boldsymbol{x}$ 就是一个实数；事实上，SVM 模型结构定义了高维空间中的一个超平面（实数 b 也可拓展为高维向量），用于在高维空间中以超平面的形式划分数据集，旨在找到一个超平面能够尽可能将正样例分到超平面的一边，而负样例都分到另一边（SVM 的另一种解释是在找到超平面基础之上，进一步找到能尽可能分开正负样本的更好的超平面)。那么，对于这个特定的结构来说，也就是 $\boldsymbol{w}^{\mathrm{T}}\boldsymbol{x}+b$ 这种函数形式以及其中的参量 b，训练的过程实际上就是在寻找最好的高维向量 $\boldsymbol{w}$。又比如，对于神经网络来说，每一层网络层都包含了固定数量的参数；不同层使用参数的方式不同，如卷积 CNN[24] 或循环 RNN[25]，但是参数的数量以及每一个参数维度对应于模型的位置都是确定的。因此，仍可以使用高维向量 $\boldsymbol{w}$ 表示待训练的模型参数。

梯度更新：局部训练的本质是利用梯度更新模型 $\boldsymbol{w}$。最典型的局部训练更新为

$$\boldsymbol{w}_{\mathrm{L}}^{t,i} \leftarrow \boldsymbol{w}_{\mathrm{L}}^{t,i} - \eta \nabla F^{t,i}(\boldsymbol{w}_{\mathrm{L}}^{t,i}) \tag{14-1}$$

式（14-1）中的所有记号已在 14.2.1 节中详细解释并说明。这种梯度更新的方式在传统的训练中也十分常见，通常执行几十至几百轮次（局部训练中的迭代部分）。在式（14-1）中，更新的步长为一个定值 η。事实上，该递进步长（即 η）还可以动态变化。如图 14-2 所示，变长的步长能更快速、准确地收敛至目标[26]。

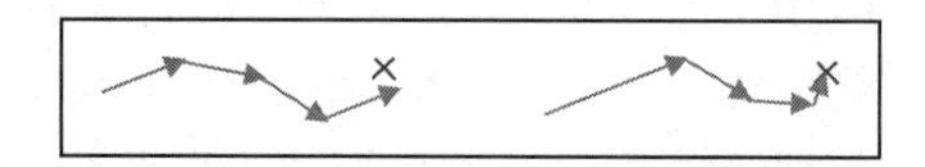

图 14-2　定长递进与变长递进的差别

14.2.1 节还提及了另一种局部训练的形式[27]，也即

$$\boldsymbol{\rho}^{t,i} \leftarrow \boldsymbol{\rho}^{t,i} - \eta \nabla \mathcal{G}^{t,i}(F^{t,i}, \boldsymbol{w}_{\mathrm{G}}^{t-1}) \tag{14-2}$$

式中，$\mathcal{G}^{t,i}$ 的具体定义为

$$\mathcal{G}^{t,i}(\boldsymbol{\rho}) = F^{t,i}(\boldsymbol{w}_{\mathrm{G}}^{t-1}+\boldsymbol{\rho}) - \nabla F^{t,i}(\boldsymbol{w}_{\mathrm{G}}^{t-1}) - \xi_1 \mathcal{J}(\boldsymbol{w}_{\mathrm{G}}^{t-1})^{\mathrm{T}} \boldsymbol{\rho} + \xi_2 \|\boldsymbol{\rho}\|^2/2$$

式中，ξ_1 与 ξ_2 是常数；$\mathcal{J}(\boldsymbol{w}_{\mathrm{G}}^{t-1}) = \sum_i \nabla F^{t,i}(\boldsymbol{w}_{\mathrm{G}}^{t-1} + \sum_j \phi^{t,j} * \boldsymbol{\rho}^{t,j})$。在定义 $\mathcal{J}$ 的过程中，可以同时考虑两个维度的内容。首先，不同训练实体 j 是否参与每一轮迭代的训练可由参数 $\phi^{t,j}$ 控制；其次，每一次迭代后，全局汇聚模型在任一训练实体上的表现也纳入 $\mathcal{J}$ 的考量，也即 $\sum_i \nabla F^{t,i}(\cdot)$。$\mathcal{G}^{t,i}$ 的构造过程包含了多个角度，分别是：训练实体 i 自身的损失函数、训练实体 i 自身损失函数的变化趋势（梯度）、全局汇聚模型在其他训练实体的表现（梯度），以及通过范数定义的正则项，用于规整函数性质。

通过自定义函数进行局部训练的时候，训练效果的表现也可自定义。与 $F(\boldsymbol{w}_{\mathrm{G}}^{T}) - F(\boldsymbol{w}_{\mathrm{G}}^{*})$ 类似，每一次迭代后，在自定义函数上的训练表现可表示为

$$\mathcal{G}^{t,i}(\boldsymbol{\rho}) - \mathcal{G}^{t,*} \leqslant \theta^{t,i}(\mathcal{G}^{t,i}(\boldsymbol{0}) - \mathcal{G}^{t,*})$$

式中，$\mathcal{G}^{t,*}$ 代表了在最优模型下的自定义函数值，$\mathcal{G}^{t,i}(\boldsymbol{0})$ 表示了在自变量为 **0** 向量下的自定义函数值。$\theta^{t,i}$ 类比于梯度，反映了经过第 t 轮迭代后，所产生模型（与上一次全局汇聚的偏差为 $\boldsymbol{\rho}$）在自定义函数上的表现，与其最优函数值、初始设定下（即 **0** 向量）函数值的关系。这种描述局部训练效果的定义在许多工作中都很常见[28]，在有的工作中，自定义函数甚至可以是损失函数的范数。

14.2.3　联邦学习梯度传递

一对多传递：联邦学习的梯度传递是一对多的形式。也就是在每一轮迭代中，都会涉及先将上一轮迭代得到的全局汇聚模型传输至各个训练实体，在训练实体完成局部训练后再将所得的局部训练模型汇聚到特定的服务器并完成全局汇聚。也就是，迭代开始时从服务器下发上一轮全局汇聚模型至所有的训练实体，以及在迭代末尾收集所有训练实体的局部训练模型至特定的服务。如此一对多下发、多对一收集，是主流的联邦学习信息交互过程。此外，联邦学习信息交互的主体是局部训练过程中产生的梯度（更具体的描述为由局部训练梯度计算所得的模型差异）。

单向梯度传递：除了传统上一对多、多对一的梯度传递外，本节还将介绍一种更为泛化的梯度传递方式，也即单向的联邦学习梯度传递（每一个训练实体仅向其邻居传播梯度[29]）。这种传递方式中，没有在迭代开始时下发上一轮全局汇聚模型，而是在各个训练实体完成局部训练之后，在训练实体的邻居之间完成梯度传递与模型更新。每一个训练实体在局部训练完成后，包含三个行为动作，分别是：向邻居传递梯度、对收到的梯度进行局部汇聚，以及利用局部汇聚结果更新用于下一轮迭代局部训练的模型。如图 14-3 所示，在这种方式中，不再有一个特定的服务器用于全局汇聚与模型下发。相反，仅靠邻居之间的梯度传递与计算（局部版的全局汇聚）完成更新。

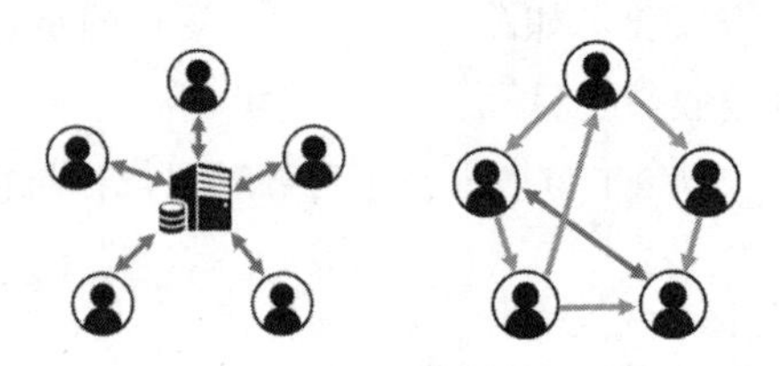

图 14-3　集中双向汇聚与单向梯度传递对比

单向的梯度传递过程包含三个步骤，分别是：局部训练中的计算、中间结果单向传递，以及各训练实体在收到中间结果后将其组合为新的模型。与传统的梯度更新类似，局部训练为

$$z_{\mathrm{L}}^{t,i} \leftarrow z_{\mathrm{L}}^{t,i} - \eta \nabla F^{t,i}(w_{\mathrm{L}}^{t,i}, \xi^{t,i})$$

式中，$\xi^{t,i}$ 代表在训练实体 i 上，产生数据样本存在随机性；该随机变化用变量 $\xi^{t,i}$ 所描述。$z_{\mathrm{L}}^{t,i}$ 是局部训练产生的中间结果，单向梯度传递就依赖这个中间结果。接着，每一个训练实体 i 向其邻居（也是训练实体）传递 $(W_{ij} z_{\mathrm{L}}^{t,i}, W_{ij} p^{t,i})$，其中参数 W_{ij} 具有两个功能：指示训练实体 i 与训练实体 j 有单向传播关系，并可为该单项传播关系附上权值，权值即为 W_{ij}。由于是权值，应符合从一个训练实体传出的权值和为 1。因此，只要满足单向传播关系并满足对于任意训练实体，传出的权值和为 1，就能构造出 W_{ij}（当然，实际情况更为复杂，还需满足额外一些条件）。那么，$W_{ij} z_{\mathrm{L}}^{t,i}$ 可看作加权的中间结果。此外，参数 $p^{t,i}$ 用以在接收方收到所有的中间结果后进行归一化。那么，对于接收方的训练实体 j 来说，当接收到所有的中间结果后，先计算归一化权重 $p^{t+1,j} = \sum_i W_{ij} p^{t,i}$。需要说明的是，这里枚举的 i 并非所有的训练实体，而是与 j 具有单向传递关系，且 j 是接收方的那些训练实体。接着通过归一化权重，计算获得用以下一轮次迭代的模型 $w_{\mathrm{L}}^{t+1,j} = \sum_i W_{ij} z_{\mathrm{L}}^{t,i} / p^{t+1,j}$。同样，这里的 i 并非所有的训练实体，而是与 j 具

有单向传递关系，且 j 是接收方的那些训练实体。

这种单向梯度传递的模式也是具有理论性能保障的。也就是，当梯度传递有影响（存在最小影响），且传播影响可控的时候，通过控制递进步长，就能将生成的中间结果与模型梯度的范数挂钩。进一步对其定界可得，随着迭代轮数的增加，模型梯度的范数增长缓慢。

14.2.4　联邦学习全局汇聚

谷歌公司最先使用联邦学习的时候，使用的是 FedAvg，即对收集的局部训练模型进行平均，并获得每一轮迭代的全局汇聚模型。具体的形式为 $\boldsymbol{w}_{\mathrm{G}}^{t}=\sum_{i\in\mathcal{N}}\boldsymbol{w}_{\mathrm{L}}^{t,i}/|\mathcal{N}|$。但由于不同训练实体上产生的训练数据集不同，且设备的计算能力也不同，因此有诸如 FedProx[16] 等工作在局部训练与全局汇聚的过程中，并非让所有训练实体参与。以 FedProx 为例，其每一轮迭代仅选择 K 个训练实体进行局部训练，经由梯度传递后，对这 K 个训练实体返回的模型进行平均。对于 K 个实体，FedProx 虽然也仅是平均，但它提供了一个更广阔的思路。除了在局部训练阶段自定义函数以求获得更好的函数性质、面向数据分布或是资源分布进行更好的适配，还能修改全局汇聚的加权权值。

自定义全局汇聚：在选择训练实体的过程中，也可以有多种指标的考量。例如，尽可能希望均匀地选择每一个训练实体，那么可以采用轮询的方式进行；尽可能偏好训练数据集较多的训练实体，可以将各训练实体上训练数据集相对整个系统数据集的占比作为选择偏好，以此作为选择训练实体的依据。还有工作直接根据每个训练实体过往的模型表现，选择最贴近现有全局汇聚模型，或是距离现有全局汇聚模型偏差最大的训练实体参与训练。选择训练实体的偏好可以因人而异，每一种情况都可以作为一个独立的优化问题进行。在这个过程中，不可避免的问题有两个。首先是各个训练实体所产生的训练效果仅能在实际训练之后反馈回调度器；其次是不同训练实体上客观存在着分布各异的数据集（训练数据集的规模及内在分布）。虽然现有工作一般假设训练实体之间的训练数据源自同一个数据分布，便于更好的理论分析，但是更贴近真实场景的是，各实体所有的训练数据集规模各异、内在分布各异，甚至两个训练实体上的样本完全不同。因此，更为通用的场景是，所有的训练实体均参与训练，只不过训练实体之间的梯度交互方式或是局部训练方式可以因环境而改变。例如，采用 14.2.3 节提及的单向梯度传递可缓解一对多的传输压力。

边缘动态考量：在该过程中，就需要对整个网络环境、整个系统有个全面的了解（统计意义的、直观意义的），以此指导全局汇聚操作的进行。网络环境有一个较大的特点是动态性。虽 14.3 节会详细介绍面向边缘的联邦学习技术，但这里首先根据动态性的特点进行分类与总结，可归结为：

- 决策前确定的动态变化。这类动态量虽随着时间推移不断变化，但在每时隙的决策前都能被观测。如设备可用性、数据生成规模以及网络传输带宽（决策时能观测到的量）。

- 决策后确定的动态变化。这类动态量也随时间推移不断变化，但在决策前无法被观测，只能等决策后或是部署后才能观测到的效果。如联邦学习的训练效果（决策时无法观测的量）；
- 决策后随机的动态变化。这类动态量每次仅能在决策后或是部署后才能被观测，且每次观测仅是其内在随机分布中的一次采样。如即使是同一任务执行多次也会有不同的完成时间。

那么，对于诸如训练数据集规模等决策前确定的量、网络带宽等决策前确定的动态量，就可以按需进行梯度传递以及全局汇聚的方案设计与决策。而对于诸如执行效果等决策后才能观测到的确定量来说，可以用其指导后续的调度与决策，帮助发现联邦学习的学习趋势。

14.3 面向边缘的联邦学习框架分析

联邦学习训练系统优化技术主要研究在达成目标精度的同时最小化训练开销。Nguyen 等人[9]针对在移动设备上的训练功耗展开研究，力求最小化训练能耗。Wang 等人[10]在边缘集群间优化联邦学习的全局迭代轮数，并利用全局轮数和局部轮数的折中，以达到在有限边缘资源下最大化训练精度的效果。Abad 等人[30]在无线网络中通过对不同频段信道的选择，以最小化分布式机器学习训练的传输出错。Yang 等人[31]综合考虑了无线信道和边缘设备的计算能力，进行综合化的选择调度。虽然这些工作确实为联邦学习等分布式机器学习训练进行优化，并最小化各类指标下的资源消耗，但是这些工作都没有考虑到边缘场景中一个最大的特点，即环境的动态变化。由于边缘环境中动态性的存在，在线进行分布式机器学习训练极具挑战，其中的问题亟待解决。

本节将面向动态变化的边缘环境，讨论计算精简、传输优化以及架构选择三种方案。对于资源受限的设备来说，不仅可以精简计算量，还可以伴随流式数据到达进行联邦学习训练；对于受限且变化的网络带宽来说，不仅可以降低传输频次，还可以按需进行频次调整；对于拓扑变化的整体网络或对于新兴训练任务，神经网络类训练任务的支持，迫切需要新的联邦学习框架。

14.3.1 面向边缘的计算精简

边缘网络是开放网络，因此更容易产生安全问题，也是联邦学习所重点关注的场景。不仅如此，在网络边缘设备的计算能力通常较弱，在算力受限的网络边缘进行计算密集的联邦学习训练（通常涉及百轮局部训练迭代以及成百上千轮全局模型汇聚）十分影响效率。因此，在网络边缘进行的联邦学习还需要考量设备的算力。一种思路是先前提及的，在进行全局汇聚时（也包含选择训练实体参与训练时）根据设备的算力进行训练轮数或是参与训练的决策。但更为常见的思路是：在不影响或稍许影响训练效果的同时，大幅降低计算量。从这个角度而言，选择部分训练实体参与训练未必是一个最佳的方案。因为舍弃了部分训练样本大概率会影响训练效果。

计算量精简：为了加速训练（其实训练也包含推理，即计算损失函数或其梯度部分），现有的工作主要在算子层进行优化。虽然图级别的优化工作也不少，但是通常面向神经网络。对于诸如 SVM、矩阵乘法等只有简单计算算子的模型，计算加速的方向是流水线优化辅以最佳运行配置设定。以 GPU 为例（对于嵌入式设备而言也具备小型 GPU），利用诸如 TensorRT 等工具就可以实现算子在 GPU 中的加速执行。同时，可以进行更为细粒度的 GPU 流水线编排，包括利用数据的局部性增加 GPU 缓存命中等。此外，对于诸如大规模的矩阵乘法来说，如何将其拆分为若干子部分，以期各子部分计算的总时延最少，可通过设定单次乘法的维度来实现。例如，1024×256 的乘法可拆解为 2 个 512×256。或是分别计算 2 个 500×256 和 1 个 24×256，再把它们的结果拼合，得到最终矩阵乘法的结果。在这个过程中，一个简单的乘法算子就有不同的拆解方法，且不同拆解方法会产生不同的计算时延。

具体的例子如图 14-4 所示。一个 128×128 的计算可以拆分成为不同块计算的组合。每一个块计算是最小单位的乘法计算；所有块计算结果的组合就是乘法结果。然而，在 GPU 上处理不同大小块的计算时延各不相同，且不同块切割方案会产生一些“边角料”。也就是，若分块的大小并非矩阵乘中目标维度的因子，对目标维度分块拆分后，就会产生诸如图 14-4 中红色部分的剩余。这些红色的、未满一个分块大小的部分，也会产生额外的计算量。因此，一种拆分方案需要完整考量每一个单块的计算时延、将目标维度拆分成各个单块并拼接它们结果的时延，以及未满单块的边角料所产生的计算时延，并以这个总时延作为该乘法计算的一个运行配置。一个乘法运行就有大量的运行配置，甚至非因数的拆解（即图 14-4 中产生边角料的拆解方案）也可以作为乘法计算的一种拆解。因此，在真正计算之前，遍历一遍所有的配置方案都是耗时的。这里需要说明的是，受限于 GPU 的算力、缓存、显存等，即使同一个乘法，在不同 GPU 上的最佳拆解方案可能大相径庭。这种需要遍历所有方案（在解空间中）才能得出最优解，是耗时耗力的。

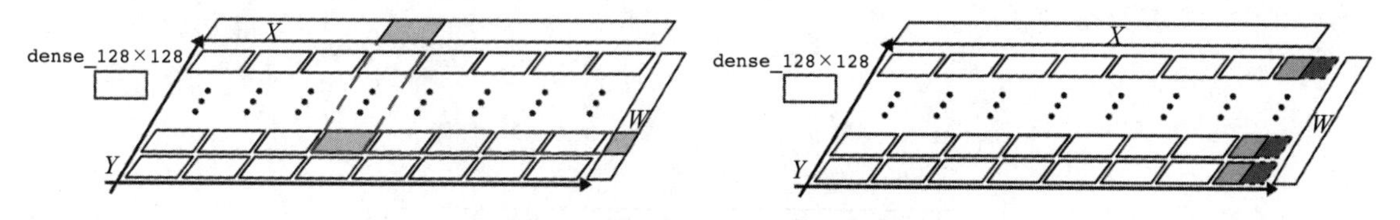

图 14-4　算子拆解加速示例（见彩插）

因此，一种替代的方法是对配置筛选的过程再进行精简，精简的主流方式有定期更新以及侧写（profile）。定期更新比较好理解，就是提前维护了一个全量的配置库，每次有一定的概率选择库中的一个配置进行执行，并将执行所得到的结果更新入配置库。这里配置执行的结果实际上就是决策后才能观测到的确定量（甚至在某些情况是决策后才能观测的随机量）。有概率选择新的方案，实际上就是模拟退火的变种，用“温度”作为调节手段控制选择其他方案的概率。相比于定期更新，侧写本质上维护的是一批具有代表性的配置。也就是一个配置相比另外一批配置具有偏序上优势的关系，那么在后续选择中无须再考量那些被比下去的配置。那么，这些代表性配置的组合实际上就构成了所有执行方案的一种侧写。事实上，这有点素描的感觉，只需寥寥几笔，就把被观察对象的特征抓取出来。并且，从图上看，那些轮廓线条实际上就是其周围像素点的概括，也具有局部区域上的代表性，通过抓取轮廓与骨干来呈现。

流式数据处理：训练的时间跨度可以细致划分为各个时隙的组合，在每个时隙$t \in \mathcal{T}$内，在时间戳$j \in \mathcal{M}^{t,i}$到达训练实体i的流式数据规模是$v^{t,i,j}$，其中$i \in \mathcal{N}$是训练实体（该场景下一般为终端设备）的编号，$\mathcal{M}^{t,i}$是时隙t内所有到达i的数据对应时间戳的集合。那么，时隙t内到达设备i上的所有流式数据规模为$n^{t,i} = \sum_{j \in \mathcal{M}^{t,j}} v^{t,i,j}$。除了这些边缘设备外，全局汇聚需要边缘节点的参与。这里的边缘节点可以指基站旁的服务器、楼宇上的接入节点，甚至是靠近用户的小型边缘集群。

整个时间轴被划分为各个时隙的组合，如图 14-5 所示。在每个时隙内，待训练的流式数据不断到达边缘设备，由此，在每个时间戳上可以记录当前到达小批量数据的规模。对于每一个时间戳上的小批量流式数据，会对其执行多轮次局部模型训练。每一次局部训练都会包含使用一个数据样本对设备上维护的局部模型进行更新。这个更新过程会在后续具体展开，主要包含的步骤有：利用随机挑选的一个数据样本进行梯度计算，并利用该梯度计算更新局部模型。在每一个时隙结束的时候，各个边缘设备会把当前最新的局部模型汇聚到指定的边缘节点上进行全局汇聚。随着时间的推移，也即每个时隙的内部训练加上时隙结束时的汇聚不断进行，最终产生的模型即为训练所得。优化目标可以是在整个训练周期内最小化整体的训练时延，包括边缘设备上的局部训练以及边缘节点的全局汇聚，包括设备、边缘上的执行时延以及设备与边缘间的传输时延。需要说明的是，这里的训练方式区别于传统的联邦学习，不是数据全部就绪后再进行训练，而是流式数据不断到达过程中，在每一个时隙结束时都会有一个全局汇聚。

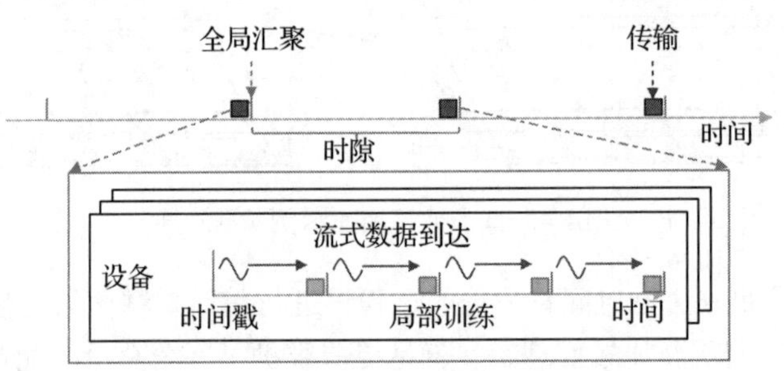

图 14-5　面向流式数据的联邦学习训练框架

采用 strSAGA 作为基础，可以进行边缘设备上的面向流式数据的联邦学习训练。具体而言，strSAGA 会在每个时间戳包含多个迭代轮次。如图 14-6 所示，每个迭代轮次z都包含以下三个步骤：

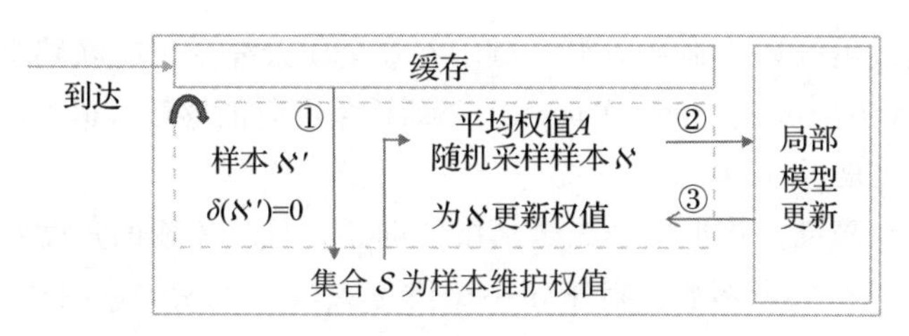

图 14-6　面向流式数据的局部模型训练

- 新到的流式数据均先被放入一个缓存。如果这个缓存存有数据，就从中随机挑选一个数据样本 $\aleph'$ 放入集合 $\mathcal{S}$，且在该过程中，赋予这个数据样本为一个向量 $\mathbf{0}$ 的权重，记为 $\delta(\aleph')=\mathbf{0}$。当一个数据样本加入 $\mathcal{S}$ 时，记向量 A 为当前 $\mathcal{S}$ 中所有数据样本权重的均值（反映已到达数据的整体表现），表达式为：$A=\sum_{s\in\mathcal{S}}\delta(s)/|\mathcal{S}|$，其中，集合 $\mathcal{S}$ 为每个数据样本维护的权重，会被用于后续的局部模型更新，且该权重值在局部模型更新时也会改变。这里，$|\mathcal{S}|$ 意为集合 $\mathcal{S}$ 中所包含的所有数据样本的数目，而在时间戳 j 新到的流式数据规模是 $v^{t,i,j}$。
- 从 $\mathcal{S}$ 中随机选取一个数据样本 $\aleph$，该数据样本未必恰好是刚刚放入的那个样本 $\aleph'$，其选取范围是整个集合 $\mathcal{S}$，即所有数据样本均有可能被随机选中。
- 为 $\aleph$ 计算梯度 σ。该梯度的计算基于损失函数 F 以及当前设备所维护的局部模型 $w^{t,z-1}$。其中，$w^{t,z-1}$ 表示在上一轮次中计算所得局部模型，表达式为 $\sigma=\nabla F(\aleph,w^{t,z-1})$。其中，$\nabla$ 是梯度计算符号，意为基于 F 和 $\aleph$ 进行梯度计算。继而，当前轮次 z 的局部模型 $w^{t,z}$ 可以用以下的计算公式所获得（兼顾整体表现与单个样本）：$w^{t,z}=w^{t,z-1}-\eta(\sigma-\delta(\aleph)+A)$。其中，$w^{t,z}$ 是最新的局部模型。在更新结束后，数据样本 $\aleph$ 在 $\mathcal{S}$ 中所维护的权重会被更新。也就是说，以 z 轮次为例，在本步骤前，$\aleph$ 在 $\mathcal{S}$ 中的权重为 $\delta(\aleph)$，在本步骤后，$\aleph$ 在 $\mathcal{S}$ 中的权重为 $\delta(\aleph)\leftarrow\sigma$，即刚算得的梯度 σ 被用于更新样本权重。η 仍旧是更新局部模型的步长参数，步长不断适应训练表现。

14.3.2　面向边缘的传输优化

传输量化：量化实际是一个采样的概念，即本来 1000 比特的内容，用压缩或采样的方式后，仅需传输原先的 1/10，大大降低了传输的数据内容。对于压缩来说，数据内容不会改变，但会引入传输端与接收端额外的压缩计算与解压缩计算。对于传输时延敏感的训练来说，过长的传输时延（若包含压缩与解压缩）是无法容忍的。因此，适当牺牲一些数据内容，换取高效的传输对于动辄几百次几千次的训练来说是十分必要的。这里面暗含着一个假设，那就是，对于成百上千次训练来说，当训练轮数到达一定数量后，训练产生的效果一般会稳定下来。这里的稳定可以是训练的精度达到一定程度不再下降，或是训练精度在一个小范围内波动震荡。那么，单次训练过程中，为了提升传输速率而适当牺牲一些数据内容是可接受的。

牺牲的精度可以通过后续训练弥补回来。对于谷歌公司最先提出的联邦学习来说，一般训练轮数是固定的，且到达1000、2000次训练后，训练精度就能够较大概率稳定下来，因此在实际操作过程中，量化是可行的。

对于一个模型$\boldsymbol{w}$来说，其本质是一个高维的向量，且从传输的角度看，量化是可以针对每一个单独的维度进行的。例如，对于每一个维度来说，原先传输的是一个双精度浮点数，现在可以传输一个单精度浮点数。但是谷歌公司所提出的方案更加极端。其假设在$\boldsymbol{w}$所有维度的取值中存在着最大值a与最小值b。那么$\boldsymbol{w}$中的每一个维度对应的实数值w可以量化为

$$w=\begin{cases} a, & \text{以概率}\dfrac{w-b}{a-b}\text{进行} \\ b, & \text{以概率}\dfrac{a-w}{a-b}\text{进行} \end{cases}$$

本质上，上述量化就是以类似四舍五入的思想，将每一个维度的实数值靠入最小值或靠入最大值。继而，实际传输的每一个维度内容无外乎最大值或最小值。那么，每个维度没必要传输双精度浮点数值的最值，而是仅传输一个比特的指示信息。例如，0表示是最小值，1表示是最大值。继而，所需传输的规模从原先$|\boldsymbol{w}|\times 8$降至$|\boldsymbol{w}|+8\times 2$，其中8代表一个双精度浮点数的字节占位，$|\boldsymbol{w}|$表示这个模型$\boldsymbol{w}$所对应传输高维向量的维度，也即其中的参数数量，最后的8×2个字节用于传输最大值a与最小值b的双精度浮点数实值。

在实际应用过程中，若$|\boldsymbol{w}|$很大，那么传输量的降低就是8倍，因为相比于很大的$|\boldsymbol{w}|$，常数8×2甚至可以忽略不计。这种传输量的降低能大大提高训练过程中的传输效率。不仅如此，几百轮甚至是几千轮的训练（全局汇聚）会放大如此效率的优势。除此之外，也有不少工作考虑了神经网络训练过程中的量化。也就是在进行反向传播时（甚至整个网络训练）都用的是低精度的参数表示。令人惊讶的是，采取这种做法后，训练所得的模型仍然表现出色。

减少传输：正如14.2节提及的，联邦学习在每一轮中都包含三个步骤，分别是局部训练、梯度传递以及全局汇聚。梯度传递是为了全局汇聚服务的，全局汇聚的必要性决定了梯度传递的必要性。全局汇聚的表达形式是$\boldsymbol{w}_{\mathrm{G}}^{t}=\sum_{i}a_i\boldsymbol{w}_{\mathrm{L}}^{t,i}$，局部训练的表达形式为$\boldsymbol{w}_{\mathrm{L}}^{t,i}\leftarrow\boldsymbol{w}_{\mathrm{L}}^{t,i}-\eta\nabla F^{t,i}(\boldsymbol{w}_{\mathrm{L}}^{t,i})$。当然，这里的形式都是泛化的形式。更常见的场景是，全局汇聚直接采用平均的形式，局部训练也未必需要大量迭代（符号←用以指示局部训练中模型的更新也是迭代的）。那么，上述两者的拼合实际上为$\boldsymbol{w}_{\mathrm{G}}^{t}=\sum_{i\in\mathcal{N}}(\boldsymbol{w}_{\mathrm{G}}^{t-1}-\eta\nabla F^{t,i}(\boldsymbol{w}_{\mathrm{G}}^{t-1}))/|\mathcal{N}|$，也就是每一个训练实体都拿上一轮产生的全局汇聚模型作为基础，计算损失函数的梯度，更新入全局汇聚模型，并作为局部训练的结果进行全局汇聚（也就是局部训练只有一次）。有工作考虑减少全局汇聚的次数，以在不影响模型收敛的同时减少传输量，如每进行k次$\boldsymbol{w}_{\mathrm{G}}^{t-1}-\eta\nabla F^{t,i}(\boldsymbol{w}_{\mathrm{G}}^{t-1})$局部更新后（后续会更复杂，每一次局部训练还可以包含τ次局部更新）才进行一次全局更新。

这样，就可以将原本需要 2000 次全局汇聚降低至 2000/ k。但实际上就是在分析，在泛化形式 $\boldsymbol{w}_{\mathrm{L}}^{t,i} \leftarrow \boldsymbol{w}_{\mathrm{L}}^{t,i} - \eta \nabla F^{t,i}(\boldsymbol{w}_{\mathrm{L}}^{t,i})$ 中（即局部训练支持多轮），执行了 k 次并进行一次全局汇聚的训练效果。当然，全局汇聚的次数不再是原先的次数，而是原先次数的 1/ k 倍。这相当于空间换时间，用局部训练计算为代价，换取传输量减少。

上述可支持减少全局汇聚次数的是系统支撑，在全局汇聚优化思路之上还可以进行定制的优化。例如，有工作在上述系统之上，先是构建了一次全局汇聚加上 k 次局部训练所产生的资源消耗与训练效果的关系。接着，在给定资源的场景下，最优化局部训练的次数 k。该过程是一个动态的过程，可不断根据精度反馈调节最佳的局部训练次数 k。事实上，决策次数 k 就是控制全局汇聚的频次。例如，可动态调节每 k 次局部训练后进行一次全局汇聚至每 2 k 次局部训练后进行一次全局汇聚。正是因为全局汇聚频次减少，不必每次进行传输，因此效率提升。当然，除了固定资源维度优化全局汇聚频次外，还可以调节很多参数维度。例如，不同训练实体的计算能力不同，不同设备完全可以进行不同轮数的局部训练，再进行一次全局汇聚。从这个角度出发，全局汇聚实际上就是在控制联邦训练的同步时间点。对于传统的联邦学习，每次局部训练后都会有一个同步障，也就是全局汇聚进行全局模型更新。有些面向同步、异步联邦学习讨论的工作可以自适应地、差异化地调节局部训练与全局汇聚，优化整体效率。

14.3.3　面向边缘的架构选择

层级式联邦学习训练：单向的梯度传递实际上也算是一种层级式的联邦学习。虽然单向梯度传递的初衷是为了研究自定义化的传递对训练效果的影响（理论上），但实际场景是，用户的终端设备分布在不同的区域地点，也位于不同的运营商、局域网络内。因此，连接这些用户的终端设备进行联邦学习，势必需要层级式联邦学习的支持。在谷歌的实验环境中，其在局域环境内部署了上千台终端设备供联邦学习训练。但是，当这些设备处于不同的网段、运营商的时候，再进行一对多、多对一的梯度传递比较困难，甚至会引入跨运营商、网段的流量计费。因此，从这个角度而言，单向梯度传递这种趋势虽然是被迫的，但确实是实际有效的。还有一种场景是，一个园区内有一批传感器设备，这些传感器设备的数据会传输至网关所在的位置进行简单的处理。如果网关所在位置带有处理能力，也是可以进行联邦学习的。但是，不同网关管理着各自片区的传感器，且网关之间通过运营商、骨干网才能连接，无节制的传输耗费巨大。

继而，训练代理的概念慢慢凸显了出来。在单向梯度传递的场景中，每一个训练实体都是对等的，该工作更多的是在理论上探讨非对称式单向梯度传递的可能（当然该工作也附有可实际部署的原型系统）。那么，在单向梯度传递的基础之上，可以再进行封装与组合，形成层次式的联邦学习。也就是，对等（之间可以是非对称的梯度传递）的一些训练实体之间进行训练，在一定的训练迭代后，将训练所得结果作为更上一层次联邦训练的输入。从这个角度来看，实际上，局部训练本质也可看作一种封装。局部训练中实际在进行的学习方法、迭代轮数可以改变，但是局部、传递、汇聚的方式，就是利用局部训练结果的基础上进行的。一些工作也探讨了在局部训练过程中可以更个性化地定制一些训练。这里的定制与 14.2.1 节提及的两种形式的局部训练还稍有不同。14.2.1 节提到的是面向损失函数的利用方式进行定制；这里提及的是损失函数本身（包括是否要利用梯度）甚至都可以发生改变。例如，即使是同一种训练模型，损失函数也可不同，有 0-1 损失、铰链损失等；可以利用函数的二阶信息构造局部训练计算（函数值是零阶信息，梯度是一阶信息，二阶导是二阶信息等）。这里还需说明的是，梯度与导数是不同的。一般来说，从利用梯度的角度出发，往往是梯度乘上变量或是其他元素（向量形式），因此其通常是导数的转置。

联邦学习实现与拓展：这里需要着重对联邦学习的实现与拓展进行一些解释。首先，正如 14.1 节提及的，联邦学习是一种方法论。也就是说，从直观上理解，无论需要训练的模型是什么，都应该能够用联邦学习的方式，以多个训练实体协作的形式完成训练。然而，一般来说，常用的训练方式是利用一阶梯度进行局部训练构造，并以全局汇聚的方式更新模型。在这些场景中，常用的就是层级式联邦学习训练中所提及的一些函数形式。从直觉上来说，训练应该是有效果的，但实际结果如何，谁都无法保证。例如，如果每个训练实体拥有各自不同的训练样本，那么无论经过多少轮迭代，汇聚得到的“中性”的模型，难以在任意一个训练实体上获得好的表现，但它确实是收敛的。这里需要着重说明一下收敛的含义。像多个人同时以不同方向的力拉一辆车，车没有动，它确实是稳定的，但是在任意一个方向都没有起到实质性的移动效果。因此，现有的收敛定义一般来说也是泛化的，也就是要在所有的训练实体上得到一个较好的表现。那么，也确实存在这样的可能，就是在每一个训练实体上都得不到好的表现。但正如在 14.2 节中全局汇聚优化中提及的，设计者可以根据自己的需求，或数据分布、内容的不同，设计符合的联邦学习方案。

其次是如何衡量联邦学习的训练效果，方法论所衍生的直觉上的好效果并不能说服实际应用者。所以，现有的工作主要通过两个方面对联邦学习的效果进行验证。第一个方面是理论，一般假设损失函数有一些良好的性质，诸如凸性、光滑性等，会在 14.4 节中一个实际的理论分析案例中详细展开。正因为函数要有这些良好的性质，以至于这些理论结果对于大部分的神经网络来说并不适用。因为神经网络具有复杂的层级关系，甚至写出它详细的函数表达都较为困难。因此，对于传统上比较熟悉的那些模型，诸如 SVM 等，联邦学习能给出十分漂亮的理论结果；对于稍复杂的凸性函数来说，能得到一个不错的理论定界；但对于任意的函数或模型来说，并非具有保障。这也就是方法论与实际应用分析上的差距。事实上，不少工作就是在努力分析特定场景下神经网络利用联邦学习训练后的表现，以及真实利用联邦学习进行神经网络的训练。例如，TensorFlow 中就包含可定制联邦学习的接口。利用这些接口就可以实现自定义的神经网络训练方案。现在不少学术机构或是公司也推出了不少联邦学习的产品，能够支持在异构设备上进行定制执行。

最后，联邦学习在实际应用过程中存在一些局限。首先，想要联邦学习有好的效果，就需要对数据分布有较高的要求。联邦学习是一个方法论，理论上是可以支持任意符合要求的训练。但是，实际效果好的那些联邦学习通常是数据分布较为均衡、各个训练实体上拥有几乎全部的样本。那么，联邦学习才真正起到了分布式的作用。也就是计算负载被分摊到了各个训练实体之上。此外，现实生活中使用联邦学习的场景，更多的是那些涉及数据隐私保护，以至于无法将所有数据汇聚到集中的地方进行处理的场景。因此，才使用这种折中式的方案：训练过程中传输原始数据的替代品（即训练的中间结果，梯度）。所以，实际场景中利用联邦学习，更多的是地域、组织之间的局限。因数据分布严重失衡才引入联邦学习的场景较少。也就是主要矛盾在数据无法或难以聚集，但又不得不在各实体之间进行训练的地方。如为了协作进行一项分析。因此，会有如此多边缘联邦学习以及跨组织联邦学习的出现，也有了后面减少计算量、降低梯度传递频次、研究单向梯度传递等的工作。当然，不少工作还是努力地在解释数据分布与联邦学习之间的关系，以指导更好的训练方案。

14.4　应用案例分析

14.4.1　应用实践分析

联邦学习实际应用主要有以下场景。一种场景是在多个组织和公司之间进行协作。例如，监管机构需要联合一些银行公司对偷税漏税进行识别分析；商品推荐希望利用用户的点评记录进行推荐等。这里存在的痛点是，企业之间出于对数据隐私的保护，一般不会直接将用户的原始数据交付给第三方。在这种场景下，联邦学习是一种不错的选择，所花费的精力更多在保护隐私的基础上完成训练任务，包括脱敏、加密等。另一种场景是大型的组织或公司，但是其业务分布在不同地域之上，出于不同地域数据隐私保护或难以直接在广域网络上进行汇聚（或原始数据太大传输太耗时），就会采用联邦学习的形式，传输的是中间结果，且如果模型相对原始数据较小的话，就能在节省带宽的基础上同样完成学习训练任务。因此，接下来着重介绍在多个组织与公司之间进行的联邦学习，以及在跨地域环境中进行的联邦学习方案。

多组织间学习：图 14-7 展示了多个组织或公司之间利用学习协作完成用户推荐的例子。在训练的过程中，为了保障各自用户隐私数据不会产生泄露，大量的工作着眼于数据集的脱敏与加密。像近年来比较火的隐私计算，其中就涉及如何进行一定的计算操作，使得操作后的数据仍然能够满足实际的计算需求，但是在该数据上已经难以挖掘出具体的个人用户信息。事实上，这里面主要的思想是脱敏，就是减少数据集中样本之间的差异。一般来说，一个数据集中包含隐私信息，是指直接能够从其中的若干信息对应到一个具体的人或实体，比如银行账号、姓名等。对于实际数据集使用来说，也许并非关心真正的账号数字是什么，而是关心诸如一个用户有多少张银行卡号。因此，无须知晓具体卡号数字，而仅需要卡号与用户的对应关系。如果信息都是乱码，旁人难以直接从中解析出具体的个人（也称匿名化），就保护了隐私，且对应关系还存在。

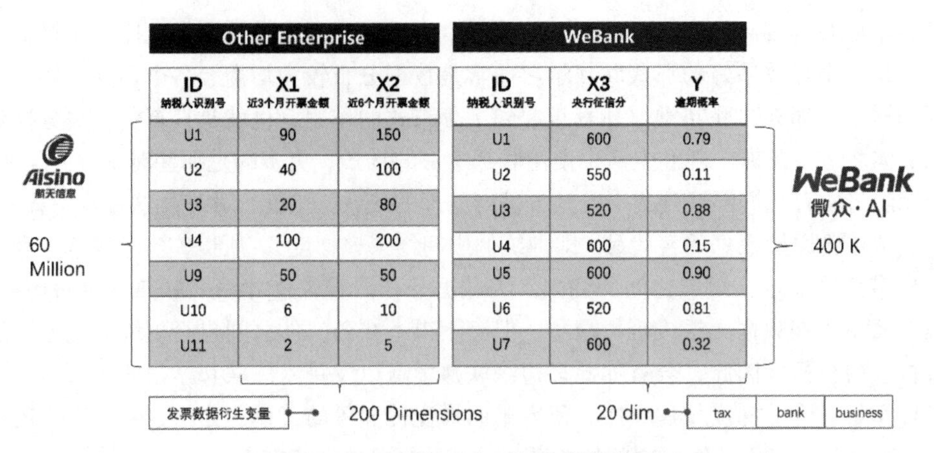

图 14-7　多组织 / 公司间的联邦学习

在脱敏之后，多组织或公司之间的数据集就需要进行关联。一种简单的方式是公开双方的表头信息，包括外键、属性等。由于每一条数据已经经过脱敏，因此表结构并不会直接暴露用户的隐私。这样做的好处是可以利用双方的表结构，直接进行 join。这里需要说明的是，许多学习任务通常都是基于 join 操作进行的。例如，在双方表中特定群体内进行筛选或学习。这种筛选的过程就需要利用 join 搭配 where 进行。虽然这种方式比较直接，但是仍然存在着隐私泄露的问题。当一些公司或组织想要隐藏表结构的时候，利用 join 操作进行特定群体的筛选就变得比较困难。因此，一种替代的方式是构建一个中间的数据结构（对象）。该数据对象中的属性与表的对应关系只有一方公司熟悉，另一方无须知道该数据对象中每一条属性的具体含义。另一方看到的也许只是，某一个属性 A 与另一个属性 B 有一对多的关联关系，例如对应先前例子的用户卡账户。这样的好处是，在一个数据对象中，可以尽可能地在避免隐私泄露的情况下进行数据关联。这里的思想类似于保密配方下的生成。例如，在不公开配方的前提下，先集体采购一批原材料，然后由配方掌握者分配原材料，在每种原材料的标签上仅标注替代符号，然后通知员工按照一定比例进行某些 A 材料、B 材料的混合。由于员工不知道 A 材料、B 材料具体是什么，也不知道 A 材料、B 材料混合在原始配方中的作用，因此就能起到保护配方的效果。除此之外，还有一种方式是借由可信的第三方进行。第三方类似于银行，多方的数据以加密的形式存储在该可信的第三方中。

跨地域间学习：对于大型组织或企业来说，可以不用担心数据归属的问题，但仍然存在着联邦学习的需求。正如之前提及的，需求源自于两个方面。一方面是数据传输会经由开放的边缘网络或广域网络。虽然数据掌控在自己手中，但是数据传输可能经由运营商层层转发，存在泄露的风险。另一方面是，原始数据的规模过于庞大，以至于汇聚所有的数据至同一位置会耗费大量的时间与金钱。这里的时间指时效性之内也许未能传输完所有的数据。这里的金钱指利用网络传输数据可能花费对应的流量费用。例如，对于每天产生 TB 甚至 PB 级别的数据来说，如果还是在 1MB/s 的传输链路上传输，一天也传不完所有数据。因此，就有了在数据产生源进行处理的需求。这里，联邦学习能解决的就是可信问题与原始数据规模过大问题。联邦学习用替代的梯度或模型差异进行全局汇聚，避免了直接的参数泄露。同时，虽然联邦学习会进行多轮训练迭代，但是每轮传输的模型也许只有几百兆，相比于原始规模的数据量，已大幅度降低。

14.4.2　应用理论分析

本节就全局汇聚频次降低进行理论分析。详细的理论分析在已有工作中有详细论述，本节梳理出类似工作的思路与特点，舍弃一些细节、抓取出理论分析的主干。

函数性质要求：一般来说对既定的训练目标，损失函数会有范围限定及性质限定，包括函数值（零阶信息）的限定以及梯度（一阶信息）的限定。对于损失函数 F 来说，有以下限定：

- 函数值有界：通常的形式有 $\|F\|\leqslant\rho$，其中 $\|\cdot\|$ 为范数符号，一般意为 2- 范数，ρ 是限定函数值的参数。除了直接限定函数值外，也有一些变种。例如，利普希茨（Lipschitz）连续实际上也是限定了函数值，对于任意两个模型 $\boldsymbol{w},\boldsymbol{w}'$，有 $\|F(\boldsymbol{w})-F(\boldsymbol{w}')\|\leqslant\rho\|\boldsymbol{w}-\boldsymbol{w}'\|$。上述损失函数 F 省去了数据样本参数。对于特定的训练实体而言，其包含各自不同的一批训练样本，因此可用函数 $F^{t,i}(\cdot)$ 来指代迭代轮次 t 训练实体 i 的损失函数。
- 梯度有界：类似于函数值有界，其对函数的梯度值进行了限定，通常的形式 $\|\nabla F\|\leqslant\beta$，其中 β 为限定梯度值的参数。当然，其也有一些变种。例如，β - 光滑就是描述了任意两个模型 $\boldsymbol{w},\boldsymbol{w}'$ 在梯度上的表现，有 $\|\nabla F^{t,i}(\boldsymbol{w})-\nabla F^{t,i}(\boldsymbol{w}')\|\leqslant\beta\|\boldsymbol{w}-\boldsymbol{w}'\|$。不仅如此，除了任意两模型外，相邻迭代轮间、局部与全局也可比较，$\|\nabla F^{t+1,i}(\boldsymbol{w}^{t+1,i})-\nabla F^{t,i}(\boldsymbol{w}^{t,i})\|\leqslant\beta$，以及 $\|\nabla F^{t,i}(\boldsymbol{w})-\nabla H(\boldsymbol{w})\|\leqslant\beta$，其中 H 是包含所有样本的损失函数。
- 性质限定：性质限定一般指的有凸性与时变性质。凸函数要求了定义域是凸集合，且函数满足凸性定义。其描述了在凸集合空间中，十分有信心能找到最优的函数值及对应的变量值。这种有信心的找法实际上是通过梯度的方式进行的。当然，时变性质更为复杂，描述的是模型随着迭代演进所产生的性质，可以直接面向模型建模，也可间接地考察诸如模型损失函数、局部训练的时变特征。例如，相邻迭代间的梯度有界也可算作时变性质的一种。对于降低全局汇聚频次的场景来说，其进行 k 次局部训练（每次还包含 τ 轮迭代）才进行一次全局汇聚，因此，降低频次前后，两种模型的关系可以表示为 $\|\boldsymbol{v}_{[k]}^{t}-\boldsymbol{w}^{(t)}\|\leqslant h(k,\tau)$，其中 $\boldsymbol{w}^{(t)}$ 表示在第 t 轮进行全局汇聚产生的模型（若没有全局汇聚，仍可以定义），$\boldsymbol{v}_{[k]}^{t}$ 表示抛开局部训练，利用所有数据进行梯度下降产生的模型。那么它们可以被 k 与 τ 的函数 h 定界。

中间结果桥接：在函数性质的基础上，联邦学习可以像积木一样拼出各式各样的中间结果。这些中间结果再不断组合，最终成为目标。以上是联邦学习训练效果的刻画。这边采用的思想主要是自顶向下式地展开与构造。例如，对于联邦学习来说，通常的目标是 $F(\boldsymbol{w}^{(T)})-F(\boldsymbol{w}^*)$，其中 $\boldsymbol{w}^{(T)}$ 表示经过 T 轮后产生的模型（包含了降低频次的全局汇聚）；$\boldsymbol{w}^*$ 表示在联邦学习框架下所能训练出的最好模型。上述目标是直观的，但是具体分析的时候难以直接对其进行界定。因此，一般的方法是增加辅助变量，例如，$F(\boldsymbol{w}^{(T)})-F(\boldsymbol{w}^*)=F(\boldsymbol{w}^{(T)})-\sum_{t\leqslant T}F(\boldsymbol{v}_{[k]}^t)+\sum_{t\leqslant T}F(\boldsymbol{v}_{[k]}^t)-F(\boldsymbol{w}^*)$，其中增加的辅助项是 $\mp\sum_{t\leqslant T}F(\boldsymbol{v}_{[k]}^t)$。由于该辅助项的和为 0，因此效果上与原目标等价。这种辅助项的好处是，相比于原先直接分析难以入手的目标，可以分别逐项分析 $F(\boldsymbol{w}^{(T)})-F(\boldsymbol{v}_{[k]}^t)$ 与 $F(\boldsymbol{v}_{[k]}^t)-F(\boldsymbol{w}^*)$。想要分析的是目标 $F(\boldsymbol{w}^{(T)})-F(\boldsymbol{w}^*)$ 能否被定界，那么最终结果的形式一定诸如 $F(\boldsymbol{w}^{(T)})-F(\boldsymbol{w}^*)\leqslant M$，其中 M 是用于定界的函数，那么对于这种找目标上界的形式来说，如果 $F(\boldsymbol{w}^{(T)})-F(\boldsymbol{v}_{[k]}^t)$ 难以分析，甚至可以将其放大到 $F(\boldsymbol{w}^{(T)})$。也就是无须分析 $F(\boldsymbol{w}^{(T)})-F(\boldsymbol{v}_{[k]}^t)$ 也能找到其上确界，因为 $F(\boldsymbol{w}^{(T)})-F(\boldsymbol{v}_{[k]}^t)\leqslant F(\boldsymbol{w}^{(T)})$。当然，这种放缩是极端的，虽然也能得到上界结果，但是这个上界就显得有些宽松。因此，分析原先目标的任务就拆解为优先分析 $F(\boldsymbol{v}_{[k]}^t)-F(\boldsymbol{w}^*)$，继而才是 $F(\boldsymbol{w}^{(T)})-F(\boldsymbol{v}_{[k]}^t)$ 或直接其替代品 $F(\boldsymbol{w}^{(T)})$。

在分析 $F(\boldsymbol{v}_{[k]}^t)-F(\boldsymbol{w}^*)$ 的过程中，首先需要注意的是，$F(\boldsymbol{v}_{[k]}^t)$ 确实可以与 $F(\boldsymbol{w}^*)$ 比较，但这两者并不是对等的。这里对等的含义是，原先目标比较的是 $F(\boldsymbol{w}^{(T)})-F(\boldsymbol{w}^*)$，那么直观意义上，最终结果 $\boldsymbol{w}^{(T)}$ 与 $\boldsymbol{w}^*$ 是一个层次上的结果，也即都是训练完成后模型的产出，但是 $F(\boldsymbol{v}_{[k]}^t)$ 仅是第 t 轮（$t\leqslant T$）的中间结果。从物理意义上看，更想要分析的是 $F(\boldsymbol{v}_{[k]}^0)-F(\boldsymbol{w}^*),\cdots,F(\boldsymbol{v}_{[k]}^T)-F(\boldsymbol{w}^*)$ 的演进过程，也就是序列 $F(\boldsymbol{v}_{[k]}^0)-F(\boldsymbol{w}^*),\cdots,F(\boldsymbol{v}_{[k]}^T)-F(\boldsymbol{w}^*)$ 的收敛表现。其等价的表达也许是这个序列的结果能否逐渐稳定下来，或 $F(\boldsymbol{v}_{[k]}^0),\cdots,F(\boldsymbol{v}_{[k]}^T)$ 序列能否逐渐逼近 $F(\boldsymbol{w}^*)$。只有在这样的意义下，分析 $F(\boldsymbol{v}_{[k]}^t)-F(\boldsymbol{w}^*)$ 是有价值的。那么，下一步的目标就是定界 $F(\boldsymbol{v}_{[k]}^t)-F(\boldsymbol{w}^*)$。

正如前文提及的，一般对函数性质有一定要求，这些要求就可以促成上述目标的定界。例如，在性质限定中提及的，两种模型的关系可以表示为 $\|\boldsymbol{v}_{[k]}^t-\boldsymbol{w}^{(t)}\|\leqslant h(k,\tau)$。那么能否将子目标 $F(\boldsymbol{v}_{[k]}^t)-F(\boldsymbol{w}^*)$ 拆解成含有 $\|\boldsymbol{v}_{[k]}^t-\boldsymbol{w}^{(t)}\|$ 及 $\|\boldsymbol{w}^*-\boldsymbol{w}^{(t)}\|$ 的部分就是接下来的目标。可以发现，本质上就是桥接函数值与自变量的关系。类似的桥接可以从凸函数、β - 光滑等函数性质的定义出发。如对于 β - 光滑有：对于任意的向量 $\boldsymbol{a},\boldsymbol{b}$ 都有 $F(\boldsymbol{a})\leqslant F(\boldsymbol{b})+\nabla F(\boldsymbol{b})^{\mathrm{T}}(\boldsymbol{a}-\boldsymbol{b})+\beta\|\boldsymbol{a}-\boldsymbol{b}\|^2/2$。该式实际上就包含了函数值、梯度以及自变量的项。那么，当 $F(\boldsymbol{v}_{[k]}^t)-F(\boldsymbol{w}^*)$ 转变（实际是定上界，也就是 $\leqslant$ 右边的函数）为若干梯度与自变量范数项的组合后就可以利用梯度或定义域的有界进行放缩。例如，当拆解后包含 $\|\nabla F(\boldsymbol{v}_{[k]}^t)\|*\|\boldsymbol{v}_{[k]}^t-\boldsymbol{w}^{(t)}\|$，即可对第一项采用梯度有界。

优化问题构造：在中间结果桥接的基础之上，有了目标与其上界函数的关系，类似于如下的函数形式：$F(\boldsymbol{w}^{(T)})-F(\boldsymbol{w}^*)\leqslant h(T,\tau,\cdots)$。其中，$h$ 是一个函数，自变量包含了中间桥接过程中所用到的各个参数，诸如训练迭代轮数 T、局部训练轮数 τ 等。一般来说，函数值 h 与 T 自变量的关系是，随着 T 的增加函数值 h 会越来越小。这也就符合了训练目标的预期：随着迭代训练的进行，轮数越多，$F(\boldsymbol{w}^{(T)})$ 越接近 $F(\boldsymbol{w}^*)$。h 的形式可以是 $1/T$、$1/T^2$ 等。

在有了目标与其上界函数关系的基础上，可以转为优化上界函数，以最优化训练效果。这里需要说明的是，以最小化上界函数并非总是能够保障 $F(\boldsymbol{w}^{(T)})$ 越接近 $F(\boldsymbol{w}^*)$，但从直观意义上而言，只有上界函数越小，才越有机会使得 $F(\boldsymbol{w}^{(T)})$ 越接近 $F(\boldsymbol{w}^*)$。因此，可以得到类似于如下形式的优化问题 $\tau = \text{argmin}\{h(T,\tau,\cdots)\}$。当然，这里仅用 τ 为例进行，还可以优化其他的参量。

14.5　本章小结

联邦学习通过迭代式的（局部训练→梯度传递→全局汇聚）训练方式完成既定的训练目标。围绕着梯度更新、传递以及汇聚，联邦学习发展出了一套完整的学习框架，并衍生出不少变化。其中，用以评价训练的指标有训练效果与训练效率。本章通过联邦学习范型入手，介绍了联邦学习涉及的局部训练、梯度传递以及全局汇聚。在局部训练中，重点阐述了样本、模型及精度的关系，并介绍了两种典型的利用梯度进行局部训练的方式；在梯度传递中，除了传统上多对一的梯度传递外，还介绍了一种更为泛化的梯度传递方式，在训练实体的邻居之间完成的单向的联邦学习梯度传递；在全局汇聚中，介绍了可以结合环境进行自定义的汇聚方案选择。

边缘网络是开放网络，因此更容易产生安全问题，这也是联邦学习所重点关注的场景。本章围绕动态的边缘环境特点，分别介绍了面向边缘的计算精简、传输优化以及架构选择。对于资源受限的设备来说，不仅可以精简计算量，还可以伴随流式数据的到达进行联邦学习训练；对于受限且变化的网络带宽来说，不仅可以降低传输频次，还可以按需进行频次调整；对于拓扑变化的整体网络或新兴训练任务，神经网络类训练任务的支持，迫切需要新的联邦学习框架。

本章最后通过两个实际案例介绍了联邦学习的应用与分析，涵盖实际应用与理论分析。

思考题

1. 本章区分了损失函数与准确率，能否尝试衔接这两者，给出两者的显式表达关系？
2. 数据分布不同以及边缘设备能力异构对联邦学习训练的影响体现在哪些方面？
3. 对于神经网络来说，仿照 14.4.2 节进行训练效果的理论分析存在哪些困难与挑战？

参考文献

[1] MCMAHAN H B, MOORE E, RAMAGE D, et al. Communication-efficient learning of deep networks from decentralized data[C]//Artificial intelligence and statistics. [S.l.]: PMLR，2017：1273-1282.

[2] 杨强 . 联邦学习：人工智能的最后一公里 [J]. 智能系统学报，2020，15（1）：183 – 186.

[3] LI M, ANDERSEN D G, SMOLA A J, et al. Communication efficient distributed machine learning with the parameter server[J]. Advances in Neural Information Processing Systems，2014，1:19-27.

[4] RENL B, GUO D, TANG G, et al. SRUF: Low-Latency path routing with SRv6 underlay federation in wide area network[C]//2021 IEEE 41st International Conference on Distributed Computing Systems (ICDCS). New York: IEEE, 2021: 910-920.

[5] WANG J, TAN Y, LIU J, et al. Topology poisoning attack in SDN-enabled vehicular edge network[J]. IEEE Internet of Things Journal, 2020, 7(10): 9563-9574.

[6] LIM W Y B, LUONG N C, HOANG D T, et al. Federated learning in mobile edge networks: A comprehensive survey[J]. IEEE Communications Surveys & Tutorials，2020，22(3)：2031-2063.

[7] MOHRI M, SIVEK G, SURESH A T. Agnostic federated learning[C]//International Conference on Machine Learning. New York: PMLR, 2019: 4615-4625.

[8] LI X, HUANG K, YANG W, et al. On the convergence of fedavg on non-iid data[EB/OL].[2022-06-05]. https:// arXiv.org/abs/ 1907.02189.

[9] TRAN N H, BAO W, ZOMAYA A, et al. Federated learning over wireless networks: Optimization model design and analysis[C]//IEEE INFOCOM 2019-IEEE Conference on Computer communications. New York: IEEE，2019：1387-1395.

[10] WANG S, TUOR T, SALONIDIS T, et al. Adaptive federated learning in resource constrained edge computing systems[J]. IEEE Journal on Selected Areas in Communications, 2019, 37(6): 1205-1221.

[11] LUO S, CHEN X, WU Q, et al. HFEL: Joint edge association and resource allocation for cost-efficient hierarchical federated edge learning[J]. IEEE Transactions on Wireless Communications, 2020, 19(10): 6535-6548.

[12] LIU L, ZHANG J, SONG S H, et al. Edge-assisted hierarchical federated learning with non-iid data[EB/OL]. [2022-06-05].https://arXiv.org/abs/1905.06641.

[13] CHEN M, YANG Z, SAAD W, et al. A joint learning and communications framework for federated learning over wireless networks[J]. IEEE Transactions on Wireless Communications, 2020, 20(1): 269-283.

[14] BONAWITZ K, EICHNER H, GRIESKAMP W, et al. Towards federated learning at scale: System design[J]. Proceedings of Machine Learning and Systems，2019，1: 374-388.

[15] CHENG Y, LIU Y, CHEN T, et al. Federated learning for privacy-preserving AI[J]. Communications of the ACM，2020，63(12)：33-36.

[16] LI T, SAHU A K, ZAHEER M, et al. Federated optimization in heterogeneous networks[J]. Proceedings of Machine Learning and Systems，2020，2: 429-450.

[17] SMITH V, FORTE S, M A C, et al. CoCoA: A general framework for communication-efficient distributed optimization[J]. Journal of Machine Learning Research，2018，18: 230.

[18] XIE C, KOYEJO S, GUPTA I. Asynchronous federated optimization[EB/OL].[2022-06-05].https://arXiv.org/abs/1903.03934.

[19] HADDADPOUR F, MAHDAVI M. On the convergence of local descent methods in federated learning[EB/OL].[2022-06-05].https://. arXiv.org/abs/1910.14425.

[20] VAN ENGELEN J E, HOOS H H. A survey on semi-supervised learning[J]. Machine Learning, 2020, 109(2): 373-440.

[21] HARD A, RAO K, MATHEWS R, et al. Federated learning for mobile keyboard prediction[EB/OL].[2022-06-05].https://. arXiv.org/abs/1811.03604.

[22] MUTHUKUMAR V, NARANG A, SUBRAMANIAN V, et al. Classification vs regression in overparameterized regimes: Does the loss function matter?[J]. The Journal of Machine Learning Research, 2021, 22(1): 10104-10172.

[23] CHERKASSKY V, MA Y. Practical selection of SVM parameters and noise estimation for SVM regression[J]. Neural networks, 2004, 17(1): 113-126.

[24] HE K, GKIOXARI G, DOLLÁR P, et al. Mask R-CNN[C]//Proceedings of the IEEE international conference on computer vision. New York: IEEE, 2017: 2961-2969.

[25] WILLIAMS G, BAXTER R, HE H, et al. A comparative study of RNN for outlier detection in data mining[C]//2002 IEEE International Conference on Data Mining, 2002. Proceedings. New York: IEEE, 2002: 709-712.

[26] JOTHIMURUGESAN E, TAHMASBI A, GIBBONS P B , et al. Variance-reduced stochastic gradient descent on streaming data[J].Advances in neural information processing systems，2018，31：9928-9937.

[27] LUO B, LI X, WANG S, et al. Cost-effective federated learning design[C]//IEEE INFOCOM 2021-IEEE Conference on Computer Communications. New York: IEEE, 2021: 1-10.

[28] WANG S, LEE M, HOSSEINALIPOUR S, et al. Device sampling for heterogeneous federated learning: Theory, algorithms, and implementation[C]//IEEE INFOCOM 2021-IEEE Conference on Computer Communications. New York: IEEE, 2021: 1-10.

[29] HE C, TAN C, TANG H, et al. Central server free federated learning over single-sided trust social networks[EB/OL].[2022-06-05].https:// arXiv.org/abs/1910.04956.

[30] ABAD M S H, OZFATURA E, GUNDUZ D, et al. Hierarchical federated learning across heterogeneous cellular networks[C]//ICASSP 2020-2020 IEEE International Conference on Acoustics, Speech and Signal Processing (ICASSP). New York: IEEE, 2020：8866-8870.

[31] YANG H H, LIU Z, QUEK T Q S, et al. Scheduling policies for federated learning in wireless networks[J]. IEEE Transactions on Communications. 2020，68(1): 317-333.

第 15 章 · CHAPTER 15

边缘计算的应用模式

随着技术供应商的持续创新，边缘计算的应用场景在不断发展。随着硬件、软件和云供应商构建起更合适、可持续且可靠的边缘功能，种种新型应用场景正不断涌现，尤其是近些年来人工智能的发展与广泛应用，进一步拓展了边缘计算的应用范围。下面简要介绍基于边缘计算模型的几种应用模式。

15.1 生命健康

边缘计算的优势能在很多方面为人们的生命健康提供保障。首先，利用边缘计算技术收集和分析健康数据能够降低延迟，提高能效。其次，出于对健康信息隐私性和保密性的考虑，边缘计算技术将病人的敏感性数据控制在本地，能更好保护病人的隐私。除此以外，在边缘环境中应用人工智能技术，能够高效地分析医疗数据，是传统诊断的有力补充。这些都有助于构建更个性化、更符合现代生活方式的医疗保健系统。在这样一个过程中，所谓巧妇难为无米之炊，我们首先需要收集健康数据，然后，通过对这些数据进行分析，从而进行进一步的诊断和治疗。从这两方面，我们介绍边缘计算在保障人们生命健康方面的典型应用案例（见图 15-1）。

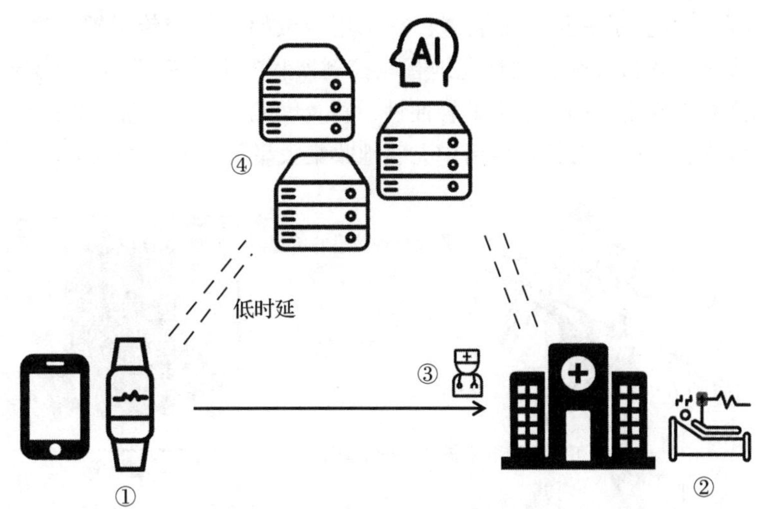

①日常健康监控；② 智慧病床；③ 远程诊疗；④ 搭载了人工智能的边缘服务器

图 15-1　边缘计算在保障人们生命健康方面的典型应用案例

15.1.1　健康数据收集

在健康数据收集方面，边缘计算和物联网互为倚靠，共同为用户提供高质量的数据服务。总的来说，边缘计算能为物联网传感器和设备生成的数据提供存储和计算，并具有诸多优势。数据的收集既体现在日常生活中，也体现在医院内。在日常生活中，我们可以使用各种设备进行健康数据的收集，监控自己的身体状况；而在医院里，医生同样需要测量病人的生理参数，作为诊断的依据。我们分别对这两方面进行介绍。

1. 日常健康监控

随着人类平均寿命的延长，老年人口也在迅速增长，这导致了全球范围内用于住院和患者护理的开销也在持续上涨。在美国，每年的死亡人数超过 77 万，这些人中有很多有过没能正确用药或医疗干预措施不及时等经历，最终不得不入院治疗，带来每年 15 亿～ 50 亿的开销。因此，日常健康监控可以减少住院人数、医护人员负担和门诊等待队列长度，最终降低整体医疗保健开销。

近年来随着人们健康意识的不断提高，日常健康监控设备在逐步普及，比如可穿戴设备利用生物传感器无创连续地采集人体运动与生理参数，包括心率、血压、心电图、血氧饱和度、体温和呼吸频率，从而实现对穿戴者运动与健康管理。以智能背心为例（见图 15-2），它是一种集成在背心中的可穿戴的生理监测系统，通过在服装面料中集成多种传感器，以无创无感的方式收集用户的生物信号，包括心电图、光体积变化描记图、心率、血压、体温和皮电反应。它无须使用凝胶就能记录心电图，并且基于硬件的高通、低通和陷波滤波器使得心电图不会出现基线噪声和运动伪影。验证实验的结果证明了测量的生理参数的准确性。除此以外，Saito 等人[2]开发了一种鞋内装置，它利用压敏导电橡胶传感器监测足底压力；智能枕头通过向枕头内植入微型化、柔性化地智能控制器和各类传感器，能够实现睡前催眠、智能唤醒和睡眠监测；智能手环由于它的轻便性，普及度尤其高，通过内置的加速计、陀螺仪、罗盘以及各种传感器，它能在日常生活中无感地收集大量可供分析的数据。

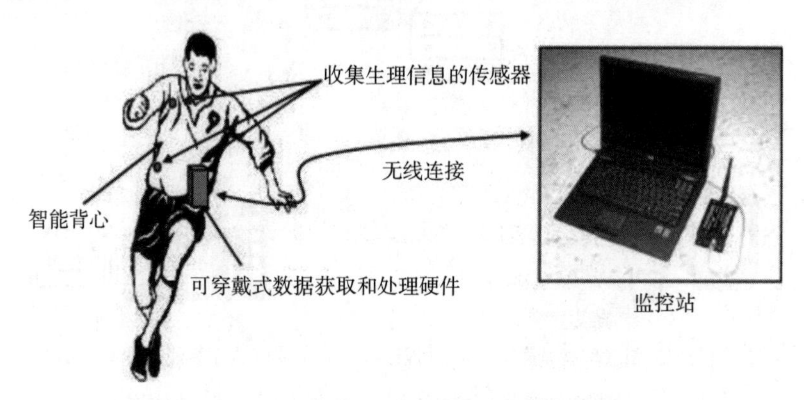

图 15-2　智能背心示意图[1]

但是，这些设备的存储与计算能力往往比较有限，因此会将收集到的数据上传到远程的云计算中心。这样的模式虽然实现了数据存储和数据分析的目标，但是有以下几点不足：首先，因为要在设备和云之间传输数据，这种模式会引入很高的时延；其次，由于收集到的生理参数的敏感性，这种模式不利于保护被监控者的隐私；最后，这种模式还会带来数据归属权的争议。

边缘计算模式则是一种很好的解决方案，我们可以将收集到的数据传输到用户的本地设备（比如智能手机、平板计算机）上，并在本地设备上搭载轻量级的智能分析系统。用户能以很低的延迟，快速便捷地查看分析结果，了解自己的健康状况，同时避免了对健康信息泄露的担忧和数据归属权的争议。

2. 院内数据收集

病床侧是病人活动的核心区域，大量数据在这里产生。以智慧病床为例，它的核心是床旁智能交互系统，通过基于智能平板的物理呼叫系统、无线物联网扫描枪、医护识别工卡、输液报警器、婴儿识别标签、生命体征采集，以智能交互终端为一站式信息服务平台，并对接医院的各种信息管理系统，能够实现医生对病人信息的快速检索，以及对身体状态的高效监测。

智慧病床系统的正常运行同样需要依托边缘计算模式。类似于对日常监控数据的处理，我们可以通过本地网络连接多个系统，合理、充分地利用在病床端收集的生命健康信息，将数据在部署在医院内或者医院周围的边缘服务器上进行分析处理，最终将可视化结果展示给医生和病人。这样的系统无须和云端进行交互，具有稳定、低延迟的特点，同时能够较好保护病人隐私。

15.1.2　诊断和治疗

在病情的诊断和治疗方面，边缘计算同样可以发挥自己的优势，尤其是当它与人工智能技术相结合时，能极大丰富传统诊断方式，保障人们的生命健康。

以远程诊疗（见图 15-1 ③）为例，它是一种正在发展中的医疗技术，结合计算机技术、通信技术、与医疗专业技术，让医师可以与病人远距离互动，达到诊疗及照护的目的。远程诊疗是 20 世纪电信及资讯科技发达下的产物，这些科技提供病患和医疗人员方便及准确的沟通管道，例如，可在两地之间传输健康资讯、药物及医疗影像。

远程诊疗的场景不适合完全依赖传统的云计算来做数据处理，而边缘计算模式是一个有力补充。主要有以下几个原因：首先，从技术角度，高质量的远程诊疗特别依赖网络的低延迟，而这是云计算做不到的；其次，远程诊疗往往会用于向偏远的农村地区提供医疗服务，这些地区的网络设施往往不够健全，因此通过因特网远程传输数据往往会因为网络的波动，影响医生及时获取数据，具有延误病情的风险；从隐私角度，病人的健康信息属于敏感数据，使用云计算的方式具有隐私泄露的隐患。通过在患者周边部署边缘服务器，不仅可以分担云服务器的计算负载，而且能够在连接中断、云服务器不可用时，依然稳定地提供计算和存储资源，保证用户能持续享受低时延的服务，同时无须担心隐私泄露。

边缘智能将最新的人工智能技术与边缘提供的计算能力相结合，为传统人工诊断带来了新的活力（见图 15-1 ④）。通过学习大量的医疗知识，训练并不断完善推理模型，可以模拟医生的诊断方式，进而得出高质量的治疗方案。这样的方案可以成为传统人工诊断的辅助，为治疗提供富有价值的参考。以 IBM Watson[3] 为例，它是一种能够回答自然语言提出的问题的问答计算机系统。具体而言，当医生向它提交了包含症状描述的查询，IBM Watson 会首先解析输入并识别其中最为重要的信息，然后挖掘患者的医疗和遗传史数据，检查可用数据源从而形成并测试假设，最后形成一个个性化的推荐列表。其中，IBM Watson 用于分析的数据来源包括治疗指南、电子病历、医疗服务提供商的注释、研究材料、临床研究、期刊文章和患者信息。

在医学影像领域，人工智能同样具有用武之地。总的来说，应用场景可以分为两类，首先是机器看片，通过替代医生观察影响数据，人工智能可以提升医生的影像诊断效率，解决病理医生资源短缺的问题；其次是机器读片，我们可以利用计算机视觉领域的最新研究成果（如深度卷积神经网络）实现包括图像分割、特征提取和数据信息预处理等多种任务，从而在分析来自 X 射线、CT 扫描和核磁共振的影像时，准确定位到微小病灶，从而结合医生的专业经验，进一步提高影像诊断的精准度和医生的诊断水平。计算机视觉任务往往是资源密集型的，部署在医院本地的边缘服务器能够很好地承载这些任务，为它们提供充足的资源。

总的来说，边缘计算能够参与从健康数据收集到诊断和治疗等方方面面，通过与云计算协同，保障人们的生命健康。边缘计算模式无须将收集到的数据上传到云计算中心，从而避免使用缓慢的蜂窝或卫星发送海量数据，降低了服务延迟，还能保护病人的隐私数据。最后，它还能确保网络中断时系统仍能离线工作，提升了系统运行的稳定性，这对于病人瞬息万变的身体情况来说是至关重要的。

15.2　交通运输

15.2.1　简要介绍

一个智能的现代化交通运输系统，应当将先进的信息技术、通信技术、传感技术、控制技术及计算机技术等有效率地集成运用，从而在大范围内及全方位发挥作用，实现实时、准确及高效率的运输和管理。具体而言，系统对监控摄像头等传感器采集的交通数据进行存储、过滤、处理，从而获知交通运行情况。分析结果将被用于改善居民的出行体验，比如疏导交通流量和管理交通秩序。

随着城市交通智能化的不断推进，传感器数量的不断增长，实时处理海量信息给传统的云计算范式带来了前所未有的压力。如果将所有的数据都上传到云端计算，不但会给核心网的带宽带来压力，与之相伴的高时延也无法满足很多实时交通应用的要求。边缘计算范式通过将数据保留在城市本地进行处理，能够有效缓解上述问题。图 15-3 是边缘计算在交通运输中的典型架构，这样一个“云层 – 边缘层 – 用户层”的三层架构，能够支持高精度地图、实时交通路况、自动驾驶等特色应用，为动态车辆提供多种便捷的服务。

在静态交通领域，边缘计算模式同样非常有用。以停车控制系统为例，它是静态交通的重要组成部分，影响着对泊位数和路面交通的规划。停车控制需要处理海量的静态交通信息，云存储往往无法承受巨大的数据处理请求压力，而边缘计算的独特优势能助力智慧停车趋于成熟和完善：对数据进行就近存储与处理，缓解云存储的压力，降低请求响应时延。

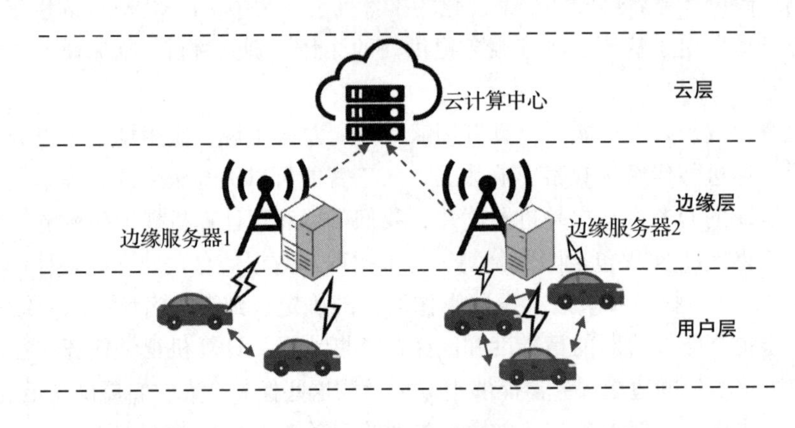

图 15-3　边缘计算在交通运输中的典型架构

接下来，我们从时延和安全两方面介绍边缘计算模式应用在交通运输领域的一些研究内容。首先，低时延是智能交通系统中的一个关键要素，实时交通路况业务要具有较好的时效性，需要有较低的处理时延，自动驾驶技术因为安全因素对时延有更加严苛的要求。边缘计算技术能够对传感器采集的数据进行本地处理而无须全部上传到云端，因而能够大大降低服务时延。但是，如果想要进一步提高服务 QoS，继续优化车辆和边缘服务器之间的本地时延非常有必要，比如，一些研究[4]致力于优化道路上的车辆和路侧边缘节点间传输数据包的上下行时延。除此以外，由于交通车辆不断移动，环境特点复杂多变，网络状况也随之不断波动，现有的传统网络路由算法会出现无法选择最优路径等问题，从而产生拥塞、高时延等网络问题。针对这些问题，过去的一些工作[5]专注于设计边缘计算赋能网络中的路由算法，从而在复杂的交通运输环境中实现低延迟的网络传输。

其次，安全在交通运输中至关重要，它分为两个层面，一个是用户的安全，另一个是数据的安全。用户安全是指智能交通的业务是否能够保障乘客的生命健康，数据安全是指用户的隐私数据能否安全处理而不泄露。对于用户的安全，交通运输中的突然事故是重大威胁，服务延迟因而成为一个不能容忍的因素，对于自动驾驶等业务，如果因为延迟而不能及时获得服务，那将是致命的。边缘计算能够降低服务时延，因而能够有力保障用户安全。对于数据的安全，由于车辆具有很高的移动性，车载网络拓扑随之不断动态变化，车辆之间以及车辆和基站间的无线信道也易于衰落。这些特性为危险预警、换道决策、制动避撞等车载安全业务的研究带来了挑战，此外，访问控制、远程升级、异常检测的过程中也存在数据安全与隐私问题，这些问题已经成为关于边缘计算赋能交通系统的热门研究课题[6]。

15.2.2　案例：车联网

车联网也就是"汽车移动物联网技术"，是根据车辆相关信息（比如位置、速度和路线）构建的交互式无线网络。由于物联网和无线通信技术的快速发展，具有环境感知、信息处理和自动控制能力的智能车辆应运而生。智能车辆为我们带来了强大的车载应用，例如，自动驾驶、语音识别和车载娱乐，并有助于构建更智能、更安全和更可持续的交通系统。这些应用通常是计算密集型的，然而车载计算资源往往比较有限，单个智能车辆无法提供足够的计算能力，这使得车辆很难满足一些应用的实时性要求。

边缘计算为解决上述问题提供了一种可行的方法。我们可以在车辆接入网络中部署边缘服务器，然后将上述应用的任务卸载到这些服务器上。在卸载过程中，我们利用智能车辆和路侧单元（Road Side Unit，RSU）之间的无线链路进行任务数据交付和处理结果获取。通过车路的有效协同，系统能够保证交通安全，提高通行效率，比如，实现道路对行驶车辆的导航，实现在危险情况发生前的及时预警，以及实现道路对交通流量的疏导。如图 15-4 所示，路侧边缘计算平台实时获取路侧传感器的数据进行计算，进行目标的识别、

图 15-4　车路协同服务的基本结构

分类、追踪和轨迹拼接等功能，分析结果通过 RSU 直接发送给路上的车辆，从而为交通参与者提供各种各样的数据服务。此外，拥有备用计算资源的智能车辆也可以作为边缘服务器，从而为车对车（Vehicle to Vehicle，V2V）通信中的相邻车辆提供服务[7]。

这样一个系统具有很多不同于传统边缘计算应用场景的特点，比如车辆的高速移动和网络拓扑的快速变化，因此也为系统的设计带来了很多挑战。根据道路交通环境和车辆边缘网络的特点，我们将挑战分为四个方面：

- 高度动态的网络拓扑和不稳定的服务关系。这是由车辆的高速移动带来的，是车联网系统的最重要的特征。这种拓扑变化会极大影响传输速率、干扰和能耗等。由于通信在任务卸载中起着关键作用，因此动态拓扑意味着，在管理边缘服务时会面临复杂的无线接入点切换、功率调整和干扰抑制。此外，考虑到密集部署的基站在 5G 网络中的覆盖范围有限，高速移动的车辆可能在短时间内离开基站的通信范围，而如果车辆需要卸载的任务计算量很大，基站上配备的单个边缘服务器就会很难及时完成计算，车辆因而会在任务完成前离开通信范围，导致服务中断。
- 严格的延迟限制和大量的任务数据。大多数车联网应用都与自动驾驶控制有关，并且非常关注对交通安全的保障，因此这些应用始终具有严格的低时延限制。例如，车辆需要快速高效地处理障碍物识别并生成控制指令，从而在几毫秒之内对突然出现的障碍物进行正确的反应。然而，在车辆众多的拥挤道路上，很难部署足够的边缘服务器去满足这样的需求。此外，边缘计算服务依赖于用户节点和服务器之间的任务数据传输。在自动驾驶应用中，摄像头、毫米波雷达和激光雷达等车辆传感器持续生成大量数据，对车辆网络的通信能力带来了很大的压力。
- 异构和复杂的通信。车辆网络一般由智能车辆、RSU 和基站组成，这些设备和基础设施形成了多种通信关系，包括 V2V、车到路侧单元（Vehicle to RSU，V2R）和车到基础设施（Vehicle to Infrastructure，V2I），我们将这些关系统称为车辆到一切（Vehicle to Everything，V2X）。不同的 V2X 通信可以在不同的频带内工作或共享相同的频谱资源。此外，车辆通信的部署和运行已经有了一些标准，例如欧洲的合作智能交通系统、IEEE 802.11bd 和 5G 新空口 V2X（5G New Radio V2X，5G NR V2X）等。遵循多种标准的大规模异构设备在受限频带内并行通信，使得车辆通信非常复杂，这为高效的任务卸载增加了难度。
- 分散和独立控制的边缘服务节点。智能车辆搭载了处理器、缓存和通信接口，因此当它有多余的计算资源时，可以被用作边缘服务器，并通过 V2V 任务卸载为其他车辆提供服务。然而，单个智能车辆搭载的计算资源可能无法满足一些具有高度密集计算需求的任务，因此我们需要聚合多个车辆服务器以形成具有强大服务实体的车辆组。然而，由于网络中的车辆是移动的、分布式的，集中式控制机制效率低下且耗时。此外，每辆车的服务意愿和驾驶行为都由车主独立控制，要求所有车主无条件遵守调度指令不切实际。

为了应对上述挑战，图 15-5[8] 给出了一个应用架构，总共可以分为四层。底层是应用层，它由智能车辆和车载应用组成。这些车辆具有不同的计算和通信能力，以不同的速度和路线规划在一个范围内行驶。同时，车辆运行的应用（比如自动驾驶和导航）在计算资源需求和延迟限制方面也有所不同。车辆和搭载应用的特性可以作为架构上层的输入，进而驱动边缘服务策略进行调整。

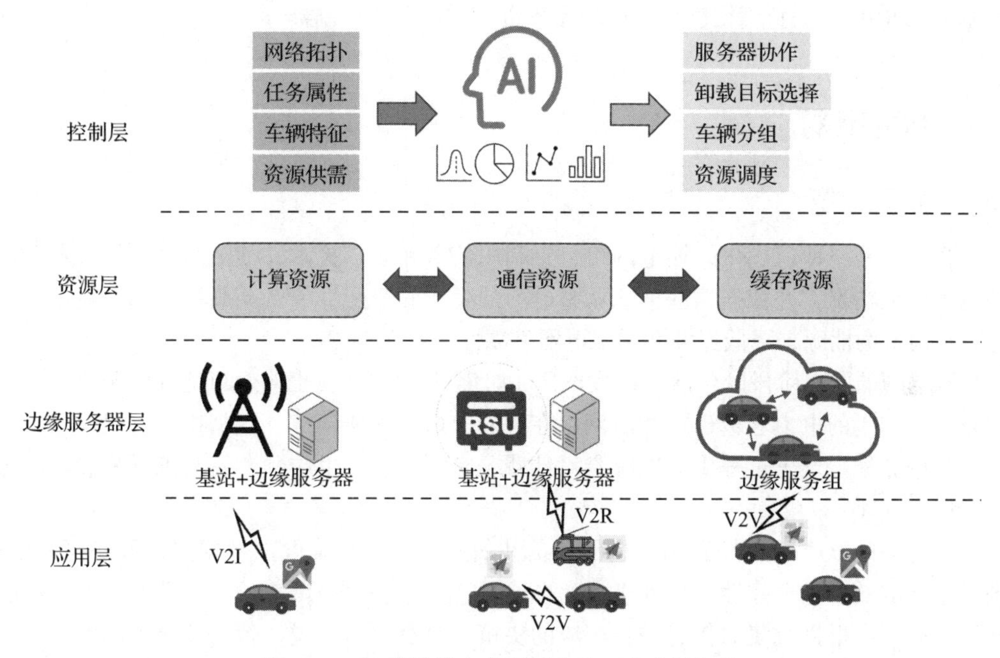

图 15-5　边缘计算在车联网中的一个应用架构

在边缘服务器层，有三种类型的车辆服务基础设施，分别是部署了边缘服务器的基站、边缘服务器的 RSU 和边缘服务组。基站 /RSU 使用 V2I/V2R 传输来收集区域内行驶车辆的计算任务，将任务发送到边缘服务器进行处理，最后将结果返回给车辆。边缘服务器组由多个拥有闲置计算资源的智能车辆组成，组成成员可以是停车场中的静止车辆，也可以是道路上的移动车辆。卸载的计算任务由多个车辆共同承担，同时，任务的每个部分的执行也通常需要依赖其他部分的合作。为了保证组中成员之间的沟通高效可靠，服务组通常由地理位置相邻的车辆组成。

在资源层，基站、RSU、边缘服务器和智能车辆提供的边缘服务资源在逻辑上分为计算资源、通信资源和缓存资源，这些资源被协同地利用，从而完成各种任务的卸载和处理。其中，计算资源负责执行计算任务，通信资源负责任务数据传输和计算结果的交付，而缓存资源则用来在服务器中存储任务数据。如果某个区域有足够的带宽，但计算资源较少，则可以将生成的任务传输到具有强大计算能力的区域，这种异构资源之间的跨类型协作，本质上是用通信资源换计算资源。

控制层位于该架构的顶部，监控系统的服务状态并生成最佳调度策略。具体而言，控制单元收集有关网络拓扑、任务属性、车辆特征和资源状态的数据，然后将收集到的信息输入AI模块，从而对服务供应和需求趋势进行分析。分析结果被用于形成有效的管理计划，确定卸载的目标服务器和智能车辆的分组模式，协调异构服务器之间的交互，并优化各种类型的边缘资源。从实现的角度来看，控制模块可以是负责整个网络的集中控制实体，也可以是配备在基站或RSU上的负责调度本地区域服务资源的分布式控制器。

15.3 智慧电网

15.3.1 简要介绍

智慧电网是一种现代化的输电网络，它利用信息和通信技术，侦测与收集供应端和使用端的电力供应情况，并依据这些信息调整电力的生产和输配，或者调整家电和企业用户的耗电量，从而节约能源、降低损耗和增强电网可靠性。

智能电网的发电阶段既包含传统发电厂（如化石发电厂），也包含风能和太阳能等可再生能源发电。产生的电力会被送往微电网，在智能家居、智能建筑、数据中心、工厂和电动汽车等消费中分配。这个过程中，系统会对计费、实时定价、供应预测、需求预测和电网监控等任务进行管理。

智能电网的核心思想是利用先进的通信和信息技术，收集电网数据并提取必要的信息，以提高电网的效率和可靠性，比如供电商会通过智能电表收集用户的用电情况。电网中的用户和供电商，会根据收集的信息进行相应的决策。对供电商来说，他会监测电网的状态，预测用户的累计需求，估计可再生能源所能产生的电力，并使用传统发电厂生产足够的电力以满足用户需求。供电商必须根据供需情况实时更新电价，并根据动态电价和用电量进行计费。而电网用户一般包括智能家居、智能建筑、智能工厂、智能城市等。在智慧电网领域，用户需要根据电网状态和动态电价进行相应的需求管理，以最小化用电费用。这里的决策包括对家用电器进行调度、转移高峰时段的负载，以及和其他客户进行能源的交换。此外，客户可能会使用可再生能源满足部分需求，比如使用太阳能电池板进行发电，而预测这一部分的发电量通常需要根据历史和天气相关的数据定制专用的模型。

在传统的以云为中心的设计中，供电商和用户的调度决策都会依赖于云服务。但是，这样的云计算模式并不能满足智慧电网的需求，主要有以下几个原因：首先，云服务器地理位置遥远，需要多跳通信，对于某些时延敏感型应用来说，这样的高延迟是无法容忍的；其次，智慧电网中海量的物联网设备（比如智能仪表、智能插头等）产生的数据给通信网络带来了巨大的负载；最后，收集的数据中往往包含有关用户的敏感或私人信息，例如，监测家用电器的用电量可以识别住宅中的日常活动[29,30]，即使监测的目的有时是为了识别环境以辅助老年人或残障人士的生活，但将原始数据发送到第三方可访问的云计算中心显然还是会存在隐私泄露的风险。

15.3.2　参考模型

为了解决上述问题，边缘计算将数据处理任务推到靠近数据收集的地方，从而不但可以降低网络负载，还可以减少实时应用的延迟。物联网设备可以对数据进行预处理，比如过滤噪声和消除冗余等，但是设备的能力依然非常有限，如果无法完全处理数据，它们可以将数据卸载到网关等能力更强的位置。但是，边缘计算的优势并不意味着云计算完全没有应用价值，我们可以将最终结果或中间数据存储在云上，以作长期分析之用。类似长期数据分析、变化趋势分析和预测模型训练的任务，比较适合在云上进行，因为数据量和计算量很大。

图 15-6[31] 展示了一个基于边缘计算的智能电网架构，其中，对需求、能源使用和供应预测等管理所需的大部分信息处理都是在本地网络中执行的。此外，供电商的一些管理任务也会分配到微电网中进行处理，比如管理本地的供应、需求预测和电力市场。智能电网任务有很多是关于学习和预测的计算密集型任务，因此除了物联网设备本身，系统还会将 PC 或智能网关等性能更强的设备用作边缘服务器，从而为这些任务的处理提供计算能力。

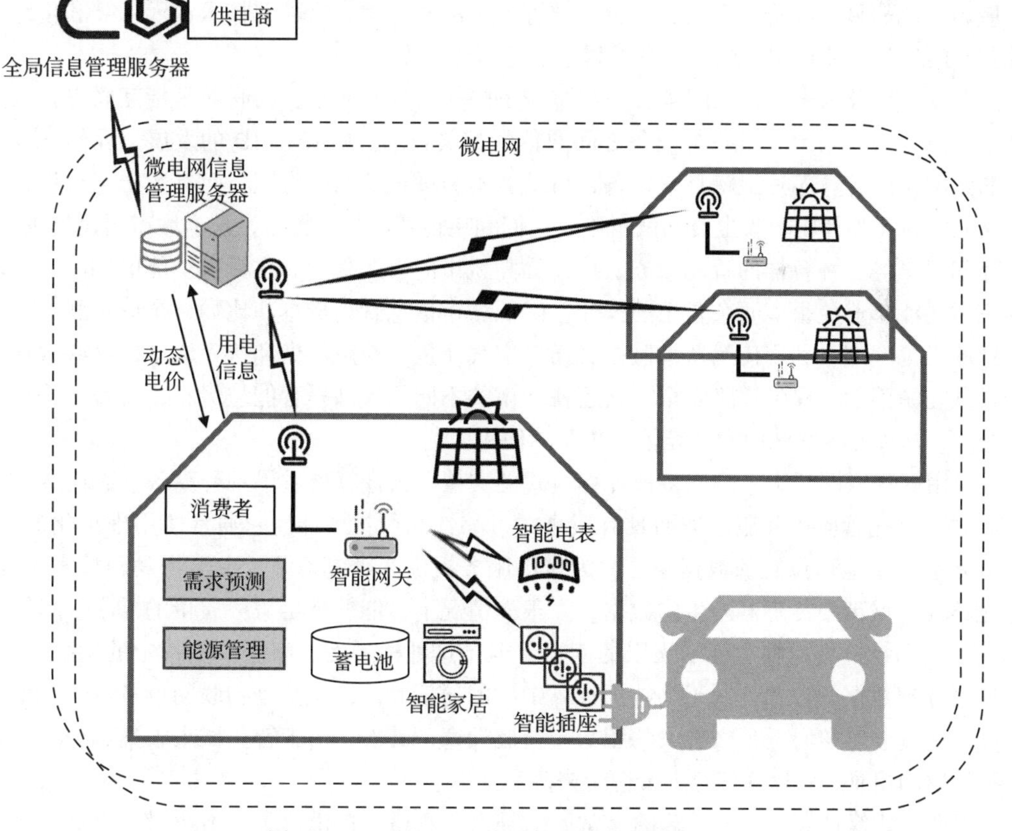

图 15-6　一个基于边缘计算的智能电网架构

在智能电网中，通过分析和学习历史数据，例如，学习消费者的一些偏好（比如合适的照明亮度）或学习并预测用户的用电需求和可再生能源供应情况，可以显著提升运行效率。这个过程需要使用机器学习工具来完成，包括回归、分类、聚类和强化学习等。其中，回归模型的输出是一个连续变量，可以根据天气状况、季节信息和历史数据预测太阳能电池板的可再生能源量；分类模型的输出则是在一组有限的预定义标签中的选择，比如通过能源使用信息来确定哪个电器正在运行；聚类任务是将数据划分为簇，簇中的数据点彼此相似，簇间的数据点彼此不同，供电商可以使用聚类方法将消费者进行划分；强化学习则用于智能电网中的决策制定，它通过反复试验，并用奖励和惩罚来评估决策，以了解如何在下次做出更好的决策。在智能电网中应用边缘计算的一个关键就是在边缘设备上实现高效的机器学习模型。

15.4　智慧城市

智慧城市是指利用各种资讯科技或创新意念，整合城市的组成系统和服务，以提升资源运用的效率，优化城市管理和服务，以及改善市民生活质量。总的来说，智慧城市覆盖了六大城市功能领域：经济、交通、安全、教育、生活和环境。物联网技术、云计算和边缘计算等技术的进步，使得智慧城市具有了越来越丰富的内涵。

在今天以及未来，物联网都会是智慧城市的一个核心元素。物联网是指互联设备的集合网络，以及设备与云、设备与设备之间通信的相关技术。随着 RFID 的发展，我们已经可以用非常廉价的计算芯片追踪日常设备，再结合不断增长的网络带宽，已有数十亿台设备连接到互联网，比如牙刷、吸尘器和汽车等。它们利用传感器收集数据，并为城市居民提供交通、医疗和停车等各种各样的智能服务，从而提高城市的宜居程度。在提供功能的同时，物联网的应用还能够避免很多冗余复杂的操作，降低城市信息管理成本。比如，全球智慧城市排名前列的巴塞罗那，利用传感器来监控交通、空气质量、噪声污染和行人活动，这些数据将用于降低能源消耗，保障道路安全。它还在城市的不同位置部署智能垃圾箱，将垃圾排放到地下仓库，从而减少臭味散发和垃圾收集车的使用。

要用好物联网技术，需要多种计算模式的支持。云计算提供了一种高效动态的共享资源的方式，在托管应用和服务方面具有很高的可靠性和可扩展性。它通常使用虚拟化的方式，从分布在多个地理位置的数据中心，为城市服务提供商供应资源。在与物联网技术集成时，它能够处理城市中传感器产生的数据，在很多情况下，能够满足服务质量的需求。尽管云计算在存储和计算方面拥有几乎无限的能力，但是这种模型无法解决一些特定的挑战。首先，云计算处理数据的方式受制于终端到计算中心的通信时延，尤其是物联网设备爆炸式增长的当今，传输会给核心网带来很大的压力，造成拥塞；其次，由于智慧城市收集和分析了大量隐私敏感的信息，将这些信息上云会带来隐私问题。

因此，边缘计算成了云计算的非常好的补充，它通过提供位于网络边缘、更接近物联网设备的小平台来增强云服务。由于离设备更近了，通信压力被大大缓解，通信延迟大大降低，提高了一些延迟敏感、对实时性要求很高的应用的服务质量，比如远程医疗；除此以外，由于数据在同样的地方被收集和处理，一方面能更好感知位置。更加适合运输等基于地理位置的应用，另一方面减少了隐私泄露的可能性。但是，受制于边缘平台有限的计算和存储资源，边缘计算模式对于一些复杂的分析和大量数据的访问会有些无能为力。

人工智能的发展也助力了边缘智能在智慧城市中的广泛应用，通过学习传感器中数据隐藏的模式，我们可以实现自动化的分析和识别。比如，边缘智能能够监控公共空间，通过将监控摄像头拍摄到的视频在边缘计算平台使用深度神经网络进行实时分析，能够快速定位灾难性事件，从而保障居民的安全。对于桥梁和发电厂等关键基础设施，我们可以布置传感器检测结构数据，然后在边缘计算平台自动化地识别潜在的危险。

总而言之，边缘计算作为云计算的一种补充，能够弥补云计算在智慧城市应用中的劣势。但作为一项新兴技术，它的发展也会经历从原始到成熟的过程，经受社会需求和传统规则的影响，并面临诸多挑战：

- 收集和存储数据：数据是构建智慧城市的原料，一方面，数量庞大的传感器会产生海量数据，例如，一个人口百万的城市每天会产生 180PB 的数据 [32]，如何高效处理这些数据对资源有限的边缘服务器是一个巨大的挑战；另一方面，收集和存储数据常常会涉及数据所有权的问题，很多数据在所有者不知情的情况下被利用，因此需要完善的法律法规来规范智慧城市构建过程中的数据所有权问题。
- 数据隐私和安全：边缘计算平台尽管在分析数据时无须将数据上云，但在数据的隐私和安全方面依然存在巨大挑战，我们以边缘设备和 Wi-Fi 网络为例，进行一个简单介绍。相较于过去，边缘设备存储着越来越多的数据，因此也会存在安全隐患，比如，我们可以通过了解用电和用水量来推测居民房内是否有人居住。对于 Wi-Fi 网络，大部分公共 Wi-Fi 热点都缺乏安全性，它们的所有者往往是一些利益相关者，使用这些热点访问因特网，存在隐私泄露的风险。居民在利用边缘提供的资源享受智慧城市的服务时，难免会将个人数据存储在边缘服务器上，但是目前还缺少保护数据隐私和安全的工具。

15.5　智能家居

15.5.1　简要介绍

智能家居是智慧城市的一个重要投射面。近些年来，智能电视、智能门锁等越来越多的智能设备进入了人们的家庭生活，它们通过网络彼此连接，为日常活动提供了诸多便利。在中国，智能家居市场每年以 20% ～ 30% 的速度增长。一方面，智能家居能带来高效、便捷的体验，十分符合当代年轻人的生活观念，因而深受年轻人的青睐；另一方面，人口老龄化现象十分显著，老年人需要智能家居来辅助生活，同时监控自己的健康状态。总的来说，智能家居技术包括感知、通信和计算三个方面，其中，感知技术是指使用大量的传感器收集家庭环境和居民活动的信息，通信技术是指通过网络将不同的传感器连接起来，实现不同设备的互联互通、信息交互，计算技术是指整合边缘设备的计算能力或者利用边缘服务器的计算资源，进行数据分析，最终提供多样的智能服务。

在智能家居场景中引入边缘计算是非常自然的选择，因为很多家庭设备同时具有通信能力和计算能力，可以作为边缘节点来使用。比如，如今的智能手机拥有越来越强的CPU性能和GPU性能，最新的设备还拥有专门用来进行神经网络推断的张量处理单元（Tensor Processing Unit，TPU）和神经网络处理单元（Neural Network Processing Unit，NNPU），足以用来处理一些轻量级的视觉任务。除此以外，很多家居设备还具备多样的感知能力，比如，无线路由器的特性支持定位用户的位置，智能手机往往搭载雷达、摄像头等传感器，可以对用户的行为和所处的环境进行感知。

除此以外，相比于完全依赖于云计算，使用边缘计算模式为智能家居业务提供支持有诸多优势。首先，在智能家居场景中，设备对用户的及时反馈非常关键，例如向智能音箱请求播放音乐，如果响应时间非常长，用户的服务体验就会大打折扣，而边缘计算无须将智能设备收集到的数据上传远程计算中心，避免了传输时间成为系统快速响应的瓶颈。其次，智能家居每天都能产生大量的数据，最典型的就是智能摄像头，随着高分辨率摄像头的普及，将每天的监控视频完全上云，不但不经济，而且会对云端的网络和存储带来很大压力，因此，当前的一些研究提出在边缘先进行轻量级的数据过滤，通过云－边协同来优化家居系统。最后，智能家居设备收集的数据往往非常私密，上传到远程云服务平台会对用户带来潜在的风险，出于保护隐私的考虑，将数据处理放在家庭范围内进行处理应当是优先的选项。

15.5.2 案例：人机交互

人机交互是智能家居场景中实现家居设备“智能化”的基础功能之一。在复杂的家庭环境中，用户与设备交互的声音很容易被其他的杂音干扰，比如家人的对话、厨房做饭的噪声和电视扬声器发出的声音等，因此非常有必要使用一些技术分离出真正的交互声。我们可以使用麦克风录入多通道的声音，然后分析声学空间，使得声音定位更精确，从而提升交互声音的质量，或者根据声纹信息将真正用户的声音从多种杂音中区分出来。因此，语音降噪是人机交互的必不可少的一项功能。

除了语音降噪，多模态交互同样是人机交互中的重要一面。多模态交互是指在人机交互的过程中，将多种感官（听觉、动作、视觉和文字等）结合起来。比如，人机交互可能是视觉和听觉的结合，如果摄像头看到用户不在家，那设备就无须对电视机扬声器放出的语音进行响应。从中我们不难看出，多模态交互需要处理不同形态的信息，包括声音数据、视频数据、热感应图像数据等，因此对多种处理能力提出了要求。

边缘计算非常适合实现人机交互功能，有以下几个原因：首先，人机交互的服务质量对延迟比较敏感，我们通常希望自己下达的命令得到一个快速的响应；其次，一旦设备无法连接因特网，它应该保持与人交互的基本能力；最后，用户的语音、视频由于包含了私人信息，属于敏感数据。出于这些原因，人机交互的部分功能应当在设备本地实现，而不是全部上云。除此以外，人机交互涉及多种模态信息的处理，边缘智能也大有用武之地。

此外，边缘计算需要与云计算相融合才能实现较好的负载分配。在人机交互的例子中，通过语音交互获取功能的过程通常可以分成单纯的声学信息处理和具体业务的执行，比如我们向设备查询天气状况的过程主要包括语音转文字和获取天气信息。获取天气信息当然需要联网上云来完成，但是语音转文字完全可以在设备上实现。通过设备和远程计算中心的协同，计算负载可以得到合理的分配，从而在满足功能的同时，降低服务时延，提升用户体验。

15.6　工业生产

在工业生产中应用边缘计算，就是构建一个分布式的平台，该平台集成了通信、计算和存储资源，用于执行可以直接从云端访问的实时应用程序。工业边缘计算是走向工业互联网的重要的一步，它旨在促进敏捷互联、实时控制和数据优化，从而赋能智能应用，并确保安全和保护隐私。工业边缘计算充分利用边缘计算节点，将它们作为资产、服务和系统的智能网关，构建起物理世界和数字世界之间的桥梁。

15.6.1　参考模型

在工业生产中，云计算和边缘计算各有长处。云计算适合非实时和长期的大数据分析，用于预防性维护和业务决策，而边缘计算模式则特别适合处理本地、实时和短期的数据分析，从而实现实时决策和执行控制。因此工业边缘计算并不是要彻底取代云计算，相反，两者应该紧密耦合，从而满足各种各样的工业场景的需求。边缘计算可以为与实时数据挖掘和预处理相关的云应用提供支持，而云计算则可以基于大数据分析为工业边缘节点部署优化过后的规则和模型。

一个典型的云 – 边协同工业系统的架构可以分为三层，如图 15-7[9] 所示，其中，PLC 为 Programmable Logic controller，即可编程逻辑控制器；CNC 为 Computer Numerical Control，即计算机数控，DCS 为 Distributed Control System，即分布式控制系统，HMI 为 Human-Machine Interface，即人机接口。顶层包括工业云平台，提供涵盖设计、制造、管理和维护的各种应用。传统企业可以将企业资源计划、生产执行系统、产品生命周期管理和客户关系管理系统迁移到云平台，以降低部署和运营成本。此外，从边缘节点收集到的实时数据可以增强工业云上的创新应用，比如设备操作分析、供应链分析和能耗优化。这些服务甚至可以由第三方提供，并在本地云而不是公共云上运行。

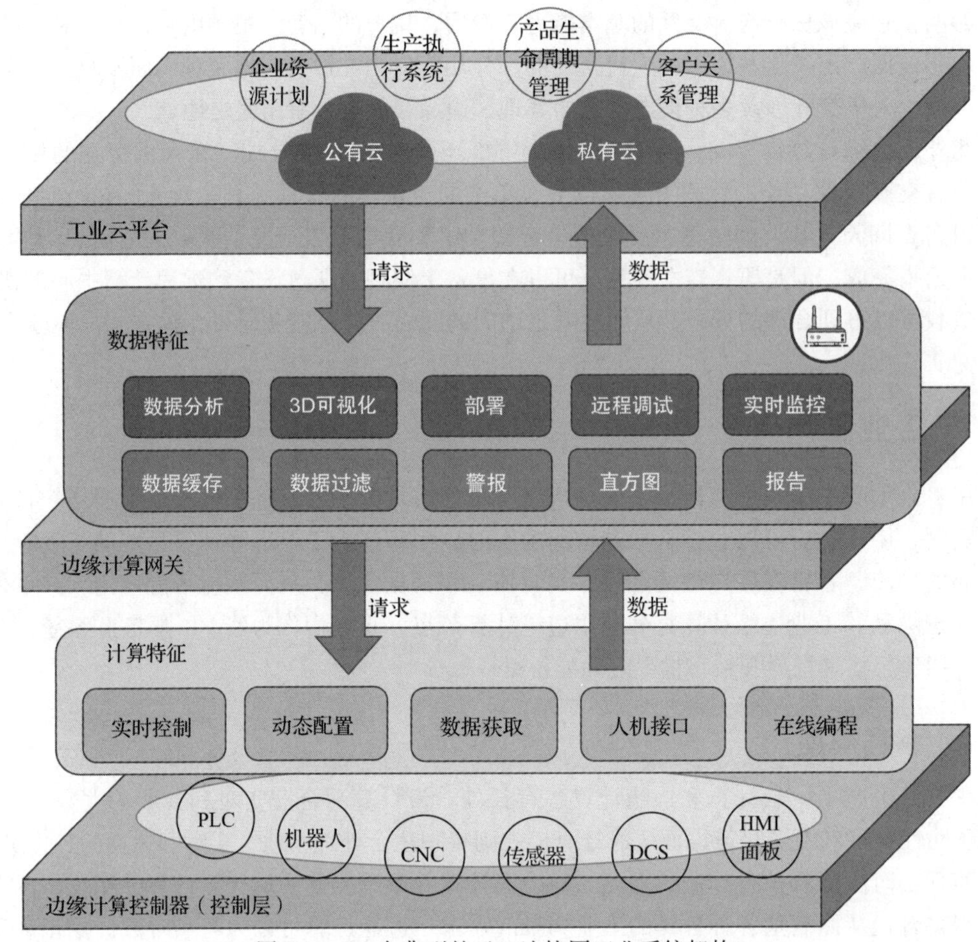

图 15-7　一个典型的云 – 边协同工业系统架构

中间层是边缘计算网关，负责部署算法，平衡计算、网络和存储资源，以及管理所有边缘节点的数据采集过程。边缘网关通过模型驱动编排模块化服务，来确保快速开发和灵活部署。边缘节点负责监视客户端、终端、物联网系统和云服务器之间所有的网络数据包事务，从而提供一些附加功能。例如，当本地网络检测到具有无法识别的网络协议的新设备时，边缘网关将自动配置这个新协议，或者更新安全策略以保护边缘计算节点。

最底层由分布式的边缘计算节点组成，比如协议转换网络交换机、实时闭环可编程控制器、用于大数据分析的本地云和低成本传感器。需要实现的不同功能可以基于实时闭环的数据反馈，动态分配给不同的工业边缘节点组合。

15.6.2　机遇和挑战

正如图 15-7 的参考模型所示，工业边缘计算可以通过多种方式与工业云进行协同。它能够以毫秒级的速度进行自我管理，以及平衡本地的计算、存储、网络和虚拟化资源。它还能对工业云指定的策略进行部署和执行，比如管理设备、资源和连接的策略。

从数据角度，边缘计算节点主要用于获取数据，并根据预先定义的规则进行初步的数据处理和分析。工业云则为它提供存储和计算资源，并对从边缘节点收集到的大量数据进行挖掘。云和边缘节点之间高效的数据流动，能够显著降低用于数据驱动的产品质量追踪和数据挖掘的开销。

从应用角度，工业边缘计算提供执行环境，然后执行部署计划，并监控部署的边缘应用的生命周期。比如，在工业云上训练完机器学习模型后，可以将它们部署到边缘计算节点上进行推断和推理。对于工业云上的典型应用（如开发、测试和数字孪生等），边缘计算节点可以基于组件化设计 [10] 和微服务 [11] 提供灵活的、可互用的模块。然而，这些功能对于一些特定工业应用来说不是必需的，例如，在核电站应用中，出于安全考虑，则不建议使用工业云。

作为工业云的补充，工业边缘计算能提供互用性、实时数据处理和自我优化能力，这些特性是工业云所不具备的。互用性确保了系统层面和设备层面的数据迁移，从而我们可以将灵活的、分布式的合作引入整个制造周期，包括产品设计、生产、管理和供应链。此外，云 – 边协作可以最大限度地利用资源。数据采集、预处理、校准和转换可以在边缘设备上实施完成，无须向工业云发送海量数据，同时，边缘计算的实时数据处理也能减少工业云的工作量。最后，通过工业云和边缘计算资源的混合，我们可以将工业云上预训练的机器学习模型放在边缘节点上进行分布式推理，从而满足对实时推理和数据效率的要求。

为了实现这些目标，边缘计算节点必须满足对计算、存储和通信的一些基本要求。首先，工业边缘计算的基本要求是能实现自动控制。在边缘计算节点的支持下，系统可以通过自动故障识别、信息处理和操作控制技术来提高设备和流程的自动控制精度。其次，数据采集和分析需要依靠边缘计算节点进行毫秒级的处理，从而与向云上传海量数据的方式相比，可提高数据分析的效率。最后，要实现数据挖掘和知识发现相关的优化，工业边缘计算应当提供数据过滤和缓存功能，以减少不必要的通信，节省无效信息的计算成本。

为了满足这些要求，我们要为边缘计算提供必要的资源。首先是通信资源，工业边缘计算节点不仅需要保证数据完整性和传输时延确定性，还需要支持灵活的部署。因此，时间敏感网络 [12,13]、软件定义网络 [14] 和基于以太网的实时解决方案 [14,15] 是支持工业边缘计算的关键技术。其次是计算资源，尤其是异构计算。随着边缘侧的计算和数据结构（比如机器学习模型推断）变得越发复杂，结合传感器、控制器、网关甚至是本地云的异构计算模型，对于平衡性能、最小化操作开销、降低能耗和提高可移植性来说至关重要。然后是边缘设备的存储能力，为了以毫秒级别的延迟跟踪来自物理世界传感器的信息，边缘设备必须在云端或者边缘进行进一步分析之前收集、过滤和缓存大量数据。最后是虚拟化技术，通过将虚拟化引入嵌入式资源，可以通过在不同硬件和软件环境之间快速迁移应用程序，从而大大降低开发和部署成本。

15.7 视频流应用

15.7.1 现况和挑战

图 15-8 展示了视频在互联网上从发送端到接收端的一个典型过程。视频有可能是从物理世界捕获的，从数码相机、智能手机或物联网摄像头上生成，也有可能是利用图形引擎人工渲染的。对于原始视频，编码器会将它编码成一种特定的格式（比如 MPEG-4 AVC）的比特流，视频流服务器则会根据特定的流协议进一步将比特流重新打包成适合在互联网上传输的形式（视频块），并发送给视频流客户端。客户端接收并提取视频后，会将它交给视频解码器，从而恢复成原始的视频格式，并在显示器上播放。

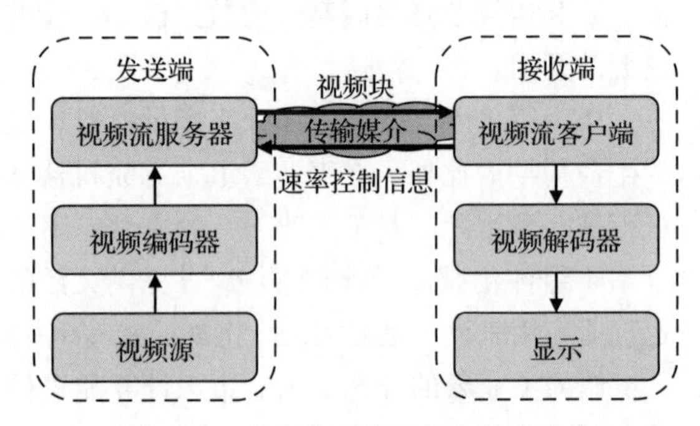

图 15-8 一个典型的视频传输流水线

总的来说，视频流应用大致可以分为视频点播和实时视频流。视频点播允许用户在任何时间，观看存储在任何通过互联网连接的设备上的视频。在视频点播应用中，内容可以在分发之前进行预取、存储和编辑。热门的视频点播应用包括 Netflix、Apple iTunes Store 和 YouTube 等。

与视频点播不同，实时视频流将视频实时地从源设备分发到目的地，而不是将视频预先存储在一个服务器上，因此实时视频流相较于视频点播对网络延迟更加敏感。智能手机的进步带来了更先进的摄像头以及更高质量的视频，再结合 5G 通信技术的进步，实时视频流在当今越来越风行 [16]，并涌现出了一批热门应用，包括体育直播平台、游戏直播平台、虚拟现实、增强现实、个人直播平台（比如 Periscope、Youtube Live、Twitch、Facebook Live、Instagram Live、Twitter Live 和 Ustream）和在线学习平台（比如 Dacast、IBM Cloud Video、Kaltura、Vimeo Live 和 Panopto）。我们将实时视频流应用分为以下几种：

- 传统实时视频流应用：这类应用包括 Twitch、Youtube Live 和 Facebook Live 等，用户可以从他们的掌上设备上获取实时视频。为了实现这样的目标，平台必须在很短的时延内（比如 100ms[17]）处理来自世界各地的成千上万的直播者的大量视频。除此以外，为了根据用户的喜好、设备性能和网络质量向他们提供所需要的视频版本，平台需要对视频进行实时转码。
- 360° 全景实时视频流应用：这类视频传输相较于传统视频更具有挑战性，因为它需要更高的带宽。除此以外，这类实时应用往往包含交互的内容，比如，用户可能会移动并且想要看到全景中的不同部分。为了不让用户产生晕眩感，显示内容必须被及时更新，因此对延迟的要求会更加苛刻，比如几毫秒之内 [18]。
- VR/AR 实时视频流应用：虚拟现实（Virtual Reality，VR）是一种仿真的体验，它可能是完全虚构的，也可能和现实比较相似。VR 系统将用户集成进一个虚拟的环境，为用户带来沉浸式的体验，并具有可想象性、可交互性等特征。为此，用户需要准备一个带屏幕的设备，以及追踪动作的计算模块和传感器。与 360° 实时视频流应用类似，VR 系统对延迟的要求很高，因为画面卡顿会给用户带来不适。除此以外，一些物理环境因素（声音、对象位置和光照）和用户特征（比如性别和身高）也非常影响体验质量 [19]。增强现实（Augmented Reality，AR）也是一种真实、交互式的体验，它将真实或者虚构的物体增强或者集成到用户的体验中。可以看出，在 AR 系统中，将真实环境和增强的对象融合起来非常关键，因为 AR 算法需要以很高的精度将这些对象叠加到用户的位置。VR/AR 技术为许多应用（比如医疗、维修、运动、教育、旅游和建筑等）带来了全新的体验，同时也在图像显示、传输和内容存储呈现了各种挑战。

图 15-9 描述了视频点播和实时视频流应用的通用架构，其中实时消息传输协议（Real Time Messaging Protocol，RTMP）和基于 HTTP 的自适应码率流媒体传输协议（HTTP Live Streaming，HLS）是两种流行的音视频传输协议。在视频点播应用中，录制完成的视频，首先被转码成一种或者多种码率版本，然后被存储一台云服务器上。用户可以在任何时间通过不同协议，请求并访问服务器上存储的视频。与视频点播应用不同，实时视频流应用将视频直接传输给终端用户，而不是先存放在云服务器上。但是，视频仍需转码，因为不同用户会根据网络质量请求不同码率版本的视频。

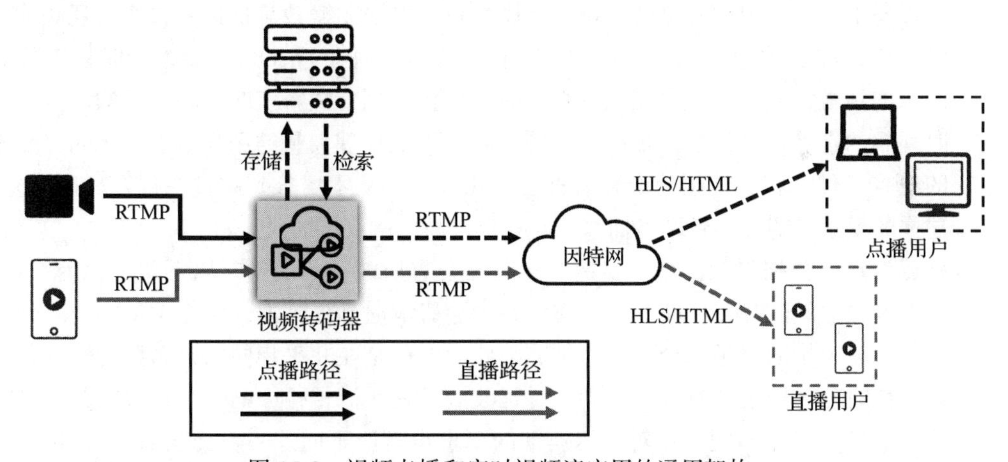

图 15-9 视频点播和实时视频流应用的通用架构

必须说明，视频点播和实时视频流并不是非此即彼的关系，它们都有属于自己的目标场景。视频点播能让用户在任何时间、地点和设备上观看互联网上的视频，而实时视频流则能让用户拥有实时分享视频的机会，并无须缓存视频。

视频流应用使得分享内容变得更加便捷，但挑战也不容忽视，我们总结以下三点：

- 有限的带宽：尽管现代的 5G 网络提供了很高的通信速度，但视频数据量在不断增长，尤其是 4K、8K 和 360° 等带宽密集型视频使得带宽紧缺现象依旧非常普遍。其中，

4K 视频传输平均需要 20Mbps ～ 50Mbps 的带宽，而 8K 视频平均需要 50Mbps ～ 200Mbps[20]。除此以外，360° 视频对带宽的需求甚至更高，因此传输这些带宽密集型视频将是持续性的挑战。此外，由于缺乏对超低延迟和高速传输的支持，5G 网络并不能为扩展现实（Extended Reality，XR）应用提供完全沉浸式的体验[21]。

- 高延迟：视频流应用，尤其是实时视频流应用对延迟都会非常敏感。高延迟在很多应用中对用户体验有不良影响，比如实时在线游戏、虚拟现实和高分辨率（比如 4K 或者 8K）视频的实时传输。对现有的依赖云计算的内容分发架构来说，延迟保证是一个关键挑战。在下一代工业物联网（Industrial Internet of Things，IIoT）和诸如自动驾驶、增强现实和远程诊断等应用中，5G 技术无法实现次毫秒级别的延迟[22]。在视频点播应用中，视频首先被存储在远程云服务器中。而云服务器和终端用户之间存在很长的传播距离，与之相伴的高时延会损害用户体验。为了解决这个问题，内容分发网络（Content Delivery Network，CDN）服务器通常被部署在不同的离用户较近的区域，并缓存云服务器中的内容。但是，CDN 服务器也只能被部署在少量区域中，而且通常不会部署在人口密集的区域中。从这些服务器中向用户传输视频需要充足的带宽，而且随着用户数目的增长，带宽可能会成为瓶颈，从而导致启动时延高而不一致，视频质量下降，甚至有时会出现无法加入热门实时视频流的现象。相较于视频点播，实时视频流应用对网络延迟更加敏感，因为它们没有被缓存，而是直接从视频源传输到观看者设备上。实时视频的热度相较于点播更高，根据文献 [23] 的研究，实时视频能持续吸引用户注意力的时长是点播的 10 倍～ 20 倍，而在 Facebook 中，实时视频位居新闻源的顶端，同时，用户在浏览页面时也会接收到有关新实时视频的通知。因此，实时视频的观看量峰值会非常高，即同一时间可能出现大量的用户请求，比如突然出现的热点事件，相关视频的观看需求会在几分钟内从零增长到超过一百万。显而易见，这样的模式可能会导致网络拥塞，并导致很高的端到端时延。
- 延迟波动：数据包在网络上传输时，时延会有所波动，主要有以下两个原因，首先，数据包独立地选择传输路径，具体的路由会影响时延，其次，网络设备接收队列中的数据包时，排队时延也会有所区别。因此，即使是在几乎相同的时间里传输的包，在端到端时延方面也会有很大不同。时延波动是视频流传输中的一个重要问题，可能会损害服务质量。不同应用对延迟波动的要求也有所不同，一般会在 10 ～ 50ms 之间，比如，视频点播的要求小于 50ms[24]，视频会议和交互式视频流的要求小于 30ms[25]。

15.7.2　典型应用

在 15.7.1 节中，我们简要介绍了视频流技术的发展现状和面临的一些主要挑战。现在，我们来看看边缘计算如何帮助提升视频流应用的用户体验，或者说如何实现一些新型视频流应用和服务。在视频流应用中使用边缘计算技术的最大的好处是能降低网络延迟，从而降低端到端时延，减少丢帧和卡顿现象的发生，最终达到提升用户服务质量的效果。与此同时，边缘计算由于在距离用户较近的地方运行和执行任务，也缓解了网络拥塞。具体而言，边缘服务器通常部署在基站，网络服务提供商可以授权可信的第三方（比如应用程序开发人员和内容服务提供商）部署应用，因此，它能为蜂窝网络用户灵活快速地提供服务。接下来，我们介绍边缘计算在视频流中的多种特色应用（见图 15-10）。

图 15-10 边缘计算在视频流中的多种特色应用

- 内容搜索：边缘服务器强大的计算能力能够带来更个性化的搜索功能，而且运行速度比传统的云计算更快。原因在于，边缘服务器上存储有一些本地信息，比如用户偏好、位置和本地事件，使用好它们有机会提升用户的搜索体验[26]。比如，特定区域的用户在搜索本地事件时，可以根据存储在边缘服务器上的其他本地用户的搜索历史和数据选择进行优化。这种本地内容搜索的优化只有在距离用户很近的边缘服务器上才能实现。
- 内容建议：边缘计算提供了处理与用户偏好和活动相关数据的计算能力。当这类处理的速度更快时，用户可以实时获得更加吸引他们的内容服务，从而增强用户使用视频流应用的体验[27]。这种基于特定位置的内容建议需要基于存储在边缘服务器中的其他本地用户的搜索历史。
- 针对性广告：当今的视频中往往会插入广告，而广告内容往往是用户不感兴趣的，因而干扰了用户对视频的正常观看，而如果我们能对用户的偏好数据进行分析，为不同用户定制广告内容，就有机会改善这一现状。广告代理商可以分析用户的搜索偏好、搜索历史、商品购买历史和带有时间戳的地点访问等信息，从而在发送广告时做到有的放矢[27]。例如，位于购物中心的用户可能正在购买一些商品，而医院里的用户可能对医疗产品更感兴趣。这种基于位置的服务推荐和特定地点的紧密绑定可以通过边缘计算实现。具体而言，边缘服务器可以获取用户终端所连接的无线节点的信息，从而进一步获得用户的位置信息。然后，部署在服务器上的推断引擎就能根据这些信息决定合适的服务，然后将相关的广告实时推荐给用户。
- 交互式视频：在多数情况下，用户总是喜欢与实时视频进行交互，比如，同步显示正在进行传输的一场棒球比赛的统计数据，或当一个演员出现在某个电影场景中时，查看他的简介。实现这样的交互需要保证较低的延迟，而这正是边缘计算的擅长领域。
- 视频分析：很多时候，我们并不满足于简单的观看，而是对视频进一步分析，更深入地理解视频内容。比如，我们可以通过分析监控视频来检测是否有事故发生。具体而言，监控应用的目标是监测特定区域并识别区域内的潜在威胁，比如军事边界、海上石油 / 天然气以及火灾易发的森林，这些区域非常关键，需要全天候监控。在这些场景中，视频帧被即时发送到服务器，并在服务器上基于人工智能技术进行实时的目标检测。传统的做法往往依赖于云计算中心来处理这些重型任务，然而用于监控的视频流（比如需要立即进行干预的森林火灾检测）不能容忍高延迟。此外，高分辨率视频持续在摄像头上产生，给网络带来了很大压力。综上所述，视频分析应该在网络边缘进行。现如今，我们通常使用 AI 赋能的计算机视觉技术来分析视频。如果在摄像头端进行处理，那么摄像头必须搭载支持 AI 运算的芯片，这样的摄像头往往比较昂贵。当然，我们也可以在云计算中心处理这些视频，但是会产生较长的时延。边缘计算则是这两种手段的折中，既节省了购买数量庞大的智能摄像头的开支，又能降低分析视频的时延，非常适合时延敏感型的应用。除了分析监控视频，视频分析还有更为广泛的应用，例如计算实时视频流中的人头数、检测可疑活动、分析不同视频流中的相关性、将历史背景和实时信息相结合，以及使用无人机拍摄实时视频并用于搜索和救援，这些场景都需要边缘计算技术来实现低延迟甚至超低延迟。

- VR 和 AR：VR 和 AR 是两种连接了物理世界和数字世界的新兴技术，在游戏、娱乐、训练、教育和科研领域中都有很广泛的应用。最近，许多商业化智能应用提出创建用户的虚拟化身，能够进行虚拟试衣等功能。具体而言，用户可以看到自己在屏幕上的镜像，而设备会将虚拟的衣服渲染在镜像上，用户还可以看到自己穿着衣服移动、转身和行走时的样子，或者是 360° 查看衣服是否合身。亚马逊发布了类似的智能镜子应用 [28]，通过镜子传输虚拟的衣服和真实的场景，从而生成一个混合现实客户端来辅助试穿新衣服。这类交互式视频流应用对延迟波动或画面冻结的容忍度很低，因为这些问题会给用户带来晕眩感，非常影响用户体验。传统的云计算模式无法满足这样的延迟要求，应用边缘计算技术则是一个很好的实现方案，它有很多好处，比如说降低端到端延迟、提升吞吐量、降低核心网络压力。

总的来说，移动边缘计算可以通过视频转码提供靠近用户的缓存和计算资源，从而改进视频流应用的服务体验。此外，边缘计算模式提供了更快的视频处理速度，可以实现很多特色功能，比如更快的内容搜索和个性化建议、更有针对性的广告、交互式的视频体验、用途广泛的视频分析，以及虚拟现实和增强现实应用，如游戏、零售、医疗和工业。研究普遍认为，5G 网络无法满足很多数据密集型和延迟敏感型应用（比如自动驾驶、远程手术等）的要求，因此给基于边缘计算的解决方案留出了发展空间。

15.8 本章小结

在本章中，我们从生命健康、交通运输、智慧电网、智慧城市、智慧家居、工业生产和视频流应用等多个方面，剖析了边缘计算的应用模式，覆盖了大多数基础领域。边缘计算将传统云计算的能力下沉到靠近用户的网络边缘，具有降低服务延迟、减少核心网压力和保护隐私的固有优势。在将边缘计算应用到各个具体领域中时，领域的特点又为边缘计算增加了不一样的内涵，衍生出了多种多样的特色功能，同时也产生了不少难点和挑战，等待研究者不断攻克。

思考题

1. 请从自己的身边找出边缘计算实际应用的例子，并进行简单的分析。

2. 在实际应用中，物联网技术和边缘计算技术往往是相辅相成的，请分析它们的异同点。

3. 请从本章中研究的领域中选出你最喜欢的一个或多个领域，了解更多实际应用，并提炼边缘计算在其中发挥的作用，比较在不同领域中的异同点。

参考文献

[1] PANDIAN P S, MOHANAVELU K, SAFEER K P, et al. Smart Vest: Wearable multi-parameter remote physiological monitoring system[J]. Medical Engineering & Physics, 2008, 30(4): 466-477.

[2] SAITO M, NAKAJIMA K, TAKANO C, et al. An in-shoe device to measure plantar pressure during daily human activity[J]. Medical Engineering & Physics, 2011, 33(5): 638-645.

[3] IBM, IBM Watson[EB/OL]. [2023-06-19] https://www.ibm.com/watson.

[4] WU Y, ZHENG J. Modeling and analysis of the downlink local delay in MEC-based VANETs[J]. IEEE Transactions on Vehicular Technology, 2020, 69(6): 6619-6630.

[5] JI X, XU W, ZHANG C, et al. A three-level routing hierarchy in improved SDN-MEC-VANET architecture[C]//IEEE Wireless Communications and Networking Conference (WCNC). New York: IEEE, 2020: 1-7.

[6] 韩旭，田大新 . 边缘计算赋能智能交通 [J]. 人工智能，2022, 4: 70-77.

[7] ZHOU S, SUN Y, JIANG Z, et al. Exploiting moving intelligence: Delay-optimized computation offloading in vehicular fog networks[J]. IEEE Communications Magazine, 2019, 57(5): 49-55.

[8] ZHANG Y. Mobile Edge Computing [M]. Berlin: Springer, 2022.

[9] DAI W, NISHI H, VYATKIN V, et al.Industrial Edge Computing: Enabling Embedded Intelligence[J]. IEEE Industrial Electronics Magazine, 2019, 13(4): 48-56.

[10] LEAVENS G, SITARAMAN M. Foundations of Component-Based Systems[M]. Cambridge: Cambridge University Press, 2000.

[11] THÖNES J. Microservices[J]. IEEE Software, 2015, 32(1): 116.

[12] WOLLSCHLAEGER M, SAUTER T, JASPERNEITE J, The future of industrial communication: Automation networks in the era of the Internet of Things and Industry 4.0[J]. IEEE Industrial Electronics Magazine, 2017, 11(1): 17-27.

[13] GUTIÉRREZ M, ADEMAJ A, STEINER W, et al. Self-configuration of IEEE 802.1 TSN networks[C]// IEEE International Conference on Emerging Technologies and Factory Automation (ETFA). Limassol: IEEE, 2017: 1-8.

[14] ZUNINO C, OBERMAISSER R, PETERSEN S. Guest editorial special section on industrial communication technologies and systems[J]. IEEE Transactions on Industrial Informatics, 2018, 14(5): 2062-2065.

[15] PEDREIRAS P, GAI P, ALMEIDA L, et al. FTT-Ethernet: A flexible real-time communication protocol that supports dynamic QoS management on Ethernet-based systems[J]. IEEE Transactions on industrial informatics, 2005, 1(3): 162-172.

[16] CISCO. Cisco Annual Internet Report (2018-2023) White Paper[Z]. 2020.

[17] DOGGA P, CHAKRABORTY S, MITRA S. Edge-based transcoding for adaptive live video streaming[C]// USENIX Workshop on Hot Topics in Edge Computing (HotEdge). Renton: USENIX, 2019.

[18] ZINK M, SITARAMAN R, NAHRSTEDT K. Scalable 360° video stream delivery: Challenges, solutions, and opportunities[J]. Proceedings of the IEEE, 2019, 107(4): 639-650.

[19] RUAN J, XIE D. A survey on qoe-oriented vr video streaming: Some research issues and challenges[J]. Electronics, 2021, 10(17): 2155.

[20] International Telecommunication Union, Requirements for mobile edge computing enabled content delivery networks[Z]. 2019.

[21] SAAD W, BENNIS M, CHEN M. A Vision of 6G Wireless Systems: Applications, Trends, Technologies, and Open Research Problems[J]. IEEE Network, 2019, 34(3): 134-142.

[22] YANG P, XIAO Y, XIAO M, et al. 6G Wireless Communications: Vision and Potential Techniques[J]. IEEE Network, 2019, 33(4): 70-75.

[23] FORRESTER Prepare To Support Video Livestreaming For Customer Experiences[EB/OL]. [2023-06-05]. https://www.forrester.com/report/prepare-to-support-video-livestreaming-for-customer-experiences/RES135382.

[24] International Telecommunication Union. Quality of experience requirements for IPTV services[Z]. 2008.

[25] SZIGETI T, HATTINGH C. End-to-End QoS Network Design: Quality of Service in LANs, WANs, and VPNs[M]. Indianapolis: Cisco Press, 2004.

[26] PLATFORM. Edge Computing and Video Streaming: Improving User Experience[EB/OL]. [2023-06-19]. https://platform9.com/blog/edge-computing-and-video-streaming-improving-user-experience.

[27] IEEE. Real-Life Use Cases for Edge Computing[EB/OL]. [2023-06-19]. https://innovationatwork.ieee.org/real-life-edge-computing-use-cases.

[28] DORNER C S, SAYRE P B, HAZLEWOOD W L. Blended reality systems and methods: us201b0292917A1[P]. 2016-10-06[2022-06-20].

[29] BELLEY C, GABOURY S, BOUCHARD B, et al. A new system for assistance and guidance in smart homes based on electrical devices identification[C]//International Conference on PErvasive Technologies Related to Assistive Environments (PETRA). Rhodes: ACM, 2014: 1-8.

[30] MAITRE J, GLON G, GABOURY S, et al. Efficient appliances recognition in smart homes based on active and reactive power, fast fourier transform and decision trees[C]//Artificial Intelligence Applied to Assistive Technologies and Smart Environments. Austin: Twenty-Ninth AAAI Conference on Artificial Intelligence, 2015.

[31] SAMIE F, BAUER L, HENKEL J. IoT for Smart Grids[M]. Berlin: Springer, 2019.

[32] CISCO, Cisco global cloud index: Forecast and methodology (2014-2019) White Paper[Z]. 2014.